教育部高等学校电子信息类专业教学指导委员会规划教材
高等学校电子信息类专业系列教材·新形态教材

电路仿真与PCB设计

崔岩松　黄建明　赵同刚　编著

清華大學出版社
北京

内容简介

本书系统论述了电路的原理图设计、电路仿真和印制电路板设计，全书分为两部分：第一部分（第1～4章）为电路设计与仿真，在介绍常用的电路仿真软件基础上，详细讲解了如何使用嘉立创EDA标准版、ADS 2023软件实现模拟电路和射频电路仿真，举例说明了基本单元电路的设计与仿真方法；第二部分（第5～7章）为电路原理图及PCB设计，以嘉立创EDA专业版2.1.33为设计工具，详细介绍了印制电路板基础知识，元器件符号和封装库设计，电路原理图及PCB设计的流程、规则、方法和注意事项等。

本书以培养学生具备电路设计、仿真和PCB设计能力为宗旨，适用于课程教学以及学生自学，可作为高等院校电子信息类本科、专科学生的“电子设计自动化(EDA)技术”课程教材，也可作为“电路分析基础”“电子电路基础”“通信电子电路”等课程或相关实验的辅导教材，还可作为电子信息类专业工程技术人员的参考书。

图书在版编目（CIP）数据

电路仿真与PCB设计 / 崔岩松，黄建明，赵同刚编著. -- 北京：清华大学出版社，2024. 12. --（高等学校电子信息类专业系列教材）. -- ISBN 978-7-302-67839-7

Ⅰ. TN702

中国国家版本馆CIP数据核字第20246EJ460号

策划编辑：盛东亮
责任编辑：范德一
封面设计：李召霞
责任校对：王勤勤
责任印制：宋　林

出版发行：清华大学出版社
网　　址：https://www.tup.com.cn，https://www.wqxuetang.com
地　　址：北京清华大学学研大厦A座　　**邮　　编**：100084
社 总 机：010-83470000　　**邮　　购**：010-62786544
投稿与读者服务：010-62776969，c-service@tup.tsinghua.edu.cn
质量反馈：010-62772015，zhiliang@tup.tsinghua.edu.cn
课件下载：https://www.tup.com.cn，010-83470236
印 装 者：三河市君旺印务有限公司
经　　销：全国新华书店
开　　本：185mm×260mm　　**印　　张**：18.5　　**字　　数**：453千字
版　　次：2024年12月第1版　　**印　　次**：2024年12月第1次印刷
印　　数：1～1500
定　　价：59.00元

产品编号：083660-01

前言

PREFACE

随着计算机技术的发展，电子设计自动化(EDA)技术获得了飞速的发展，在其推动下，现代电子产品几乎渗透社会的各个领域，有力地促进了社会生产力的发展和社会信息化程度的提高，同时也使现代电子产品性能进一步提高，产品更新换代的节奏也变得越来越快。

电子设计自动化技术的核心是电子电路、集成电路、系统设计和仿真，以及电子系统的制造和仿真。作者在多年从事电子电路设计、开发和讲授"电路仿真与 PCB 设计"课程的基础上，对电子电路设计和仿真、PCB 设计方面的基础知识、软件使用、设计经验等内容进行整理和总结而编写完成此书。

本书共分为 7 章，主要内容如下。

第 1 章介绍电子设计自动化技术的发展及现状，并对当前应用于电子电路设计与仿真的主流软件进行介绍。

第 2 章和第 3 章介绍电子电路仿真的基本工具 Spice，包括 Spice 仿真描述语言和基本的 Spice 模型，并以嘉立创 EDA 标准版为例，讲解电子电路设计和仿真的过程。

第 4 章介绍射频电路设计与仿真常用的工具，并以 ADS 2023 为例，讲解射频电路设计如何进行 S 参数仿真，并给出两个射频电路设计与仿真的实例。

第 5～7 章介绍电路原理图和 PCB 设计的流程，并以嘉立创 EDA 专业版为例，讲解原理图和 PCB 绘制方法，以及 PCB 设计中的布局和布线的规则。

附录部分给出了嘉立创 EDA 专业版快捷键、设计实例原理图和基本元器件及 PCB 丝印识别。

本书在编写过程中得到了大量的帮助和支持。特别感谢北京邮电大学"十四五"教材建设规划项目、教育部高等学校电子信息类专业教学指导委员会规划教材项目、清华大学出版社盛东亮编辑、嘉立创 EDA 高校教育经理莫志宏对该教材及课程的支持。

尽管作者在编写本书的过程中倾尽心力，但是由于水平有限，书中难免存在不妥之处，敬请广大读者不吝赐教。

作　者

2024 年 10 月

目录

CONTENTS

第一部分　电路设计与仿真

第二部分 电路原理图及 PCB 设计

视频目录

VIDEO CONTENTS

续表

视频名称	时长/min	位置
第34集　PCB布局设计	28	7.5节
第35集　PCB布线设计	20	7.6节
第36集　生成加工PCB相关文件	7	7.7节
示例视频1　嘉立创EDA仿真1：直流工作点分析仿真	5	3.1.1节
示例视频2　嘉立创EDA仿真2：直流扫描分析仿真	3	3.2.1节
示例视频3　嘉立创EDA仿真3：瞬态分析仿真	3	3.3.1节
示例视频4　嘉立创EDA仿真4：传输函数分析仿真	3	3.4.1节
示例视频5　嘉立创EDA仿真5：交流小信号分析仿真	3	3.5.1节
示例视频6　嘉立创EDA仿真6：更新器件模型仿真	8	3.6.1节
示例视频7　嘉立创EDA仿真7：数字电路仿真	4	3.7.1节
示例视频8　嘉立创EDA仿真8：数模混合电路仿真	3	3.8.1节
示例视频9　ADS仿真1：电路仿真与S参数优化	85	4.1.5节
示例视频10　ADS仿真2：Wilkinson功率分配器仿真	56	4.3.7节
示例视频11　ADS仿真3：Wilkinson功率放大器优化	9	4.3.7节
示例视频12　ADS仿真4：偶极子天线仿真	44	4.4.2节
示例视频13　PCB设计1：原理图符号和PCB库制作	75	6.2.1节
示例视频14　PCB设计2：原理图绘制	49	6.3.1节
示例视频15　PCB设计3：PCB布局	46	7.5.4节
示例视频16　PCB设计4：PCB布线	56	7.6.5节
示例视频17　PCB设计5：PCB的Gerber和PDF文件导出	9	7.6.7节
示例视频18　PCB设计6：3D外壳制造	27	7.6.7节
示例视频19　PCB设计7：面板制作	16	7.6.7节

第一部分

PART Ⅰ

电路设计与仿真

本部分介绍不同类型电路使用的各种仿真工具，内容主要包括电子电路仿真工具 Spice、射频电路仿真工具 ADS。

电子电路设计及仿真以 Spice 为例，介绍了 Spice 仿真描述语言和基本的 Spice 模型，并通过嘉立创 EDA 标准版讲解电子电路设计及仿真过程。

射频电路设计及仿真以 ADS 2023 为例，介绍了射频电路设计如何进行 S 参数仿真，并给出两个射频电路设计及仿真的实例。

第1章　电路设计与仿真简介

电子电路设计及开发能力的提高离不开电路仿真技术和电子设计自动化技术的发展。电路仿真(electronic circuit simulation,ECS)技术是指使用数学模型对电子电路的真实行为进行模拟的工程方法。电子设计自动化(electronic design automation,EDA)技术是将计算机技术应用于电子电路设计过程中而形成的一门技术,已经被广泛应用于电子电路的设计和仿真、集成电路版图设计、印制电路板(printed circuit board,PCB)设计和可编程器件编程等工作中。

1.1　概述

第1集
微课视频

电子设计自动化技术是伴随着计算机、集成电路、电子系统的设计发展起来的,至今已有将近50年的历程,大致可以分为四个发展阶段:第一阶段为20世纪70年代的计算机辅助设计(computer aided design,CAD)阶段,这一阶段的主要特征是利用计算机进行辅助电路原理图编辑、电路仿真、PCB布线,使得设计师从传统的高度重复繁杂的绘图劳动中解脱出来;第二阶段为20世纪80年代的计算机辅助工程设计(computer aided engineering design,CAED)阶段,这一阶段的主要特征是以逻辑模拟、定时分析、故障仿真、自动布局布线为核心,重点解决电路设计的功能检测等问题,使设计能在产品制作之前预知产品的功能与性能;第三阶段为20世纪90年代的EDA阶段,这一阶段的主要特征是以高级描述语言、系统仿真和综合技术为特点,采取"自顶向下"的设计理念,将设计前期的许多高层次设计交给EDA工具完成;第四阶段是进入21世纪后,电子设计自动化在朝一体化工具的方向发展。

EDA技术提供了设计电子电路或系统的软件工具。该工具可以在电子产品的各个设计阶段发挥作用,使设计更复杂的电路和系统成为可能。在原理图设计阶段,可以使用EDA中的仿真工具论证设计的正确性;在芯片设计阶段,可以使用EDA中的芯片设计工具设计制作芯片的版图;在电路板设计阶段,可以使用EDA中电路板设计工具设计多层电路板。特别是支持硬件描述语言的EDA工具的出现,使复杂数字系统设计自动化成为可能,只要用硬件描述语言将数字系统的行为描述正确,就可以进行该数字系统的芯片设计与制造。

进入21世纪后,EDA技术得到了更大的发展,突出表现在以下几方面。

(1) EDA使得电子领域各学科的联系更加紧密，极大地促进了相关技术的发展，促进了模拟与数字、软件与硬件、系统与器件、ASIC(专用集成电路)与FPGA(现场可编程门阵阵)、行为与结构等各方面的融合和一体化设计。

(2) 电子技术领域全方位融入EDA技术，除了日益成熟的数字技术外，传统的电路系统设计建模理念发生了重大的变化：软件无线电技术崛起；模拟电路系统硬件描述语言的表达和设计标准化；超大规模可编程模拟器件出现；数字信号处理和图像处理的全硬件实现方案被普遍接受；软硬件技术进一步融合等。

(3) 在FPGA上实现DSP数字信号处理方面应用成为可能，用纯数字逻辑进行DSP模块的设计，使得高速DSP实现成为现实，并有力地推动了软件无线电技术的实用化和发展。基于FPGA的DSP技术为高速数字信号的处理算法提供了实现途径。

(4) 系统级、行为验证级硬件描述语言和图形化编程软件的出现，使复杂电子系统的设计和验证趋于简单。

(5) 随着在仿真和设计两方面支持标准硬件描述语言且功能强大的EDA软件不断推出，软硬IP(intellectual property)核在电子行业领域广泛应用，促进了嵌入式处理器软核的成熟，使得可编程片上系统(system on a programmable chip，SOPC)步入大规模应用阶段。

第2集
微课视频

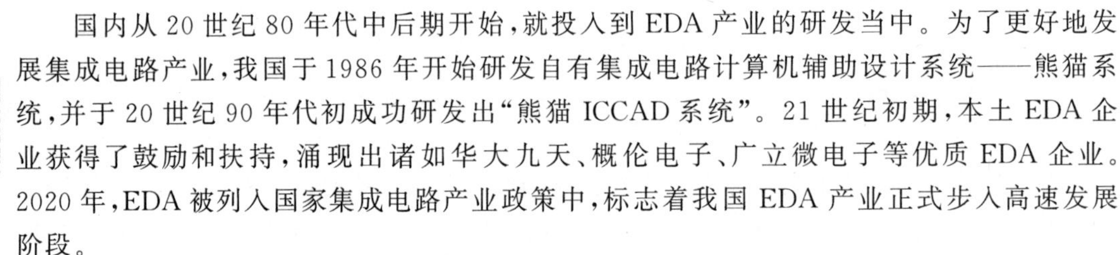

国内从20世纪80年代中后期开始，就投入到EDA产业的研发当中。为了更好地发展集成电路产业，我国于1986年开始研发自有集成电路计算机辅助设计系统——熊猫系统，并于20世纪90年代初成功研发出“熊猫ICCAD系统”。21世纪初期，本土EDA企业获得了鼓励和扶持，涌现出诸如华大九天、概伦电子、广立微电子等优质EDA企业。2020年，EDA被列入国家集成电路产业政策中，标志着我国EDA产业正式步入高速发展阶段。

1.2 模拟电路设计及仿真工具

模拟电路系统的设计人员需要对系统中的部分电路作电压与电流关系的详细分析，此时需要做晶体管级或电路级仿真。仿真算法中所使用的电路模型都是最基本的元件，按时间对每个节点的电压、电流建立基尔霍夫电流定律(KCL)和基尔霍夫电压定律(KVL)方程进行计算。

世界上第一个用于模拟电路仿真的软件Spice(simulation program with integrated circuit emphasis)于1972年由美国加州大学伯克利分校的计算机辅助设计小组利用FORTRAN语言开发而成。1975年Spice推出正式实用化版本，1988年其被定为美国国家工业标准，主要用于IC、模拟电路、数模混合电路、电源电路等电子系统的设计和仿真。由于Spice仿真程序采用完全开放的政策，用户可以按需要进行修改，加之实用性好，迅速得到推广，已经被移植到多个操作系统平台。

自从Spice问世以来，其版本的更新持续不断，有Spice2、Spice3等多个版本，新版本主要在电路输入、图形化、数据结构和执行效率上有所增强。各种以加州大学伯克利分校的Spice仿真程序算法为核心的商用Spice电路仿真工具也随之产生，它们运行在PC和UNIX平台，许多都是基于原始的Spice 2G6版(这是一个公开发表的版本)的源代码，它们都在 Spice 的基础上做了很多实用化的工作，比较常见的 Spice 仿真软件有 HSPICE、PSpice、TSpice、SmartSpice、IsSpice 等，虽然它们的核心算法雷同，但仿真速度、精度和收敛性却不一样，其中以 Synopsys 公司的 HSPICE 和 Cadence 公司的 PSpice 最为著名。HSPICE 实际上是 Spice 工业标准仿真软件，在业内应用最为广泛，具有精度高、仿真功能强大等特点，但它没有前端输入环境，需要事前准备好网表文件，不适合初级用户，主要应用于集成电路设计。PSpice 是个人用户的最佳选择，具有图形化的前端输入环境，用户界面友好，性价比高，主要应用于 PCB 和系统级的设计。

Spice 模型已经广泛应用于电子设计中，可以对电路进行非线性直流分析、非线性瞬态分析和线性交流分析。Spice 内置电阻、电容、电感、互感、独立电压源、独立电流源、各种线性受控源、传输线以及有源半导体器件等模型，用户只需选定模型级别并给出合适的参数即可完成电路的仿真。

1.2.1　NI Multisim

Multisim 是业界一流的 Spice 仿真标准环境，如图 1-1 所示，是美国国家仪器(NI)有限公司推出的以 Windows 为基础的仿真工具，适用于板级的模拟/数字电路板的设计工作。它包含了电路原理图的图形输入、电路硬件描述语言输入方式，具有丰富的仿真分析能力(为尊重软件和实验成果，本书不修改软件截图和仿真图中的内容)。

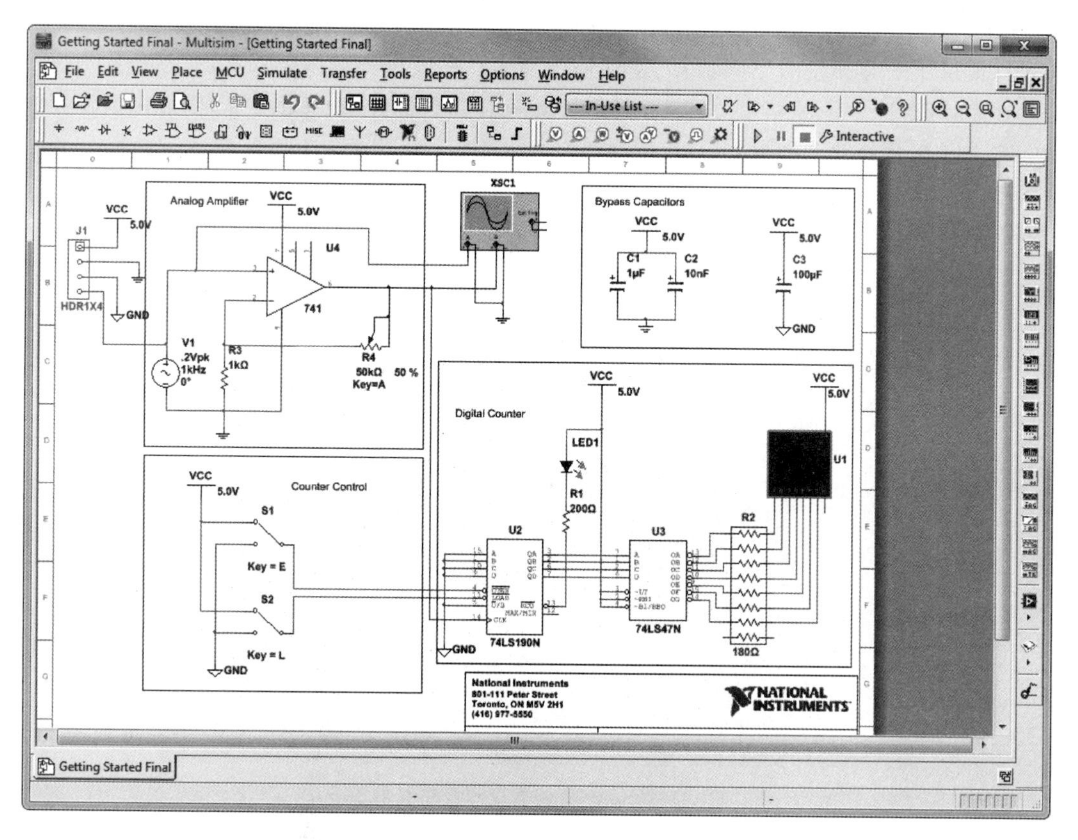

图 1-1　Multisim 软件原理图及仿真界面

设计人员可以使用 Multisim 交互式地搭建电路原理图，并对电路进行仿真。Multisim 提炼了 Spice 仿真的复杂内容，使用户无须懂得深入的 Spice 技术就可以很快地进行捕获、仿真和分析新的设计。通过 Multisim 和虚拟仪器技术，PCB 设计工程师和电子学教育工作者可以完成从理论到原理图捕获与仿真，再到原型设计和测试这样一个完整的综合设计流程。

Multisim 安装了 Analog Devices、National Semiconductor、NXP、ON Semiconductor 和 Texas Instruments 等领先半导体生产商提供的 22000 多个组件的数据库。用户可从完整的组件列表中选择所需组件，组件列表包括各种最新的放大器、二极管、晶体管、切换模式电源和其他用于快速设计、评估模拟和数字电路的组件。

借助 Multisim 的直观仿真功能，用户可在设计过程中及时优化设计的性能，并在减少原型迭代次数的情况下确保电路满足技术要求。如果需要将性能视觉化，包含 20 种行业标准的 Spice 分析（如交流、傅里叶、噪声等）以及 22 种直观测量仪器的 Multisim 则是用户的不二之选。配合 LabVIEW 中不断扩展的自定义仿真分析库，用户甚至可以视觉化特定领域的设计。用户可使用 LabVIEW 将 Multisim 测量集成到 NI 测试平台，从而轻松地将实际结果和仿真结果之间的联系视觉化，并对二者的性能进行比较。

1.2.2 Cadence PSpice

Cadence 公司的 PSpice A/D 将模拟和数模混合信号仿真技术相结合，如图 1-2 所示，为客户提供了一套完整的电路仿真、验证解决方案。在整个产品设计周期内，从电路方案的提出到设计开发、验证的整个过程中，电路仿真需求会不断变化，PSpice A/D 能随时满足这样的需求。在此基础上的 PSpice AA 高级分析工具可以帮助设计师提高成本效益和设计可靠性。

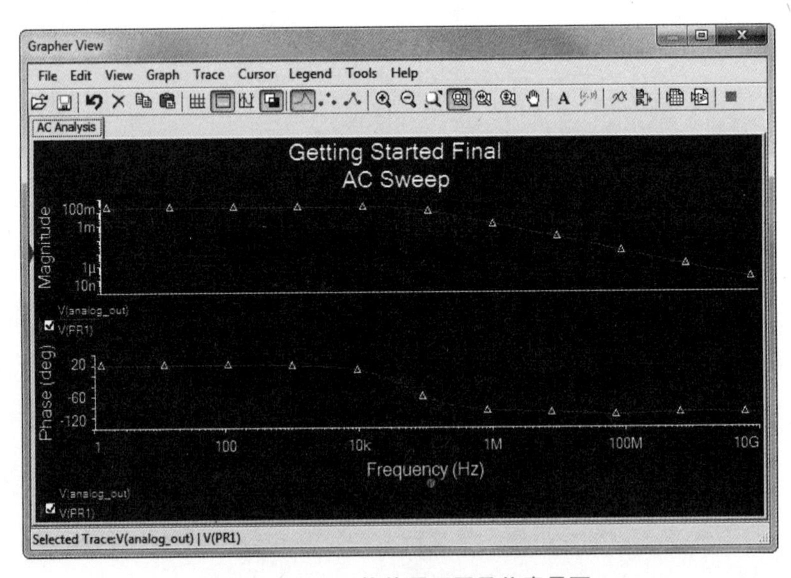

图 1-2 PSpice 软件原理图及仿真界面

PSpice A/D 拥有大量的板级模型，使它能够提供精确的数模复合信号仿真解决方案。自 PSpice 问世以来，随着仿真模型的不断增加，PSpice 仿真引擎得以持续发展，这使得

PSpice能够应对不断提高的仿真和验证要求。它的每一次版本升级，都意味着许多仿真技术的发展，以及对客户需求的进一步满足。

许多厂商的产品模型资源都支持PSpice仿真，包括数学函数模型和行为模型等，这使得电路仿真进程变得更高效。此外，在PSpice A/D分析的基础上，设计师还可以选择建立更先进的仿真分析功能，包括高级模拟分析能力、与MathWorks公司的MATLAB/Simulink工具实现互联仿真功能、仿真优化、参数提取以及二次仿真技术等。

PSpice AA高级模拟分析超越了电路的功能仿真，它融合了很多技术用以改善设计性能，提高成本效益和可靠性。这些技术包含信号灵敏度、多引擎的优化器、应力分析和蒙特卡洛分析。

1.2.3 Synopsys HSPICE

Synopsys公司的HSPICE提供一流的仿真及分析算法，使用经晶圆厂认证过的MOS器件模型进行仿真，如图1-3所示。凭借全面的多线程性能，HSPICE可通过多核计算机硬件提供更为卓越的性能。CustomSim仿真器可为包括定制数字、存储器和模拟/混合信号电路在内的各类设计，提供卓越的晶体管级验证性能及容量。CustomSim可提供全面的分析功能，包括电路电气规则检查、电迁移、电压降以及MOS老化分析。最新的Synopsys仿真和分析环境(simulation and analysis environment，SAE)将电路仿真器引入面向仿真管理和分析的本地环境。该环境适用于HSPICE、FineSim和CustomSim仿真器，提供了一个能够提高模拟验证生产力的综合解决方案。

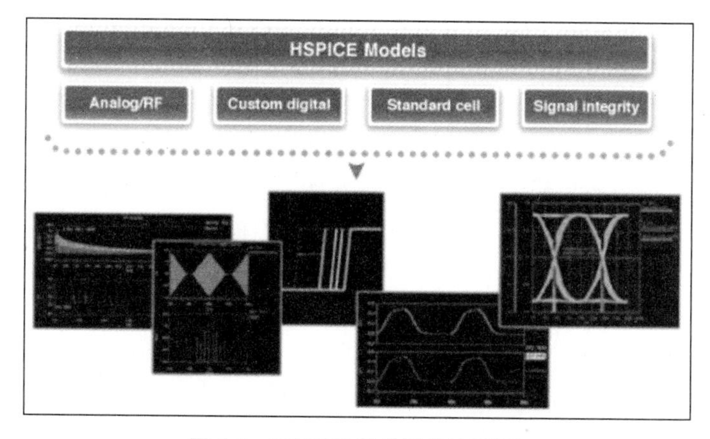

图1-3 HSPICE软件及仿真界面

Synopsys仿真和分析环境基于网络列表的流，可直接导入Spice、Verilog和DSPF；统一的角点设置，适用于多测试平台的扫频，以及蒙特卡洛分析(Monte Carlo Analysis)；具有面向批处理模式仿真的高级任务分配与监控；与Synopsys的Custom WaveView图形波形查看器集成，可广泛用于波形后处理；采用行业标准TCL脚本语言的自动化回归功能；语言敏感文本编辑器，可用于基于网络列表的导航、交叉探查和句法检查；高级可视数据导航和数据挖掘功能，如制图、统计分析、直方图和散点图；详细报告生成，包括基于网络的HTML文档。

1.2.4 华大九天 Empyrean

华大九天公司的模拟电路设计全流程 EDA 工具系统 Empyrean 包括原理图编辑工具、版图编辑工具、电路仿真工具、物理验证工具、寄生参数提取工具和可靠性分析工具等，如图 1-4 所示，为用户提供了从电路到版图、从设计到验证的一站式完整解决方案。

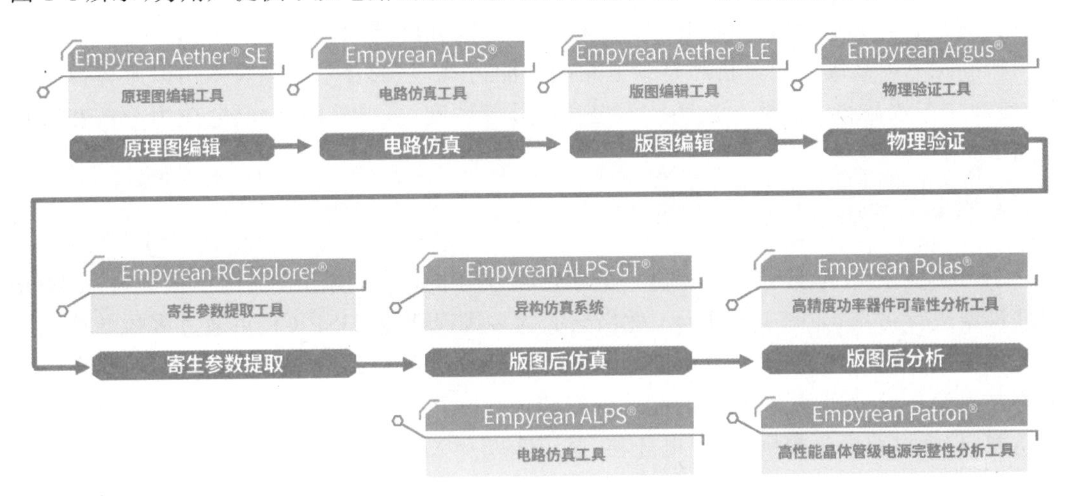

图 1-4 模拟电路设计全流程 EDA 工具系统 Empyrean

原理图和版图编辑工具 Empyrean Aether 为用户提供了丰富的原理图和版图编辑功能以及高效的设计环境，支持用户根据不同电路类型的设计需求和不同工艺的物理规则设计原理图和版图，如电路元件符号生成、元件参数编辑和物理图形编辑等操作。同时，为便于用户对原理图和版图进行追踪管理、分析优化，在传统的编辑环境基础上增加了设计数据库管理模块、版本管理模块、仿真环境模块和外部接口模块等。该工具可集成华大九天公司的电路仿真工具 Empyrean ALPS、物理验证工具 Empyrean Argus 和寄生参数提取工具 Empyrean RCExplorer 等，为用户提供完整、平滑、高效的一站式设计流程，显著提高模拟电路的设计效率。

电路仿真工具 Empyrean ALPS(accurate large capacity parallel spice)是华大九天公司新近推出的高速、高精度并行晶体管级电路仿真工具，支持数千万元器件的电路仿真和数模混合信号仿真，通过创新的智能矩阵求解算法和高效的并行技术，突破了电路仿真的性能和容量瓶颈，其仿真速度相比同类电路仿真工具显著提升。

异构仿真系统 Empyrean ALPS-GT 基于 CPU-GPU 异构系统，进一步提升了版图后仿真的效率，可帮助用户大幅缩减产品开发周期。

物理验证工具 Empyrean Argus 支持主流设计规则，并通过特有的功能，帮助用户在定制化规则验证、错误定位与分析阶段提高验证质量和效率。

寄生参数提取工具 Empyrean RCExplorer 支持对模拟电路设计进行晶体管级和单元级的后仿网表提取，同时提供了点到点的寄生参数计算和时延分析功能，帮助用户全面分析寄生效应对设计的影响。

高精度功率器件可靠性分析工具 Empyrean Polas 提供了专注于 Power IC 设计的多种产品性能分析模块，高效支持了 Power 器件可靠性分析等应用。

1.3 数字电路设计及仿真工具

数字系统设计发展到今天，片上系统(SoC)技术的出现已经在设计领域引起深刻变革。为适应产品尽快上市的要求，设计者必须合理选择各EDA厂家提供的加速设计的工具软件，以使其产品在本领域良性发展。FPGA的设计是当前数字系统设计领域中的重要方式之一。

FPGA采用了逻辑单元阵列(logic cell array，LCA)，包括可配置逻辑模块(configurable logic block，CLB)、输入输出模块(input output block，IOB)和内部连线(interconnect)三部分。FPGA是可编程器件，与传统逻辑电路和门阵列(如PAL、GAL及CPLD器件)相比，FPGA具有不同的结构。FPGA利用小型查找表(16×1 RAM)实现组合逻辑，每个查找表连接到一个D触发器的输入端，触发器再来驱动其他逻辑电路或驱动I/O，由此构成了既可实现组合逻辑功能又可实现时序逻辑功能的基本逻辑单元模块，这些模块间利用金属连线互相连接或连接到I/O模块。FPGA的逻辑是通过向内部静态存储单元加载编程数据实现的，存储在存储器单元中的值决定了逻辑单元的逻辑功能以及各模块之间或模块与I/O间的连接方式，并最终决定了FPGA所能实现的功能，FPGA允许无限次编程。

第3集 微课视频

数字电路仿真可以分为功能仿真(前仿真)和时序仿真(后仿真)，或分为行为级(RTL)仿真、综合后(post-synthesis)仿真和布局布线(gate-level)仿真。行为级仿真主要针对RTL代码的功能和性能仿真和验证；综合后(也称pre-layout)仿真判断仿真综合后的逻辑功能是否正确，综合时序约束是不是都正确；布局布线(也称post-layout)仿真是仿真芯片时序约束是否添加正确，布局布线后是否还满足时序，因为加入了线延迟信息，所以这一步的仿真和真正芯片的行为最接近。数字电路设计及仿真流程如图1-5所示。

图1-5 数字电路设计及仿真流程

1.3.1 ModelSim

ModelSim是Mentor Graphics公司开发的硬件描述语言HDL的仿真软件，如图1-6所示，该软件可以实现对设计的VHDL程序、Verilog程序或者两种语言混合的程序进行仿真，同时也支持IEEE常见的各种硬件描述语言标准。

无论从使用界面和调试环境来看，还是从仿真速度和仿真效果来看，ModelSim都可以算得上是业界优秀的硬件描述语言仿真软件。它是唯一的单内核支持VHDL和Verilog混合仿真的仿真器，是做FPGA/ASIC设计的RTL级和门级电路仿真的首选；它采用直接优化的编译技术、TCL/TK技术和单一内核仿真技术，具有仿真速度快、编译代码与仿真平

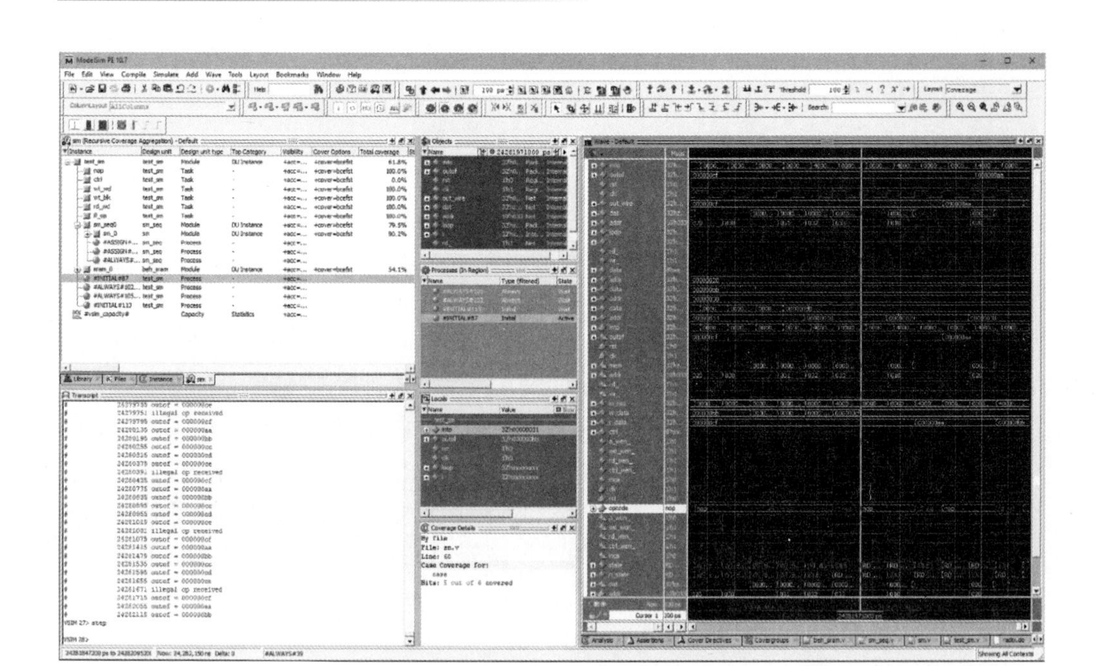

图 1-6 ModelSim 设计与仿真环境

台无关、便于 IP 核保护和加快程序错误定位等优点。

ModelSim 最大的特点是其强大的调试功能，体现在以下几方面：先进的数据流窗口，可以迅速追踪到产生错误或者不定状态的原因；具有性能分析工具，可以帮助分析性能瓶颈，加速仿真；能进行代码覆盖率检测，确保测试的完备；具有多种模式的波形比较功能；先进的 Signal Spy 功能，可以方便地访问 VHDL、Verilog 或者两者混合设计中的底层信号；支持加密 IP；可以实现与 MATLAB/Simulink 的联合仿真。

目前常见的 ModelSim 分为 ModelSim SE、ModelSim PE、ModelSim LE 和 ModelSim OEM 等不同的版本。

1.3.2 Quartus Prime

英特尔公司的 Quartus Prime 设计软件包括设计英特尔公司的 FPGA（原 Altera）、片上系统和 CPLD 所需的一切功能，如设计输入、合成、优化、验证和仿真等，如图 1-7 所示。Quartus Prime 借助数百万个逻辑元件大幅增强设备的功能，为设计师提供把握下一代设计机遇所需的理想平台。

Quartus Prime 软件提供专业版、标准版和精简版三个版本，可以满足不同的设计要求。

借助英特尔新的 HLS 编译器，可以使用 C++语言加速 FPGA 开发。英特尔的 HLS 编译器是一款高级合成（HLS）工具，可以对非定时（untimed）的 C++语言生成针对英特尔的 FPGA 优化的生产质量寄存器传输级（RTL）设计。

借助 Quartus Prime 专业版软件，可以使用云端的英特尔的 FPGA 编程工具加速应用，在 Nimbix 提供的高性能计算环境中对 FPGA 进行编程。

Quartus Prime 软件采用改进的基于块的设计流。Stratix、Arria 和 Cyclone 系列设备

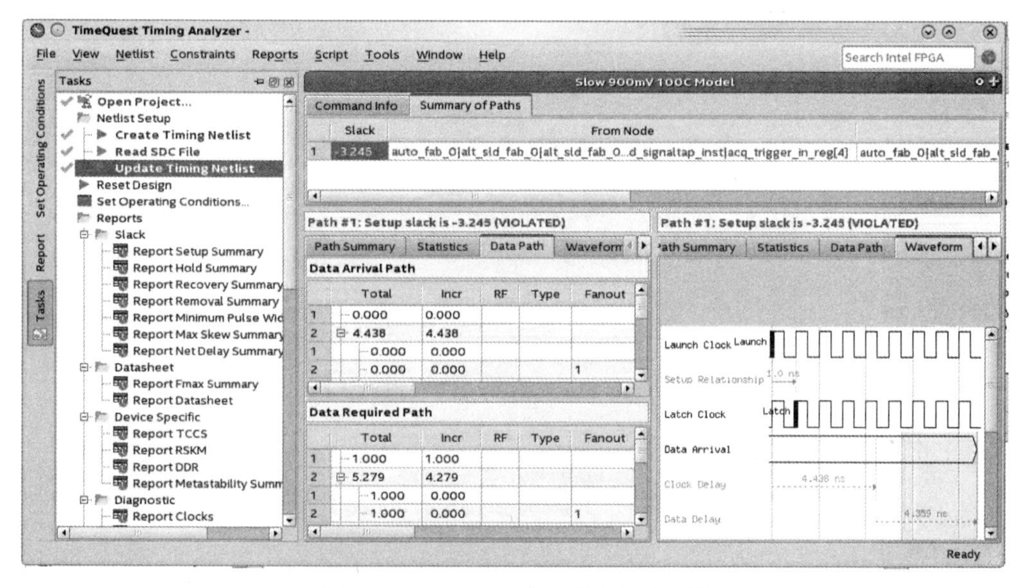

图 1-7　Quartus Prime 设计与仿真环境

产品都支持基于块的设计流，包括设计块重用和基于增量块的编译。

Quartus Prime 软件部分重配置支持动态重新配置一部分 FPGA，同时让剩余的 FPGA 设计继续运行。可以实现分层部分重配置、模拟部分重配置和通过 Signal Tap 逻辑分析器同步调试静态和动态部分重配置区域。

Quartus Prime 软件的逻辑等价检查(LEC)是一项新特性，由 HyperFlex FPGA 架构重定时提供支持，经过 HyperFlex FPGA 架构优化后的网表相当于适配后网表。

1.3.3　Vivado

Vivado 是赛灵思公司于 2012 年发布的集成设计环境，如图 1-8 所示，包括高度集成的设计环境和新一代从系统到 IC 级的工具，这些均建立在共享的可扩展数据模型和通用调试环境基础上。这也是一个基于 AMBA AXI4 互联规范、IP-XACT IP 封装元数据、工具命令语言(TCL)、Synopsys 系统约束以及其他有助于根据客户需求量身定制设计流程并符合业界标准的开放式环境。赛灵思公司构建的 Vivado 工具把各类可编程技术结合在一起，能够扩展多达 1 亿个等效 ASIC 门的设计。

Vivado 专注于集成的组件，解决集成的瓶颈问题，Vivado 设计套件采用了快速综合和验证 C 语言算法 IP 的 ESL 设计，实现重用的标准算法和 RTL IP 封装技术、标准 IP 封装和各类系统构建模块的系统集成，模块和系统验证的仿真速度提高了 3 倍，与此同时，硬件协同仿真性能提升了 100 倍。

专注于实现的组件，Vivado 工具采用层次化器件编辑器和布局规划器，且为 System Verilog 提供了业界支持性最好的逻辑综合工具、速度提升 4 倍且确定性更高的布局布线引擎，以及通过分析技术可最小化时序、线长、路由拥堵等多个变量的“成本”函数。此外，增量式流程能让工程变更通知单(ECO)的任何修改只需对设计的一小部分进行重新实现就能达到快速处理的效果，同时确保性能不受影响。最后，Vivado 工具通过利用最新共享的可

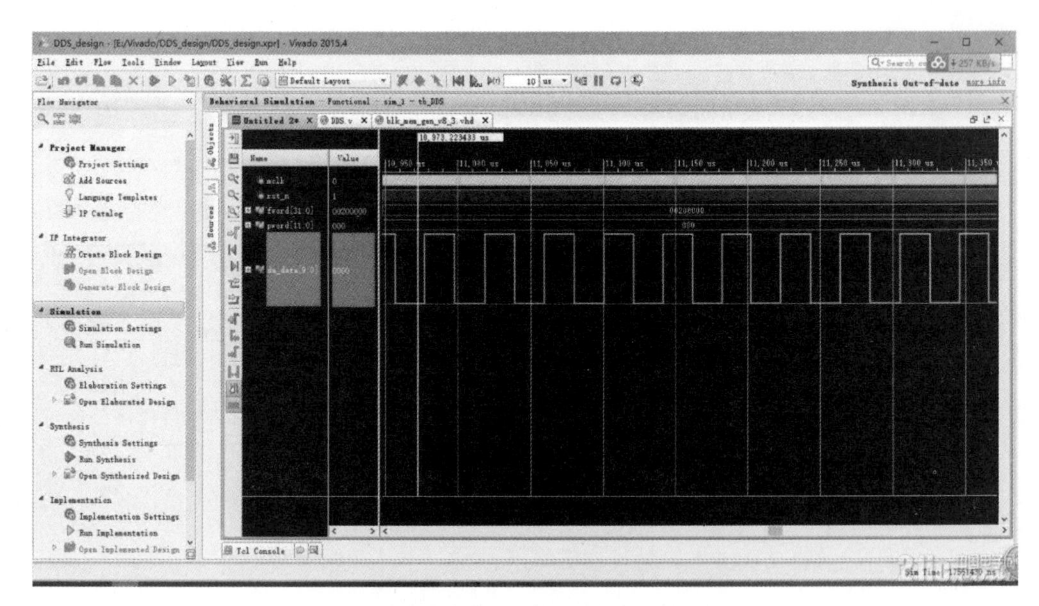

图 1-8 Vivado 设计与仿真环境

扩展数据模型，能够估算设计流程各个阶段的功耗、时序和占用面积，从而达到预先分析、优化自动化时钟门等集成功能。

Vivado 设计是一种以 IP 和系统为中心的、领先一代的全新 SoC 增强型开发环境，用于解决系统级集成和工作中的生产力瓶颈问题。这套设计工具专为系统设计团队开发，旨在帮助在更少的器件中集成更多系统功能，同时提升系统性能，降低系统功耗，减少材料清单(BOM)成本。

Vivado 设计软件的优点体现在：

(1) Vivado 可让用户进一步提升器件密度；

(2) Vivado 可提供稳健可靠的性能，降低功耗以及提供可预测的结果；

(3) Vivado 可提供无与伦比的运行速度和存储器利用率；

(4) Vivado HLS 能够将用户用 C、C++或 System C 语言编写的描述快速生成 IP 核，Vivado HLS 使用 C、C++或 System C 语言可将验证速度提高 100 倍以上；

(5) Vivado 借助 MathWorks 公司提供的 MATLAB/Simulink 和 MATLAB 工具可支持基于模型的 DSP 设计集成；

(6) Vivado IP 集成器突破 RTL 的设计生产力制约；

(7) Vivado 集成环境为设计和仿真提供统一集成开发环境；

(8) Vivado 提供综合而全面的硬件调试功能。

1.3.4 若贝 EDA

若贝(Robei)公司拥有自主研发的 Robei EDA 工具，基于 Robei EDA 工具自主研发的 Robei 自适应芯片系列以及自适应系列芯片的 IDE 集成开发环境，如图 1-9 所示。Robei EDA 工具采用了可视化的方式展现出数字芯片设计中面向对象的设计方法，采用无限分层的设计理念将复杂平铺的集成电路变成可重用、易复用的框图 IP 设计方式。

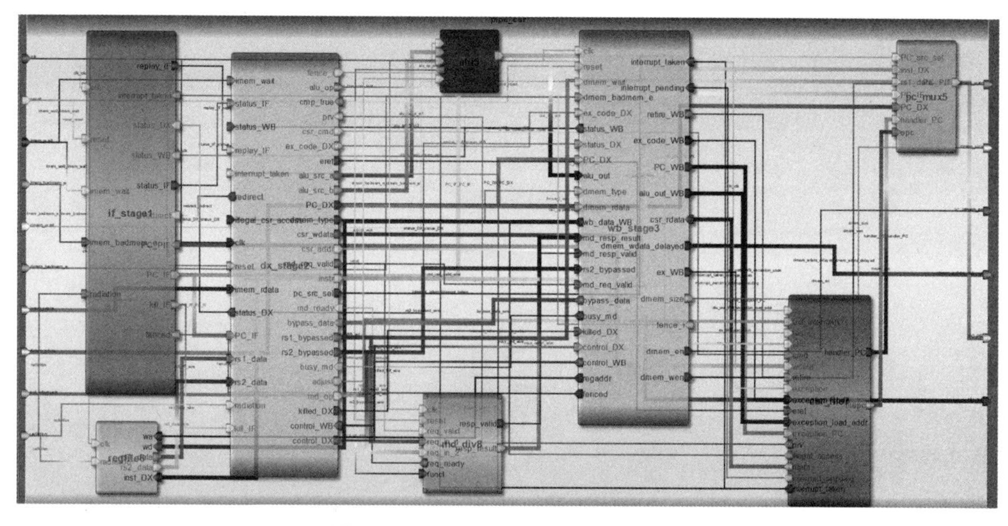

图 1-9 Robei EDA 设计与仿真环境

Robei EDA 工具是一种全新的面向对象的可视化芯片设计软件，可以支持基于 Verilog 语言的集成电路前端设计与仿真。Robei EDA 工具具备可视化分层设计架构、算法编程、结构层自动代码生成、语法检查、编译仿真与波形查看等功能。设计完成后可以自动生成完整的 Verilog 代码，应用于 FPGA 和 ASIC 设计流程。可视化分层设计架构可以让工程师边搭建边编程，具备例化直观、无须记忆引脚名称、减少错误及节约手写代码量等优势。Robei EDA 工具将芯片设计变得简单直观，可以极大地降低学习芯片设计的入门门槛，加速设计过程。Robei EDA 工具已经在全球 50 多个国家和地区进行使用，Robei EDA 工具根据注册码的不同，目前分为四个版本，即学生版、个人版、教育版和企业版。

第 4 集
微课视频

1.4 射频电路设计及仿真工具

随着无线通信的快速发展，针对高频和射频的仿真工具也被广泛开发和使用。作为无线系统的重要组成部分，射频电路与系统的设计显得越来越重要。射频电路应用范围广，需要考虑的参数多，器件之间相互影响大，还有分布参数效应、趋肤效应、电磁兼容等问题，因此设计一个功能强大、性能良好的射频系统，是射频设计工程师和相关工程技术人员面临的挑战。

1.4.1 ADS

ADS(advanced design system)是当前世界上比较流行的一款用于微波射频电路、通信系统、RFIC(射频集成电路)的设计软件，由是德科技公司推出，是微波电路与通信系统的一种仿真软件，如图 1-10 所示。这种软件具有丰富的仿真手段，能够实现时域和频域、数字和模拟、线性和非线性等多种仿真功能，对设计结果进行科学分析，促进电路设计频率的提升，是一种比较优秀的微波射频电路仿真软件，也是当前射频工程人员工作必备的一款软件。

ADS 软件能够帮助电路设计者进行模拟、射频微波等电路和通信系统设计，仿真方法主要有时域仿真、频域仿真、电磁仿真等。

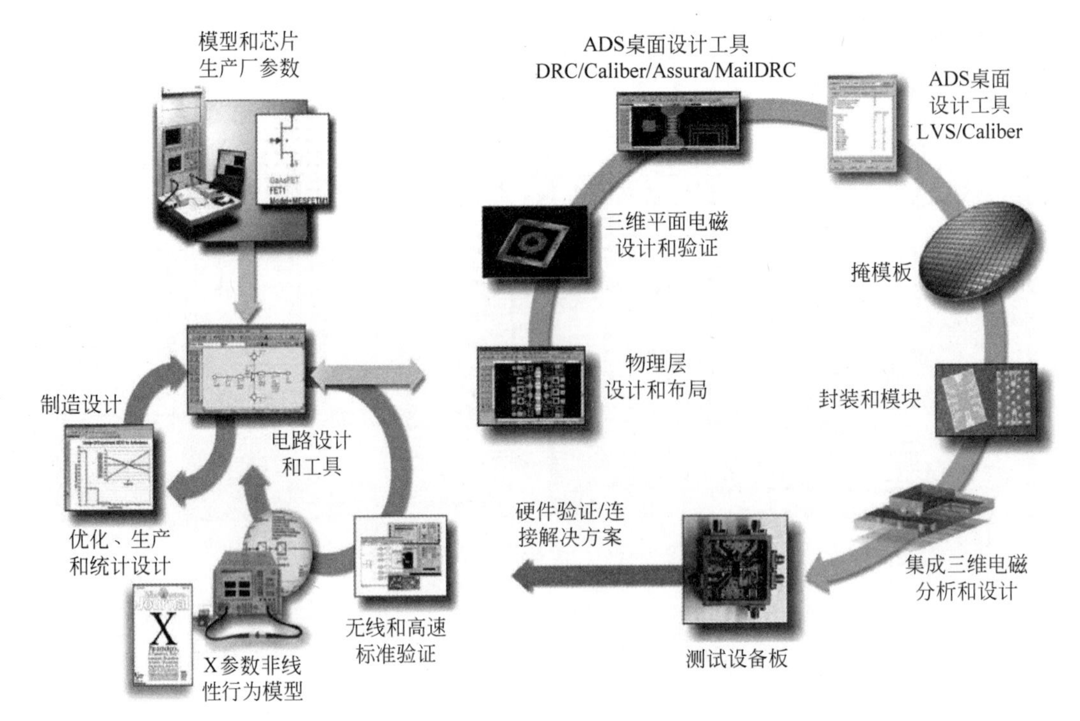

图 1-10 ADS 设计与仿真环境

高频 Spice 仿真器分析能够对线性以及非线性电路的瞬态效应进行分析，在 Spice 仿真器中，对于不能直接使用频域分析模型的器件，如微带线、带状线等，就可以使用高频 Spice 仿真器。仿真过程中，如果频率高于高频 Spice 仿真器，频域分析模型会被进行拉普拉斯变换，然后进入到瞬态分析，并不需要使用者参与转换。

线性分析是一种频域电路仿真分析法，可以对线性、非线性的射频微波电路进行分析。当进行线性分析时，软件先对电路中的元件计算需要的线性参数，如电路阻抗、稳定系数、反射系数、噪声以及 S、Z、Y 参数等，进而对电路进行分析和仿真。

谐波平衡分析方法是对频域、稳定性好，大信号的电路进行分析的仿真方法，能够对多频输入信号的非线性电路进行分析，明确非线性电路的响应，如谐波失真、噪声等。相比于时域 Spice 仿真分析的反复性，这种谐波平衡分析在分析非线性电路时能够提供更加有效并且快速的方法。

电路包络分析方法主要分为时域和频域分析两种方法，能够被使用在调频信号的电路和通信系统中。电路包络分析方法将谐波平衡分析与 Spice 两种仿真方法的优势进行有效的结合，通过时域 Spice 仿真方法对低频信号进行调频；对于高频的载波信号则是使用频域的谐波平衡分析方法进行调频。

射频系统分析为使用者提供模拟评估系统，系统的电路模型不仅能够使用行为级模型，还能够利用元件电路模型验证响应。射频系统仿真分析中含有线性分析、谐波平衡分析以及电路包络分析的内容，从而可以对射频系统的无源元件、线性化模型特性、非线性系统模型特性、具有数字调频信号的系统特性进行验证。

ADS 软件提供了 2.5D 的平面电磁仿真分析功能，也就是 Momentum，能够对微带线、带状线、共面波导等电磁特性进行仿真，也能够对天线的辐射特性、电路板上的耦合以及寄生反应进行仿真。分析的S参数结果能够直接被应用到对谐波平衡和电路包络的分析中，对电路进行设计和验证。Momentum电磁分析中，主要有Momentum微波模式和Momentum射频模式两种，可以根据电路工作的频段、尺寸等进行科学的选择。

托勒密模型分析能够同时对具有数字信号以及模拟高频信号的混合模式系统进行仿真，ADS中提供了数字元件模型、通信系统元件模型以及模拟高频元件模型。

1.4.2 HFSS

HFSS(high frequency structure simulator)是ANSYS公司推出的三维电磁仿真软件，是世界上第一个商业化的三维结构电磁场仿真软件，具有业界公认的三维电磁场设计和分析的工业标准，如图1-11所示。HFSS提供了简洁直观的用户设计界面、精确自适应的场解器、空前电性能分析能力的强大后处理器，能计算任意形状三维无源结构的S参数和全波电磁场。HFSS软件拥有强大的天线设计功能，可以计算天线参量，如增益、方向性、远场方向图剖面、远场三维图和3dB带宽；可绘制极化特性，包括球形场分量、圆极化场分量、Ludwig第三定义场分量和轴比。

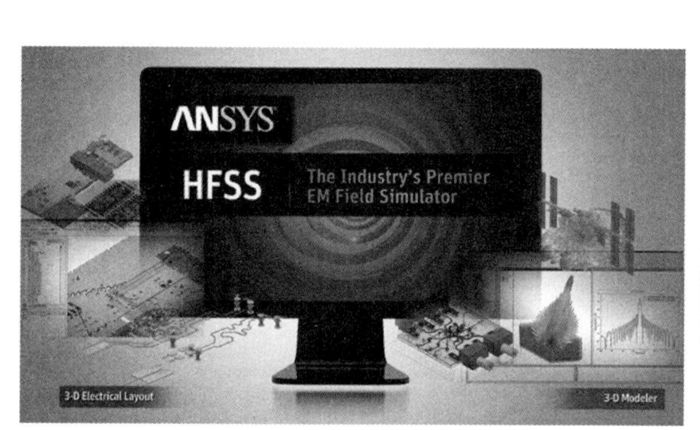

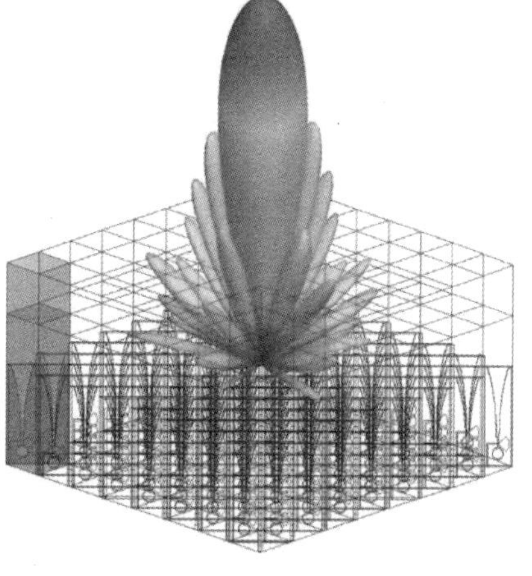

图1-11 HFSS仿真软件

使用HFSS可以计算：①基本电磁场数值解和开边界问题、近远场辐射问题；②端口特征阻抗和传输常数；③S参数和相应端口阻抗的归一化S参数；④结构的本征模或谐振解。而且，由Ansoft HFSS和Ansoft Designer构成的Ansoft高频解决方案，是目前唯一以物理原型为基础的高频设计解决方案，提供了从系统到电路直至部件级的快速而精确的设计手段，覆盖了高频设计的所有环节。HFSS是当今天线设计中最流行的设计软件。

HFSS能够快速精确地计算各种射频/微波部件的电磁特性，可得到S参数、传播特性、高功率击穿特性，可以优化部件的性能指标，并进行容差分析，帮助工程师们快速完成设计并把握各类器件包括波导器件、滤波器、转换器、耦合器、功率分配/合成器、铁氧体环行器和隔离器、腔体等的电磁特性。

在真空电子器件如行波管、速调管、回旋管设计中，HFSS本征模式求解器结合周期性边界条件，能够准确地仿真器件的色散特性，得到归一化相速与频率的关系，以及结构中的电磁场分布，包括 H 场和 E 场，为这类器件的设计提供了强有力的手段。

HFSS 可为天线及其系统设计提供全面的仿真功能，精确仿真计算天线的各种性能，包括二维、三维远场/近场辐射方向图、天线增益、轴比、半功率波瓣宽度、内部电磁场分布、天线阻抗、电压驻波比、S 参数等。

随着频率和信息传输速度的不断提高，互连结构的寄生效应对整个系统的性能影响已经成为制约设计成功的关键因素。MMIC、RFIC 或高速数字系统需要精确的互联结构特性分析参数抽取，HFSS 能够自动和精确地提取高速的互联结构、片上无源器件及版图寄生效应。

HFSS 的应用频率能够达到光波波段并有精确仿真光电器件的特性。

1.4.3 CST

CST（Computer Simulation Technology）公司是全球最大的纯电磁场仿真软件公司，CST 是其出品的三维全波电磁场仿真软件，如图 1-12 所示，是 CST 微波工作室设计结果与实际测量结果比较图。CST 工作室是面向三维电磁、电路、温度和结构应力设计工程师的一款全面、精确、集成度极高的专业仿真软件包，它包含 8 个工作室子软件，集成在同一用户界面内，为用户提供完整的系统级和部件级的数值仿真优化。软件覆盖整个电磁频段，提供完备的时域和频域全波电磁算法和高频算法。典型应用包含电磁兼容、天线/RCS、高速互连 SI/EMI/PI/眼图、手机、核磁共振、电真空管、粒子加速器、高功率微波、非线性光学、电气、场路、电磁-温度及温度-形变等各类协同仿真。CST 工作室套装介绍如下。

（1）CST 设计环境（CST design environment）是进入 CST 工作室套装的通道，包含前后处理、优化器、材料库四大部分和 CAD/EDA/CAE 接口，支持各子软件间的协同，得到结果后处理和导出。

（2）CST 印制板工作室（CST PCB studio）是专业板级电磁兼容仿真软件，对 PCB 的 SI/PI/IR-Drop/眼图/去耦电容进行仿真。与 CST MWS 联合，可对 PCB 和机壳结构进行瞬态和稳态辐照与辐射双向问题。

（3）CST 电缆工作室（CST cable studio）是专业线缆级电磁兼容仿真软件，可以对真实工况下由各类线型构成的数十米长线束及周边环境进行 SI/EMI/EMS 分析，解决线缆线束瞬态和稳态辐照与辐射双向问题。

（4）CST 规则检查（CST board check）是印制电路板布线电磁兼容 EMC 和信号完整性 SI 规则检查软件，可以对多层板中的信号线、地平面切割、电源平面分布、去耦电容分布、走线及过孔位置及分布进行快速检查。

（5）CST 微波工作室（CST microwave studio）是系统级电磁兼容及通用高频无源器件仿真软件，应用包括电磁兼容、天线/RCS、高速互连 SI、手机/MRI、滤波器等，可计算任意结构、任意材料的电磁问题。

（6）CST 电磁工作室（CST EM studio）是（准）静电、（准）静磁、稳恒电流、低频电磁场仿真软件。可应用于 DC-100MHz 频段电磁兼容、传感器、驱动装置、变压器、感应加热、无损探伤和高低压电器等。

（7）CST 粒子工作室（CST particle studio）是主要应用于电真空器件、高功率微波管、粒子加速器、聚焦线圈、磁束缚、等离子体等自由带电粒子与电磁场自洽相互作用下相对论及非相对论运动的仿真分析。

(8) CST 设计工作室(CST design studio)是系统级有源及无源电路路仿真,SAM 总控,支持三维电磁场和电路的纯瞬态与频域协同仿真,用于 DC 直至 100GHz 的电路仿真。

(9) CST 多物理场工作室(CST mphysics studio)是瞬态及稳态温度场、结构应力形变仿真软件,主要应用于电磁损耗、粒子沉积损耗所引起的热以及热所引起的结构形变分析。

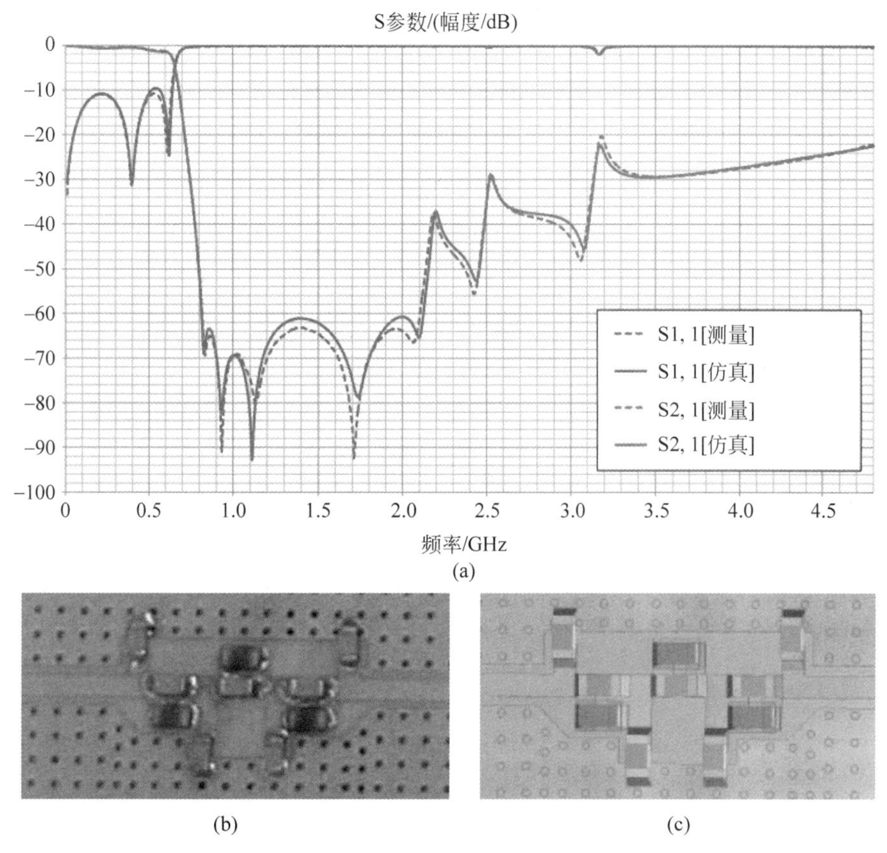

图 1-12　CST 微波工作室设计结果与实际电路测量结果比较图

1.4.4　中望电磁仿真

中望电磁仿真是由中望软件公司自主开发的三维电磁场仿真软件,该软件为三维全波电磁模拟器,基于革新性生物电阻抗断层成像(EIT)技术与有限元算法(FEM),中望电磁仿真软件拥有精确的求解器、完善的前处理和强大的后处理能力,可帮助用户高效完成天线、微波器件等高频组件及相关产品的仿真和分析。

中望电磁仿真软件独创的 EIT 技术,可准确模拟任意曲面金属及多层薄介质片,具有仿真精度高、计算速度快且占用内存小等优势。中望电磁仿真 2022 在优化独创的 EIT 算法的同时,新增了 FEM,从而提升了处理复杂模型和精细结构的仿真问题的能力,如高速、同轴连接器,螺旋、高频阵列天线等,可应用范围持续拓宽,且计算结果稳定可靠。软件可支持用户在同一仿真环境中切换不同算法对同一仿真问题进行求解,获得灵活高效的应用体验。

FEM中新增波端口激励源，可用于波导结构、同轴线结构和传输线结构等仿真，至此新版已支持集总端口/波端口/平面波等丰富的激励源，且对激励源为复阻抗的天线及微波元器件，新增了端口复阻抗设置功能，满足多种场景仿真需求。中望电磁仿真2022求解器EIT与FEM“双管齐下”，真正做到了仿真计算“快准稳”。

1.5 控制电路设计及仿真工具

随着集成电路和处理器技术的快速发展，8051、MSP430、AMR等架构的嵌入式处理器被广泛地应用于各类控制电路中。针对该类处理器的模型建模并进行仿真的主要平台软件为Proteus软件，其为英国Lab Center Electronics公司出版的EDA工具软件，如图1-13所示。Proteus不仅具有其他EDA工具软件的仿真功能，还能仿真单片机及外围器件，是目前比较好的仿真单片机及外围器件的工具。

第5集
微课视频

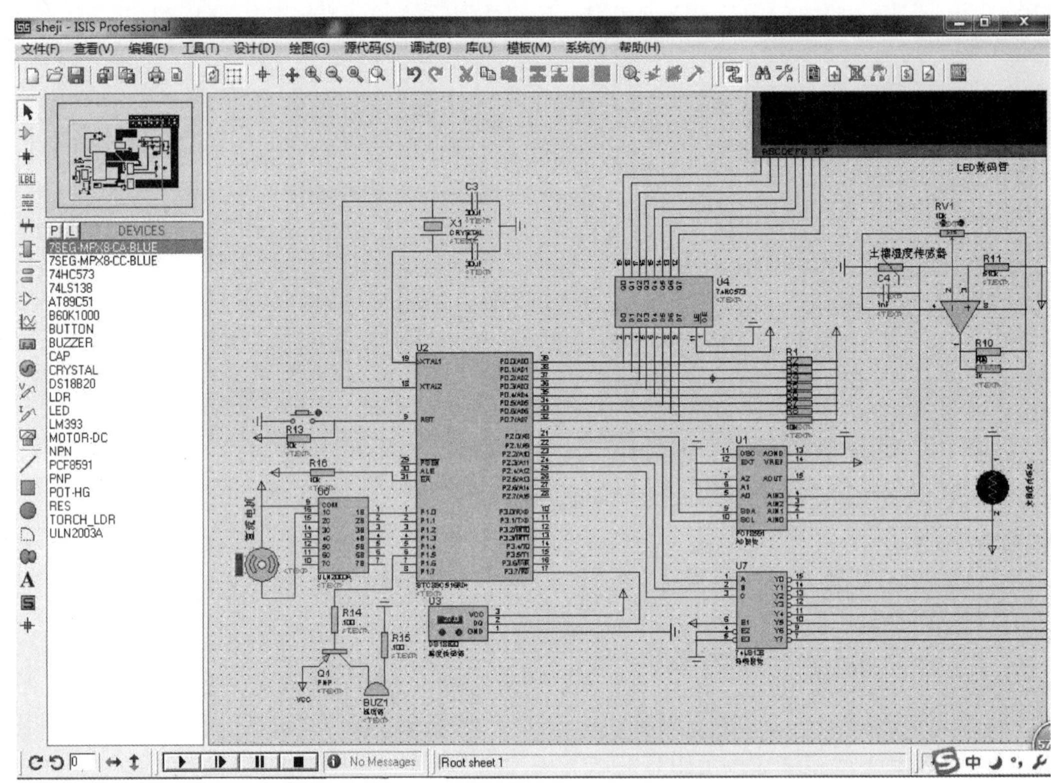

图1-13 Proteus设计与仿真环境

Proteus从原理图布图、代码调试到单片机与外围电路协同仿真，其可一键切换到PCB设计，真正实现了从概念到产品的完整设计，是目前世界上唯一将电路仿真软件、PCB设计软件和虚拟模型仿真软件三合一的设计平台，其处理器模型支持8051、HC11、PIC10/12/16/18/24/30/DsPIC33、AVR、ARM、8086和MSP430等，2010年又增加了Cortex和DSP系列处理器，并持续增加其他系列处理器模型。在编译方面，它也支持IAR、Keil和MPLAB等多种编译器。其特色如下。

1）智能原理图设计

（1）丰富的器件库：超过27000种器件，可方便地创建新器件。

（2）智能的器件搜索：通过模糊搜索可以快速定位所需要的器件。

（3）智能化的连线功能：使连接导线简单快捷，大大缩短绘图时间。

（4）支持总线结构：使用总线器件和总线布线使电路设计简明清晰。

（5）可输出高质量图纸：通过个性化设置，可以生成印制质量高的BMP图纸，可以方便地供Word、PowerPoint等多种文档使用。

2）完善的电路仿真功能

（1）ProSpice混合仿真：基于工业标准Spice3F5，实现数字/模拟电路的混合仿真。

（2）超过27000个仿真器件：可以通过内部原型或使用厂家的Spice文件自行设计仿真器件，Lab Center Electronics公司也在不断地发布新的仿真器件，还可导入第三方发布的仿真器件。

（3）多样的激励源：包括直流、正弦、脉冲、分段线性脉冲、音频（使用wav文件）、指数信号、单频FM、数字时钟和码流，还支持文件形式的信号输入。

（4）丰富的虚拟仪器：13种虚拟仪器，面板操作逼真，如示波器、逻辑分析仪、信号发生器、直流电压/电流表、交流电压/电流表、数字图案发生器、频率计数器、逻辑探头、虚拟终端、SPI调试器、IIC调试器等。

（5）生动的仿真显示：用色点显示引脚的数字电平，导线以不同颜色表示其对地电压的大小，结合动态器件（如电机、显示器件、按钮）的使用可以使仿真更加直观、生动。

（6）高级图形仿真功能（ASF）：基于图标的分析可以精确分析电路的多项指标，包括工作点、瞬态特性、频率特性、传输特性、噪声、失真、傅里叶频谱分析等，还可以进行一致性分析。

3）单片机协同仿真功能

（1）支持主流的CPU类型：包括ARM7、8051/52、AVR、PIC10/12、PIC16、PIC18、PIC24、dsPIC33、HC11、BasicStamp、8086、MSP430等，CPU类型随着版本升级还在继续增加，即将支持Cortex、DSP处理器。

（2）支持通用外设模型：如字符LCD模块、图形LCD模块、LED点阵、LED七段显示模块、键盘/按键、直流/步进/伺服电机、RS232虚拟终端、电子温度计等，其COMPIM（COM口物理接口模型）还可以使仿真电路通过PC串口和外部电路实现双向异步串行通信。

（3）实时仿真：支持UART/USART/EUSARTs仿真、中断仿真、SPI/IIC仿真、MSSP仿真、PSP仿真、RTC仿真、ADC仿真、CCP/ECCP仿真。

（4）编译及调试：支持单片机汇编语言的编辑/编译/源码级仿真，内带8051、AVR、PIC的汇编编译器，也可以与第三方集成编译环境（如IAR、Keil和Hitech）相结合，进行高级语言的源码级仿真和调试。

4）实用的PCB设计平台

（1）原理图到PCB的快速通道：原理图设计完成后，便可一键进入ARES的PCB设计环境，实现从概念到产品的完整设计。

（2）先进的自动布局/布线功能：支持器件的自动/人工布局；支持无网格自动布线或

人工布线；支持引脚交换/门交换功能使 PCB 设计更为合理。

(3) 完整的 PCB 设计功能：最多可设计 16 个铜箔层、2 个丝印层、4 个机械层(含板边)，灵活的布线策略供用户设置，自动设计规则检查，三维可视化预览。

(4) 多种输出格式的支持：可以输出多种格式文件，包括 Gerber 文件的导入或导出，方便与其他 PCB 设计工具的互转(如 Protel)，以及 PCB 的设计和加工。

1.6 电路板设计及仿真工具

EDA 指的就是将电路设计中各种工作交由计算机来协助完成，如电路原理图(schematic)的绘制、PCB 文件的制作、执行电路仿真(simulation)等设计工作。随着电子科技的蓬勃发展，新型元器件层出不穷，电子线路变得越来越复杂，电路的设计工作已经无法单纯依靠手工完成，电子线路计算机辅助设计已经成为必然趋势，越来越多的设计人员使用快捷、高效的 CAD 设计软件来进行辅助电路原理图、PCB 图的设计以及打印各种报表等工作。电路板设计是电子产品设计中重要的组成部分，有很多的 PCB 设计工具可用来完成电路原理图设计、PCB 设计、信号完整性仿真、EMC/EMI 仿真等功能。

1.6.1 Altium Designer

第 6 集
微课视频

Altium Designer 是原 Protel 软件开发商 Altium 公司推出的一体化的电子产品开发系统，主要运行在 Windows 操作系统中，其 PCB 设计与仿真环境如图 1-14 所示。这套软件通过把原理图设计、电路仿真、PCB 绘制编辑、拓扑逻辑自动布线、信号完整性分析和设计输出等技术完美融合起来，为设计者提供了全新的设计解决方案，使设计者可以轻松进行设计，熟练使用这一软件必将使电路设计的质量和效率大大提高。Altium Designer 的主要功能如下。

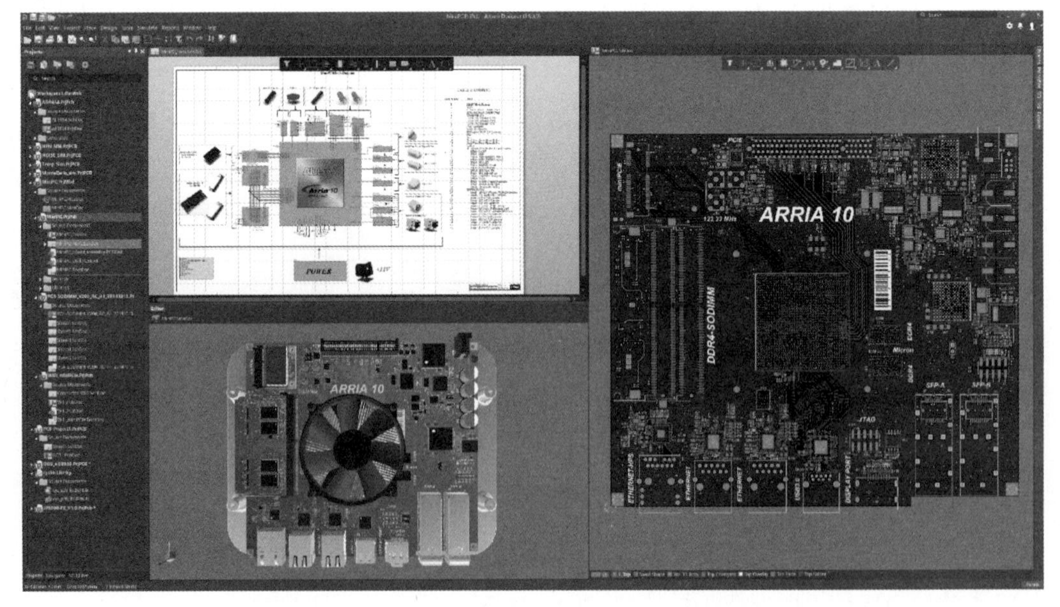

图 1-14 Altium Designer PCB 设计与仿真环境

(1) 原理图输入：在一个紧密结合的用户界面中，使用层次式原理图设计和设计复用可以快速设计电子产品。

(2) 元件管理：通过认证供应商提供的最新价格和可用性创建和搜索元件。

(3) 设计验证：用内置的混合模拟/数字电路仿真验证设计，分析布局前和布局后的信号和直流电源传输。

(4) 板布局：使用控制元件放置、创建用于复用的层堆栈模板，可以在板布局中轻松地布局对象。

(5) 刚-柔结合和多板功能：使用多板连接的电气检查和同步来定义、修改软硬结合板层堆栈。

(6) 交互式布线：使用用户导向的、约束驱动的自动布线功能，熟练地对复杂拓扑结构进行布线。

(7) MCAD 协作：使用原生 3D PCB 编辑器，通过集成的电子和机械一体化，简化 MCAD 协作。

(8) 制造输出：通过多流程执行和无缝的、简化的文档处理功能，快速地制造和装配输出。

(9) 数据管理：通过使用过程中的数据管理视图和版本控制，比较文档变更和修订版本。

(10) 统一的平台：在一个结合原理图、PCB、文档处理和仿真的统一环境下，能显著提高设计生产率。

1.6.2　Allegro PCB Designer

Allegro PCB Designer 是一个可扩展的、经过验证的 PCB 设计环境，能在解决技术和方法学难题的同时，使设计周期更短且可预测，如图 1-15 所示。该 PCB 设计解决方案以基础设计工具包加可选功能的组合形式提供，包含 PCB 设计所需的全部工具，以及一个完全一体化的设计流程。

Allegro PCB Designer 基础设计工具包含一个通用和统一的约束管理解决方案、PCB Editor、自动/交互式的布线器以及与制造和机械 CAD 的接口。PCB Editor 提供了一个完整的布局布/线环境(从基本的平面规划、布局、布线到布局复制、高级互连规划)，适应从简单到复杂的各种 PCB 设计。

(1) 提供一个经实践证明的、可扩展的、低成本高成效的 PCB 设计解决方案，并可根据需要自由选择基础设计工具包加可选功能的组合形式。

(2) 通过约束驱动式 PCB 设计流程避免不必要的重复。

(3) 支持以下各种规则：物理、间距、制造、装配和测试的设计(DFx)、高密度互连(HDI)和电气约束(高速)。

(4) 具有通用和统一的约束管理系统，用于创建、管理和验证从前端到后端的约束。

(5) 兼容第三方应用程序的开放式环境，提高效率的同时提供访问其他品种工具的入口。

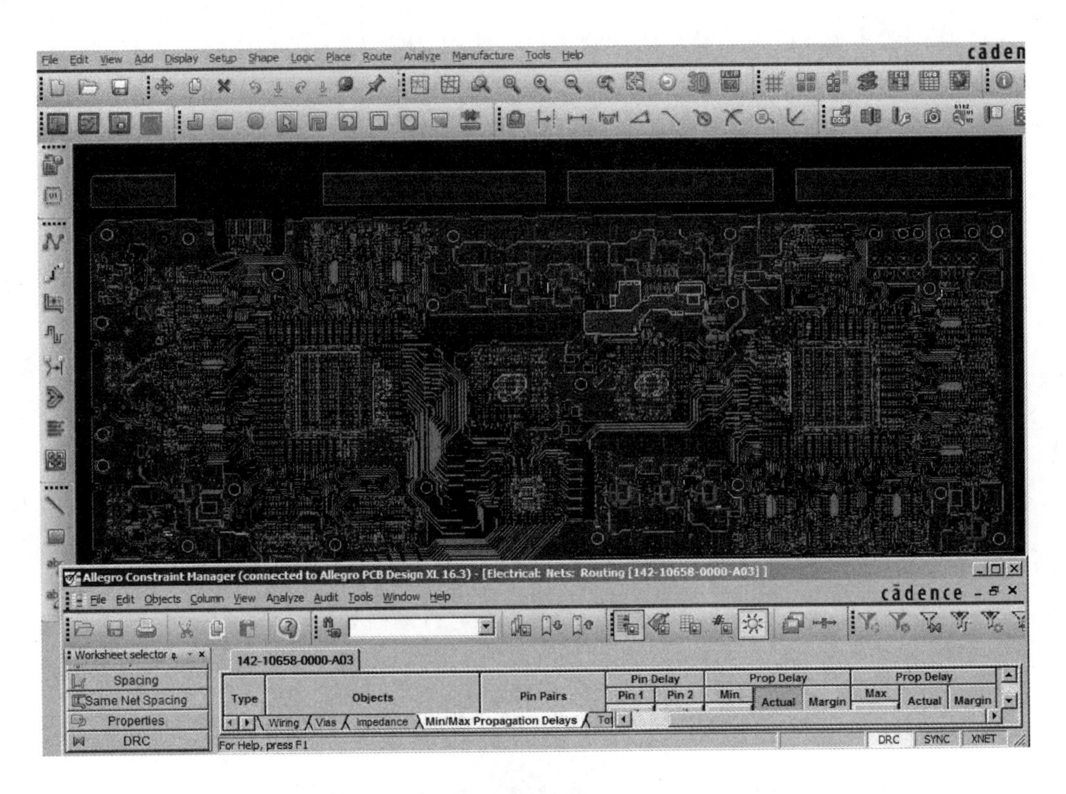

图 1-15 Allegro PCB Designer 设计与仿真环境

1.6.3 PADS

PADS 软件是 Mentor Graphics 公司推出的电路原理图和 PCB 设计工具软件。该软件是国内从事电路设计的工程师和技术人员主要使用的电路设计软件之一，是 PCB 设计高端用户最常用的工具软件。PADS包括PADS Logic、PADS Layout和PADS Router。PADS Layout(PowerPCB)提供了与其他PCB设计软件、CAM加工软件、机械设计软件的接口，如图1-16所示，方便了不同设计环境下的数据转换和传递工作。PADS提供一套完整的PCB设计工具，包括强大的原理图输入和Layout工具、约束管理工具等，更多的PCB功能和分析工具能帮助工程师一次性通过设计，完成项目。其主要特色如下。

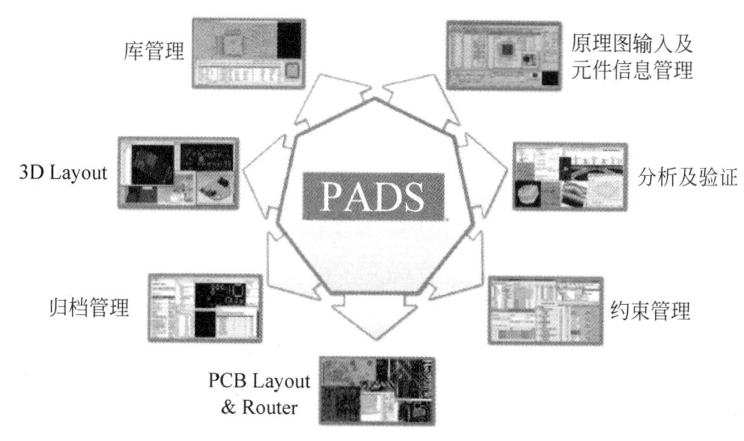

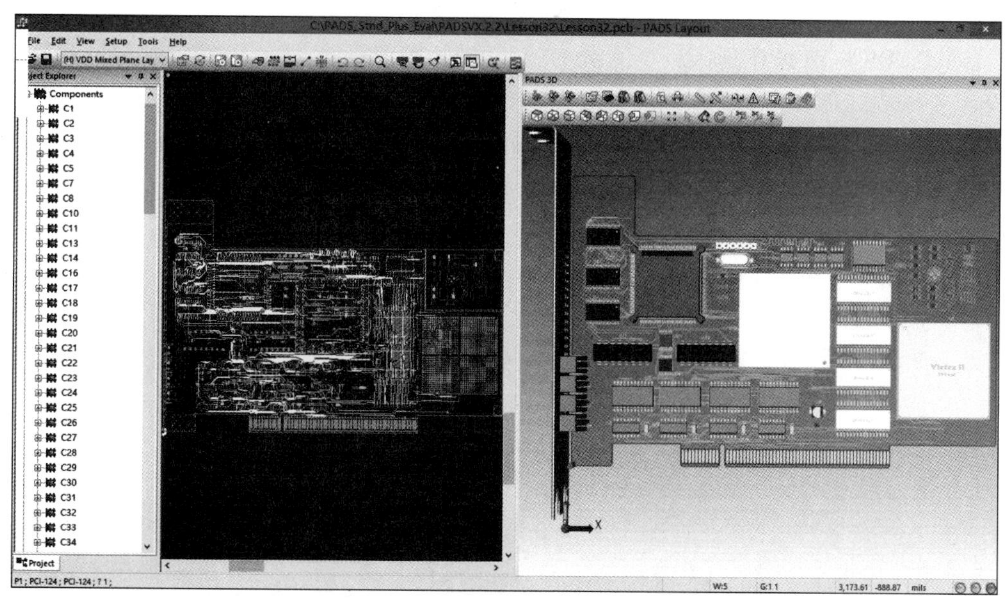

图1-16 PADS电路板相关设计工具

(1) PADS原理图设计提供了设计制作、定义和复用的完整解决方案，提供了电路设计与仿真、组件选择、库管理和信号完整性的规划及电路设计所需的一切。集成的桌面可以让工程部门在一个单一的、可扩展的协作环境中执行每个关键的设计任务。可自定义的项目导航器动态地反映了添加的项目内容，如滤波电路方块、元件、网络和属性等。其还支持双向交叉探测与所有的编辑、设计重用和派生设计，从而缩短了产品推向市场的时间，提高了产品质量，降低了产品成本。

(2) PADS提供高效的元件信息管理，可以访问单个电子表格的所有元件的信息。通过行业标准的ODBC(开放式数据库连接)的企业元件和MRP数据库,使分散在各地的设计团队能访问中心元件的信息。PADS元件管理与数据库保持同步,并能尽快予以更新,从而避免代价高昂的重新设计和可能因未被发现直到后期的设计周期才被发现的质量问题。

(3) PADS元件管理变得非常简单并有效地维持了最新的元件数据库,方便用户使用元件数据库。定义一个图形符号给予所有类似的元件,然后所述元件的信息从数据库中提取时将添加到原理图里。通过使用类似元件的单个符号,使搜索变得简化。

(4) 先进的布局/布线功能使用户能够轻松地设计PCB。随着原理图和布局之间的完全交叉探测,PADS Standard或Standard Plus将帮助用户提高工作效率、减少返工、更好地完成产品。布局可以从原理图驱动,进行全交叉探测实时同步。复杂的分割和混合平面功能可帮助克服设计和布线的挑战。可以使用手动和交互式布线满足设计所需。

(5) 交互式布线具有高度的灵活性。可以启用和禁用布线功能,如导线和通孔推挤、平滑焊盘入口和导线长度监测。设计规则检查(DRC)用以检查所有约束,确保没有规则被违反,不必在事后修复问题。间隙冲突通过先进的推挤功能很容易被解决,极大地简化了密集的电路板的布线。交互式布线处理高速网络,很容易对差分对和匹配长度进行分组,能够满足所有要求的高速约束。

(6) PADS PCB设计分析和验证由HyperLynx技术提供支持,以其精确性和易用性,从设计到制造进行分析,帮助实现最佳的效率。为了确保设计功能,即可进行物理布局与一个集成的、易于使用的Spice模拟仿真的板级模拟前仿真,定义预先布局分析布线约束和验证布线板,快速高效地查找元器件和PCB的热点,并在制造或组装之前发现制造问题。

(7) 提供准确和最新的库管理。通过确保设计师和工程师始终使用最先进的、最新的库可避免制造性和一致性问题。

1.6.4 嘉立创EDA

嘉立创EDA是由中国团队研发、拥有完全独立自主知识产权的国产EDA工具。嘉立创EDA拥有超过450万个元件的元件库并且保持新增和实时更新,也可以创建或导入常用的元件库和封装库。嘉立创EDA集成了超过80万个实时价格、实时库存数量的元器件库,电子工程师可以在设计过程中检查元器件的库存、价格、值、规格书和封装信息,缩短器件选型和项目设计周期。

嘉立创EDA目前有两个版本,即嘉立创EDA专业版和嘉立创EDA标准版。嘉立创EDA标准版面向学生和教育行业,功能和使用上更简单;嘉立创EDA专业版面向企业和团队,功能更加强大,约束性更高。

嘉立创EDA标准版基于浏览器运行,如图1-17所示,轻量级,高效率,无须下载,打开网站就能开始设计,且为云端在线设计,文件云端存储,摆脱硬件储存束缚。支持Windows、macOS、Linux多设备、跨平台,设计进度自动同步,兼容常用的PCB设计软件,支持文件导入/导出。嘉立创EDA标准版提供团队协作功能,细化到单个工程权限管理,文件独立版本控制,互不影响;文件自动保存,一键恢复历史;一键生成Gerber文件、BOM

文件、坐标文件，方便生产制造；支持常用元件的在线仿真，一键将原理图布局传递到 PCB，一键导入图片 LOGO 到 PCB。

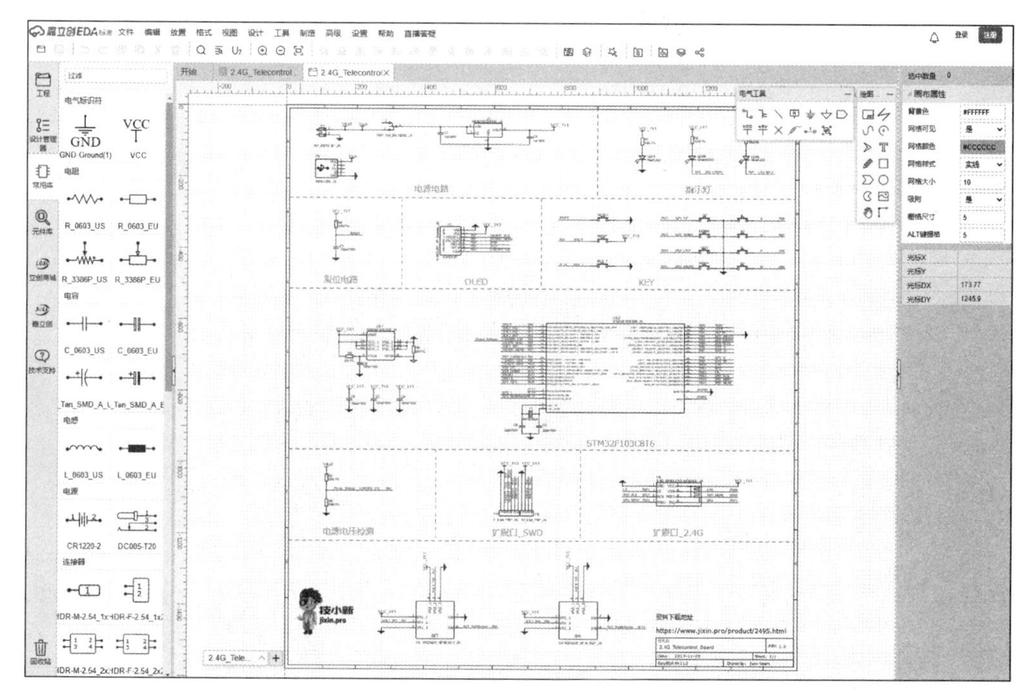

图 1-17 嘉立创 EDA 标准版

嘉立创 EDA 专业版功能更加强大，PCB 基于 WebGL 引擎，可以流畅地提供数万焊盘的 PCB 设计，各种约束也更强，能提供更加强大的规则管理等。其更强大的器件选型功能，不需要频繁在嘉立创商城和嘉立创 EDA 编辑器之间来回切换。它还提供了器件概念，器件由符号、封装、3D 模型、属性等组成，只允许放置器件在原理图/PCB 画布中，并加强库的复用。嘉立创 EDA 专业版还支持层次图绘制，可以支持多达 500 页原理图页绘制，PCB 支持 5 万个元件依然可以流畅缩放和平移及布线；支持一个工程多个单板设计，更强大的 DXF 导入/导出功能，更强大的 PDF 导出功能；内置自动布线功能，而嘉立创 EDA 标准版需要外接自动布线插件。

1.6.5 KiCad EDA

KiCad EDA 是一个免费开源的电子设计自动化套件。它具有原理图捕获、集成电路仿真、印制电路板布局、3D 渲染和多种格式的打印/数据输出功能。KiCad EDA 还包括一个高质量的组件库，其中包含数千个符号、足迹和 3D 模型。KiCad EDA 系统要求很低，可在 Linux、Windows 和 macOS 上运行。KiCad EDA 6.0 是最新的主要版本，如图 1-18 所示，它包括数百个新功能和错误修复。其包括如下显著的新功能。

（1）采用新型原理图文件格式中嵌入设计使用的原理图符号，不再需要单独的缓存库文件。

（2）采用新型项目文件格式分开显示设置（如在 PCB 编辑器显示可见的图层），类型的

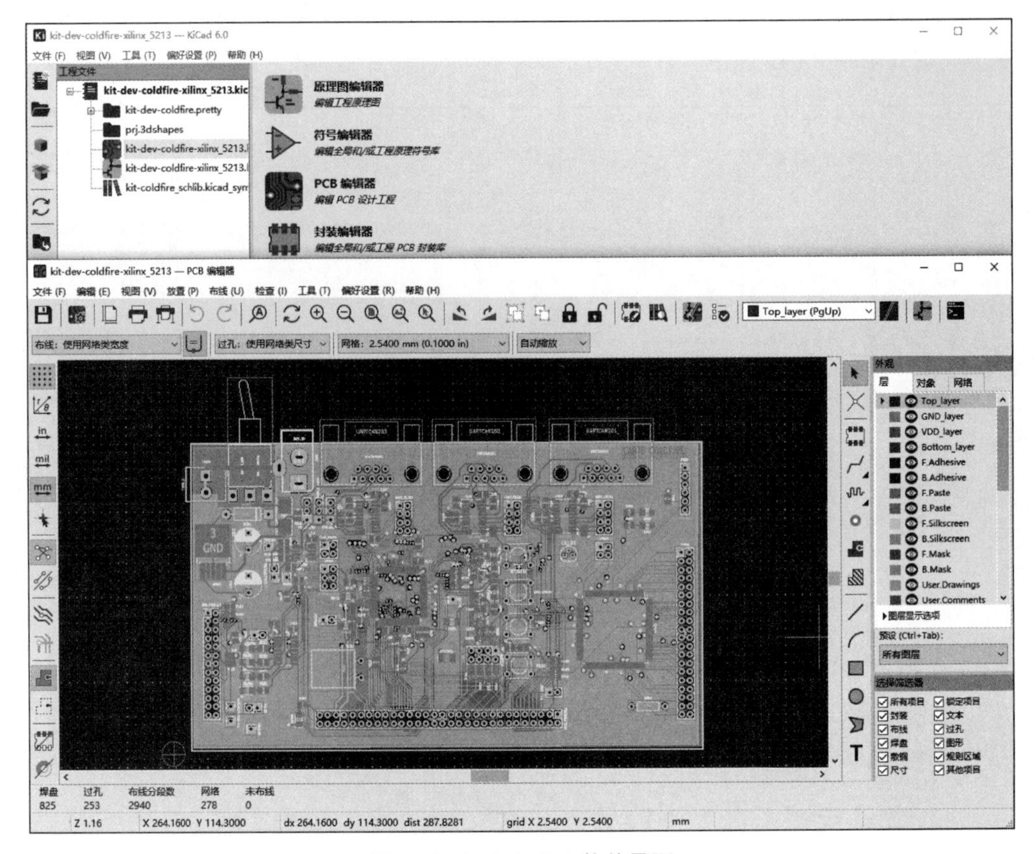

图 1-18　KiCad EDA 软件界面

设置不会再导致对板文件或主项目文件的更改，从而使 KiCad EDA 更易于与版本控制系统一起使用。

(3) 对原理图编辑器进行了重大修改，使其行为符合大多数其他原理图和 PCB 编辑器软件使用的惯例。对象选择和拖动工作方式与大多数用户期望的其他软件相同。

(4) 支持任意信号总线、每个网络自定义导线和接线颜色、交替引脚功能以及许多其他新的原理图功能。

(5) PCB 编辑器中新设计规则系统支持自定义规则，可用于约束具有高电压、信号完整性、RF 或其他特殊需求的复杂设计。

(6) PCB 编辑器功能有多项改进，包括支持圆形(圆弧)轨迹布线、阴影区域填充、矩形图元、新尺寸样式、移除未连接层上的焊盘和通孔铜、对象分组、锁定等。

(7) 更灵活地配置鼠标行为、热键、颜色主题、坐标系统、交叉探测行为、交互式路由行为等。

(8) PCB 编辑器新侧面板 UI 具有层可见性预设、不同对象类型不透明度控制、每个网络和每个网络类的颜色与可见性，以及采用新选择过滤器控制选择的对象类型。

(9) 重新设计的外观，包括全新设计的所有工具图标、默认颜色主题，以及支持 Linux 和 macOS 上的深色窗口主题。

本章习题

1.1　请简述电子电路仿真的意义和作用。

1.2　请列出之前学过的课程中，用过哪些电子电路仿真软件。

1.3　试举出三个在本章中没有讲述的电子电路仿真工具名称。

第 2 章

Spice 仿真描述与模型

电子电路设计与仿真系统集成了原理图编辑器、仿真引擎、波形显示功能，用户可以轻松地观察电路行为的即时状态。仿真系统通常也会包括扩展模型以及电子元件库，其中模型主要包括集成电路专用的晶体管模型，如 BSIM。电子元件库中提供很多通用元件，如电阻器、电容器、电感元件、变压器和用户定义的模型（如受控的电流源、电压源），此外还可以提供 Verilog-A 或 VHDL-AMS 中的一些模型。印制电路板设计还要求专用的模型，如线路走线的传输线模型和 IBIS 模型等。本章通过嘉立创 EDA 标准版（以下简称嘉立创 EDA）软件对电子电路设计与仿真进行介绍。

第 7 集
微课视频

2.1 电子电路 Spice 描述

Spice 是一种功能强大的通用模拟电路仿真器，已经有几十年的历史了，该程序主要用于集成电路的电路分析程序中，Spice 的网表格式变成了通常模拟电路和晶体管级电路描述的标准。

Spice 模型与仿真器是紧密地集成在一起的，用户要添加新的模型类型很困难，但是很容易添加新的模型，仅需要对现有的模型类型设置新的参数即可。Spice 模型由两部分组成，即模型方程式（model equations）和模型参数（model parameters）。由于提供了模型方程式，因而可以把 Spice 模型与仿真器的算法非常紧密地结合起来，以获得更好的分析效率和分析结果。Spice 模型已经被广泛应用于电子设计中，可对电路进行非线性直流分析、非线性瞬态分析和线性交流分析。被分析的电路中的元件可包括电阻、电容、电感、互感、独立电压源、独立电流源、各种线性受控源、传输线以及有源半导体器件。Spice 内建半导体器件模型，用户只需选定模型级别并给出合适的参数即可使用。

2.1.1 Spice 模型及程序结构

为了进行电路模拟，必须先建立元器件的模型，也就是对于电路模拟程序所支持的各种元器件，在模拟程序中必须有相应的数学模型描述它们，即能用计算机进行运算的公式来表达它们。一个理想的元器件模型，应该既能正确反映元器件的电学特性，又适用于在计算机上进行数值求解。一般来讲，元器件模型的精度越高，模型本身也就越复杂，所要求的模型参数个数也越多，这样计算时所占内存量增大，计算时间增加。而集成电路往往包含数量巨大的元器件,元器件模型复杂度的少许增加就会使计算时间成倍延长;反之,如果模型过于粗糙,则会导致分析结果不可靠,因此所用元器件模型的复杂程度要根据实际需要而定。如果需要进行元器件的物理模型研究或进行单管设计,则一般采用精度和复杂程度较高的模型,甚至采用以求解半导体器件基本方程为手段的元器件模拟方法。二维准静态数值模拟是这种方法的代表,通过求解泊松方程、电流连续性方程等基本方程,结合精确的边界条件和几何、工艺参数,相当准确地给出器件电学特性。而对于一般的电路分析,应尽可能采用能满足一定精度要求的紧凑模型(compact model)。电路模拟的精度除了取决于元器件模型外,还直接依赖所给定的模型参数数值的精度。因此希望元器件模型中的各种参数有明确的物理意义,与元器件的工艺设计参数有直接的联系,或能以某种测试手段测量出来。

Spice 的输入一般有两种形式:一种是网表(net list)文件(或文本文件)形式;另一种是电路原理图形式。相对而言,后者比前者简单、直观,既可以生成新的电路原理图文件,又可以打开已有的电路原理图文件。Spice 的设计流程如图 2-1 所示,对电子电路的仿真类型如表 2-1 所示。

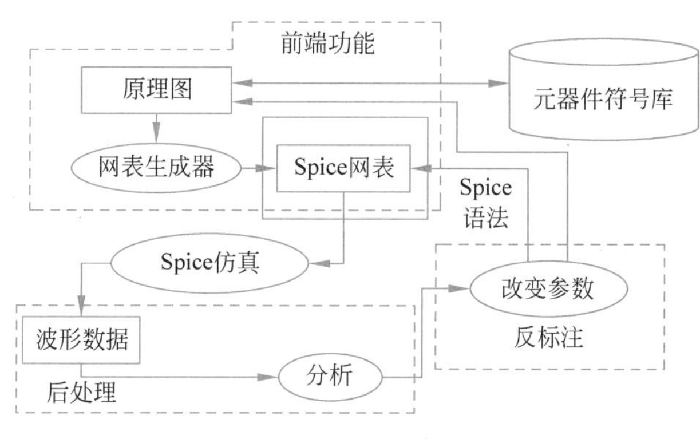

图 2-1 Spice 设计流程

表 2-1 Spice 电子电路的仿真类型

仿真类型	仿真项目
直流分析	静态工作点(bias point detail)分析 直流扫描(DC sweep)分析 直流灵敏度(DC sensitivity)分析 直流传输特性(DC transfer function,DCTF)分析
交流分析	交流小信号频率特性(AC sweep) 噪声(noise)分析
瞬态分析	时间扫描分析 傅里叶分析(Fourier analysis)
参数分析	参数扫描分析 温度特性(temperature analysis)
统计分析	蒙特卡洛(MC)分析 最坏环境(WCASE)分析
逻辑模拟	数字仿真(digital simulation) 数/模混合模拟(mixed A/D simulation) 最坏情况时序分析(worst-case timing analysis)

本节以一个完整的电路为例，使用 Spice 描述一个完整的电路结构。图 2-2 给出了使用嘉立创 EDA 软件绘制的一个基于单个晶体管（简称单管）放大电路的完整结构，通过观察原理图可以看出：

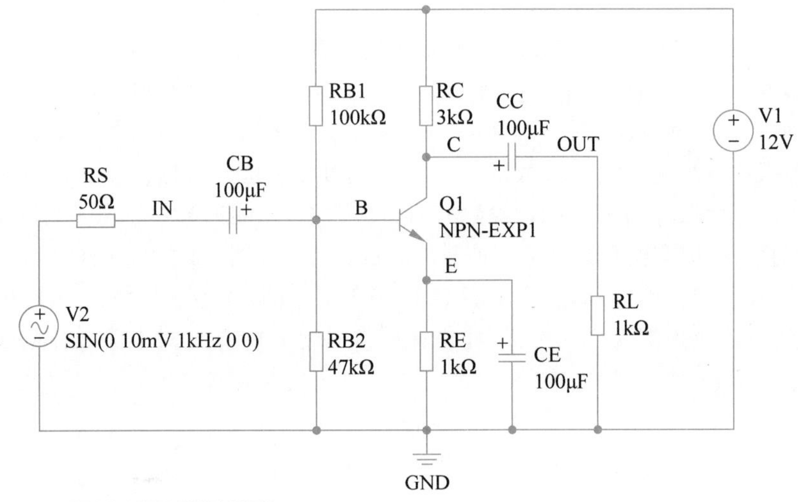

图 2-2 单管放大电路完整结构

(1) 一个电路的完整结构，应该包含电子元器件和用于连接电子元器件的电路结构。

(2) IN、OUT、B、C 和 E 这些标号从电子设计角度来说，称为网络。网络用来标识电子线路中每个元器件的位置。这种表示方法是电子设计自动化软件标识电路结构的常用方法。

综上所述，只要给定了电子元器件、电源、激励源，并且标记了每个电子元器件的位置，就能实现一个完整的电路结构。

在嘉立创 EDA 中打开仿真文件，在主菜单选择"仿真"→"显示仿真报告"命令，在"显示仿真报告"对话框中单击"下载网络表"按钮，单管放大电路原理图生成如图 2-3 所示的 Spice 网表文件。下面对其进行分析。

1. 注释行

注释行以"**"符号开始，例如：

```
** Sheet_1 **
```

2. 元器件模型描述

元器件模型的通用格式如下：

```
.MODEL MNAME TYPE
+PNAME1=PVAL1 PNAME2=PVAL2 ...
```

又例如：

```
.MODEL NPN-EXP1 NPN
+IS=1.4E-14 BF=300 VAF=100 IKF=0.025 ISE=3E-13
```

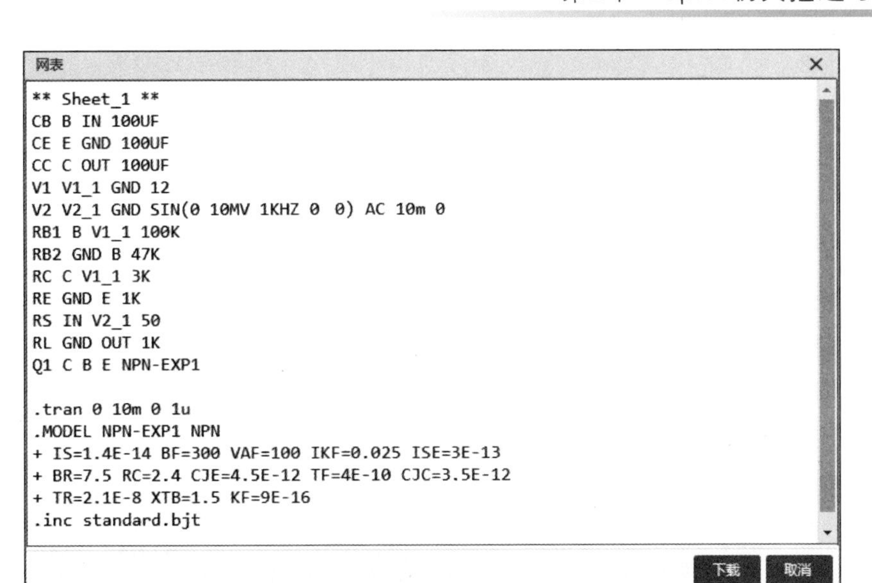

```
网表
** Sheet_1 **
CB B IN 100UF
CE E GND 100UF
CC C OUT 100UF
V1 V1_1 GND 12
V2 V2_1 GND SIN(0 10MV 1KHZ 0 0) AC 10m 0
RB1 B V1_1 100K
RB2 GND B 47K
RC C V1_1 3K
RE GND E 1K
RS IN V2_1 50
RL GND OUT 1K
Q1 C B E NPN-EXP1

.tran 0 10m 0 1u
.MODEL NPN-EXP1 NPN
+ IS=1.4E-14 BF=300 VAF=100 IKF=0.025 ISE=3E-13
+ BR=7.5 RC=2.4 CJE=4.5E-12 TF=4E-10 CJC=3.5E-12
+ TR=2.1E-8 XTB=1.5 KF=9E-16
.inc standard.bjt
下载 取消
```

图 2-3 Spice 网表文件

```
+BR=7.5 RC=2.4 CJE=4.5E-12 TF=4E-10 CJC=3.5E-12
+TR=2.1E-8 XTB=1.5 KF=9E-16
```

(1) 对于一些参数较多的电子元器件使用单独的 *.MODEL 行进行说明，并且分配一个唯一的模型名字。

(2) MNAME 表示模型的名字。

(3) TYPE 表示模型的类型，包括 15 种，如表 2-2 所示。

表 2-2 Spice 模型的类型

类型名称	说明	类型名称	说明
R	半导体电阻模型	PNP	PNP BJT 模型
C	半导体电容模型	NJF	N 沟道 JFET 模型
SW	电压控制开关	PJF	P 沟道 JFET 模型
CSW	电流控制开关	NMOS	N 沟道 MOSFET 模型
URC	均匀分布的 RC 模型	PMOS	P 沟道 MOSFET 模型
LTRA	有损传输线模型	NMF	N 沟道 MESFET 模型
D	二极管模型	PMF	P 沟道 MESFET 模型
NPN	NPN BJT 模型		

3. 子电路描述

子电路描述即可以定义由 Spice 元器件构成的子电路，可以通过类似于调用元器件模型的方法进行引用。在输入文件中，通过一组元器件行定义子电路。然后，程序自动在引用子电路的地方插入该组元器件。对子电路的大小和复杂度没有限制，并且子电路还可以包含其他的子电路。

1) .SUBCKT 行

.SUBCKT 行用于说明一个电路定义的开始。格式如下：

```
.SUBCKT subnam N1 < N2 N3 ... >
```

其中：

（1）subnam 表示子电路的名字；

（2）N1，N2，…表示外部的节点；

（3）在一个子电路定义中，不显示控制行。然而，子电路定义可以包含其他子电路定义、器件模型和调用子电路。

例如：

```
.SUBCKT OPAMP 12 3 4
```

2）.ENDS 行

.ENDS 行用于说明子电路定义的结束。格式如下：

```
.ENDS < SUBNAM >
```

例如：

```
.ENDS OPAMP
```

3）调用子电路

调用子电路格式如下：

```
XYYYYYYY N1 < N2 N3 … > SUBNAM
```

例如：

```
X1 2 4 17 3 1 MULTI
```

通过指定带有字母 X 开头的伪元素（后面是子电路节点），引用在 Spice 中所使用的子电路。

4. 合并文件

合并文件的格式是：

```
.INCLUDE filename
```

例如：

```
INCLUDE /users/Spice/common/wattmeter.cir
```

在几个输入文件中，.INCLUDE 行可以用来描述复用电路的一部分，特别是那些公共的模型和子电路。

2.1.2 Spice 程序相关命令

1. 分析命令

分析命令用于控制 Spice 执行情况的分析功能，以及输出什么样的结果，下面对这些命令进行介绍。

1）.AC

.AC 命令执行小信号 AC 分析，常用的格式如下：

```
.AC DEC ND FSTART FSTOP
```

```
.AC OCT NO FSTART FSTOP
.AC LIN NP FSTART FSTOP
```

例如：

```
.AC DEC 10 1 10K
.AC DEC 10 1K 100MEG
.AC LIN 100 1 100Hz
```

2）.DC

.DC 命令执行 DC 传输函数分析，常用的格式如下：

```
.DC SRCNAM VSTART VSTOP VINCR [SRC2 START2 STOP2 INCR2]
```

其中：

（1）SRCNAM 表示独立电压源或者独立电流源的名称。

（2）VSTART、VSTOP、VINCR 表示开始值、停止值和递增值。

例如：

```
.DC VIN 0.25 5.0 0.25
.DC VDS 0 10 .5 VGS 0 5 1
.DC VCE 0 10 .25 IB 0 1 10U 1U
```

3）.NOISE

.NOISE 命令对电路执行噪声分析，常用的格式如下：

```
.NOISE V(OUTPUT <, REF >) SRC ( DEC | LIN | OCT ) PTS FSTART FSTOP + <PTS_PER
_SUMMARY >
```

例如：

```
.NOISE V(5) VIN DEC 10 1kHz 100MHz
.NOISE V(5,3) V1 OCT 8 1.0 1.0e6 1
```

4）.OP

.OP 命令用于确定电路的直流工作点，分析条件是电容开路、电感短路。常用的格式如下：

```
.OP
```

5）.PZ

.PZ 命令执行零级点分析，常用的格式如下：

```
.PZ NODE1 NODE2 NODE3 NODE4 CUR POL
.PZ NODE1 NODE2 NODE3 NODE4 CUR ZER
.PZ NODE1 NODE2 NODE3 NODE4 CUR PZ
.PZ NODE1 NODE2 NODE3 NODE4 VOL POL
.PZ NODE1 NODE2 NODE3 NODE4 VOL ZER
.PZ NODE1 NODE2 NODE3 NODE4 VOL PZ
```

其中：

（1）CUR：传输函数的类型，输出电流/输入电流；

（2）VOL：传输函数的类型，输出电压/输入电压；
（3）POL：只分析极点；
（4）ZER：只分析零点；
（5）PZ：同时分析零点和极点；
（6）NODE1、NODE2：两个输入节点；
（7）NODE3、NODE4：两个输出节点。
例如：

```
.PZ 1 0 3 0 CUR POL
.PZ 2 3 5 0 VOL ZER
.PZ 4 1 4 1 CUR PZ
```

6）.SENS

.SENS 执行 DC 或者小信号 AC 灵敏度分析，常用格式如下：

```
.SENS OUTVAR
.SENS OUTVAR AC DEC ND FSTART FSTOP
.SENS OUTVAR AC OCT NO FSTART FSTOP
.SENS OUTVAR AC LIN NP FSTART FSTOP
```

例如：

```
.SENS V(1,OUT)
.SENS V(OUT) AC DEC 10 100 100K
.SENS I(VTEST)
```

7）.TF

.TF 定义了进行直流小信号分析时，小信号的输出和输入。具体实现计算传输函数（输出/输入的直流小信号值、输入阻抗和输出阻抗）。常用格式如下：

```
.TF OUTVAR INSRC
```

其中：

（1）OUTVAR：小信号输出变量；
（2）INSTC：小信号输入源。
例如：

```
.TF V(5,3) VIN
.TF I(VLOAS) VIN
```

8）.TRAN

.TRAN 执行瞬态分析，常用格式如下：

```
.TRAN TSTEP TSTOP < TSTART < TMAX >>
```

例如：

```
.TRAN 1NS 100NS
.TRAN 1NS 1000NS 500NS
.TRAN 10NS 1US
```

9）.FOUR

.FOUR 执行傅里叶分析，该分析是暂态分析的一部分，常用格式如下：

```
.FOUR FREQ OV1 < OV2 OV3 …>
```

例如：

```
.FOUR 100KV(5)
```

10）.MC

.MC 执行蒙特卡洛分析，常用格式如下：

```
.MC runs < option >
```

其中：

（1）runs：运行蒙特卡洛分析的次数；

（2）< option >：MC 分析功能选项。

11）SWEEP(参数)

参数扫描，常用格式如下：

```
SWEEP cname[cparam] pvstart pvstop pvinstr
```

其中：

（1）cname：扫描元件的名字；

（2）cparam：扫描元件的某个参数；

（3）pvstart：扫描参数的起始值；

（4）pvstop：扫描参数的结束值；

（5）pvinstr：扫描参数的增量。

例如：

```
SWEEP R1[resistance] 10 1000 110
```

12）SWEEP(温度)

温度扫描，常用格式如下：

```
SWEEP OPTION[TEMP] tstart tstop tinstr
```

其中：

（1）tstart：扫描温度的起始值；

（2）tstop：扫描温度的结束值；

（3）tinstr：扫描温度的增量。

例如：

```
SWEEP OPTION[TEMP] 0 110 10
```

2. 输出命令

下面介绍常用的一些输出命令。

1）.SAVE 行

.SAVE 行用于在原始文件中记录指定的向量，常用格式如下：

```
.SAVE vector vector vector ...
```

例如：

```
.SAVE i(vin) input output .SAVE @m1[id]
```

2）.PRINT 行

.PRINT 行定义了表中所列出的 1～8 个变量的内容，常用格式如下：

```
.PRINT PRTYPE OV1 < OV2 ... OV8 >
```

其中：

（1）PRTYPE：打印分析的类型；

（2）Vx(N1,< N2 >)：节点 N1 和节点 N2 之间的电压差，如果没有指定 N2，则默认为 0（地）；

（3）I(Vxxxxxx)：流经 Vxxxxxx 所表示的独立电压源的电流。

例如：

```
.PRINT TRAN V(4) I(VIN)
.PRINT DC V(2) I(VSRC) V(23,17)
.PRINT AC VM(4,2) VR(7) VP(8,3)
```

第 8 集
微课视频

3）.PLOT 行

.PLOT 行定义了一个绘图内的内容（1～8 个变量），常用格式如下：

```
.PLOT PLTYPE OV1 <(PLO1,PHI1 )> < OV2 <(PLO2,PHI2)> ... OV8 >
```

其中：

（1）PLTYPE：绘图分析的类型；

（2）OVx：绘图输出变量；

（3）PLx/PHx：绘图输出规定的上限和下限。

例如：

```
.PLOT DC V(4) V(5) V(1)
.PLOT TRAN V(17,5) (2,5) VDB(5) VP(5)
.PLOT DISTO HD2 HD3(R) SIM2
.PLOT TRAN V(5,3) V(4) (0,5) V(7) (0,10)
```

2.2 电子元件及 Spice 模型

本节主要介绍在 Spice 仿真中所用到的 Spice 模型。Spice 模型主要分为基本元件、电压和电流源、传输线、晶体管和二极管。

通过学习这些电子元器件的 Spice 模型和从用户数据创建 Spice 模型的方法，能更好地理解电子元器件的物理特性，为执行 Spice 仿真，并对 Spice 仿真的结果进行分析打下基础。

2.2.1 基本元件

Spice 模型中的基本元件，主要包含电阻、电容、电感。

1. 电阻

图 2-4 给出了电阻的符号，其 Spice 模型表示如下：

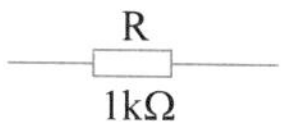

```
RXXXXXXX N1 N2 VALUE
```

图 2-4 电阻符号

其中：

(1) N1、N2：电阻接入电路的节点号，在使用时分配；

(2) VALUE：是电阻值(单位为 Ω)，为正值或者负值，但不能为零。

例如：

```
R1 1 2 100
RC1 12 17 1K
```

2. 电容

图 2-5 给出电容的符号，其 Spice 模型表示如下：

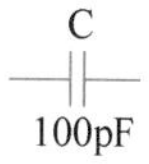

```
CXXXXXXX N+ N- VALUE <IC = INCOND>
```

图 2-5 电容符号

其中：

(1) N+、N-：电容接入电路的节点号，在使用时分配；

(2) VALUE：电容值(单位为 F)；

(3) <IC = INCOND>：电容的初始电压值。

例如：

```
CBYP 13 0 1UF
COSC 17 23 10U IC = 3V
```

3. 电感

图 2-6 给出了电感的符号，其 Spice 模型表示如下：

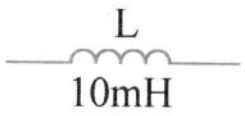

```
LYYYYYYY N+ N- VALUE <IC = INCOND>
```

图 2-6 电感符号

其中：

(1) N+、N-：电感接入电路的节点号，在使用时分配；

(2) VALUE：电感值(单位为 H)；

(3) <IC=INCOND>：电感的初始电流值。

例如：

```
LLINK 42 69 1UH
LSHUNT 23 51 10U IC = 15.7MA
```

2.2.2 电压和电流源

Spice 模型中的电压和电流源主要分为三大类，包括独立源、线性受控源和非线性受控源。

常用的独立源主要包括脉冲源、正弦源、指数源、分段线性源和单频 FM 源。下面给出的是电压源，对于电流源有类似的模型描述。

1. 脉冲源

图 2-7 脉冲源符号

图 2-7 给出了脉冲源的符号，其 Spice 模型表示如下：

```
PULSE( V1 V2 TD TR TF PW PER)
```

例如：

```
VIN 3 0 PULSE( −1 1 2NS 2NS 2NS 50NS 100NS)
```

表 2-3 给出了脉冲源 Spice 模型各个参数的含义。图 2-8 给出了脉冲源产生的脉冲波形图（本书部分图像为仿真软件输出图像，不做修改，以便读者学习）。

表 2-3 脉冲源 Spice 模型各个参数的含义

参　数	单　位	参　数	单　位
V1(初始值)	V	TF(下降时间)	s
V2(脉冲值)	V	PW(脉冲宽度)	s
TD(延迟时间)	s	PER(周期)	s
TR(上升时间)	s		

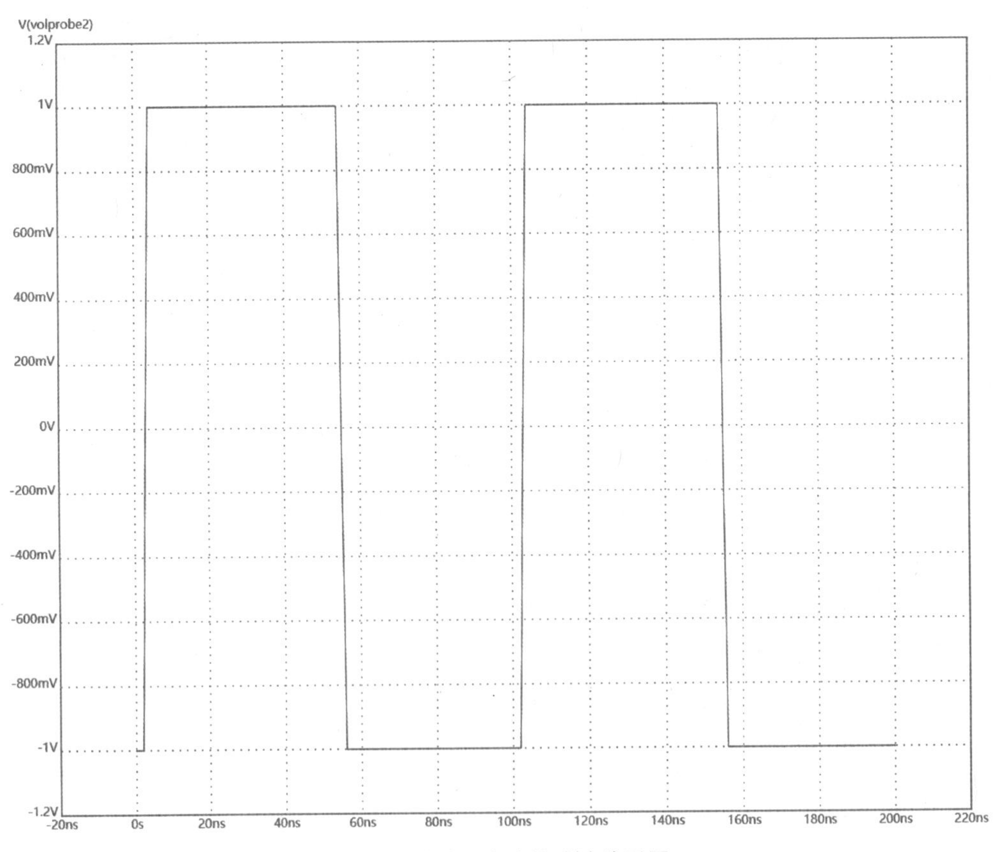

图 2-8 脉冲源产生的脉冲波形图

2. 正弦源

图 2-9 给出了正弦源的符号，其 Spice 模型表示如下：

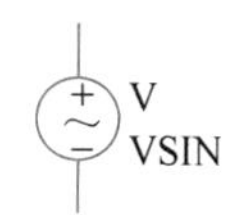

图 2-9 正弦源符号

SIN(VO VA FREQ TD THETA)

例如：

VIN 3 0 SIN(0 1 100MEG 1NS 1E7)

表 2-4 给出了正弦源 Spice 模型各个参数的含义。图 2-10 给出了正弦源产生的脉冲波形图。

表 2-4 正弦源 Spice 模型各个参数的含义

参　数	单　位	参　数	单　位
VO(偏置)	V	TD(延迟时间)	s
VA(幅度)	V	THETA(阻尼系数)	1/s
FREQ(频率)	Hz		

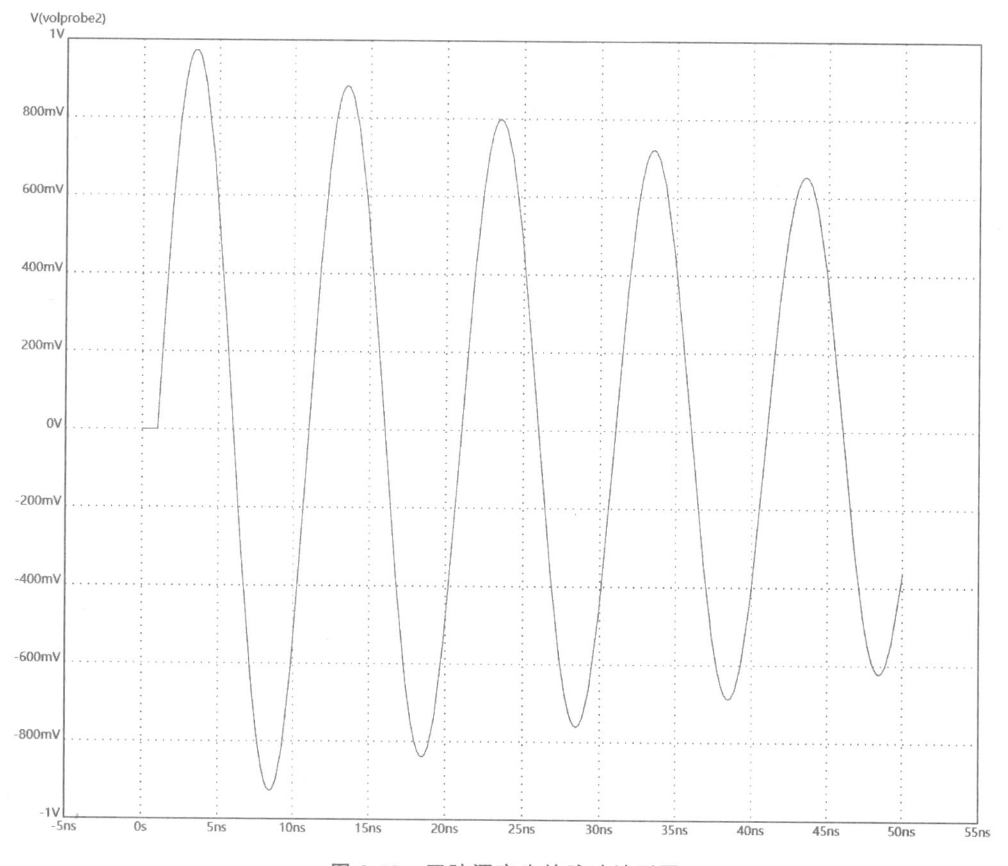

图 2-10 正弦源产生的脉冲波形图

3. 指数源

图 2-11 给出了指数源的符号，其 Spice 模型表示如下：

图 2-11 指数源符号

EXP(V1 V2 TD1 TAU1 TD2 TAU2)

例如：

VIN 3 0 EXP(−4 −1 2NS 30NS 60NS 40NS)

表 2-5 给出了指数源 Spice 模型各个参数的含义。图 2-12 给出了指数源产生的脉冲波形图。

表 2-5 指数源 Spice 模型各个参数的含义

参　数	单　位	参　数	单　位
V1(初始值)	V	TAU1(上升时间常数)	s
V2(脉冲值)	V	TD2(下降延迟时间)	s
TD1(上升延迟时间)	s	TAU2(下降时间常数)	s

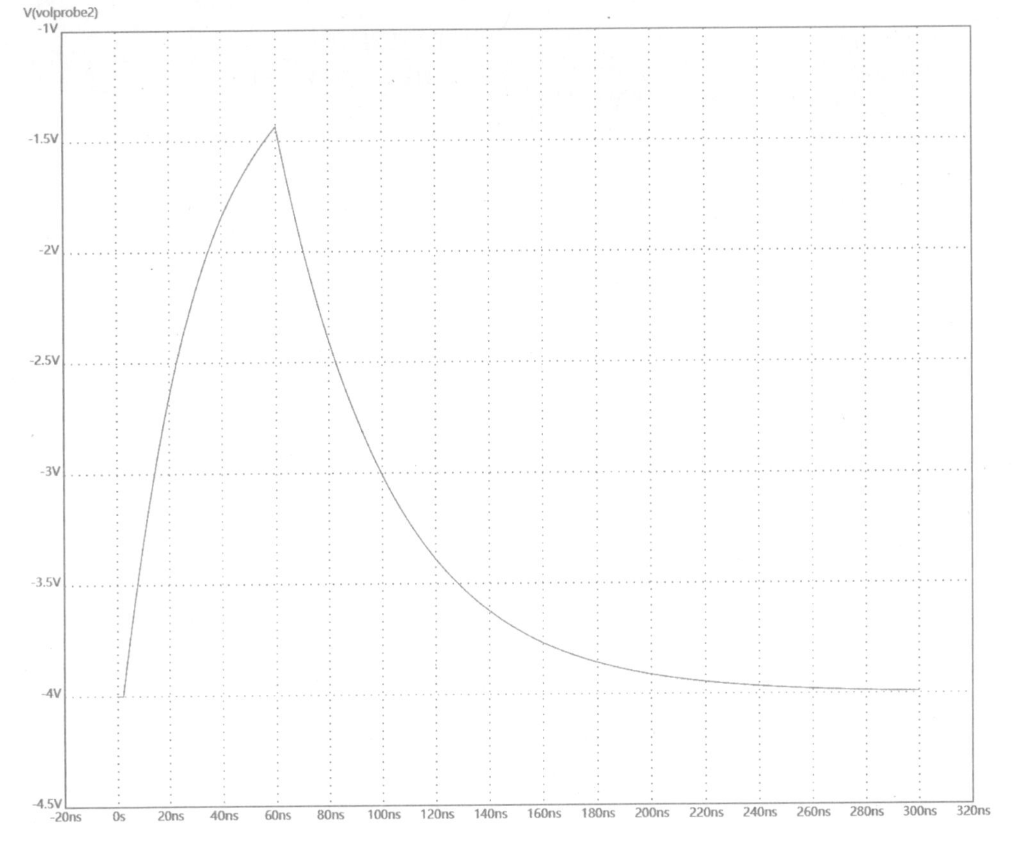

图 2-12 指数源产生的脉冲图形图

4. 分段线性源

图 2-13 分段线性源符号

图 2-13 给出了分段线性源的符号，其 Spice 模型表示如下：

PWL(T1 V1 <T2 V2 T3 V3 T4 V4 ... >)

例如：

VCLOCK 7 5 PWL(0 −7 10NS −7 11NS −3 17NS −3 18NS −7 50NS −7)

图 2-14 给出了分段线性源产生的脉冲波形图。

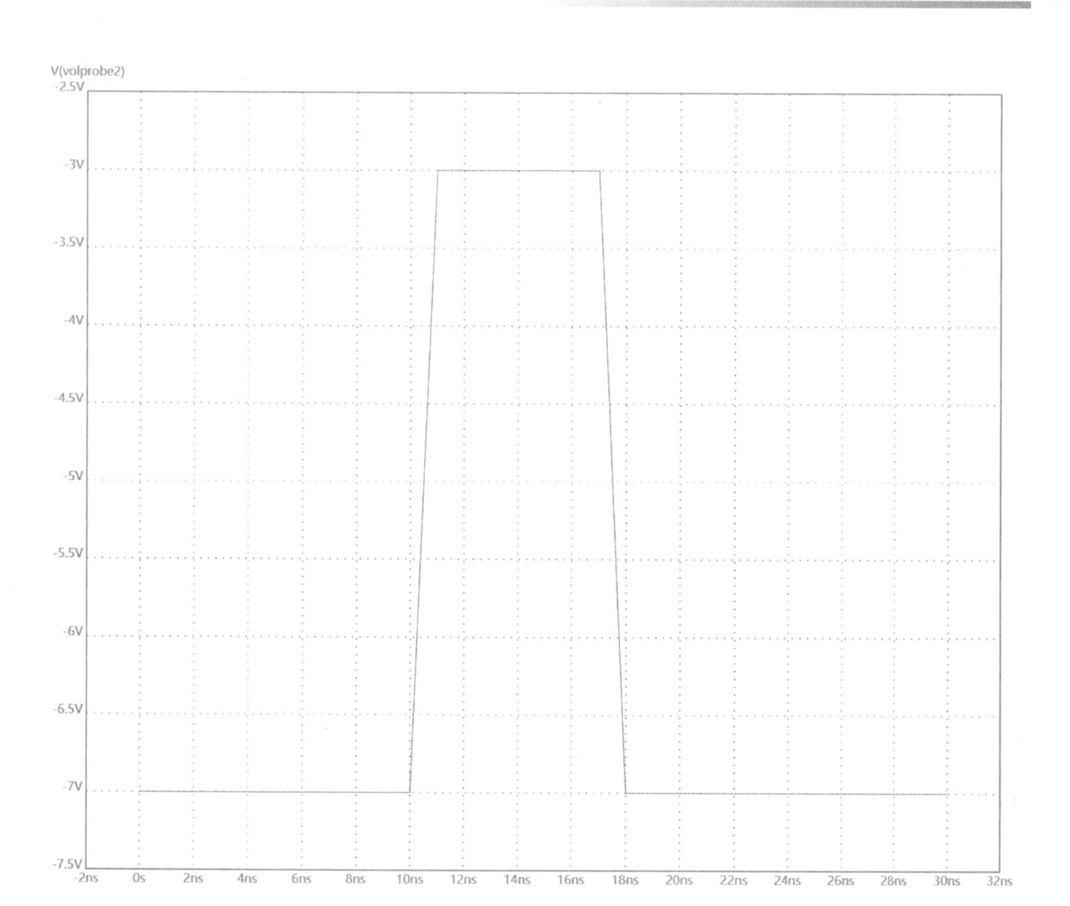

图 2-14 分段线性源产生的脉冲波形图

每一对值(Ti,Vi)表示在时间为 Ti 的时候,信号源的值为 Vi。

5. 单频 FM 源

图 2-15 给出了单频 FM 源的符号,其 Spice 模型表示如下:

```
SFFM(VO VA FC MDI FS)
```

图 2-15 单频 FM 源符号

例如:

```
V1 12 0 SFFM(0 1 100K 5 10K)
```

单频 FM 源,可以用下式表示:

$$V(t)=\mathrm{VO}+\mathrm{VA}\times\sin(2\pi\times\mathrm{FC}\times t+\mathrm{MDI}\times\sin(2\pi\times\mathrm{FS}\times t))$$

表 2-6 给出了单频 FM 源 Spice 模型各个参数的含义。图 2-16 给出了单频 FM 源产生的脉冲波形图。

表 2-6 单频 FM 源 Spice 模型各个参数的含义

参 数	单 位	参 数	单 位
VO(偏置值)	V	MDI(调制系数)	—
VA(幅度值)	V	FS(信号频率)	Hz
FC(载波频率)	Hz		

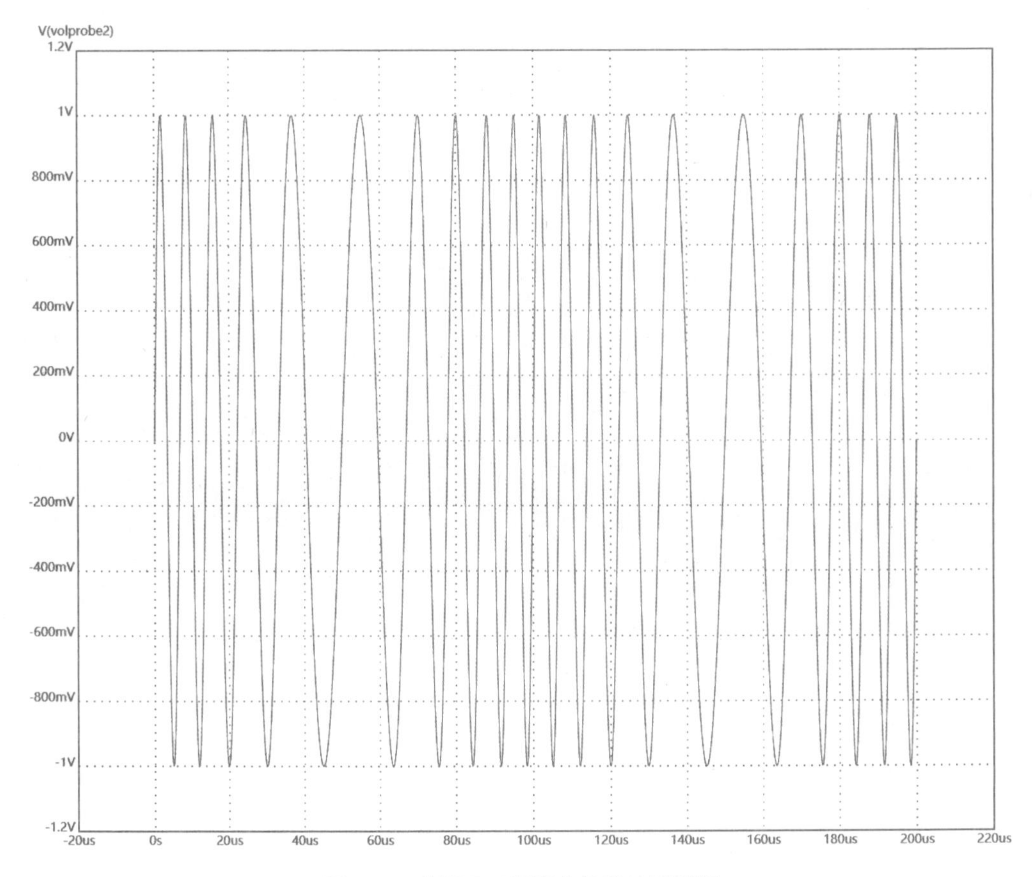

图 2-16 单频 FM 源产生的脉冲波形图

2.2.3 传输线

在许多电子线路中，连接各器件的导线的长度基本可以被忽略，也就是说在导线各点同一时刻的电压可以认为是相同的。但是，当电压的变化和信号沿导线传播的时间可以比拟时，导线的长度就变得重要了，这时导线就必须作为传输线处理。

换言之，当信号所包含的频率分量的相应波长较导线长度小或二者可以比拟的时候，导线的长度是很重要的。

常见的经验方法认为如果电缆或者导线的长度大于波长的 1/10，则作为传输线处理。此情况下相位延迟和线中的反射干扰非常显著，如果不使用传输线理论仔细研究设计过的系统，就会出现一些不可预知的行为。

在 Spice 中，支持 3 种传输线类型，即无损传输线、有损传输线和均匀分布的 RC 线。

1. 无损传输线

无损传输线 Spice 模型表示如下：

```
TXXXXXXX N1 N2 N3 N4 Z0 = VALUE < TD = VALUE > < F= FREQ > < NL = NRMLEN >> +
< IC = V1, I1, V2, I2 >
```

其中：

(1) N1、N2：无损传输线输入端口的正端和负端；

(2) N3、N4：无损传输线输出端口的正端和负端；

(3) Z0：无损传输线的特性阻抗；

(4) 初始条件：可选，由每个传输线的端口电压和电流组成。

传输线的长度可以用两种形式描述：

(1) 传输延迟时间 TD：如 TD=10ns；

(2) NL：表示在频率 F 时，传输线上的波长相对于传输线上量化的电气长度。

例如：

```
TI 1 0 2 0 Z0 = 50 TD = 10NS
```

2. 有损传输线

有损传输线用于单个导体有损传输线的两端口卷积模型，其 Spice 模型表示如下：

```
OXXXXXXX N1 N2 N3 N4 MNAME
```

其中：

(1) N1、N2：有损传输线输入端口的正端和负端；

(2) N3、N4：有损传输线输出端口的正端和负端；

(3) 对于带有 0 损耗的有损传输线能比无损传输线更能精确地表示实现细节。

例如：

```
O23 1 0 2 0 LOSSYMOD OCONNECT 10 5 20 5 INTERCONNECT
```

有损传输线的模型如下：

(1) 只带有串行损耗的均匀传输线(uniform transmission line with series loss only) RLC 模型；

(2) 均匀 RC(uniform RC line)模型；

(3) 无损耗传输线(lossless transmission line)LC 模型；

(4) 只有分布串行电阻和并行电导(distributed series resistance and parallel conductance only)RG 传输线模型，下面称为 LTRA 模型，用于为一个均匀分布的常数参数的分布式传输线进行建模。

使用均匀 RC 和无损耗传输线模型可以对 RC 和 LC 的情况进行建模，新的 LTRA 模型更加精确和快速。如表 2-7 所示，LTRA 模型使用了大量的参数，其中一些必须提供，另一些可选。

表 2-7　LTRA 模型参数

名　称	参　数	单位/类型	默认值	例　子
R	电阻/长度	Ω/单位	0.0	0.2
L	电感/长度	H/单位	0.0	9.13×10^{-9}
G	电导/长度	Ω/单位	0.0	0.0
C	电容/长度	F/长度	0.0	3.65×10^{-12}
LEN	传输线长度	—	—	1.0
REL	断点控制	任意单位	1	0.5
ABS	断点控制	—	1	5

续表

名　称	参　数	单位/类型	默认值	例　子
NOSTEPLIMIT	不限制时间步长小于线延迟(RLC 情况)	标志	无设置	设置
NOCONTROL	不做复杂的时间步长控制(RLC 和 RC 情况)	标志	无设置	设置
LININTERP	使用线性插值	标志	无设置	设置
MIXEDINTERP	当二次项看上去不好时,使用线性插值	—	无设置	设置
COMPACTREL	用于压缩历史数据的特殊相对精度	标志	RELTOL	10^{-3}
COMPACTABS	用于压缩历史数据的特殊绝对精度	—	ABSTOL	10^{-9}
TRUNCNR	使用牛顿-拉夫逊方法,用于时间步长控制	标志	无设置	设置
TRUNCDONTCUT	不限制时间步长,保持脉冲响应低误差	标志	无设置	设置

3. 均匀分布的 RC 线

均匀分布的 RC 线 Spice 模型表示如下：

```
UXXXXXXX N1 N2 N3 MNAME L = LEN <N = LUMPS>
```

其中：

(1) N1、N2：连接 RC 线的两个元素的节点；

(2) N3：连接电容的节点；

(3) MNAME：模型的名字；

(4) LEN：RC 线的长度,单位为 m；

(5) LUMPS：表示在建模 RC 线时,集总段的数量。

如果没有为均匀 RC 线指定集总段 LUMPS 的数量,则由下式确定

$$N=\frac{\log\left[F_{\max}\frac{R}{L}\frac{C}{L}2\pi L^{2}\left(\frac{K-1}{K}\right)^{2}\right]}{\log K}$$

例如：

```
U1 1 2 0 URCMOD L = 50U
URC2 1 12 2 UMODL l = 1MIL N= 6
```

如表 2-8 所示,还有一些参数和该模型有关。

表 2-8　均匀分布 RC 线的其他参数

序号	名　字	参　数	单位	默认值	例子
1	K	传播常数	—	2.0	1.2
2	FMAX	兴趣的最大频率	Hz	1.0G	6.5Meg
3	RPERL	每个单位长度的电阻	Ω	1000	10
4	CPERL	每个单位长度的电容	F/m	10^{-15}	1pF
5	ISPERL	每个单位长度的饱和电流	A/m	0	—
6	RSPERL	每个单位长度的二极管电阻	Ω	0	—

2.2.4　二极管和晶体管

晶体管和二极管主要包括二极管 Diode、双极结型晶体管 BJT、结型场效应晶体管

JFET、金属氧化物半导体场效应晶体管和金属半导体场效应晶体管 MESFET。

在 Spice 中，Diode、BJT、JFET 和 MESFET 的几何尺寸是用一个无量纲的面积因子(area factor)表示的。模型语句只定义了一个单位面积器件，而面积因子则表示了器件面积和单位面积的比值，与面积有关的模型参数将乘/除以这个面积因子。

对于一些器件，可能需要用两种不同的形式说明初始条件。第一种形式包括改善电路的直流收敛性，包含多个稳定状态。如果一个器件用 OFF 指定，则用于该器件的终端电压所确定的直流操作点设置为 0。当收敛后，程序连续迭代，以得到用于终端电压的精确值。如果电路有多个直流稳定状态，使用 OFF 选项解决方案对应到一个期望的状态。初始条件的第二种形式，用于瞬态分析，与收敛条件相比，这是真正的初始条件。

1. 二极管

图 2-17 给出了二极管的一个典型应用结构；图 2-18 给出了二极管的等效模型。其非线性电流表达式为

$$I_D = I_S\left\{\exp\left(\frac{V_D}{nV_t}\right) - 1\right\}$$

其中：

(1) $V_t = \dfrac{kT}{q}$；

(2) I_S：饱和电流；

(3) n：发射系数，用来描述耗尽区中产生的复合效应。

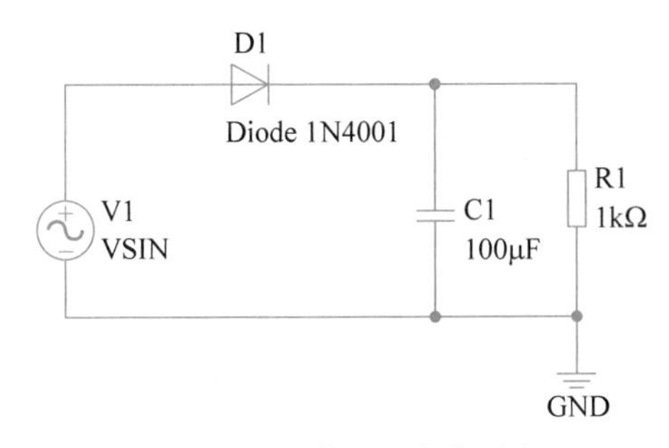

图 2-17　二极管的一个典型应用

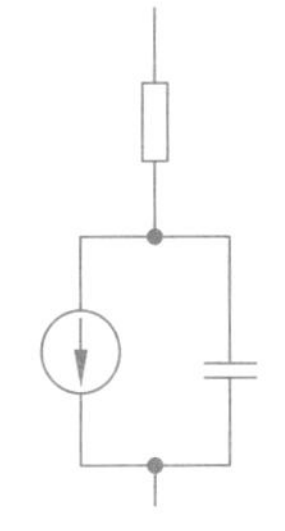

图 2-18　二极管的等效模型

二极管的 Spice 模型表示如下：

```
DXXXXXXX N+ N- MNAME <AREA> <OFF> <IC = VD> <TEMP = T>
```

其中：

(1) N+、N-：二极管的正端和负端；

(2) MNAME：二极管模型的名字，使用 *.MODEL 语句进行描述；

(3) AREA：面积因子；

(4) OFF：可选，用于作用于该器件的直流分析开始条件；

(5) IC=VD：在.TRAN 行中，用于 UIC 选项的一个初始条件；

(6) TEMP：工作温度。

例如：

DBRIDGE 2 10 DIODE 1 DCLMP 3 7 DMOD 3.0 IC = 0.2

表 2-9 给出了二极管的模型参数。

表 2-9　二极管模型参数

序号	关 键 字	名 称	默认值	单位
1	IS	饱和电流	10^{-14}	A
2	RS	等效欧姆电阻	0	Ω
3	N	发射系数	1	—
4	TT	渡越时间	0	s
5	CJO	零偏置结电容	0	F
6	VJ	结电势	1	V
7	M	电容梯度因子	0.5	—
8	EG	禁带宽度,对硅为 1.11,锗为 0.67	1.11	eV
9	XTI	饱和电流温度指数因子	3.0	—
10	FC	正偏耗尽层电容公式中系数	0.5	—
11	BV	反向击穿电压	无穷	V
12	IBV	反向击穿电流	10^{-3}	A
13	KF	闪烁噪声系数	0	—
14	AF	闪烁噪声指数因子	1	—
15	TNOM	参数测量温度	27	℃

2. 双极结型晶体管

图 2-19 给出了双极结型晶体管(bipolar junction transistor,BJT)的一个典型应用结构;如图 2-20 所示,双极性结型晶体管有 NPN 和 PNP 两种类型;如图 2-21 所示,双极结型晶体管采用了修改的 Gummel-Poon 模型,其 Spice 模型表示如下:

QXXXXXXX NC NB NE <NS> MNAME <AREA> <OFF> <IC = VBE, VCE> <TEMP = T>

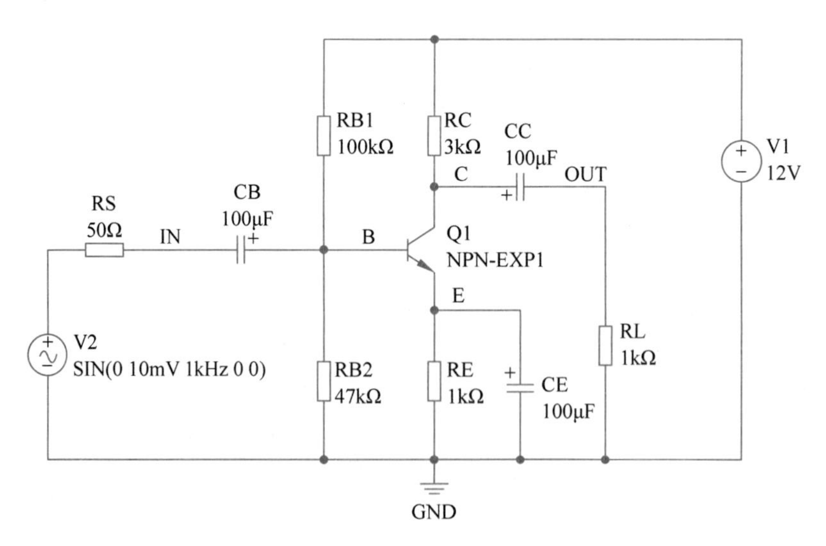

图 2-19　双极结型晶体管的一个典型应用

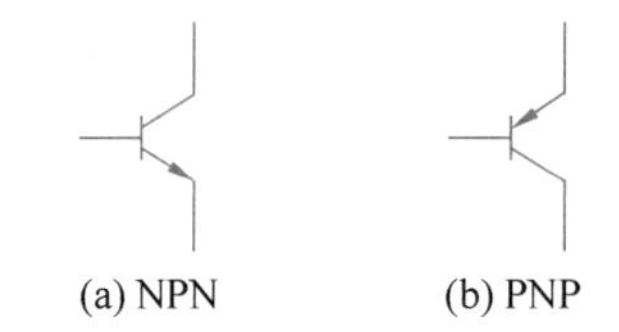

图 2-20 BJT 的类型和符号表示

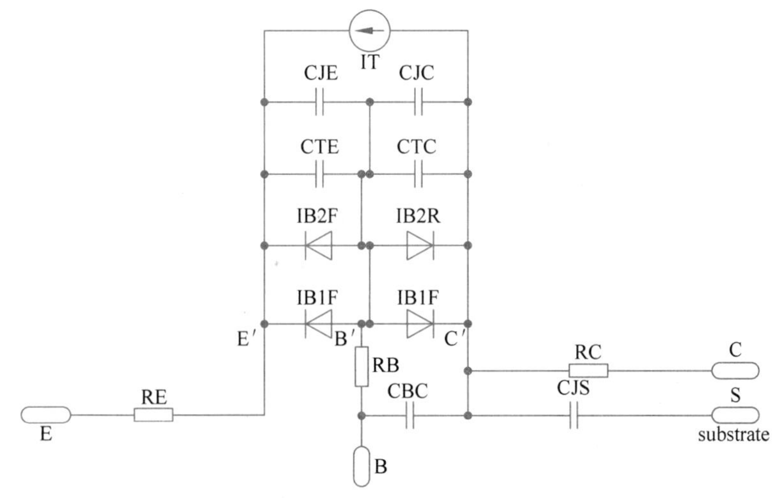

图 2-21 NPN 的 GP 模型

其中：

(1) NC：晶体管的集电极。

(2) NB：晶体管的基极。

(3) NE：晶体管的发射极。

(4) NS：晶体管的衬底(可选)。如果没指定，则接地。

(5) MNAME：模型的名字。使用 *.MODEL 语句进行描述。

(6) AREA：可选的面积系数。

(7) OFF：用于对器件进行 DC 分析的初始条件(可选)。

(8) <IC = VBE,VCE>：瞬态分析时的初始条件(可选)。

(9) TEMP：工作温度(可选)。

例如：

```
Q23 10 24 13 QMOD IC= 0.6,5.0
Q50A 11 26 4 20 MOD1
```

表 2-10 给出了与双极结型晶体管模型相关的参数列表。

表 2-10 与双极结型管晶体管模型相关的参数

序号	名　称	参　数	默认值	单位
1	IS	饱和电流	10^{-16}	A
2	BF	理想的最大正向电流增益	100	—
3	BR	理想的最大反向电流增益	1	—
4	NF	正向电流发射系数	1	—

续表

序号	名　称	参　数	默认值	单位
5	NR	反向电流发射系数	1	—
6	ISE	正向小电流非理想基极电流系数	0	A
7	ISC	反向小电流非理想基极电流系数	0	A
8	IKF	正向 βF 大电流下降的电流点	无穷	A
9	IKR	反向 βR 大电流下降的电流点	无穷	A
10	NE	非理想小电流基极-发射极发射系数	1.5	—
11	NC	非理想小电流基极-集电极发射系数	2	—
12	VAF	正向欧拉电压	无穷	V
13	VAR	反向欧拉电压	无穷	V
14	RC	集电极电阻	0	Ω
15	RE	发射极电阻	0	Ω
16	RB	零偏压基极电阻	0	Ω
17	RBM	大电流时最小基极电阻	RB	Ω
18	IRB	基极电阻下降到最小值 1/2 时的电流	无穷	A
19	TF	理想正向渡越时间	0	s
20	TR	理想反向渡越时间	0	s
21	XTF	τF 随偏置变化的系数	0	—
22	VTF	τF 随 VB′C′而变化的电压	无穷	—
23	ITF	影响 τF 的大电流参数	0	—
24	PTF	在频率 $f=1/(2\pi\tau F)$时超前相位	0	(°)
25	CJE	零偏压基极-发射极零耗尽层电容	0	F
26	VJE	基极-发射极内建电势	0.75	V
27	MJE	基极-发射极结梯度因子	0.33	—
28	CJC	零偏置基极-集电极耗尽层电容	0	F
29	VJC	基极-集电极内建电势	0.75	V
30	MJC	基极-集电极结梯度因子	0.33	—
31	CJS	零偏置集电极-衬底电容	0	F
32	VJS	衬底结内建电势	0.75	V
33	MJS	衬底结指数因子	0.33	—
34	FC	正偏压耗尽电容公式中的系数	0.5	—
35	XCJC	基极-集电极耗尽电容连到内部基极的百分数	1	—
36	XTB	正向 βF 和反向 βR 的温度系数	0	—
37	XTI	饱和电流温度指数因子	3	—
38	EG	禁带宽度	1.11	(硅) eV
39	KF	闪烁噪声系数	0	—
40	AF	闪烁噪声指数因子	1	—
41	TNOM	参数测量温度	27	℃

注意：

(1) IS、BF、NF、ISE、IKF、NE 决定正向电流增益；

(2) IS、BR、NR、ISC、IKR、NC 决定反向电流增益；

(3) CJE、VJE、MJE、FC 决定 B-E 节势垒电容；

(4) CJC、VJC、MJC、FC 决定 B-C 节势垒电容；

(5) CJS、VJS、MJS 决定 C-S 节势垒电容；

(6) VAF、VAR 决定正向和反向输出电导；

(7) TF、TR 决定正向和反向渡越时间；

(8) EG、XTI 和温度有关。

3. 结型场效应晶体管

图 2-22 给出了结型场效应晶体管(junction field-effect transistor,JFET)的一个典型应用结构；图 2-23 给出了 N 和 P 沟道 JFET 的符号；图 2-24 给出了 N 沟道 JFET 的大信号模型，其 Spice 模型表示如下：

JXXXXXXX ND NG NS MNAME <AREA> <OFF> <IC = VDS, VGS> <TEMP = T>

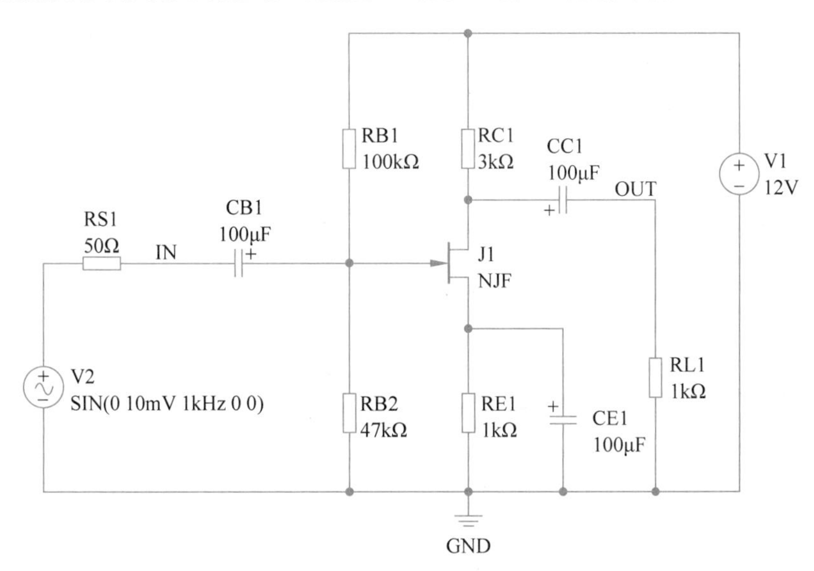

图 2-22 结型场效应晶体管的一个典型应用结构

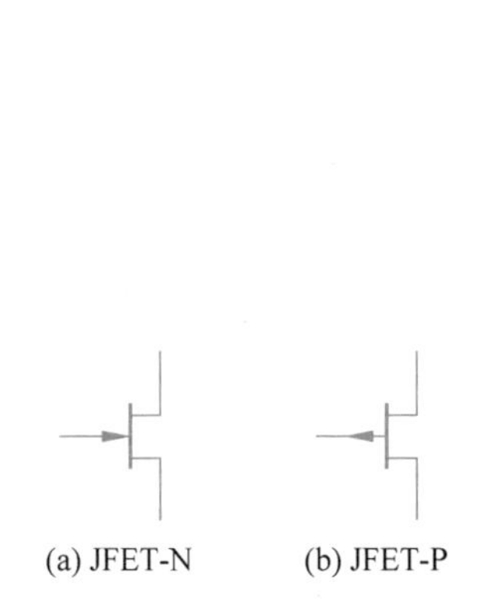

图 2-23 N 和 P 沟道 JFET 的符号

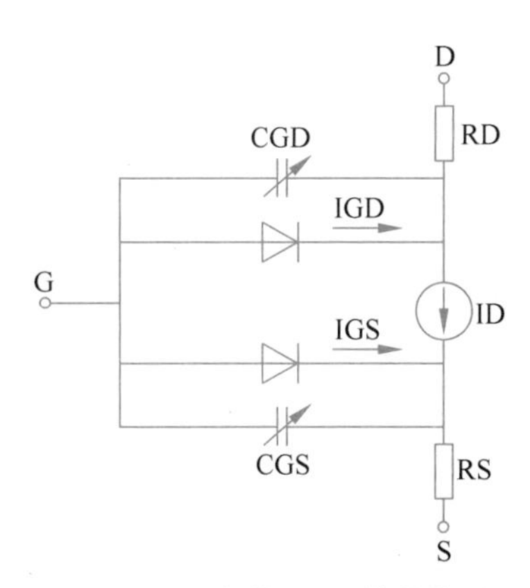

图 2-24 N 沟道 JFET 等效模型

其中：

(1) ND：结型场效应晶体管漏极；

(2) NG：结型场效应晶体管栅极；

(3) NS：结型场效应晶体管源极；

(4) MNAME：模型的名字，使用 *.MODEL 语句进行描述；

(5) AREA：面积因子；

(6) OFF：用于对器件进行 DC 分析的初始条件(可选)；

(7) TEMP：可选的工作温度。

例如：

```
J1 7 2 3 JM1 OFF
```

表 2-11 给出了与 JFET 模型相关的参数列表。

表 2-11　与 JFET 模型相关的参数

序号	关 键 字	名　称	默认值	单位
1	VTO	阈值电压	−2	V
2	BETA	跨导系数	10^{-4}	A/V^2
3	LAMBDA	沟道长度调制系数	0	V^{-1}
4	RD	漏极欧姆电阻	0	Ω
5	RS	源极欧姆电阻	0	Ω
6	CGS	零偏压栅漏结电容	0	F
7	CGD	零偏压栅源结电容	0	F
8	PB	栅结内电势	1	V
9	B	掺杂尾部参数	1	—
10	IS	栅结饱和电流	10^{-14}	A
11	FC	正偏耗尽层电容公式中系数	0.5	—
12	KF	闪烁噪声系数	0	—
13	AF	闪烁噪声指数因子	1	—
14	TNOM	参数测量温度	27	℃

4. 金属氧化物半导体场效应晶体管

金属氧化物半导体场效应晶体管(metal oxide semiconductor field-effect transistor，MOSFET)，简称金氧半场效晶体管，是集成电路中常用的器件。随着集成度的不断提高，MOSFET 的尺寸不断缩小，已达到亚微米级。

从金属氧化物半导体场效应晶体管的命名来看，会让人得到错误的印象。因为 MOSFET 跟英文单词 Metal(金属)的第一个字母相同，但是当下大部分同类的组件里是不存在金属的。早期金属氧化物半导体场效应晶体管栅极使用金属作为材料，但随着半导体技术的进步，现代的金属氧化物半导体场效应晶体管栅极已用多晶硅取代了金属。

MOSFET 的模型在 Spice3 中有 6 级，包括：

(1) LEVEL=1 MOS1 模型-Shichman-Hodges 模型；

(2) LEVEL=2 MOS2 模型-二维解析模型；

(3) LEVEL=3 MOS3 模型-半经验模型；

(4) LEVEL=4 MOS4 模型-BSIM 模型；

(5) LEVEL=5 MOS5 模型-BSIM2 模型；

(6) LEVEL=6 MOS6 模型-修改的 Shichman-Hodges 模型。

图 2-25 给出了 MOSFET 的一个典型应用结构；图 2-26 给出了几种不同 MOSFET 的元件符号；图 2-27 给出了一种典型的 MOSFET 的大信号模型，MOSFET 的 Spice 模型表示如下：

```
MXXXXXXX ND NG NS NB MNAME <L= VAL ><W = VAL ><AD = VAL ><AS = VAL > +
<PD = VAL ><PS = VAL ><NRD = VAL ><NRS = VAL ><OFF>+ <IC = VDS, VGS, VBS>
<TEMP = T>
```

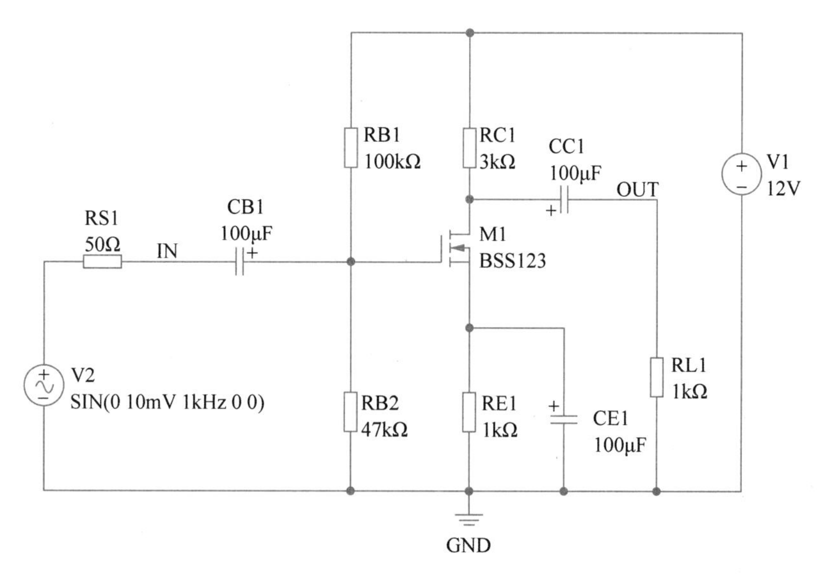

图 2-25 MOSFET 的一个典型应用结构

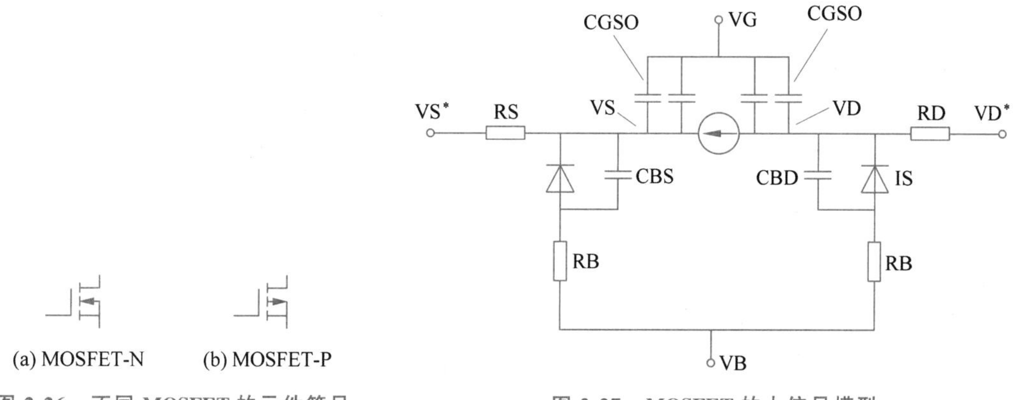

图 2-26 不同 MOSFET 的元件符号

图 2-27 MOSFET 的大信号模型

其中：

(1) ND：MOSFET 漏极；

(2) NG：MOSFET 栅极；

(3) NS：MOSFET 源极；

(4) NB：MOSFET 衬底；

(5) MNAME：模型的名字，使用 *.MODEL 语句进行描述；

(6) L 和 W：MOSFET 沟道的长度和宽度，单位为 m；

(7) AD 和 AS：MOSFET 漏极和源极扩散区面积，单位为 m^2；

(8) NRD：漏扩散区等效的方块数；

(9) NRS：源扩散区等效的方块数；

(10) PS：源极的周长，单位为 m；

(11) PD：漏极的周长，单位为 m；

(12) OFF：用于对器件进行 DC 分析的初始条件（可选）；

(13) TEMP：工作温度，只针对第1、2、3和6级MOSFET(可选)。

例如：

```
M1 24 2 0 20 TYPE1
M31 2 17 6 10 MODM L = 5U W = 2U
M1 2 9 3 0 MOD1 L = 10U W = 5U AD = 100P AS = 100P PD = 40U PS = 40U
```

表2-12给出了与MOSFET的LEVEL1、2、3和6模型相关的参数列表。

表2-12 与MOSFET的LEVEL1、2、3和6模型相关的参数

序号	名　称	参　数	默 认 值	单　位
1	LEVEL	模型索引	1	—
2	VTO	零偏压阈值电压	1.0	V
3	KP	跨导参数	2×10^{-5}	A/V^2
4	GAMMA	体效应系数	0.0	$V^{1/2}$
5	PHI	表面反型电势	0.6	V
6	LAMBDA	沟道长度调制系数	0.0	V^{-1}
7	TOX	氧化层厚度	10^{-7}	m
8	NSUB	衬底结掺杂浓度	0.0	cm^{-3}
9	NSS	表面态密度	0.0	cm^{-2}
10	NFS	快表面态密度	0.0	cm^{-2}
11	NEFF	总沟道电荷系数	1	—
12	XJ	结深	0.0	m
13	LD	横向扩散长度	0.0	m
14	TPG	栅材料类型	1	—
15	UO	表面迁移率	600	$cm^2/(V\cdot s)$
16	UCRIT	迁移率临界电场强度	10^{-4}	V/cm
17	UEXP	迁移率临界指数系数	0.0	—
18	UTRA	横向电场系数	0.0	—
19	VMAX	载流子最大飘移速度	0.0	m/s
20	DELTA	窄沟道效应系数	0.1	—
21	XQC	沟道电荷分配系数	0.0	—
22	ETA	静态反馈系数	0.0	—
23	THETA	迁移率调制系数	0.0	V^{-1}
24	AF	闪烁噪声指数	1.0	—
25	KF	闪烁噪声系数	0.0	—
26	IS	衬底结饱和电流	10^{-4}	A
27	JS	单位面积衬底结饱和电流	0.0	A/m^2
28	PB	衬底结电势	0.80	V
29	CJ	单位面积零偏压衬底结底部电容	0.0	F/m^2
30	MJ	衬底结梯度因子	0.5	—
31	CJSW	单位面积零偏压衬底结侧壁电容	0.0	F/m
32	MJSW	衬底结侧壁梯度因子	0.33	—
33	FC	正偏时耗尽电容公式中系数	0.5	—
34	CGBO	每米沟道长度栅-衬底结覆盖电容	0.0	F/m

续表

序号	名 称	参 数	默 认 值	单 位
35	CGDO	每米沟道宽度栅-漏覆盖电容	0.0	F/m
36	CGSO	每米沟道宽度栅-源覆盖电容	0.0	F/m
37	RD	漏极欧姆电阻	0.0	Ω
38	RS	源极欧姆电阻	0.0	Ω
39	RSH	漏与源薄层电阻	0.0	Ω
40	CBD	零偏 B-D 结电容	0.0	F
41	CBS	零偏 B-S 结电容	0.0	F

5. 金属半导体场效应晶体管

金属半导体场效应晶体管(metal semiconductor field effect transistor,MESFET)简称金半场效应晶体管,结构上与结型场效应晶体管类似。不过它与后者的区别是这种场效应晶体管并没有使用 PN 结作为其栅极,而是采用金属、半导体接触结构成肖特基势垒的方式形成栅极。

MESFET 模型由 GaAs FET 模型得到,MESFET 的 Spice 模型表示如下:

```
ZXXXXXXX ND NG NS MNAME <AREA> <OFF> <C = VDS, VGS>
```

例如:

```
Z1 7 2 3 ZM1 OFF
```

第 9 集
微课视频

表 2-13 给出了与 MESFET 模型相关的参数列表。

表 2-13 与 MESFET 模型相关的参数

序号	名 称	参 数	默 认 值	单 位
1	BETA	跨导参数	10^{-4}	A/V^2
2	VTO	夹断电压	−2.0	V
3	B	掺杂尾扩展参数	0.3	V^{-1}
4	ALPHA	饱和电压参数	2.0	V^{-1}
5	LAMBDA	沟道长度调制系数	0.0	V^{-1}
6	RD	漏极欧姆电阻	0.0	Ω
7	RS	源极欧姆电阻	0.0	Ω
8	CGS	零偏置栅-漏极电容	0.0	F
9	CGD	零偏置栅-漏极电容	0.0	F
10	PB	衬底结电势	1.0	V
11	KF	闪烁噪声系数	0.0	—
12	AF	闪烁噪声指数	1.0	—
13	FC	正偏时耗尽电容公式中系数	0.5	—

2.3 从用户数据中创建 Spice 模型

为了使用混合信号电路仿真器对电路进行仿真,电路中的所有元器件都需要有一个仿真模型。

2.3.1 Spice 模型的建立方法

模型的类型和得到模型的方法主要是取决于元器件和设计者个人的喜好。很多元器件供应商为它们的元器件提供了仿真模型。对于这种情况来说，设计者需要下载所要求的仿真文件(Spice、PSpice)，并且将下载的仿真文件和原理图中对应的元件进行映射。

Spice 中的一些更基本的模拟器件模型并不需要专门的模型文件，如电阻、电容，当定义这些模型连接时，只需要简单地指定一些参数。将这种类型的模型直接添加到元器件中，就是一个简单的选择和输入的过程，即在相关的对话框界面中，选择模型类型和输入参数的值。

一些模型需要用编程语言进行编写，例如，使用层次的子电路语法创建所要求的子电路模型文件(*.ckt)。其他的，如果元器件本质是数字的，则要求使用数字 SimCode 语言建立模型，通过中间的模型文件，将模型和元器件进行连接。

某些包含到 Spice 的模拟器件模型提供了一个相关的模型文件 *.mdl。在这个文件里，通过参数定义了高级行为特性(如半导体电阻、二极管、BJT)。人工创建这些文件，然后手动将这些文件链接到原理图中的元件。

在嘉立创 EDA 仿真电路图中，通过元器件名称匹配仿真模型，运行仿真后，嘉立创 EDA 识别仿真原理图中给出的元器件符号所关联的仿真模型名称，并将匹配的.MODEL 数据拉入网表进行仿真。用户可以直接使用嘉立创 EDA 库中的仿真模型，对于不在嘉立创 EDA 库中的仿真模型可以从制造商的网站下载模型，然后在仿真图中添加一个文本并将该模型数据粘贴到原理图中即可。

1. .MODEL 模型验证

从元器件厂商官网或者论坛社区得到了某个元器件的.MODLE 模型可以在嘉立创 EDA 里面进行仿真，详细步骤如下：

① 首先下载相关元器件的.MODLE 模型数据；

② 创建对应元器件的仿真符号(新建仿真符号，即元器件符号)；

③ 使用创建后的仿真符号设计仿真电路图；

④ 如图 2-28 所示，在仿真图中添加一个文本，将 subckt 模型数据粘贴到文本中，将文本属性改为 Spice 仿真，保持模型名与元器件符号一致；

⑤ 运行仿真，验证仿真结果是否正确。

2. SUBCKT 模型验证

从元器件厂商官网或者论坛社区得到了某个元器件的.SUBCKT 模型也可以在嘉立创 EDA 里面进行仿真，.SUBCKT 模型需要进行引脚的匹配，详细步骤如下。

① 首先下载相关元器件的 subckt 模型数据。

② 创建对应元器件的仿真符号(新建仿真符号，即元器件符号)。

③ 使用创建后的仿真符号设计仿真电路图。

④ 如图 2-29 所示，在仿真图中添加一个文本，将 subckt 模型数据粘贴到文本中，将文本属性改为 Spice 仿真。

⑤ 检查模型对应的元器件引脚排序是否与仿真数据引脚一致，保持模型名与元器件符号一致。

⑥ 选中新增模型符号，单击右键选择“修改符号”(快捷键 i)，检查仿真编号是否为 X。

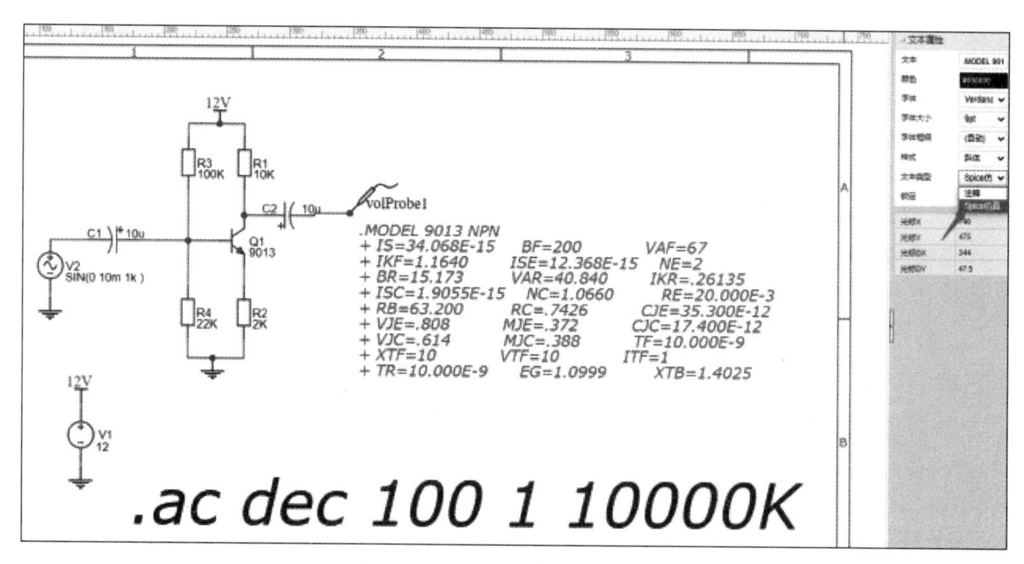

图 2-28　.MODEL 模型验证示例

检查引脚编号与仿真引脚编号是否保持一致，这里需要注意的是两者的引脚编号不一定是对应的，对应条件为实际器件引脚与仿真数据中的引脚功能相对应。

⑦ 修改确认后在“修改符号”对话框中单击“确定”按钮。

⑧ 运行仿真，并验证仿真结果是否正确。

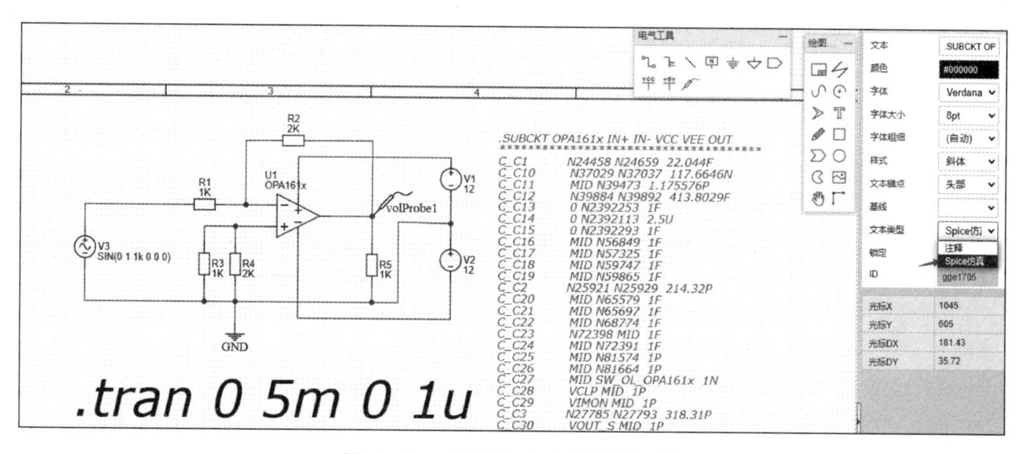

图 2-29　.SUBCKT 模型验证示例

2.3.2　新增元器件模型

当元器件模型通过验证，该模型数据能使电路运行正常，那么接下来就可以将该模型数据与仿真符号进行绑定了。以后再次使用的时候，即可在仿真库中个人工作区调用，相当于创建官方模型的元器件一样直接选择使用，而不用在仿真图上添加 Spice 数据表。具体实现方法如下。

(1) 在嘉立创 EDA 主界面主菜单下选择“文件”→“新建”→“仿真符号”选项。

(2) 如图 2-30 所示，新建 SS9013 的元器件符号，画完符号后需要在右侧画布属性内进行以下设置：

① 名称：元器件符号名；

② 封装：自行绑定，只用于仿真不画 PCB 可不绑定；

③ 编号：根据元器件类型设置编号，以问号“?”结尾；

④ 仿真编号：同编号设置；

⑤ 模型：模型名应与模型数据内的模型名保持一致，确保进行匹配。

(3) 接下来开始进行模型数据的绑定，在顶部菜单栏上选择“编辑”→“模型仿真”选项将模型数据粘贴进去然后单击“确定”按钮。

(4) 绑定模型数据后就可以在仿真库中的个人工作区选取刚刚创建的仿真符号进行电路模拟仿真。

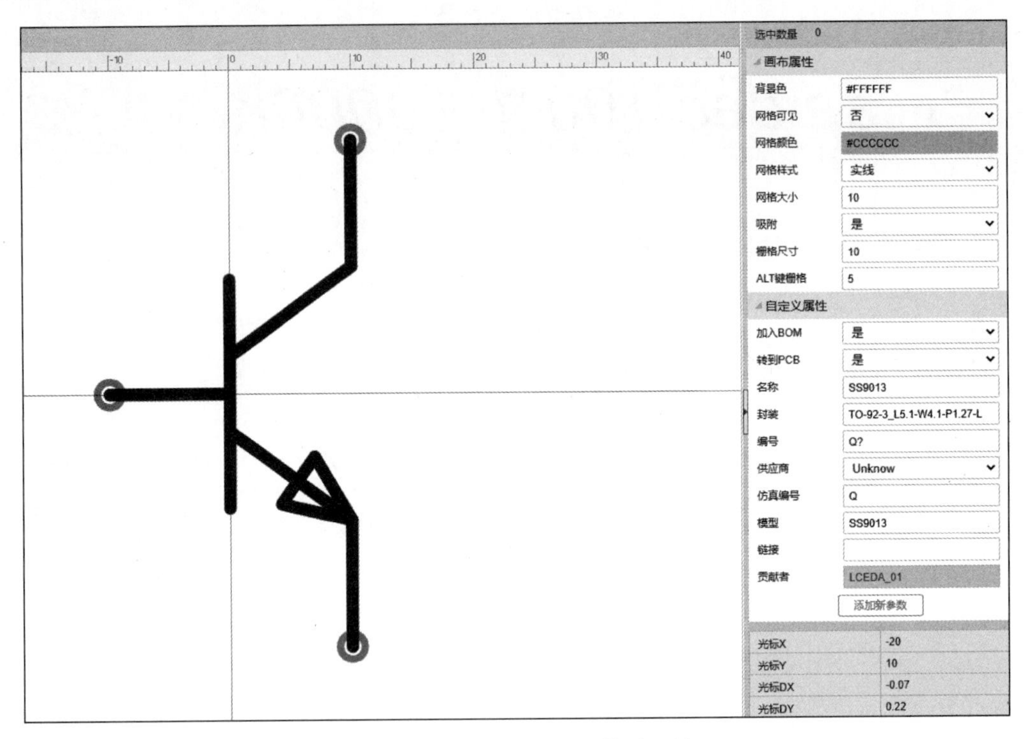

图 2-30 新建元器件放置模型示例

本章习题

2.1 请列出 Spice 程序中的分析命令。

2.2 请写出 MOSFET 的 Spice 模型发展过程中具有代表性的 10 个模型。

2.3 请参考如下肖特基功率整流器 MBRAF3200 的 Spice 模型，试建立该二极管嘉立创 EDA 仿真器件模型。

```
.MODEL MBRAF3200 D
+IS=2.18777e-06 RS=0.01 N=1.96375 EG=1.10324
+XTI=1.59554 BV=200 IBV=1e-05 CJO=1.6989e-10
+VJ=0.4 M=0.356544 FC=0.5 TT=4.54449e-08
+KF=0 AF=1
```

第 3 章　电子电路设计与仿真

本章将使用嘉立创 EDA 软件实现对模拟电路、模数混合电路、数字电路的仿真，其内容主要包括直流工作点分析、直流扫描分析、交流小信号分析、瞬态分析、传输函数分析。

3.1　直流工作点分析

第 10 集
微课视频

本节将构建用于直流分析的电路，并执行直流工作点分析，主要内容包括构建直流分析电路、设置分析参数和分析仿真结果。

3.1.1　建立新的直流工作点分析工程

示例视频 1
微课视频

下面首先给出建立直流工作点分析工程的步骤。其主要包括以下步骤。

（1）在浏览器中输入网址 https://lceda.cn/editor 打开嘉立创 EDA 标准版，单击左上角嘉立创 EDA 图标切换到仿真界面，单击右上角登录按钮进入个人页面。

（2）在嘉立创 EDA 主界面主菜单下选择“文件”→“新建”→“工程”选项，在“新建工程”的窗口设置工程标题为 DC-OP，设置窗口如图 3-1 所示，单击“保存”按钮生成直流工作点分析工程。

新建工程
文件夹: Cuiys
标题: DC-OP
路径: https://lceda.cn/lxfcys/ dc-op
描述: 本工程用于测试直流工作点分析
保存　取消

图 3-1　新建工程界面

3.1.2 构建直流分析电路

在工程的原理图中绘制直流分析电路。其主要包括以下步骤。

(1) 从常用库中的通用器件中分别找到名为电阻器和电容器的元件,并将其按照图 3-2 所示的位置进行放置。

(2) 从常用库中的电源找到名为电压源_直流源的元件,并按照图 3-2 所示的位置进行放置。

(3) 单击主界面电气工具栏内的标识符 GND 按钮,将 GND 按照图 3-2 所示的位置进行放置。

(4) 单击主界面电气工具栏内的"导线"按钮,将这些元器件和直流源按照图 3-2 所示的方式进行连接。

(5) 修改 V1、R1 和 C1 的参数设置。下面以修改 V1 的参数为例。

① 双击图 3-2 内的 V1 信号源图标。

② 打开如图 3-3 所示的界面,在"电压源设置"选项卡中,找到"直流值[V]"行,在右侧文本框中输入 5V。

(6) 为了便于分析仿真结果,如图 3-4 所示,单击主界面电气工具栏内的"网络标识"按钮为电路某些节点指定网络标号。

(7) 保存设计文件。

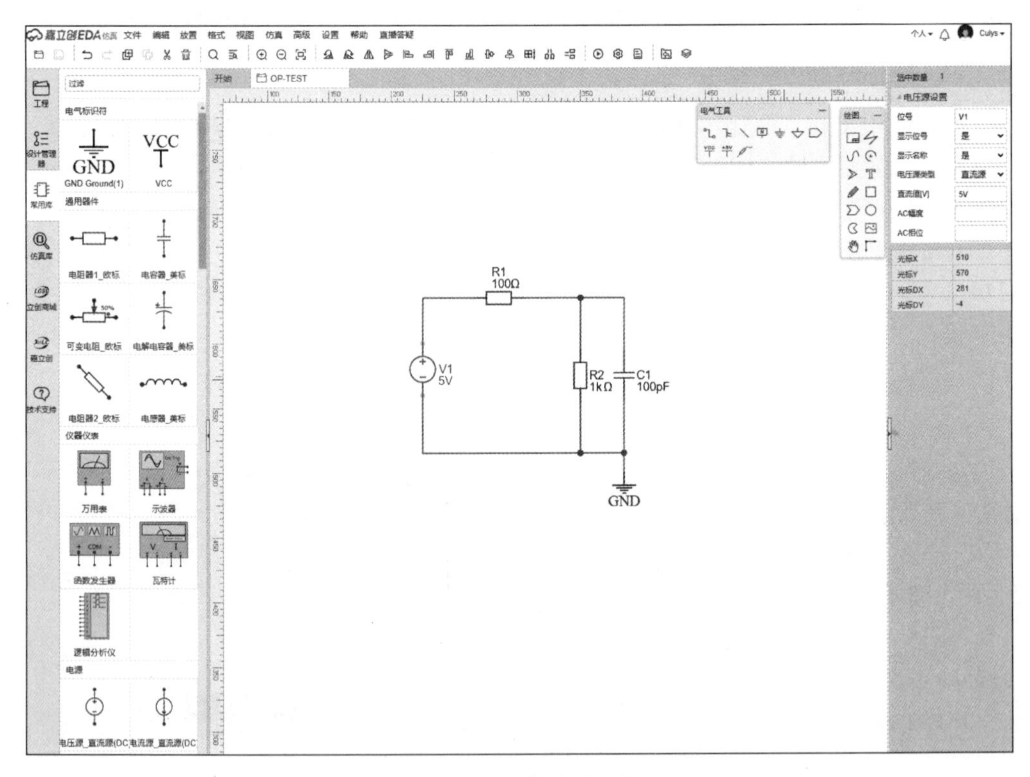

图 3-2 绘制电路原理图

图 3-3 修改 V1 参数

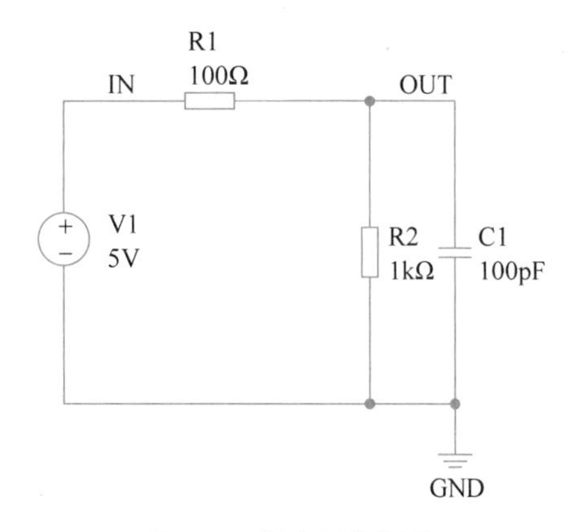

图 3-4 指定网络标号

3.1.3 设置直流工作点分析参数

下面介绍设置直流工作点分析参数的方法，其主要包括以下步骤。

(1) 在嘉立创 EDA 主界面主菜单下选择“仿真”→“仿真设置”选项。

(2) 打开如图 3-5 所示的运行仿真设置界面。选择静态工作点标签页，单击运行按钮进行直流工作点分析。

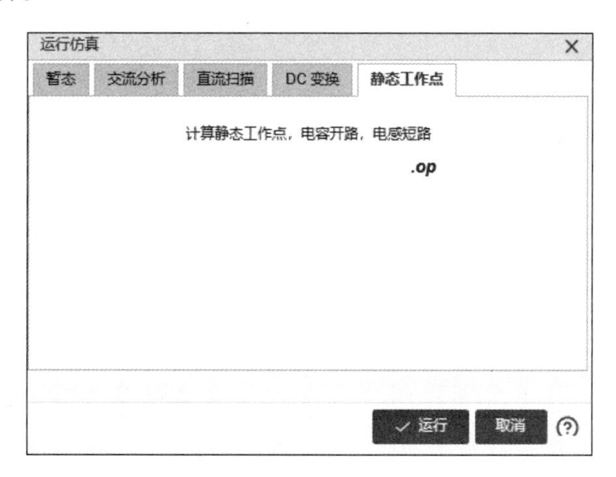

图 3-5 设置直流工作点分析参数

3.1.4 直流工作点仿真结果分析

下面对直流工作点仿真的结果进行分析。其主要包括以下步骤。

(1) 弹出如图 3-6 所示的“显示仿真报告”的窗口，该仿真报告窗口给出了对 Spice 电路的分析过程，及直流工作点的相关电压和电流情况。

(2) 单击“下载网络表”按钮，弹出如图 3-7 所示的“网表”窗口，“网表”窗口中显示当前仿真电路的 Spice 仿真网表文件，单击“下载”按钮可以下载网表文件。

(3) 保存原理图文件和工程，并退出该设计工程。

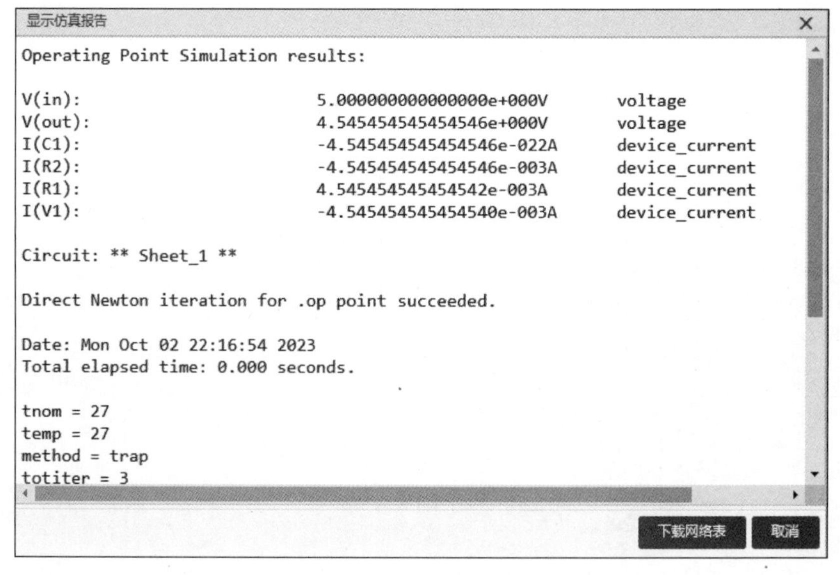

图 3-6 仿真报告窗口

第 11 集
微课视频

示例视频 2
微课视频

网表

```
** Sheet_1 **
R1 IN OUT 100Ω
R2 GND OUT 1KΩ
C1 GND OUT 100PF
V1 IN GND 5V
.op
```

下载 取消

图 3-7 “网表”窗口显示当前网表文件

3.2 直流扫描分析

本节将使用上节设计的电路，实现直流扫描分析，主要内容包括新建直流扫描分析工程、设置直流扫描参数和分析直流扫描的仿真结果。

3.2.1 建立新的直流扫描分析工程

打开前面设计的主要包括以下步骤。

(1) 在嘉立创 EDA 主界面主菜单下选择“文件”→“新建”→“工程”选项，设置工程标题为 DC-SWEEP,单击“保存”按钮生成直流扫描分析工程。

(2) 在原理图中复制上节直流工作点分析的原理图,电路原理图如图 3-8 所示。

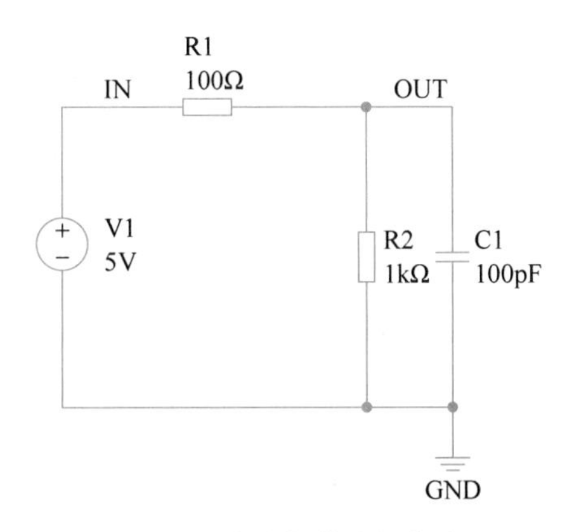

图 3-8　直流扫描分析电路

3.2.2　设置直流扫描分析参数

下面介绍设置直流扫描分析参数的方法。其主要包括以下步骤。

(1) 在嘉立创 EDA 主界面主菜单下选择“仿真”→“仿真设置”选项。

(2) 打开如图 3-9 所示的运行仿真设置界面。选择“直流扫描”标签页,设置“扫描源”为 V1,“起始值”为 0V,“终止值”为 10V,“步进”为 1V,单击“运行”按钮进行直流工作点分析。

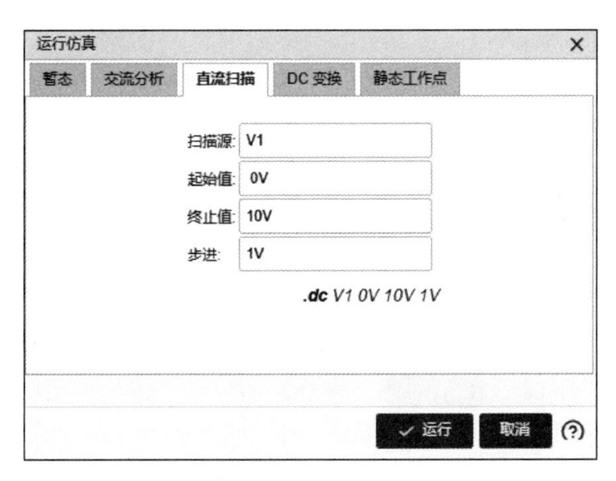

图 3-9　设置直流扫描分析参数

3.2.3　直流扫描仿真结果分析

下面介绍通过图形观察直流扫描仿真结果的方法。其主要包括以下步骤。

(1) 运行 Spice 仿真后,系统自动打开仿真结果波形显示界面 WaveForm,如图 3-10 所示,网络 IN 和 OUT 电压及器件电流的直流扫描结果显示在图形中。

(2) 从图 3-10 所示的仿真波形中可以看出,输出电压 V(OUT)随着输入电压 V(IN)的增加而线性增加。

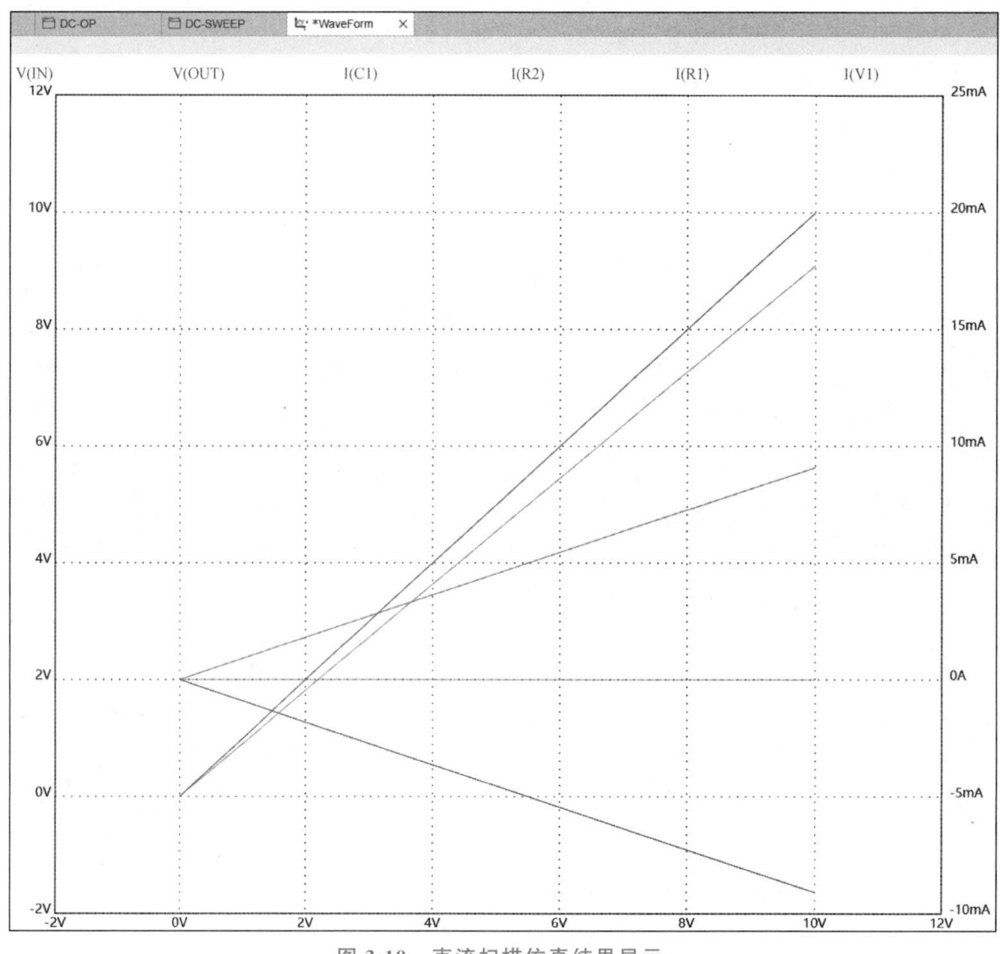

图 3-10　直流扫描仿真结果显示

（3）在嘉立创 EDA 主界面主菜单下选择“波形”→“波形配置”选项，在如图 3-11 所示的“波形配置”对话框中可以设置网格及曲线相关参数。

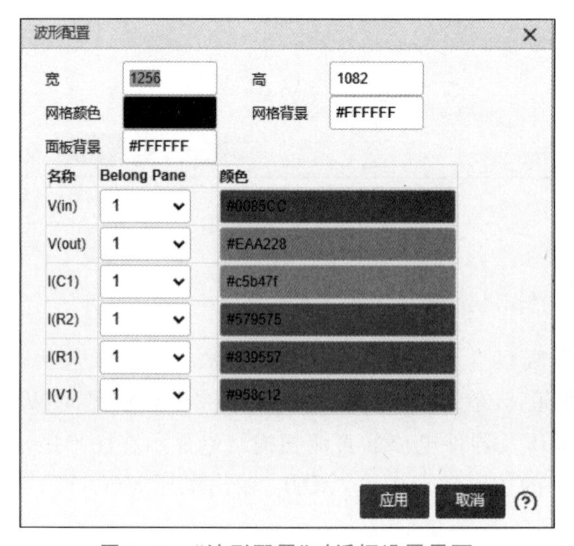

图 3-11　“波形配置”对话框设置界面

(4) 保存原理图文件和工程,并关闭该设计工程。

3.3 瞬态分析

本节将构建用于瞬态分析的电路,并执行瞬态分析,主要内容包括构建瞬态分析电路、设置瞬态分析参数和分析瞬态仿真的结果。

3.3.1 建立新的瞬态分析工程

下面首先给出建立瞬态分析工程的步骤,其主要包括以下步骤。

(1) 在嘉立创 EDA 主界面主菜单下选择“文件”→“新建”→“工程”选项,设置工程标题为 TRANS,单击“保存”按钮生成瞬态分析工程。

(2) 打开 Sheet_1 原理图文件绘制瞬态分析原理图。

3.3.2 构建瞬态分析电路

下面构建用于瞬态分析的电路,并执行瞬态分析。其主要包括以下步骤。

(1) 从常用库中通用器件中找到电阻元器件,并将其按照图 3-12 所示的位置进行放置。

第 12 集
微课视频

示例视频 3
微课视频

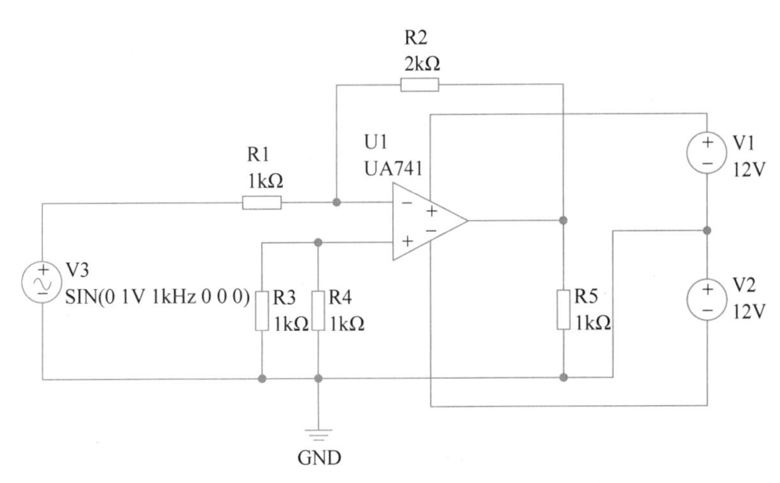

图 3-12　绘制瞬态分析电路原理图

(2) 从常用库中的运算放大器中找到 UA741,并按照图 3-12 所示的位置进行放置。

(3) 从常用库中的电源中找到电压源_直流源和电压源_正弦源,并按照图 3-12 所示的位置进行放置。

(4) 单击主界面“电气工具”栏内的标识符 GND 按钮,将 GND 按照图 3-12 所示的位置进行放置。

(5) 单击主界面“电气工具”栏内的“导线”按钮,将这些元器件和电压源按照图 3-12 所示的方式进行连接。

(6) 修改 V1、V2、V3、R1、R2、R3 和 R4 的参数设置。下面以修改 V3 的参数为例。

① 双击图 3-12 内的 V3 信号源图标。

② 打开如图 3-13 所示的界面，在“电压源设置”选项卡中，找到设置“直流偏移[V]”为 0V；“振幅[V]”为 1V；“频率[Hz]”为 1kHz；“AC 幅度”为 1V。

(7) 为了便于分析仿真结果，单击主界面“电气工具”栏内的“网络标识”按钮，为电路某些节点指定网络标号，单击主界面“电气工具”栏内的“电压探针”按钮为观测波形加入探针，可以得到瞬态分析电路原理图，如图 3-14 所示。

图 3-13 “电压源”设置界面

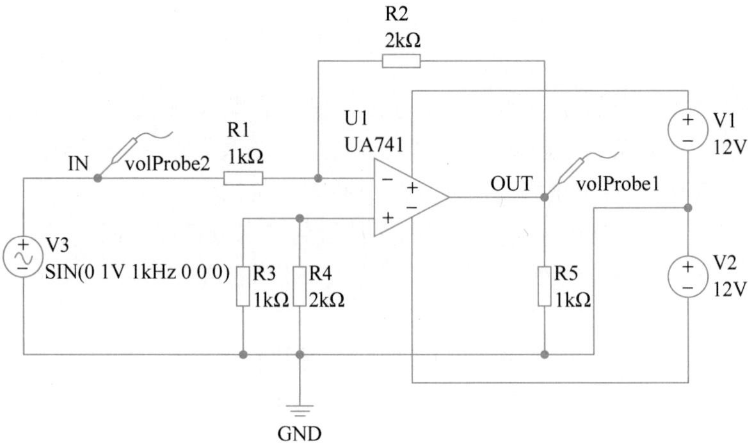

图 3-14 瞬态分析电路原理图

3.3.3 设置瞬态分析参数

下面介绍设置瞬态分析参数的方法。其主要包括以下步骤。

(1) 在嘉立创 EDA 主界面主菜单下选择“仿真”→“仿真设置”选项。

(2) 打开如图 3-15 所示的“运行仿真”设置界面。选择“静态工作点”标签页，设置最大步长为 5μs，终止时间为 5ms，起始时间为 0，单击“运行”按钮进行瞬态分析。

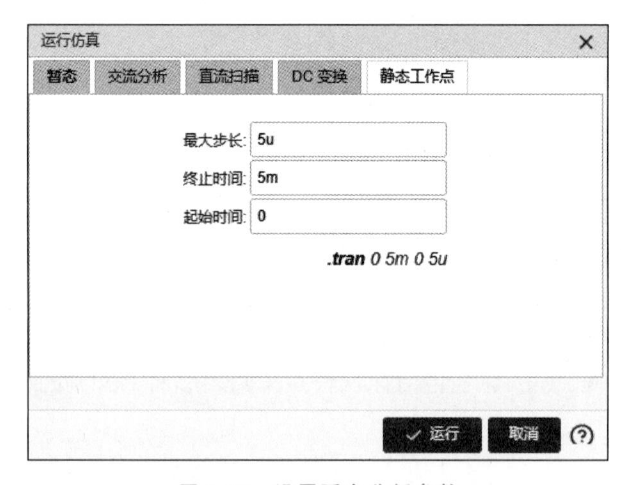

图 3-15 设置瞬态分析参数

3.3.4　瞬态仿真结果分析

下面介绍通过图形观察瞬态仿真的结果的方法。其主要包括以下步骤。

(1) 运行 Spice 仿真后，系统自动打开仿真结果波形显示界面 WaveForm，如图 3-16 所示，网络 IN 和 OUT 瞬态输出波形结果显示在图形中。

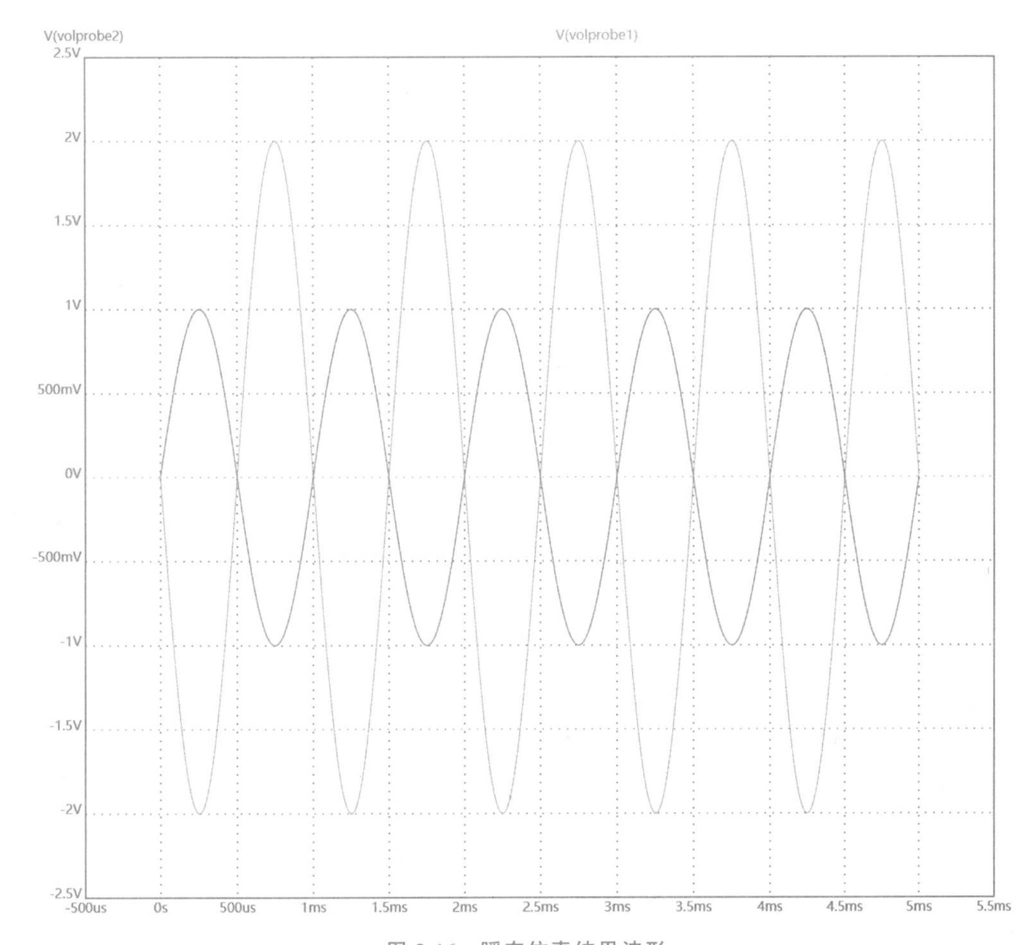

图 3-16　瞬态仿真结果波形

第 13 集
微课视频

(2) 从图 3-16 所示的仿真波形中可以看出输出电压 V(OUT)与输入 V(IN)反相，幅度放大两倍。

(3) 保存原理图文件和工程，并退出该工程。

3.4　传输函数分析

本节将使用前面设计的电路，实现传输函数分析。主要内容包括构建传输函数分析工程、设置传输函数参数和分析传输函数的仿真结果。

3.4.1 建立新的传输函数分析工程

下面首先给出建立新的传输函数分析工程的步骤。其主要包括以下步骤。

(1) 在嘉立创 EDA 主界面主菜单下选择"文件"→"新建"→"工程"选项,设置"工程标题"为 DC-TF,单击"保存"按钮生成传输函数分析工程。

(2) 在原理图中复制上节瞬态分析的原理图,电路原理图如图 3-17 所示。

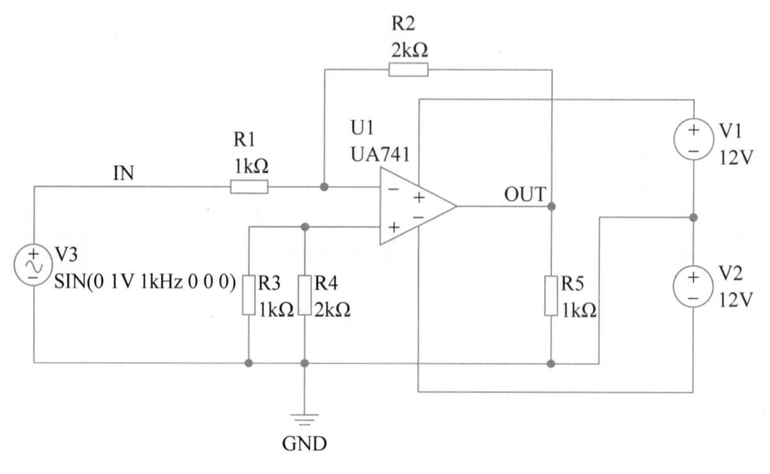

图 3-17 传输函数分析电路

示例视频 4
微课视频

3.4.2 设置传输函数分析参数

下面介绍设置传输函数分析参数的方法。其主要包括以下步骤。

(1) 在嘉立创 EDA 主界面主菜单下选择"仿真"→"仿真设置"选项。

(2) 打开如图 3-18 所示的"运行仿真"设置界面。选择"DC 变换"标签页,设置输出(信号)为 V(OUT),设置"源"为 V3,单击"运行"按钮进行传输函数分析。

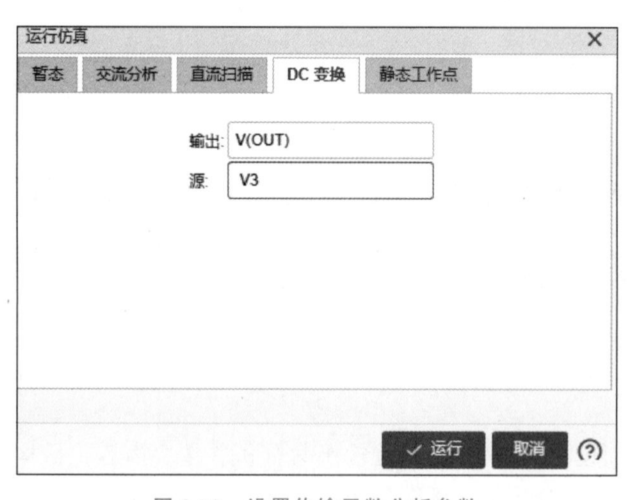

图 3-18 设置传输函数分析参数

3.4.3　传输函数仿真结果分析

下面介绍通过图形观察传输函数仿真结果的方法。其主要包括以下步骤。

(1) 运行 Spice 仿真后，弹出如图 3-19 所示的“显示仿真报告”窗口，该仿真报告窗口给出了电路传输函数，及电路输入阻抗和输出阻抗。

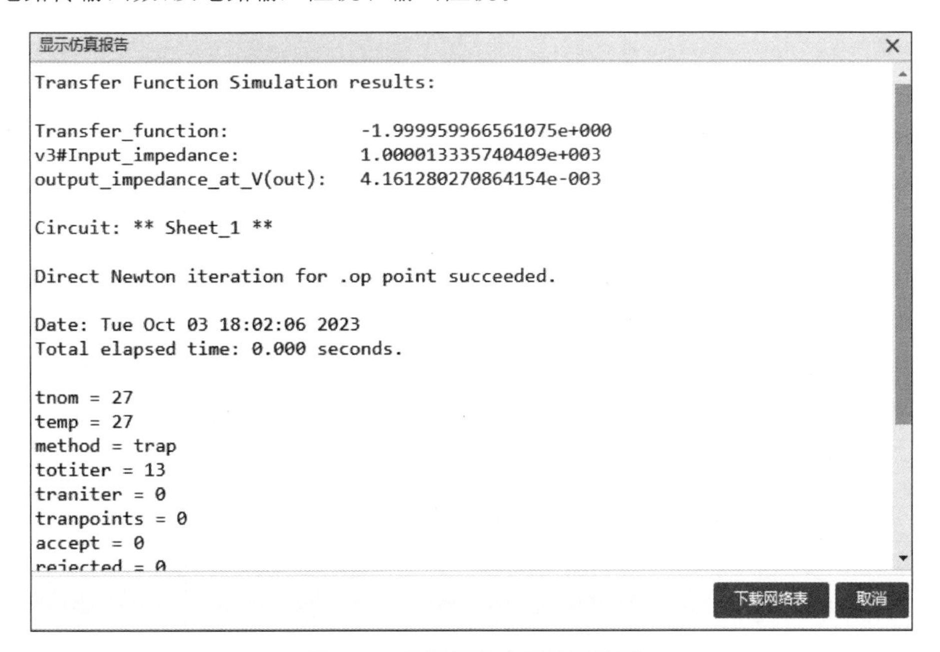

图 3-19　传输函数分析结果界面

第 14 集
微课视频

示例视频 5
微课视频

(2) 从图 3-19 所示的仿真结果可以看出，传输函数约等于−2，与瞬态仿真结果基本相同。

(3) 保存原理图文件和工程，并退出该工程。

3.5　交流小信号分析

本节将使用前面设计的电路，实现交流小信号分析，主要内容包括构建交流小信号分析工程、设置交流小信号分析参数和分析交流小信号的仿真结果。

3.5.1　构建交流小信号分析工程

下面首先给出构建交流小信号分析工程的步骤。其主要包括以下步骤。

(1) 在嘉立创 EDA 主界面主菜单下选择“文件”→“新建”→“工程”选项，设置工程标题为 AC-SIM，单击“保存”按钮生成交流小信号分析工程。

(2) 在原理图中复制 3.3 节瞬态分析的原理图，电路原理图如图 3-20 所示。

3.5.2　设置交流小信号分析参数

下面介绍设置交流小信号分析参数的方法，其主要包括以下步骤。

(1) 在嘉立创 EDA 主界面主菜单下选择“仿真”→“仿真设置”选项。

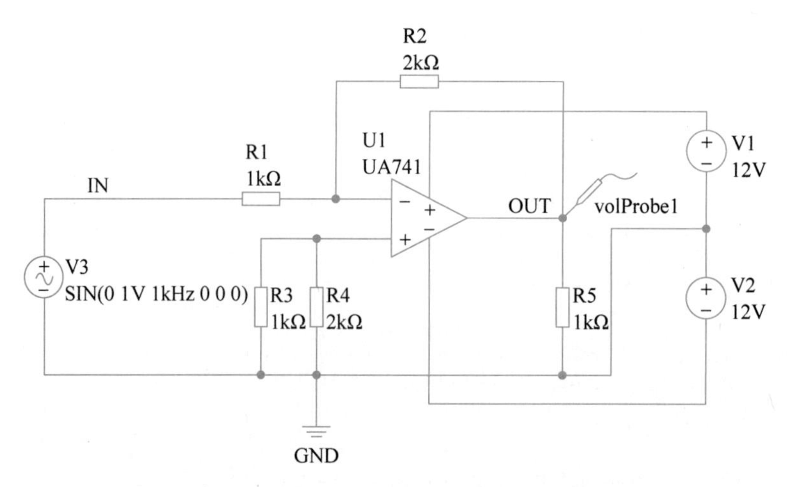

图 3-20 交流小信号分析电路原理图

(2) 打开如图 3-21 所示的“运行仿真”设置界面。选择“交流分析”标签页，设置“描述类型”为十倍程(Decade)，“数据点”数为 100，“起始频率”为 1Hz，“终止频率”为 1GHz，单击“运行”按钮进行交流小信号分析。

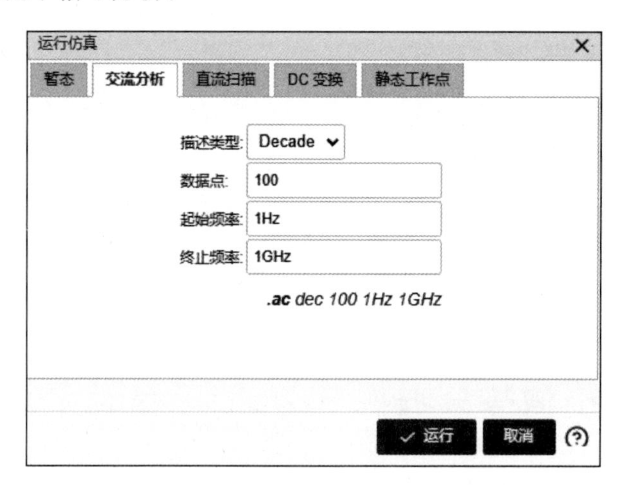

图 3-21 设置交流小信号分析参数

3.5.3 分析交流小信号的仿真结果

下面介绍通过图形观察交流小信号仿真结果的方法，对交流小信号仿真结果分析的主要包括以下步骤。

(1) 运行 Spice 仿真后，系统自动打开仿真结果波形显示界面 WaveForm，如图 3-22 所示，输出信号 OUT 频率特性和相位特性波形结果显示在图形中。

(2) 从图 3-22 中可以看出信号增益在低频增益为 6dB(2 倍)，相位为 180°。随着频率增加信号增益以 20dB/10 倍程衰减，−3dB 带宽为 347kHz。

(3) 保存原理图文件和工程，并退出该工程。

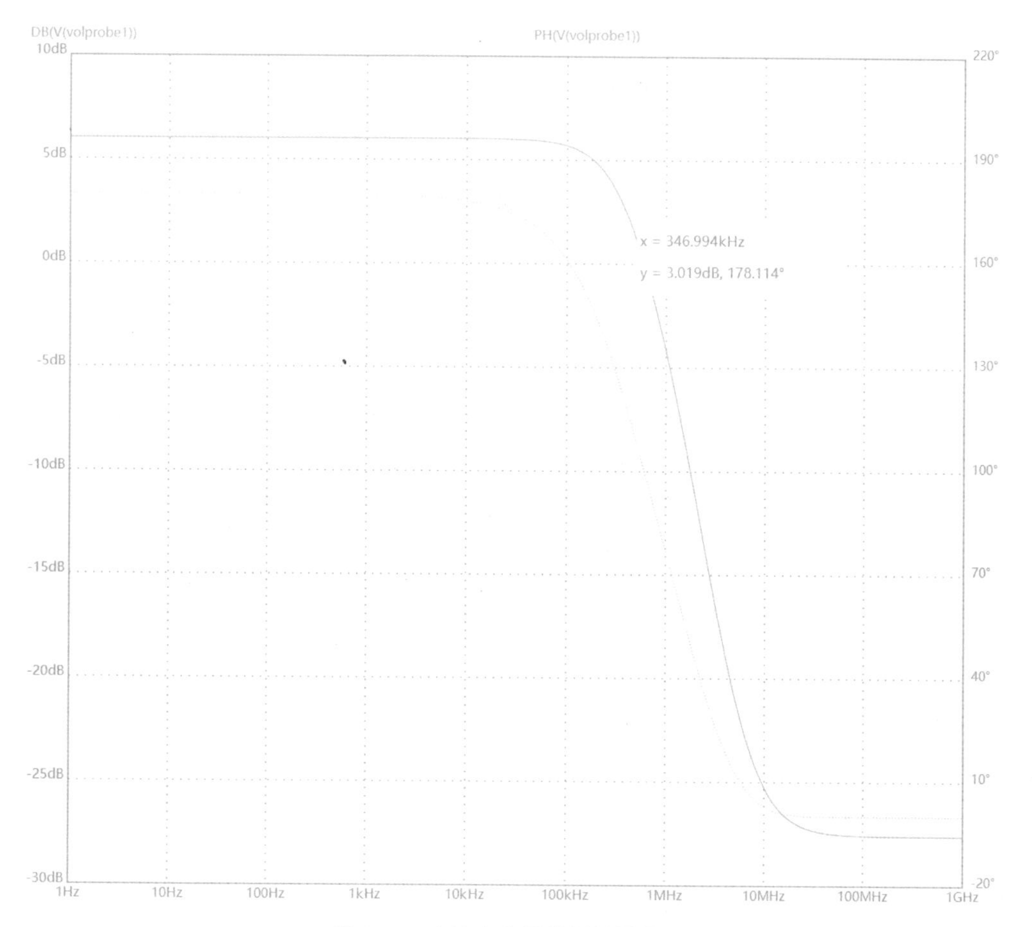

图 3-22 交流小信号分析结果界面

第 15 集
微课视频

示例视频 6
微课视频

3.6 更新器件模型进行仿真

电路仿真的准确性取决于仿真器件模型是否正确，当使用新元器件而没有及时更新器件仿真模型时，将导致无法用于新元器件构成电路的仿真。元器件生产商一般会提供器件的仿真模型用于电路仿真。

本节将使用前面设计的电路，运算放大器芯片由 uA741 更换为双极型输入音频运算放大器（简称运放）OPA1612 并进行交流小信号分析，主要内容包括构建交流小信号分析工程、设置运放仿真模型和分析交流小信号的仿真结果。

3.6.1 构建交流小信号分析工程

下面首先给出构建交流小信号分析工程的步骤。其主要包括以下步骤。

（1）在嘉立创 EDA 主界面主菜单下选择“文件”→“新建”→“工程”选项，设置工程标题为 AC-OPA1612，单击“保存”按钮生成交流小信号分析工程。

(2) 在原理图中复制 3.5 节交流小信号分析的原理图，并双击器件 uA741 更新运放模型为 OPA161X，如图 3-23 所示。

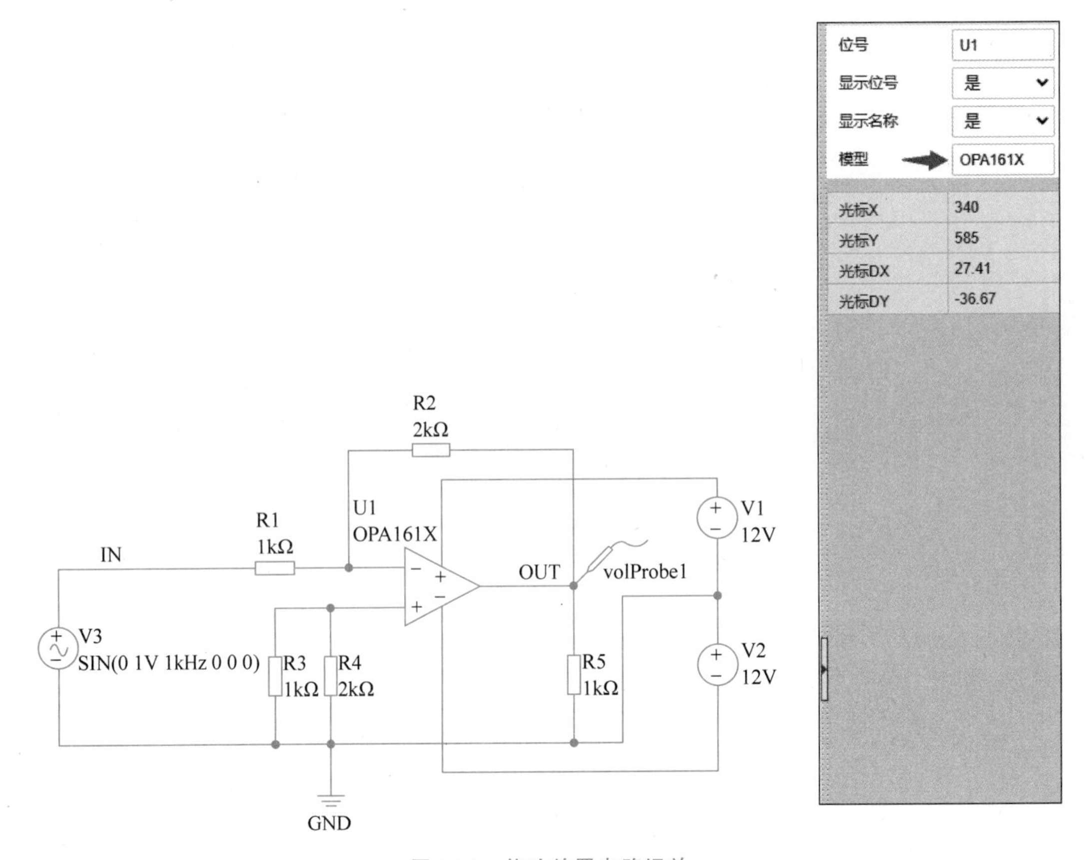

图 3-23 修改放置电路运放

3.6.2 设置运放仿真模型

下面介绍设置交流小信号分析参数运放 OPA1612 仿真模型的方法，其主要包括以下步骤。

(1) 首先在元器件厂商元器件详细介绍页面下载元器件的仿真模型，在 TI 网站搜索 OPA1612 并进入该元器件的详细介绍页面 https://www.ti.com.cn/product/zh-cn/OPA1612，如图 3-24 所示，在设计和开发部分下载仿真模型文件 SBOM396G.ZIP，并解压该文件即可看到仿真模型文件 OPA161x.LIB。

(2) 使用记事本等文本编辑工具打开 OPA161x.LIB 文件，单击主界面"绘图工具"栏内的文本按钮将 OPA161x.LIB 文件内的全部内容复制到原理图中，并如图 3-25 所示设置"文本类型"为 Spice 仿真。

(3) 在嘉立创 EDA 主界面主菜单下选择"仿真"→"仿真设置"选项。选择"交流分析"标签页，设置频率分析方式为十倍程(Decade)，"数据点"数为 100，"起始频率"为 1Hz，"终止频率"为 1GHz，单击"运行"按钮进行交流小信号分析。

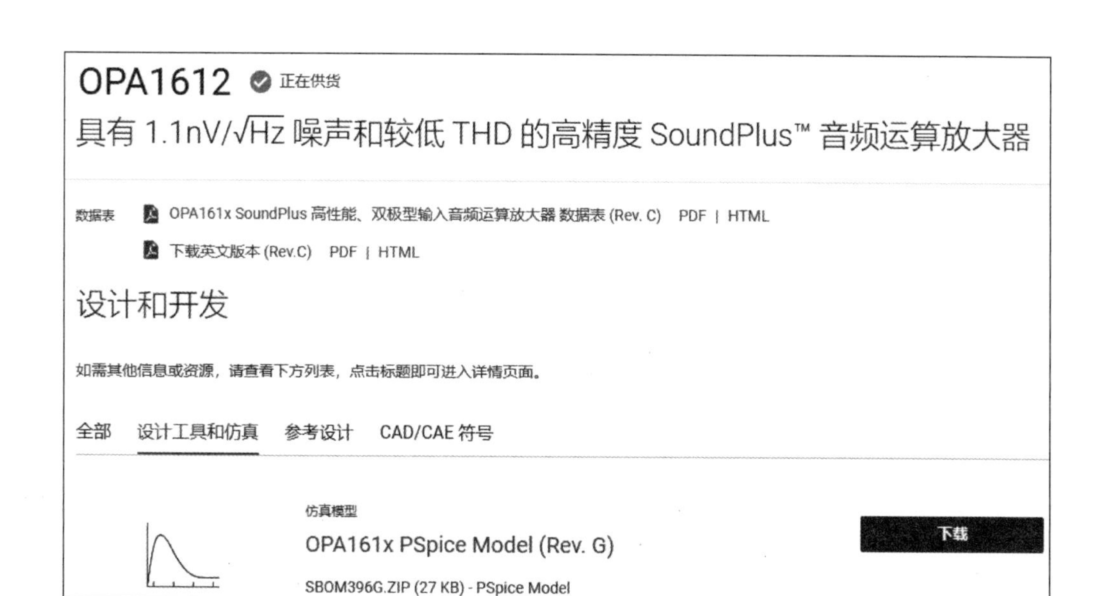

图 3-24　元器件详情页面下载器件模型

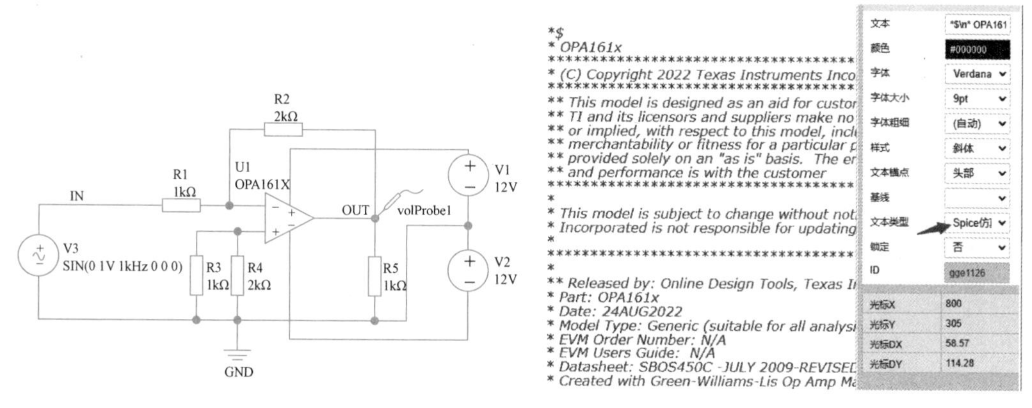

图 3-25　复制 OPA161X 器件仿真模型

3.6.3　分析交流小信号的仿真结果

下面分析运放 OPA1612 电路交流小信号分析结果。

(1) 运行 Spice 仿真后，系统自动打开仿真结果波形显示界面 WaveForm，如图 3-26 所示，输出信号 OUT 频率特性和相位特性波形结果显示在图形中。

(2) 从图 3-26 中可以看出信号增益在低频增益为 6dB(2 倍)，相位为 180°。随着频率增加信号增益约 35dB/10 倍程衰减，−3dB 带宽为 22MHz，与芯片数据手册中单位增益带宽 40MHz 基本一致。

(3) 保存原理图文件和工程，并退出该工程。

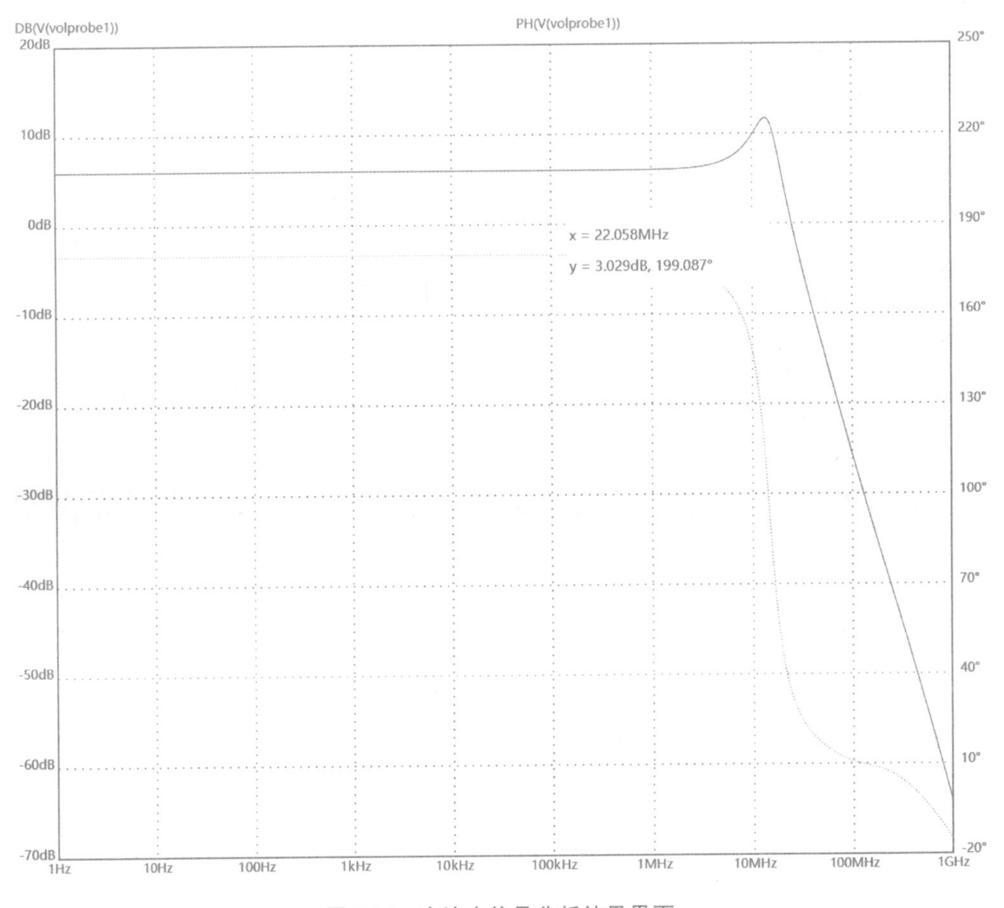

图 3-26 交流小信号分析结果界面

第 16 集
微课视频

示例视频 7
微课视频

3.7 数字电路仿真

本节将构建用于数字分立器件组成的 7 段数码管显示电路仿真，并执行瞬态分析，主要内容包括建立数字电路工程、构建数字电路、设置瞬态分析参数和分析瞬态仿真的结果。

3.7.1 建立数字电路工程

下面首先给出建立数码管显示数字电路工程的步骤，其主要包括以下步骤。

（1）在嘉立创 EDA 主界面主菜单下选择“文件”→“新建”→“工程”选项，设置“工程标题”为 LED-7SEG，单击“保存”按钮生成数字电路工程。

（2）打开 Sheet_1 原理图文件绘制 7 段数码管显示电路原理图。

3.7.2 构建数字电路

下面构建用于 7 段数码管显示的数字电路，并执行瞬态分析。其主要包括以下步骤。

（1）在嘉立创 EDA 界面左侧单击“仿真库”按钮，在“仿真库”对话框中输入 74HC90 器件进行搜索，在系统库中找到该器件，如图 3-27 所示，选中 74HC90 器件并单击“放置”按钮将该器件放到原理图中。

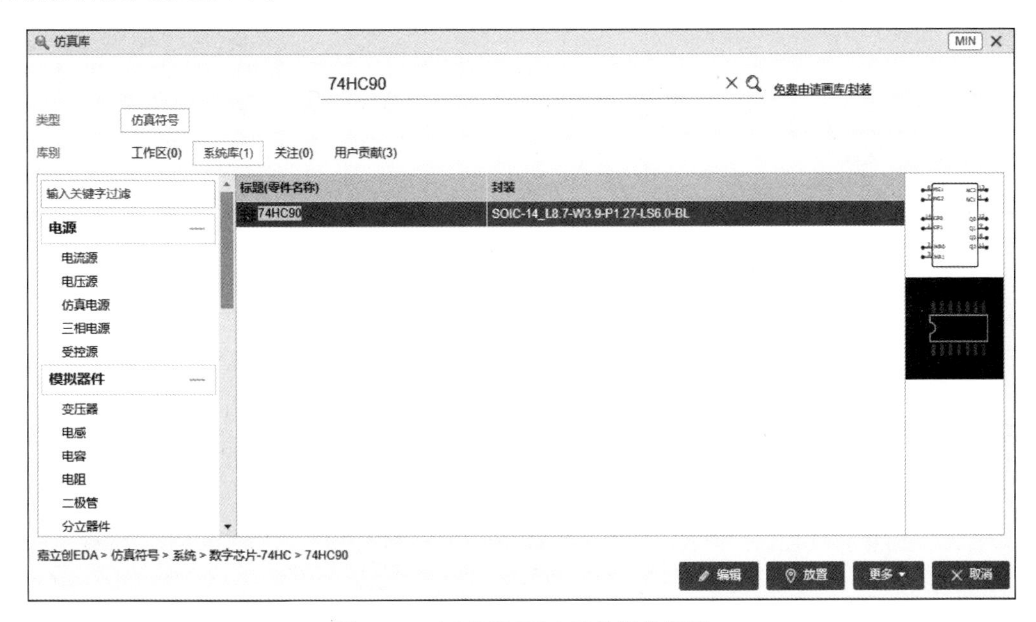

图 3-27　在"仿真库"中查找器件界面

(2) 从"仿真库"中搜索并添加 74HC4511 器件,在常用库中找到并放置电阻、七段数码管等元器件,并将其按照图 3-28 所示的位置进行放置。

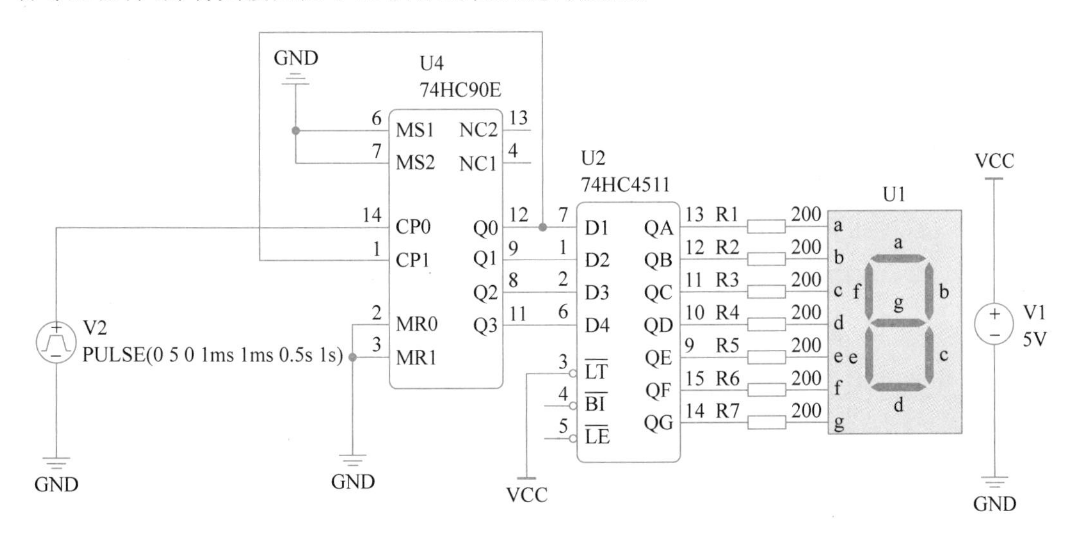

图 3-28　绘制 7 段数码管显示电路原理图

(3) 从常用库中的电源中找到电压源_直流源和电压源_脉冲源,并按照图 3-28 所示的位置进行放置。

(4) 单击主界面"电气工具"栏内的标识符 VCC 和 GND 按钮,将 VCC 和 GND 按照图 3-28 所示的位置进行放置。

(5) 单击主界面"电气工具"栏内的"导线"按钮,将这些元器件和电压源按照图 3-28 所示的方式进行连接。

(6) 修改 V1、V2、U1 的参数设置如图 3-29 所示。

① V1 电压源设置“直流值”为 5V。

② V2 脉冲源设置“初始值[V]”为 0；“脉动值[V]”为 5V；“延时[s]”为 0；上升时间[s]为 1ms；下降时间[s]为 1ms；脉冲宽度[s]为 0.5s；脉冲周期[s]为 1s。

③ U1 七段数码管“类型”设置为共阴。

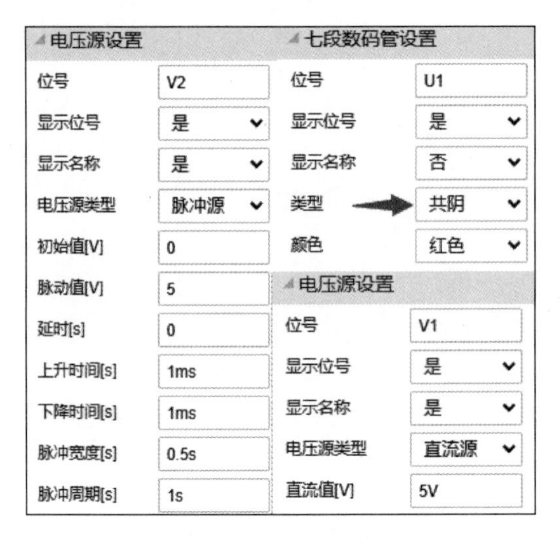

图 3-29　电压源及七段数码管设置

3.7.3 设置瞬态分析参数

下面介绍设置瞬态分析参数的方法。其主要包括以下步骤。

(1) 在嘉立创 EDA 主界面主菜单下选择“仿真”→“仿真设置”选项。

(2) 打开如图 3-30 所示的“运行仿真”设置界面。选择“静态工作点”标签页，设置“最大步长”为 1s，“终止时间”为 15s，“起始时间”为 0，单击“运行”按钮进行瞬态分析。

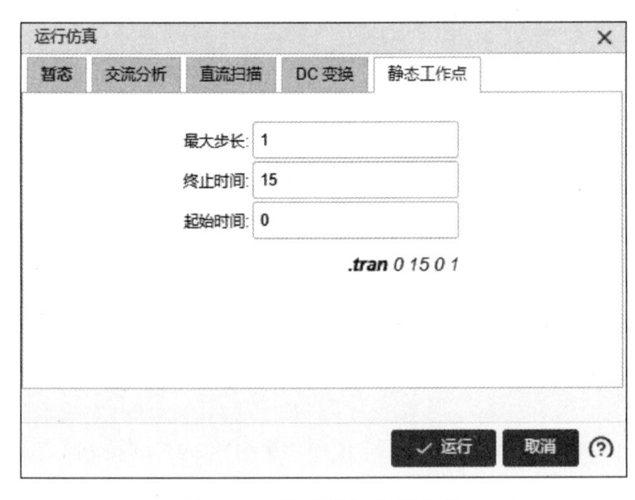

图 3-30　设置瞬态分析参数

3.7.4　分析瞬态仿真的结果

下面介绍通过图形观察瞬态仿真的结果的方法。其主要包括以下步骤。

(1) 运行 Spice 仿真后，系统运行并显示仿真结果，如图 3-31 所示，七段数码管数字自动自动增加并在 15 次之后停止运行。

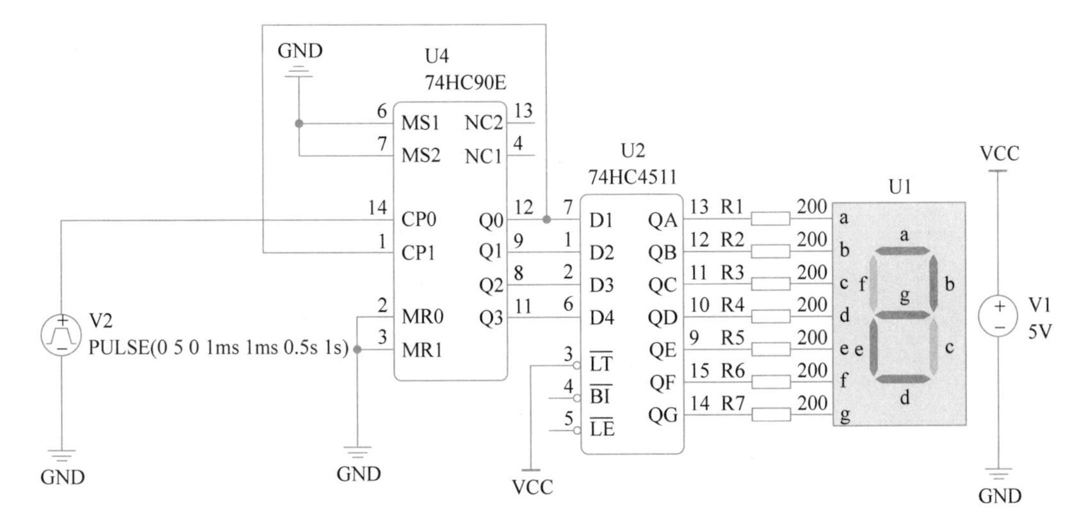

图 3-31　七段数码管电路仿真显示

第 17 集
微课视频

示例视频 8
微课视频

(2) 从图 3-31 所示的仿真波形可以看出，74HC90 的十进制计数、74HC4511 的 7 段译码器及共阴级数码管显示功能正常。

(3) 保存原理图文件和工程，并退出该工程。

3.8　数模混合电路仿真

本节将构建用于数字分立器件和模拟器件组成的 LED 跑马灯数模混合电路仿真，并执行瞬态分析，主要内容包括建立数模电路工程、构建数模混合电路、设置瞬态分析参数和分析瞬态仿真的结果。

3.8.1　建立数模电路工程

下面首先给出建立数码管显示数字电路工程的步骤，其主要包括以下步骤。

(1) 在嘉立创 EDA 主界面主菜单下选择“文件”→“新建”→“工程”选项，设置工程标题为 LED-555，单击“保存”按钮生成数字电路工程。

(2) 打开 Sheet_1 原理图文件绘制 LED 跑马灯数模混合电路原理图。

3.8.2　构建数模混合电路

下面构建用于 LED 跑马灯数模混合电路，并执行瞬态分析。其主要包括以下步骤。

(1) 在嘉立创 EDA 界面左侧单击“仿真库”按钮，在“仿真库”对话库中输入 555 器件进行搜索，在“系统库”中找到该器件，如图 3-32 所示，选中 555_BJT_EE 器件并单击“放置”按钮将该器件放到原理图中。

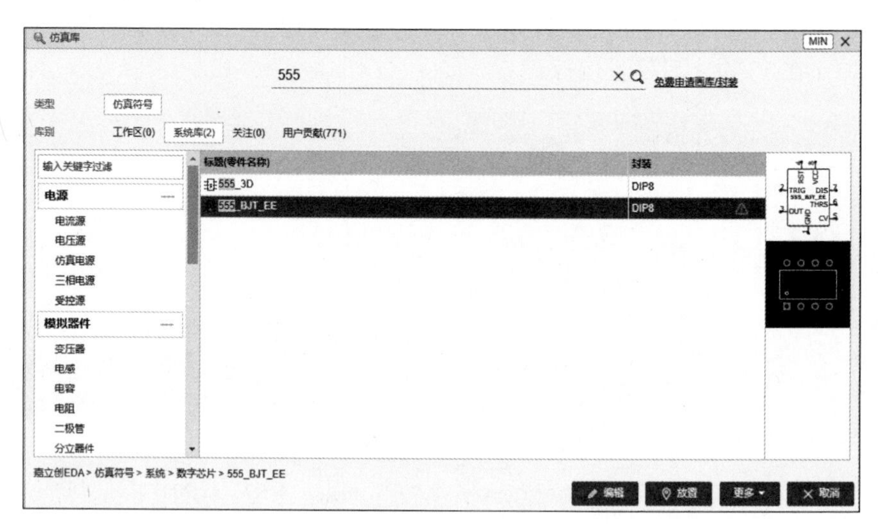

图 3-32　在“仿真库”中查找器件界面

(2) 从“仿真库”中搜索并添加 CD4017 器件，在“常用库”中找到并放置电阻、电容、可变电阻、发光二极管等元器件，并将其按照图 3-33 所示的位置进行放置。

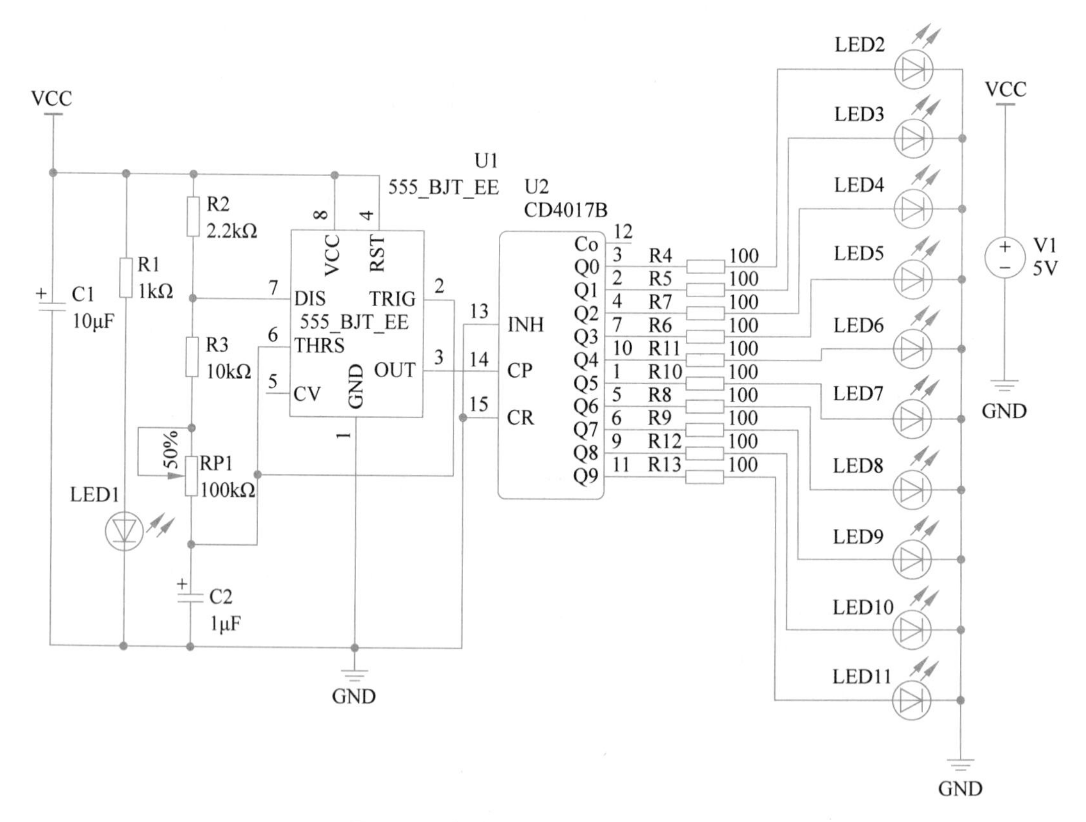

图 3-33　绘制 LED 跑马灯电路原理图

(3) 从“常用库”中的电源中找到电压源_直流源，并按照图 3-33 所示的位置进行放置，设置 V1 的电源电压为 5V。

(4) 单击主界面“电气工具”栏内的标识符 VCC 和 GND 按钮，将 VCC 和 GND 按照图 3-33 所示的位置进行放置。

(5) 单击主界面“电气工具”栏内的“导线”按钮，将这些元器件和电压源按照图 3-33 所示的方式进行连接。

3.8.3 设置瞬态分析参数

下面介绍设置瞬态分析参数的方法。其主要包括以下步骤。

(1) 在嘉立创 EDA 主界面主菜单下选择“仿真”→“仿真设置”选项。

(2) 打开如图 3-34 所示的“运行仿真”设置界面。选择“静态工作点”标签页，设置“最大步长”为 1ms，“终止时间”为 1s，“起始时间”为 0s，单击“运行”按钮进行瞬态分析。

图 3-34 设置瞬态分析参数

3.8.4 分析瞬态仿真的结果

下面介绍通过图形观察瞬态仿真的结果的方法。其主要包括以下步骤。

(1) 运行 Spice 仿真后，系统运行并显示仿真结果，如图 3-35 所示，LED2～LED11 实现走马灯功能。

(2) 从图 3-35 所示的仿真波形可以看出，555 振荡器、CD4017 数字计数器及 LED 数码管显示功能正常，通过提交可变电位器 RP1 可以调节 LED 走马灯显示的速度。

(3) 保存原理图文件和工程，并退出该工程。

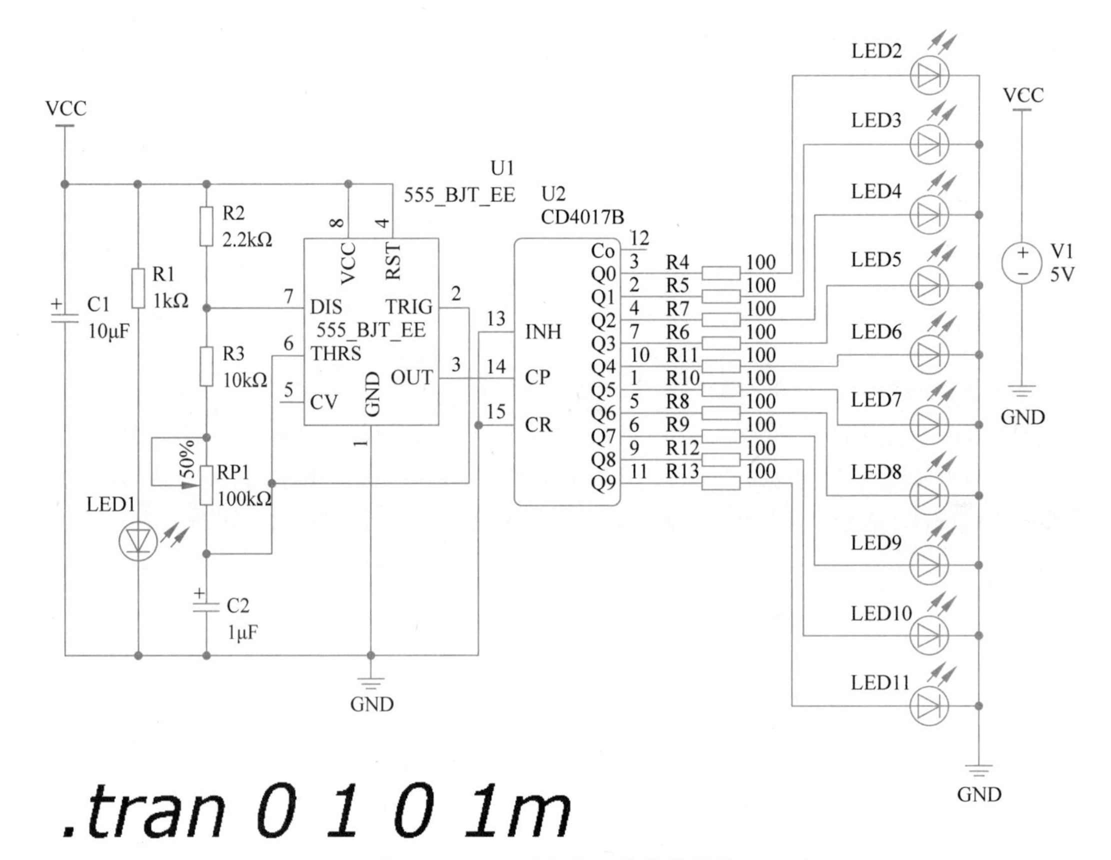

图 3-35 LED 走马灯电路仿真显示

本章习题

使用嘉立创 EDA 进行晶体管放大电路的仿真，电路设计见题图 3-1，NPN 管 Q1 使用如下参数进行设置（IS＝60.9F，NF＝1，BF＝100，VAF＝114，IKF＝0.36，ISE＝30.2P，NE＝2，BR＝4，NR＝1，VAR＝24，IKR＝0.54，RE＝85.8M，RB＝0.343，RC＝34.3M，XTB＝1.5，CJE＝69P，VJE＝1.1，MJE＝0.5，CJC＝22.2P，VJC＝0.3，MJC＝0.3，TF＝454P，TR＝316N），解答如下问题。

（1）绘制该原理图。

（2）计算该电路静态工作点。

（3）设置 V2 信号源输入频率＝1kHz、Vpp＝10mV 的正弦信号，进行瞬态仿真，绘制输入/输出波形，计算电路增益。

（4）设置 V2 信号源输入频率＝1Hz～1GHz、Vpp＝10mV 的正弦信号，进行交流小信号仿真，绘制电路幅频特性和相频特性曲线、输入/输出阻抗仿真曲线，并计算放大电路带宽和上/下截止频率。

（5）对 RC 电阻进行参数仿真，设置 RC 分别为 1kΩ、2kΩ、3kΩ、4kΩ、5kΩ 时，在同一坐标图内绘制电路的幅频特性曲线。

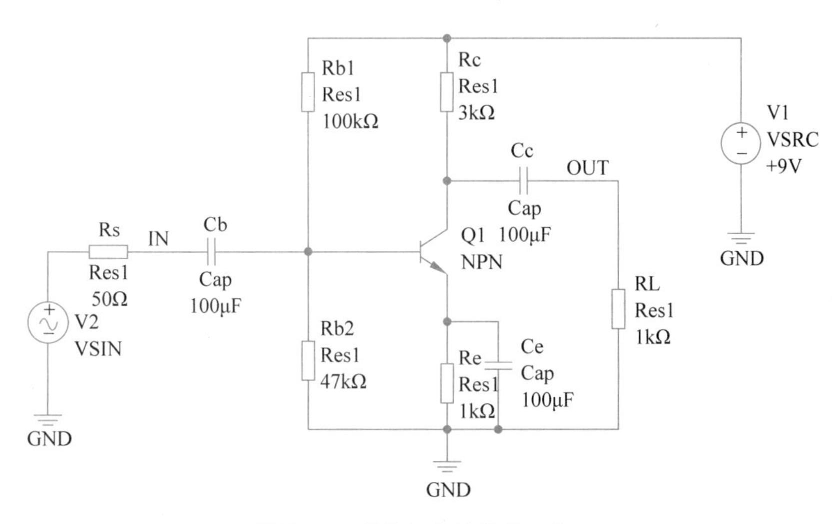

题图 3-1　晶体管小信号放大电路

第4章 射频电路设计与仿真

在进行射频微波电路设计时，节点电路理论已不再适用，需要采用分布参数电路的分析方法。这时可以采用复杂的场分析法，但更多的时候是采用微波网络法分析电路。在射频电路仿真中除了前面常用的基本电路仿真方法之外，还需要用到S参数仿真、谐波平衡法仿真、电路包络仿真等方法，本章以ADS2023仿真软件为例，对上述仿真内容进行描述，并给出几种射频电路的仿真实例。

4.1 S参数仿真

第18集
微课视频

对于微波网络法而言，最重要的参数就是S参数。在个人计算机平台进入吉赫兹阶段之后，从计算机的中央处理器、显示界面、存储器总线到I/O接口，全部进入高频传送的阶段，所以现在不但进行射频微波电路设计时需要了解S参数相关知识，而且进行计算机系统甚至消费电子系统设计时也需要对相关知识有所掌握。本节通过实例，介绍ADS2023实现S参数仿真的原理和方法。

4.1.1 S参数的概念

在低频电路中，元件的尺寸相对于信号的波长而言可以忽略不计(通常小于波长的1/10)，这种情况下的电路被称为节点(lump)电路，这时可以采用常规的电压、电流定律进行电路计算。

但在高频/微波电路中，由于波长较短，组件的尺寸就无法再视为一个节点，某一瞬间组件上所分布的电压、电流会不一致。因此基本的电路理论不再适用，而必须采用电磁场理论中的反射及传输模式分析电路。元件内部电磁波的入射波与反射波的干涉使电压和电流失去了一致性，电压电流比为稳定状态的固有特性也不再适用，取而代之的是“分布参数”的特性阻抗观念，此时的电路以电磁波的传送与反射为基础要素，即反射系数、衰减系数、传送的延迟时间。

“分布参数”电路采用场分析法，但场分析法过于复杂，因此需要一种简化的分析方法。微波网络法广泛运用于微波系统的分析，是一种等效电路法，在分析场分布的基础上，用路的方法将微波元件等效为电抗或电阻器件，将实际的导波传输系统等效为传输线，从而将实际的微波系统简化为微波网络，将场的问题转化为路的问题来解决。

一般地，对于一个有 Y、Z 和 S 参数的网络是可以实际测量和分析的，其中，Y 称为导纳参数，Z 称为阻抗参数，S 称为散射参数。Z 和 Y 参数对于集总参数电路分析非常有效，各参数可以很方便地测试。但是在微波系统中，由于确定非 TEM 波电压、电流的困难性，而且在微波频率测量电压和电流也存在实际困难，因此，在处理高频网络时，等效电压和电流以及有关的阻抗和导纳参数变得较抽象。与直接测量入射波、反射波及传输波概念更加一致的是散射参数，即 S 参数矩阵，它更适合于分布参数电路。

S 参数是建立在入射波、反射波关系基础上的网络参数，适于微波电路分析，以器件端口的反射信号以及从该端口传向另一端口的信号来描述电路网络。同 W 端口网络的 Y 和 Z 参数一样，用 S 参数也能对 W 端口网络进行完善的描述。Y 和 Z 参数反映了端口的总电压和电流的关系，而 S 参数则反映端口的入射电压波和反射电压波的关系。S 参数可以直接用网络分析仪测量得到，而且可以用网络分析法计算。

下面以二端口网络为例说明 S 参数的含义，如图 4-1 所示。

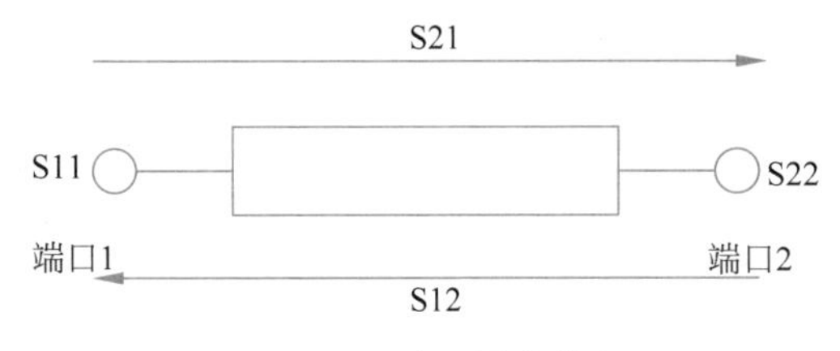

图 4-1　二端口网络模型

二端口网络有四个 S 参数，Sij 表示能量从 j 口注入，在 i 口测得的能量，如 S11 定义为从端口 1 反射的能量与输入能量比值的平方根，也经常被简化为等效反射电压和等效入射电压的比值。各参数的物理含义和特殊网络的特性如下。

(1) S11：端口 2 匹配时，端口 1 的反射系数。

(2) S22：端口 1 匹配时，端口 2 的反射系数。

(3) S12：端口 1 匹配时，端口 2 到端口 1 的反向传输系数。

(4) S21：端口 2 匹配时，端口 1 到端口 2 的正向传输系数。

(5) 对于互易网络，S12＝S21。

(6) 对于对称网络，S11＝S22。

(7) 对于无耗网络，$(S11)^2+(S22)^2=1$。

通常可以将单根传输线或一个过孔等效成一个二端口网络。端口 1 接输入信号，端口 2 接输出信号，那么 S11 表示回波损耗，即有多少能量被反射回源端(端口 1)，该值越小越好，一般建议 S11＜0.1，即－20dB；S21 表示插入损耗，即有多少能量被传输到目的端(端口 2)，该值越大表示传输的效率越高，理想值是 1，即 0dB。一般建议 S21＞0.7，即－3dB。如果网络是无损耗的，那么只要端口上的 S11 很小就可以使 S21＞0.7 的要求得到满足，但通常传输线是有损耗的，尤其在 GHz 以上时，损耗很显著，即使在端口 1 上没有反射，经过长距离的传输线后 S21 的值也会变得很小，说明能量在传输过程中有损耗。

4.1.2 S参数在电路仿真中的应用

S参数自问世以来已在电路仿真中得到广泛使用。针对射频和微波应用的综合和分析工具几乎都具有使用S参数进行仿真的能力，这其中包括是德科技公司的ADS仿真器。

ADS仿真器中都可以找到S参数模块，用户可以对每个S参数进行设置以完成相应的仿真；同时，用户也可以通过网络分析仪对要生产的印制电路板进行精确的S参数测量；用户还可以采用元器件厂家提供的S参数进行仿真，据是德科技公司EDA部门的一位应用工程师在文章中介绍："这些数据通常是在与最终应用环境不同的环境中测得的。这可能在仿真中引入误差。"他举例，当电容器安装在不同类型的印制电路板上时，电容器会因为安装焊盘和电路板材料的不同(如厚度、介电常数等)而存在不同的谐振频率。固态器件也会遇到类似问题(如LNA应用中的晶体管)。为避免这些问题，最好在实验室中测量S参数。但无论如何，为了进行射频系统仿真，无法回避使用S参数模型，而这些数据是来自设计师的亲自测量还是直接从元器件厂家获得，则是由高频电子电路的特性所决定的。

S参数仿真的主要功能包括以下几方面。

(1) 获得器件或电路的S参数，并可以将该参数转换成Y参数或Z参数。

(2) 仿真群延时。

(3) 仿真线性噪声。

(4) 分析频率改变对小信号的影响。

(5) 仿真混频器电路的S参数。

4.1.3 S参数仿真面板与仿真控制器

ADS仿真器中有专门针对S参数仿真的元器件面板，在Simulation-S_Param类元器件面板中提供了所有S参数仿真需要的控件，如图4-2所示。

常用的控件名称如下：SP(S参数仿真控制器)、Sweep Plan(参数扫描计划控制器)、Options(S参数仿真设置控制器)、RefNet(参考网络控件)、NdSet Name(节点名控件)、Disp Temp(显示模板控件)、MaxGain(最大增益控件)、VoltGain(电压增益控件)、GainRip(增益波纹控件)、MuPrim(计算源稳定系数控件)、StabMs(计算电路稳定系数)、Zin(输入阻抗控件)、SP Lab(S参数仿真测试平台控件)、Prm Swp(参数扫描控制器)、Term(终端负载)、OscTest(接地振荡器测试)、NdSet(节点设置控件)、SP Output(S参数输出控件)、Meas Eqn(仿真测量等式控件)、PwrGain(功率增益控件)、VSWR(电压驻波比控件)、Mu(计算负载稳定系数控件)、Stabfct(计算Rollett稳定因子K)、Yin(输入导纳控件)和GaCircle～NsCircle(史密斯圆图控件)。

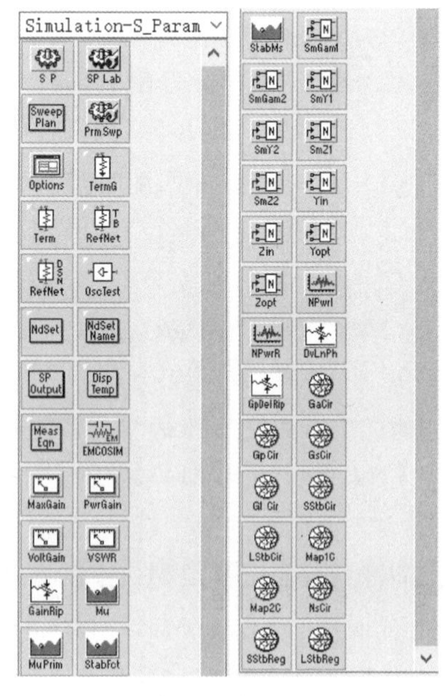

图4-2 S参数仿真的元器件面板

1. S参数仿真控制器

S参数仿真控制器(SP)在原理图中如图4-3所示,它是控制S参数仿真最主要的控件,可以设置S参数仿真的频率扫描范围、仿真执行参数和噪声分析相关参数等内容。双击S参数仿真控制器,弹出“参数设置”选项卡,可以通过该选项卡对S参数进行设置。

(1) Frequency。S参数仿真要在一定频率范围内执行,因此在S参数仿真执行前需要通过S参数仿真控制器设置窗口中的Frequency选项卡对频率参数进行设置,如图4-4所示。

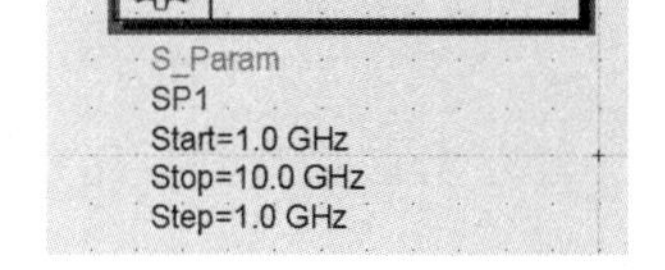

图4-3 S参数仿真控制器

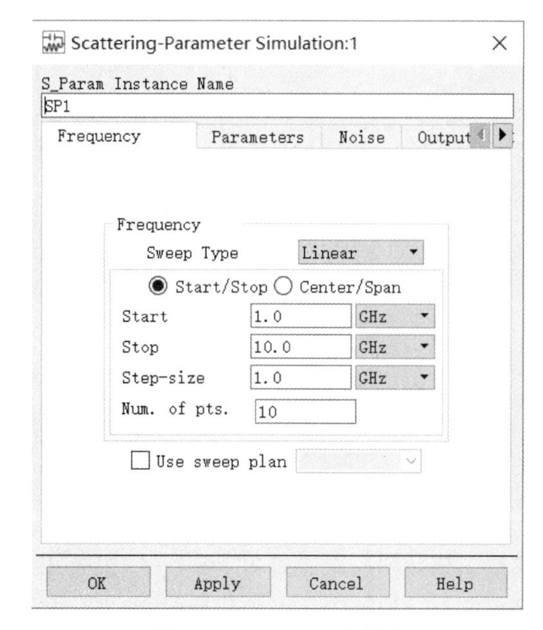

图4-4 Frequency选项卡

(2) Parameters。S参数仿真中的参数计算、频率转换、仿真状态信息显示和仿真结果保存等参数,用户可以通过Parameters选项卡进行设置,如图4-5所示。

① 参数计算(Calculate)。设置仿真过程中计算的参数,包括S参数(S-parameters)、Y参数(Y-parameters)、Z参数(Z-parameters)、群延时参数(Group Delay),用户可以选中需计算的参数,仿真结束后可以在仿真结果中查看这个参数。

② 频率转换(Frequency Conversion)。决定是否允许进行频率转换。如果选中此项,则可以执行带有频率转换的S参数仿真。

③ 仿真状态显示(Levels)。设置仿真状态窗口中显示信息的多少。其中,0表示显示很少的仿真信息;1和2表示显示正常的仿真信息;3和4表示显示较多的仿真信息。

④ 器件的操作点信息设置(Device Operating Point Level)。设置数据文件是否保存原理图中的有源器件和部分线性器件的操作点。其中,None表示不保存有源器件和部分线性器件的操作点相关系数;Brief表示仅保存部分器件的电流、功率和一些线性器件的参数;Detailed表示保存所有直流仿真的工作点值,如电流、电压、功率和线性器件参数。

(3) Noise。在S参数仿真中同样可以进行噪声分析,噪声分析的相关参数可以通过Noise选项卡进行设置,如图4-6所示。

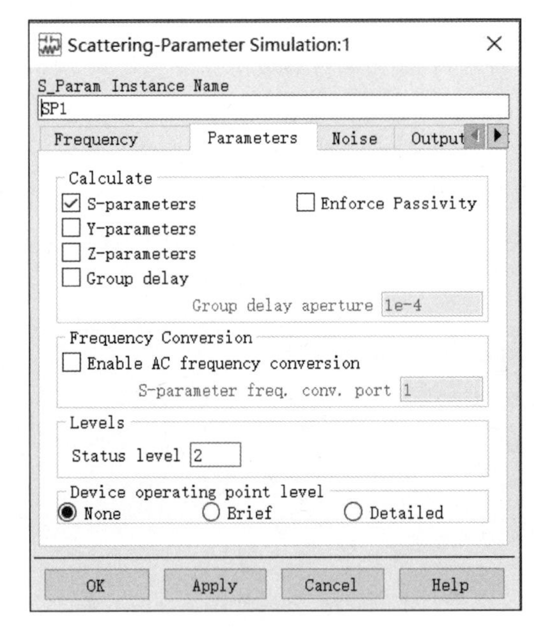

图 4-5　Parameters 选项卡

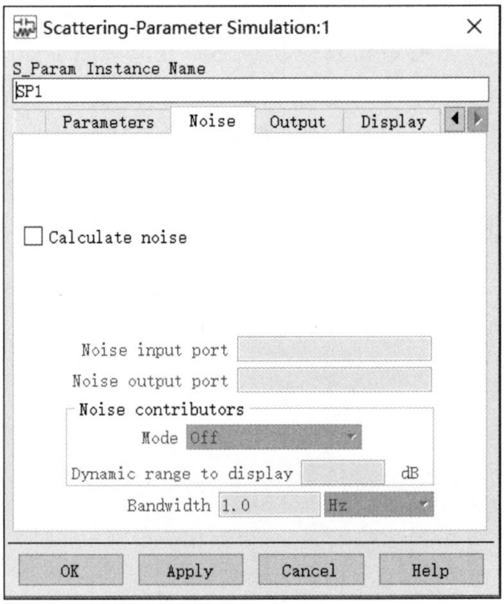

图 4-6　Noise 选项卡

2. S 参数仿真测试平台控件

S 参数仿真测试平台控件如图 4-7 所示，它专门用来建立 S 参数仿真的测试平台，其参数与 S 参数仿真控制器的参数相同。

3. 参数扫描计划控制器

参数扫描计划控制器如图 4-8 所示，主要用来设置仿真中的参数扫描计划。用户可以通过该控制器添加一个或多个扫描变量，并制订相应的扫描计划。

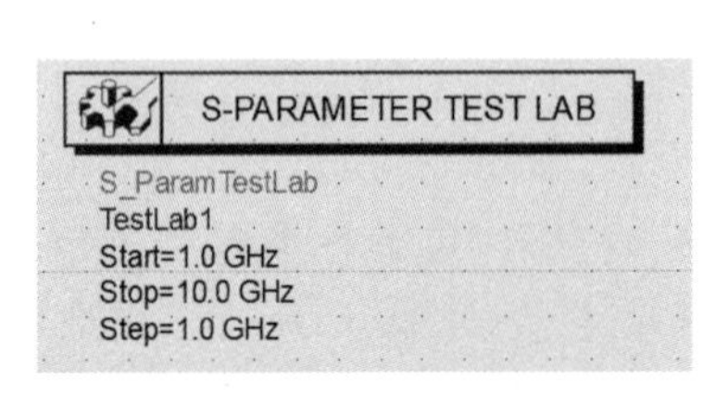

图 4-7　S 参数仿真测试平台控件

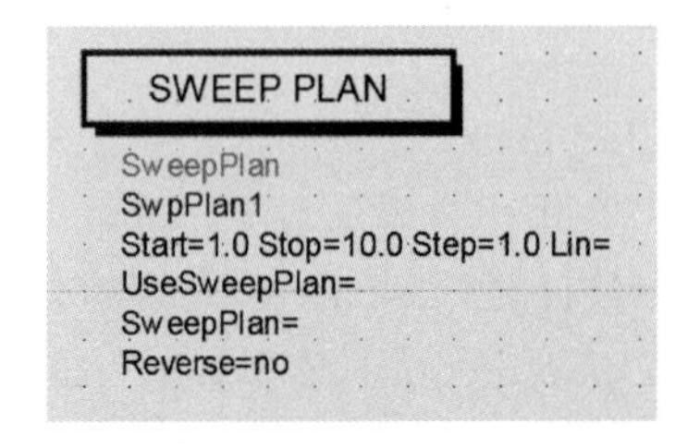

图 4-8　参数扫描计划控制器

4. 参数扫描控制器

参数扫描控制器如图 4-9 所示，用来设定仿真中的扫描参数。该控制器设定的扫描参数可以在多个仿真实例中使用。

5. S 参数仿真设置控制器

S 参数仿真设置控制器如图 4-10 所示，主要用来进行 S 参数仿真时环境温度、设备温度、仿真的收敛性、仿真的状态提示和输出文件特性等相关参数的设置。

6. 终端负载

终端负载(Term)如图 4-11 所示，用来定义端口标号以及设定各端口终端负载阻抗。

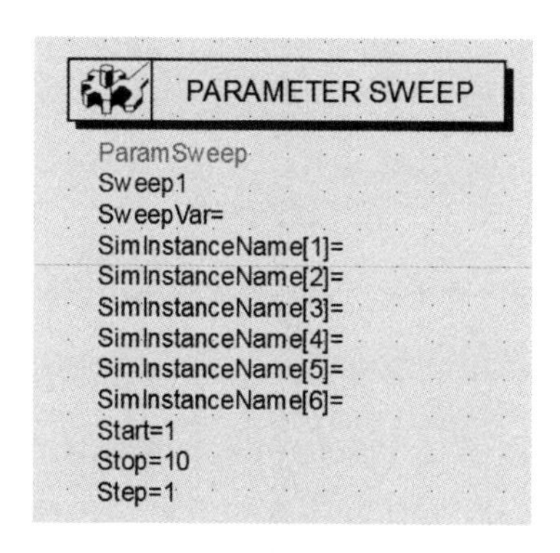

图 4-9　参数扫描控制器

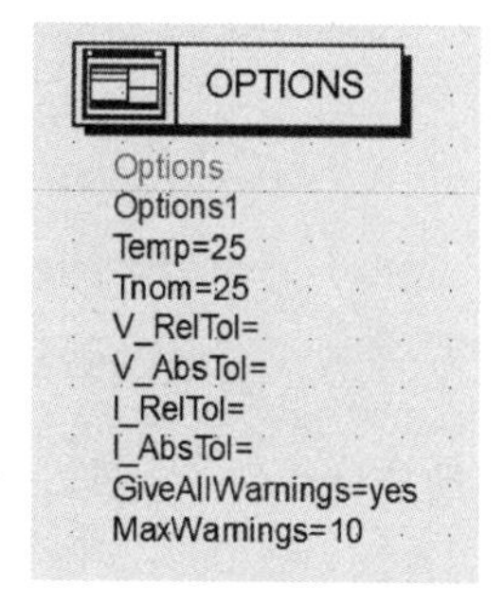

图 4-10　S 参数仿真设置控制器

7. 最大增益控件

最大增益控件(MaxGain)如图 4-12 所示,用来在仿真结果中添加仿真电路的最大增益数据组。

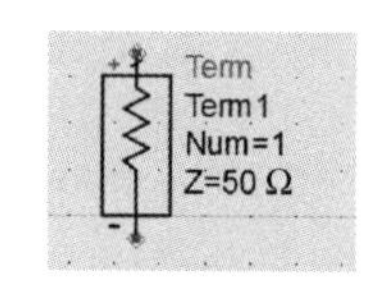

图 4-11　终端负载

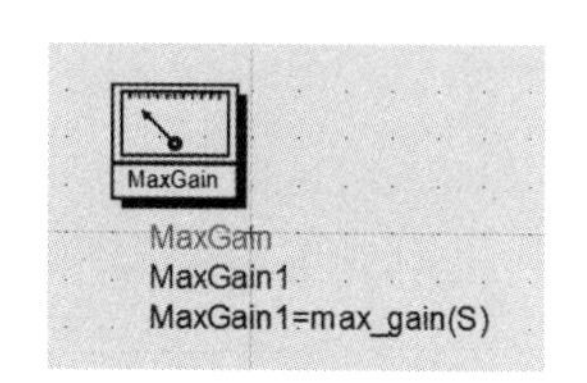

图 4-12　最大增益控件

8. 功率增益控件

功率增益控件(PwrGain)如图 4-13 所示,用来在仿真结果中添加仿真电路功率增益的数据组。

9. 电压增益控件

电压增益控件(VoltGain)如图 4-14 所示,用来在仿真结果中添加仿真电路电压增益的数据组。

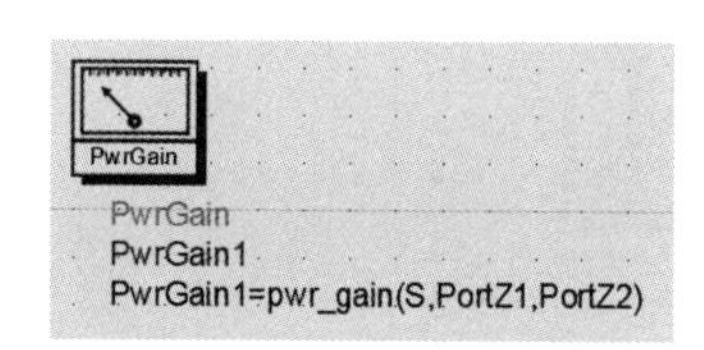

图 4-13　功率增益控件

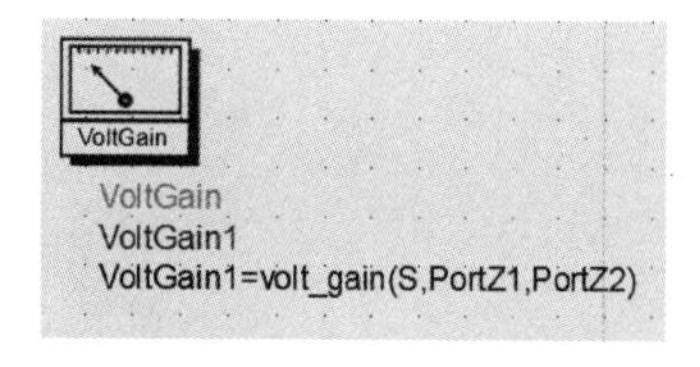

图 4-14　电压增益控件

10. 电压驻波比控件

电压驻波比控件(VSWR)如图 4-15 所示,用来在仿真结果中添加仿真电路各端口电压驻波比的数据组。

11. 增益波纹控件

增益波纹控件如图 4-16 所示,用来在仿真结果中添加仿真电路增益波纹的数据组。

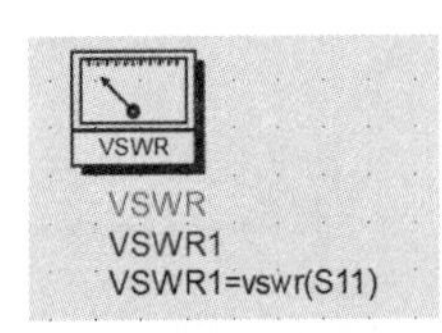

图 4-15 电压驻波比控件

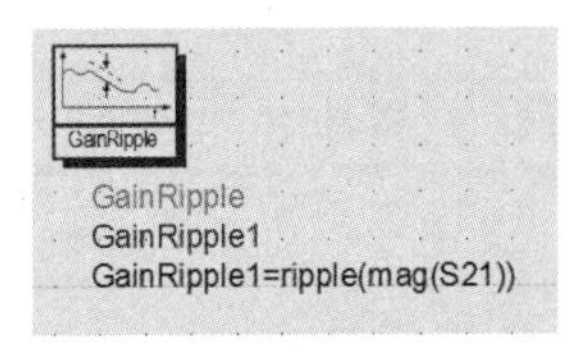

图 4-16 增益波纹控件

12. 输入导纳控件

输入导纳控件(Yin)如图 4-17 所示,用来在仿真结果中添加仿真电路输入导纳的数据组,用户在仿真结束后可以直接在数据显示窗口中查看仿真电路或仿真网络的输入导纳。

13. 输入阻抗控件

输入阻抗控件(Zin)如图 4-18 所示,用来在仿真结果中添加仿真电路输入阻抗的数据组。

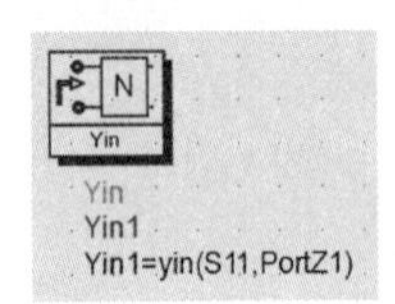

图 4-17 输入导纳控件

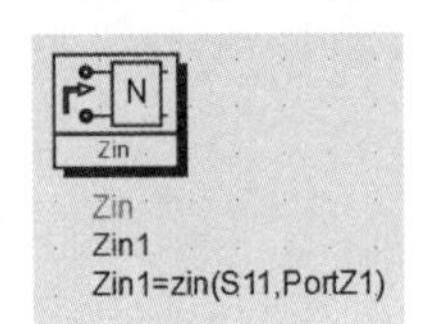

图 4-18 输入阻抗控件

14. 史密斯圆图控件

史密斯圆图控件(Smith)是射频电路分析中最有效和最直观的工具,ADS 仿真器中提供各种史密斯圆图工具,如各种增益圆图、噪声系数圆图和稳定性圆图等。用户可以在原理图中通过这些控件计算相应数据,并将这些数据添加到仿真结果中。史密斯圆图控件面板如图 4-19 所示。

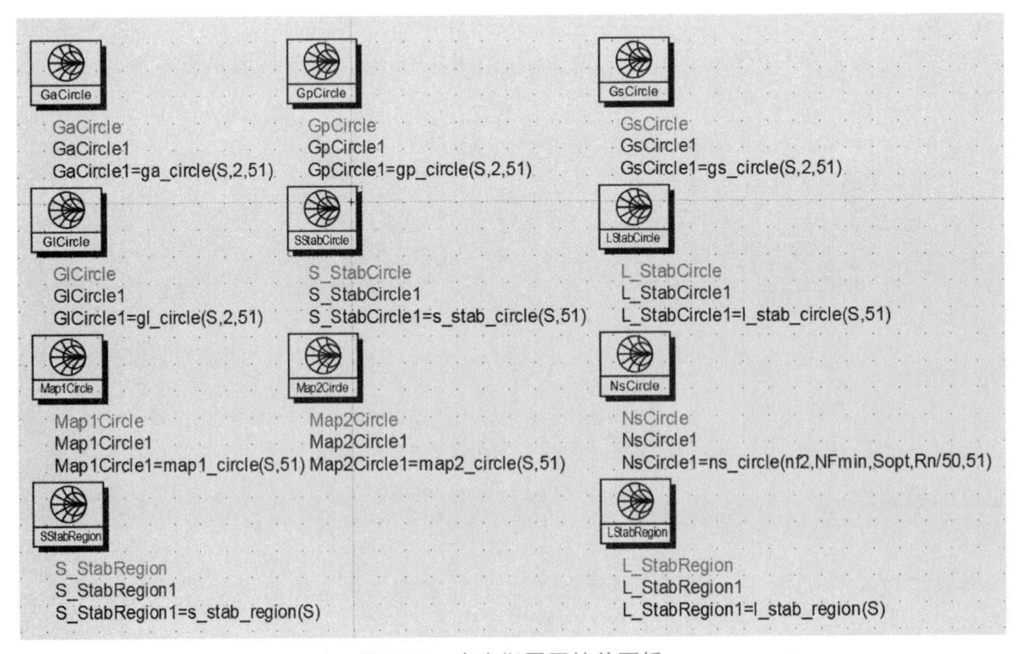

图 4-19 史密斯圆图控件面板

4.1.4　S参数仿真过程

S参数仿真过程如下。

（1）选择器件模型并建立电路原理图。

（2）确定需要进行S参数仿真的输入、输出端口，并在Simulation-S_Param元件面板中选择终端负载(Term)控件分别连接在电路的输入、输出端口。

（3）在Simulation_S_Param元件面板列表中选择S参数仿真控制器SP，并放置在电路图设计窗口中。

（4）双击S参数仿真控制器，在Frequency选项卡中对交流仿真中频率扫描类型和扫描范围等进行设置。

（5）如果扫描变量较多，则需要在Simulation-S_Param元件面板中选择Prm Swp控件，在其中设置多个扫描变量以及每个扫描变量的扫描类型和扫描参数范围等。

（6）如果需要计算电路的群延时特性，则需要在S参数仿真控制器参数设置窗口中选择Parameters选项卡，在Calculate项中选中Group delay，允许在仿真中计算群延时参数。

（7）如果需要对电路进行线性噪声分析，则需要在S参数仿真控制器“参数设置”窗口的Noise选项卡中选中Calculate noise项，允许在仿真中计算线性噪声，然后分别设置噪声的输入端口、输出端口、噪声来源分类方式、噪声的动态范围和噪声带宽等内容。

（8）设置完成后，执行仿真。

（9）在数据显示窗口查看仿真结果。

4.1.5　基本S参数仿真

示例视频9
微课视频

下面通过实例强调S参数仿真过程中参数设置、运行、优化以及数据输出等相关内容，使读者对S参数仿真有更全面的认识。

1. 创建原理图

（1）新建项目空间，命名为chapter4-wrk，其他选项默认。

（2）新建原理图，单击图标，弹出对话框，命名为S_params，参照交流仿真原理图，绘制S参数仿真原理图。

（3）在Simulation-S_Param组件面板中，插入终端负载。

（4）在Lumped-Components组件面板中，插入两个理想扼流圈DC_feed以隔离RF与直流通路。

（5）在Lumped-Components组件面板中，插入两个隔直电容DC_Block器件。

（6）在Simulation-S_Param组件面板中，向原理图上放置控件，参数分别设置为Start=100MHz；Stop=4GHz；Step=100MHz。

完整电路原理图如图4-20所示。

2. 仿真结果输出

（1）单击仿真按钮，进行仿真。

（2）仿真结束后，引入S(2,1)(dB)的矩形图，在1.9GHz处插入标记，如图4-21所示，确认此处增益为20.364dB。

（3）单击数据显示窗口左侧工具栏图标引入S(1,1)和S(2,2)的史密斯圆图，并在

1.9GHz 处插入标记。

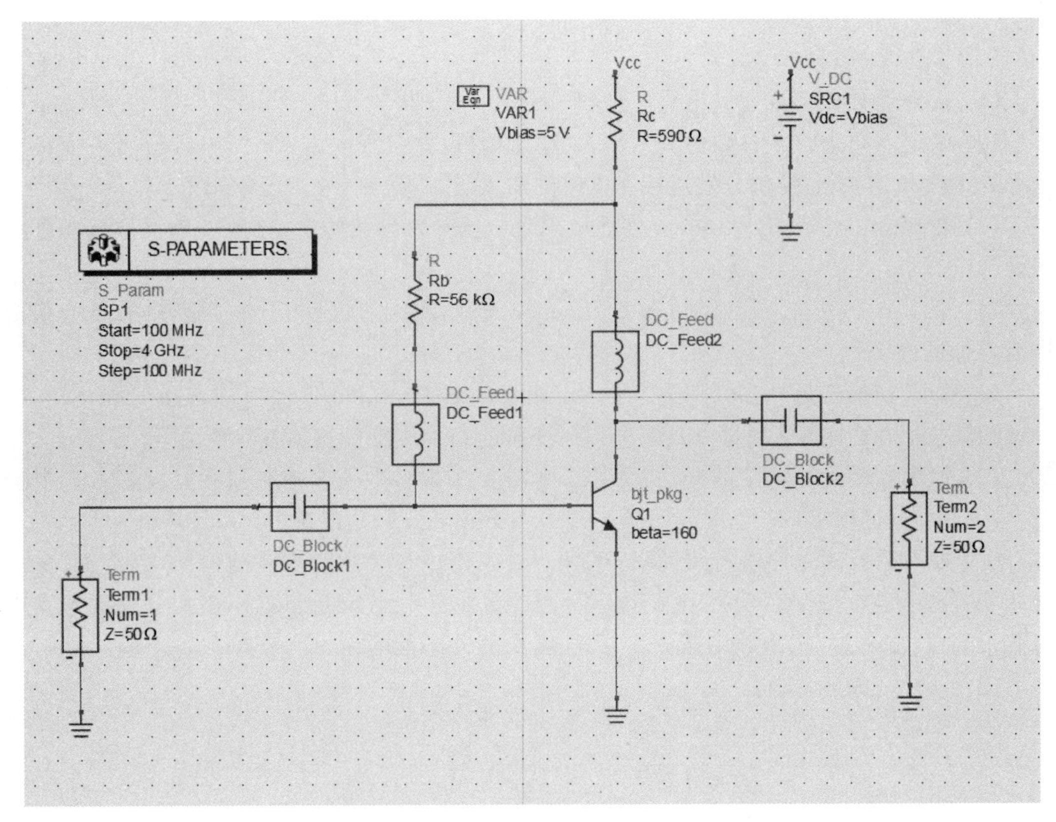

图 4-20　理想 S 参数仿真电路原理图

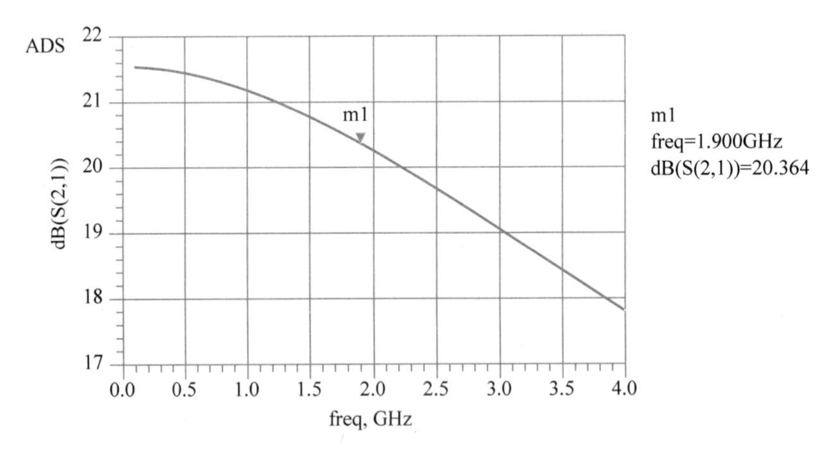

图 4-21　以 dB 为单位 S(2,1)参数曲线

(4) 选中标记读出器(marker readout),按方向键可移动标记。从图 4-22 中可知,由于还没有对该电路输入、输出进行匹配,S(1,1)和 S(2,2)的结果很差,S11 在 1.9GHz 处的大小以及它的阻抗值没有匹配,若完全匹配,则应该在 50Ω 附近。

(5) 双击标记读出器弹出如图 4-23 所示的"编辑标记属性"窗口,在 Format 选项卡中把 Zo 改为 50Ω,单击 OK 按钮,得到新的结果,如图 4-24 所示。

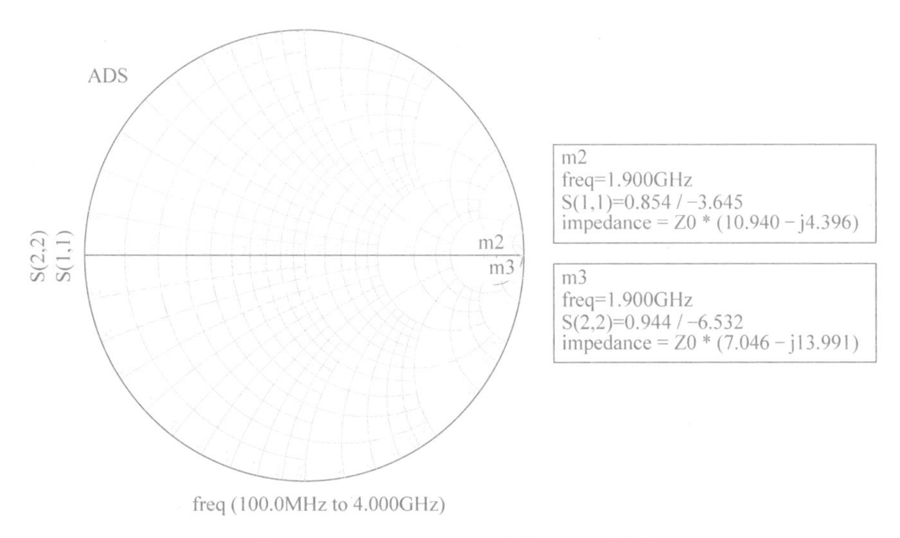

图 4-22 S(1,1)、S(2,2)参数 Smith 圆图

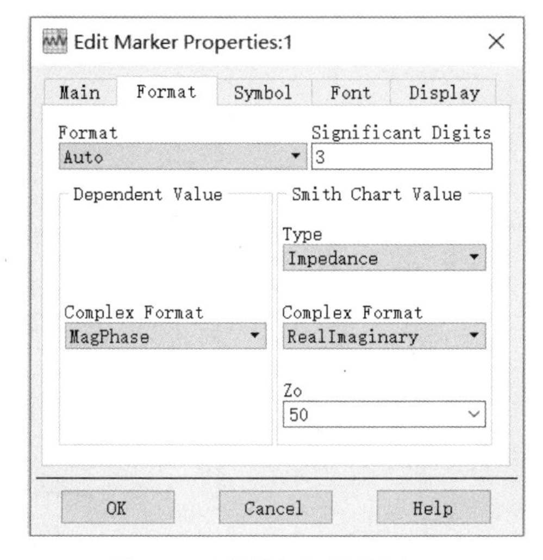

图 4-23 "编辑标记属性"窗口

3. 写出改变终端阻抗的方程

(1) 在原理图中对端口 2 写方程，这样可以更灵活地定义参数和变量，使其终端 Z 在频率小于 400MHz 时负载阻抗为 50Ω；大于 400MHz 时阻抗为 35Ω，即 Z=if freq<400MHz then 50 else 35 endif，如图 4-25 所示。

(2) 运行仿真，在数据显示窗口单击 按钮，输出 PortZ(2)以数据列表(list)形式显示。检查在频率大于 400MHz 时 Z 是否为 35Ω，从图 4-26 中可以看出，当频率大于或等于 400MHz 时负载阻抗为 35Ω。

(3) 把端口 2 阻抗重置到 Z=50Ω。

4. 在数据显示窗口中计算感抗、容抗值

在如图 4-20 所示的电路中，DC_Block 和 DC_Feed 都是理想器件，而实际电路是用电感代替扼流圈，用电容代替 DC_Block，接下来完成的是计算电容的容抗值和电感的感抗值。

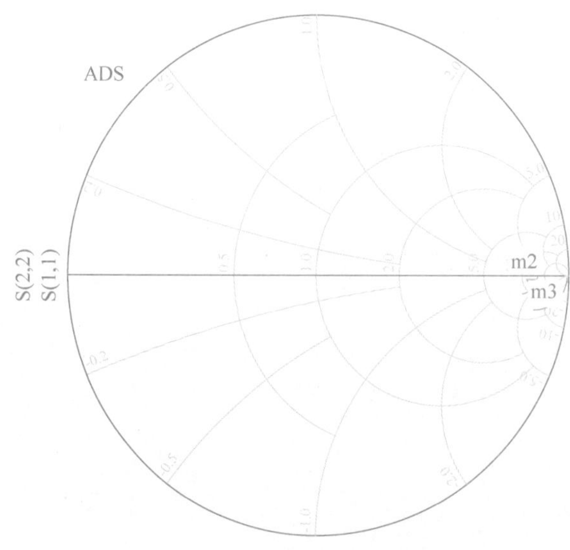

ADS
S(2,2)
S(1,1)
m2
m3
m2
freq=1.800GHz
S(1,1)=0.856 / −3.523
impedance = 557.826 − j219.761
m3
freq=1.900GHz
S(2,2)=0.944 / −6.532
impedance = 352.304 − j699.533
freq (100.0MHz to 4.000GHz)

图 4-24　50Ω 阻抗替换后的 Smith 圆图

Term
Term2
Num=2
Z=if freq<400MHz then 50 else 35 endif

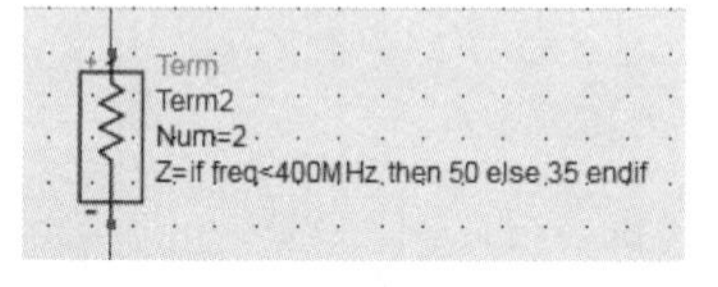

图 4-25　阻抗可变器件模型

freq	PortZ(2)
100.0 MHz	50.000 / 0.000
200.0 MHz	50.000 / 0.000
300.0 MHz	50.000 / 0.000
400.0 MHz	35.000 / 0.000
500.0 MHz	35.000 / 0.000
600.0 MHz	35.000 / 0.000
700.0 MHz	35.000 / 0.000
800.0 MHz	35.000 / 0.000
900.0 MHz	35.000 / 0.000
1.000 GHz	35.000 / 0.000
1.100 GHz	35.000 / 0.000
1.200 GHz	35.000 / 0.000
1.300 GHz	35.000 / 0.000
1.400 GHz	35.000 / 0.000
1.500 GHz	35.000 / 0.000
1.600 GHz	35.000 / 0.000
1.700 GHz	35.000 / 0.000
1.800 GHz	35.000 / 0.000
1.900 GHz	35.000 / 0.000
2.000 GHz	35.000 / 0.000
2.100 GHz	35.000 / 0.000
2.200 GHz	35.000 / 0.000
2.300 GHz	35.000 / 0.000
2.400 GHz	35.000 / 0.000
2.500 GHz	35.000 / 0.000
2.600 GHz	35.000 / 0.000
2.700 GHz	35.000 / 0.000
2.800 GHz	35.000 / 0.000
2.900 GHz	35.000 / 0.000
3.000 GHz	35.000 / 0.000

图 4-26　不同频率对应负载阻抗值列表

（1）插入方程计算 XC。在数据显示窗口单击 Eqn 图标，插入方程，计算 1900MHz 处 10pF 的容抗。然后列表输出 XC，如图 4-27 所示，计算后结果为－8.377，这个容抗值比较小，在 1900MHz 交流信号时可以近似看作短路器件。

（2）改变方程中的电容值为 20pF，XC 列表将自动刷新为－4.188，如图 4-28 所示。

Eqn XC=-1/(2*pi*1900M*10e-12)

XC
-8.377

图 4-27　容抗方程及容抗值

Eqn XC=-1/(2*pi*1900M*20e-12)

XC
-4.188

图 4-28　电容值改变后容抗方程及容抗值

（3）插入列表，显示电感值和感抗范围。其中，L_val的范围为0～200nH，步长为10nH，如图4-29所示。

图4-29中，两个冒号句法表示范围，方括号用于生成扫描。随着电感值增加，1900MHz处的感抗值也增加。因此，120nH对于DC馈电已足够大（RF扼流圈）。可将方程和表复制至另一数据显示窗口或者使用命令File→Save As Template以模板格式保存数据显示文件，这样可被其他窗口引用。

（4）保存当前的数据显示文件和原理图。

5. 代入L和C的计算值并仿真

（1）另存原理图，命名为s_match。

（2）把两个隔直电容的文件名DC_Block改为C，它们将自动变为集总参数电容，并把两个电容值均设为C=10pF，如图4-30所示。

Eqn XL=2*pi*1900M*L_val

Eqn L_val=[0n::10n::200n]

L_val	XL
0.000	0.000
1.000E-8	119.381
2.000E-8	238.761
3.000E-8	358.142
4.000E-8	477.522
5.000E-8	596.903
6.000E-8	716.283
7.000E-8	835.664
8.000E-8	955.044
9.000E-8	1074.425
1.000E-7	1193.805
1.100E-7	1313.186
1.200E-7	1432.566
1.300E-7	1551.947
1.400E-7	1671.327
1.500E-7	1790.708
1.600E-7	1910.088
1.700E-7	2029.469
1.800E-7	2148.849
1.900E-7	2268.230
2.000E-7	2387.610

图4-29　感抗方程及对应感抗值

（3）以相同方式改变理想电感（DC_Feed），并把值都设为L=120nH，如图4-31所示。

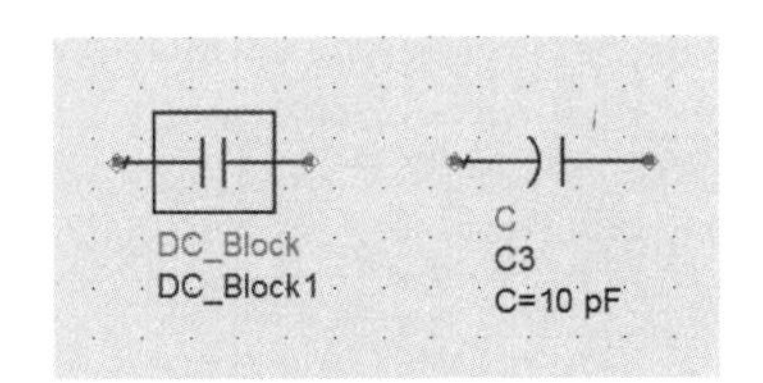

图4-30　器件替换方法

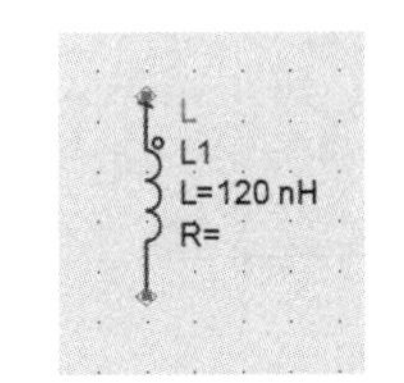

图4-31　实际的电感

（4）连接好原理图，如图4-32所示，检查各元件值并仿真。

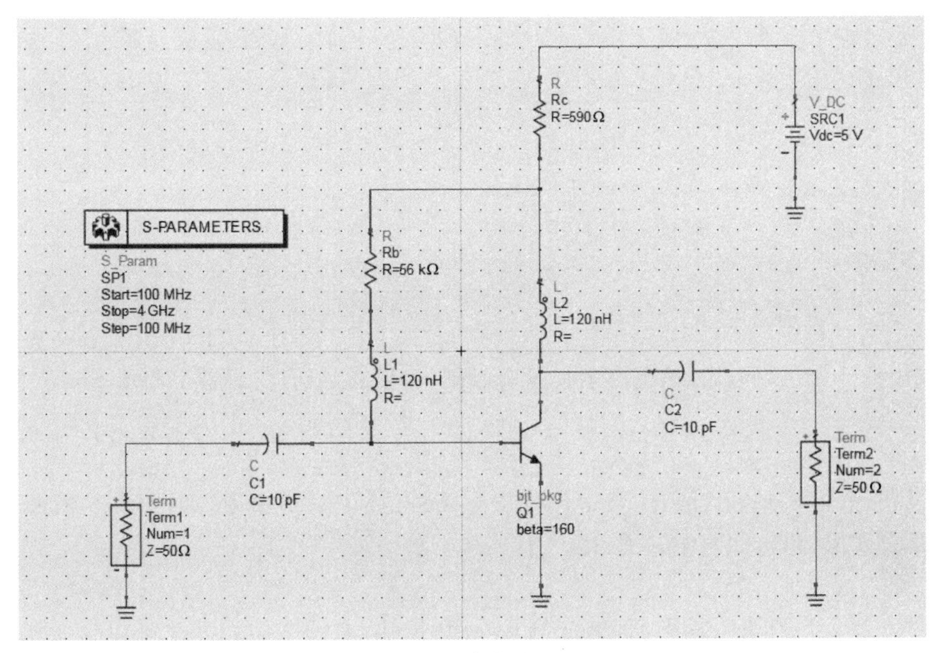

图4-32　仿真电路原理图

(5) 在数据显示窗口中,对传输参数(S(1,2)和 S(2,1))和反射参数(S(1,1)和 S(2,2))仿真数据绘图并作标记,如图 4-33 所示。

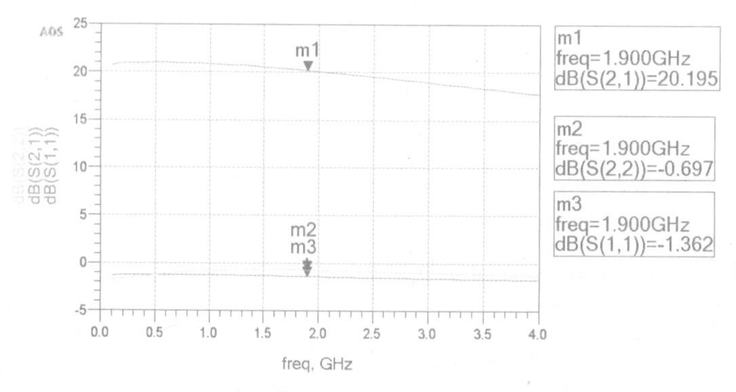

图 4-33 以 dB 显示 S(1,1)、S(2,1)、S(2,2)仿真结果

(6) 重新绘制 S(1,1)、S(2,2)的 Smith 圆图,并进行阻抗替换,如图 4-34 所示。

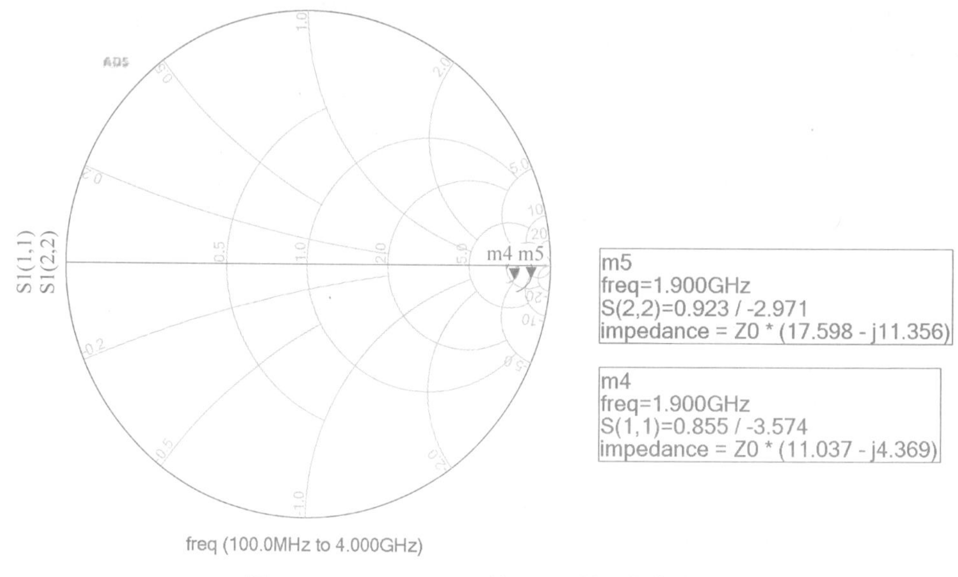

图 4-34 S(1,1)、S(2,2)的 Smith 圆图仿真结果

4.1.6 匹配电路设计

从图 4-33 中可以看出,该电路阻抗没有匹配,一般在 ADS 仿真器中利用 Smith 圆图工具完成匹配工作。

1. 启动 Smith 圆图工具

在原理图窗口单击 DesignGuide→Filter→Smith Chart 选项,如图 4-35 所示,弹出 Smith 圆图工具窗口,如图 4-36 所示。

2. 输入端阻抗匹配

(1) 在 Smith 圆图工具界面,单击 Palette 按钮,原理图的元件控制面板变成 Smith Chart Match 类,单击 Smithchart 控件,将其放到需要匹配的原理图中,如图 4-37 所示。

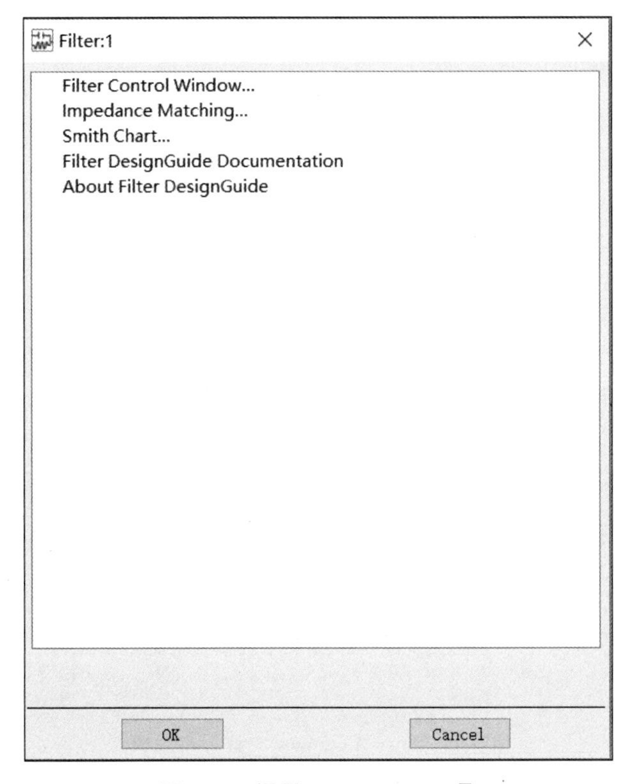

图 4-35 调用 Smith Chart 工具

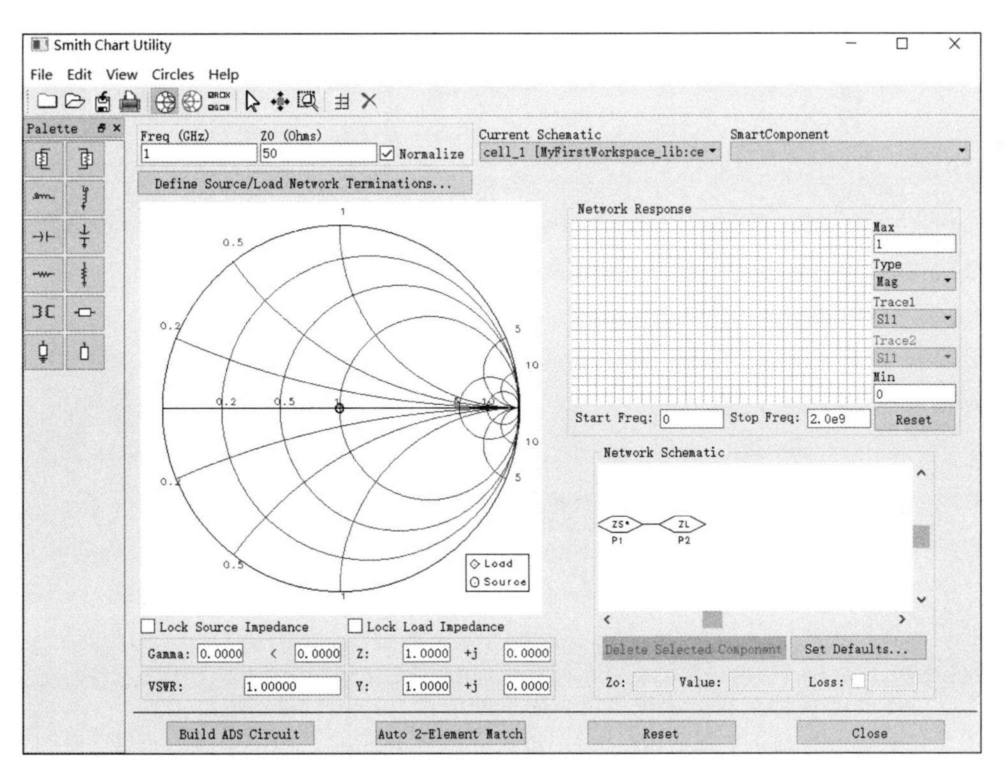

图 4-36 Smith 圆图工具窗口

(2) 在 Smith 圆图工具界面，设置仿真频率和归一化阻抗，如图 4-38 所示。频率设置为 1.9GHz，归一化阻抗设置为 50Ω。

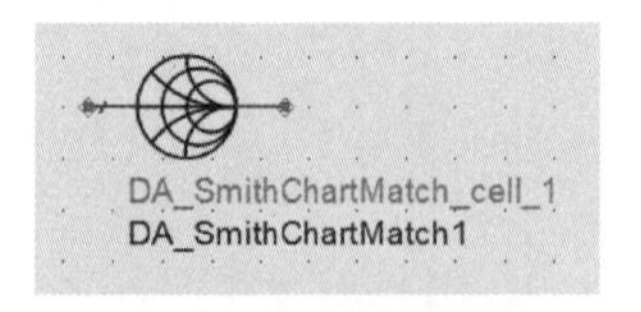

图 4-37　Smith 圆图控件

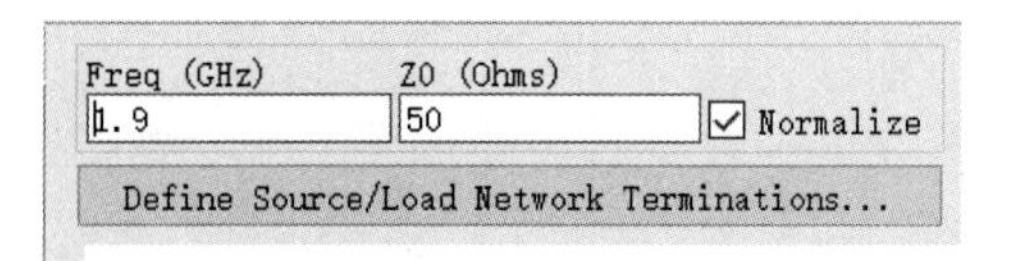

图 4-38　频率和归一化阻抗设置

(3) 在 Smith 圆图工具界面，找到 Network Schematic 区域，单击 ZL 负载，弹出 SmartComponent Sync 对话框，如图 4-39 所示，选择 Update SmartComponent from Smith Chart Utility，单击 OK 按钮。

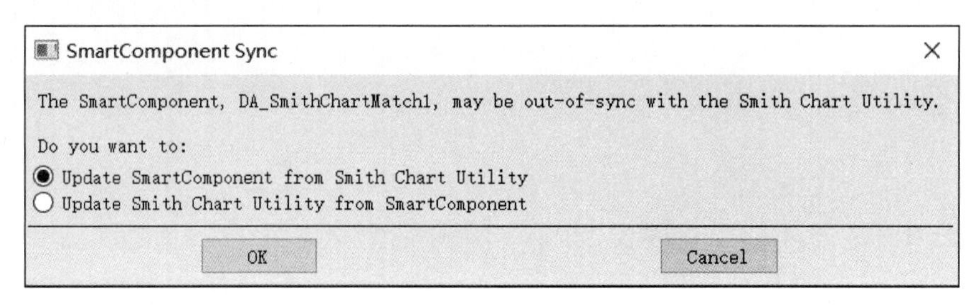

图 4-39　SmartComponent Sync 对话框

(4) 将负载阻抗值设置为实际的阻抗值。在 1.9GHz 时实际的负载阻抗值为“551.9－j＊218.5”，如图 4-40 所示。

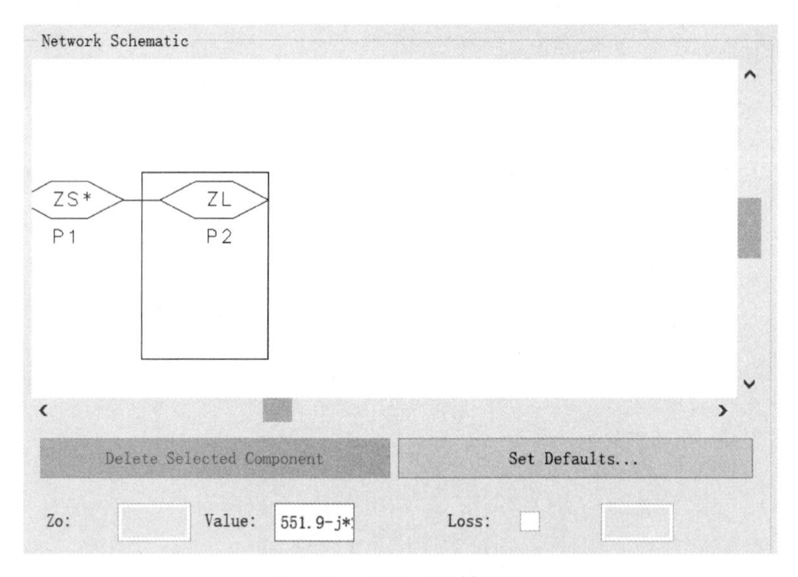

图 4-40　阻抗匹配模型图

(5) 在 Smith 圆图上对应出现该负载阻抗的位置点，如图 4-41 所示。

(6) 沿着等电导圆向下移动该位置点，相当于并联一个电容，单击左侧控件，如图 4-42 所示，连接到等电阻圆上。

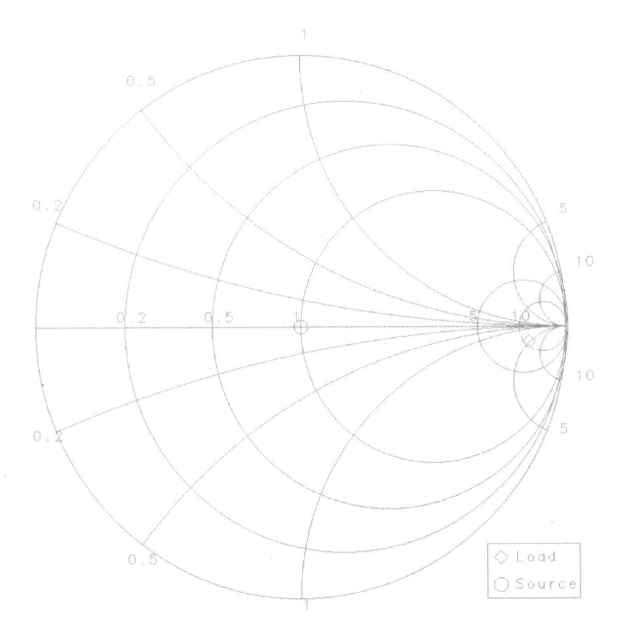

图 **4-41**　没有阻抗匹配前的 **Smith** 圆图

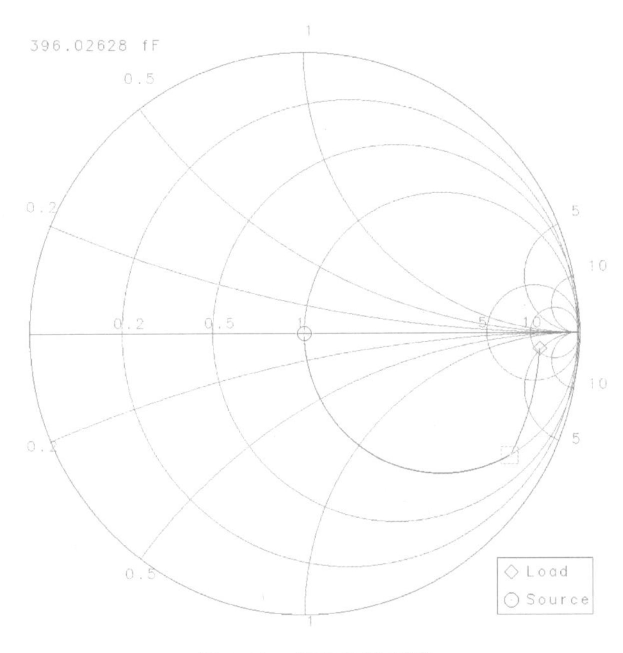

图 **4-42**　等电导圆匹配

(7) 再沿着等电阻圆移动，相当于串联一个电感，单击左侧控件，沿等电阻圆移动到中心点的位置，即达到匹配点，如图 4-43 所示。

(8) 得到匹配网络 S11 参数曲线，如图 4-44 所示。

(9) 将频率范围改成 0～3.8GHz，单击 Reset 按钮，这时 S11 参数曲线变为如图 4-45 所示的形状，匹配网络结构如图 4-46 所示。

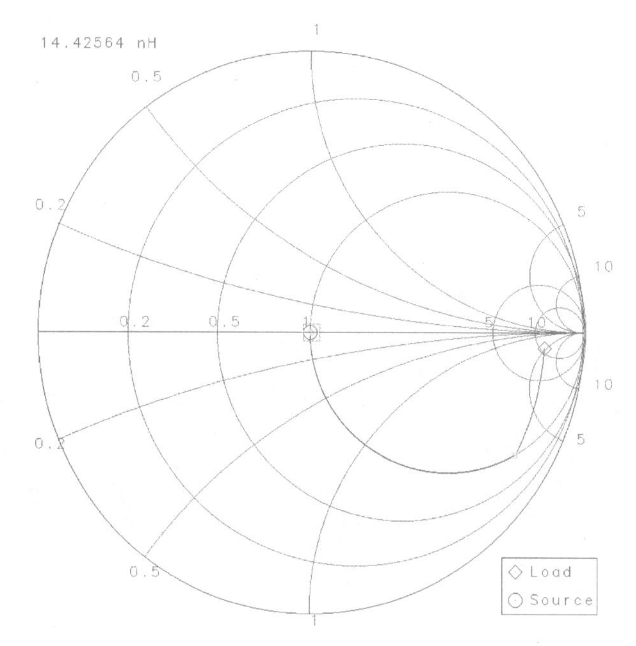

图 4-43　等电阻圆匹配

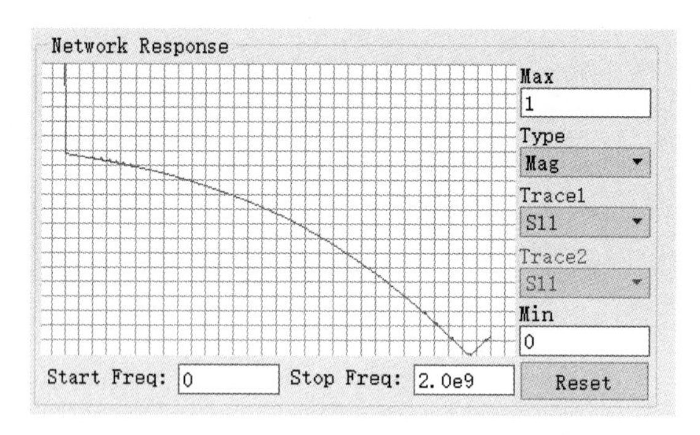

图 4-44　匹配网络 S11 参数曲线

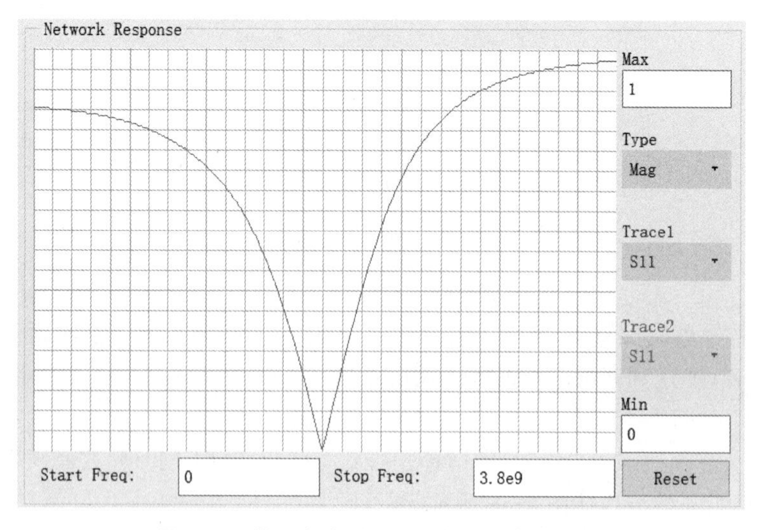

图 4-45　范围变大后匹配网络 S11 参数曲线

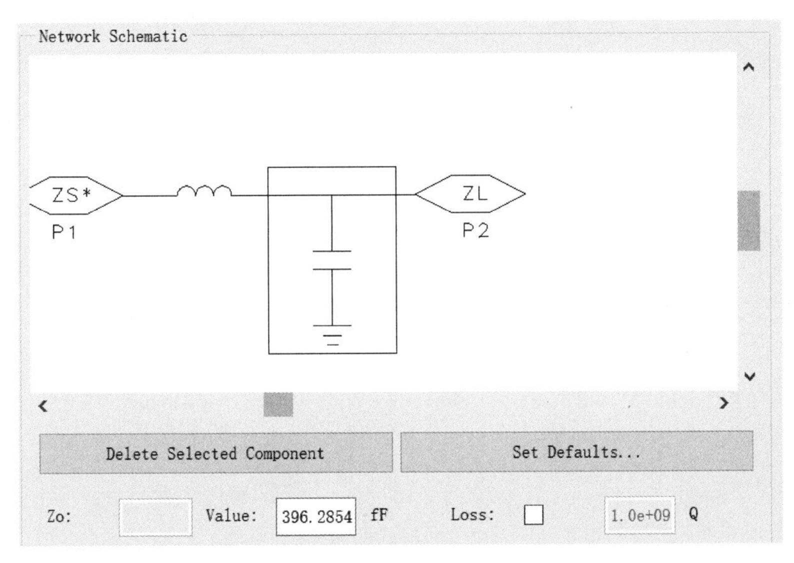

图 4-46 输入端负载匹配网络结构

(10) 单击电容或电感,下面对话框会显示出它的值,如电感值为 14.419nH,电容值为 396.29fF。

(11) 匹配完成后,单击 Build ADS Circuit 按钮,插入的 Smith 圆图控件完成更新,如图 4-47 所示。

(12) 选中该控件,单击图标,进入子电路,图 4-48 所示是步骤(9)所建的匹配电路。

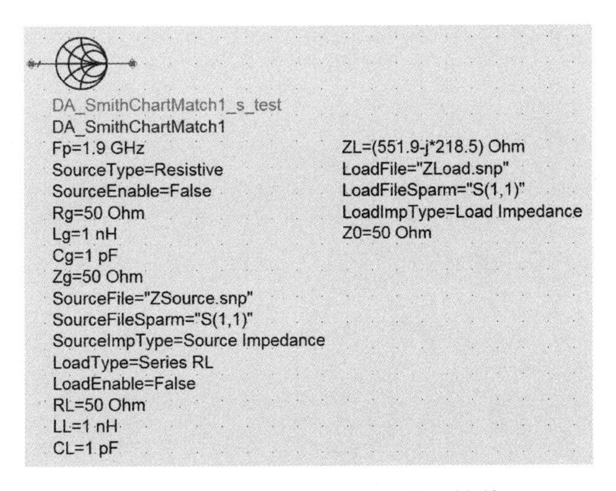

图 4-47 匹配后的 Smith 圆图控件

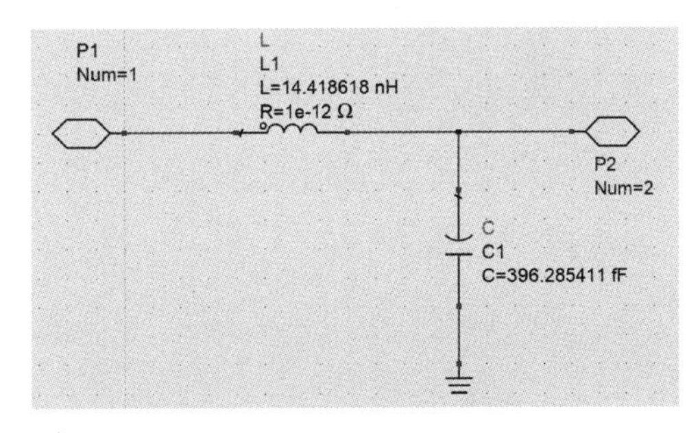

图 4-48 输入匹配电路图

(13) 将该控件直接接入电路输入端,如图 4-49 所示;也可以进入它的子电路把它的电路结构和参数值复制后,接到电路输入端,如图 4-50 所示。

(14) 单击仿真按钮,进行仿真。

(15) 仿真结束后,添加 S11、S21、S22 数据显示,如图 4-51 所示。从图中可以看出,S11 在 1.9GHz 工作频率时为−48.155dB,输入端已经达到匹配,S22 在 1.9GHz 工作频率时为−0.43dB,仍然很差,输出端没有匹配。

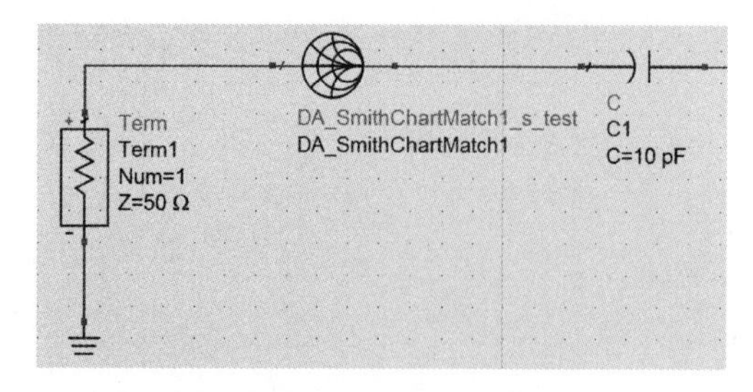

图 4-49 控件直接接入电路

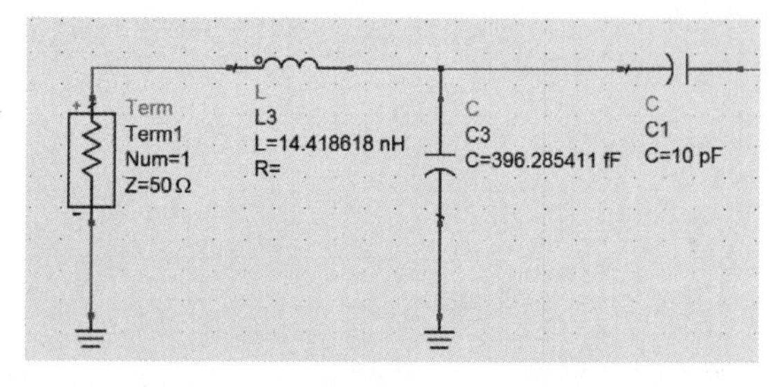

图 4-50 匹配网络子电路接入电路

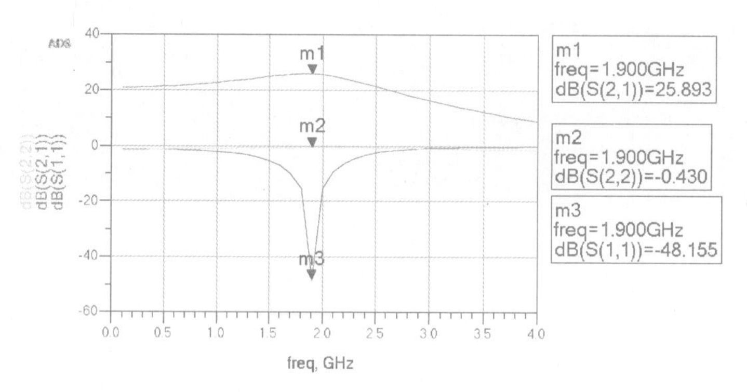

图 4-51 S11、S21、S22 参数仿真曲线

3. 输出端阻抗匹配

(1) 单击数据显示窗口左侧工具栏 图标引入 S11 和 S22 的 Smith 圆图，并在 1.900GHz 处插入标记，如图 4-52 所示。

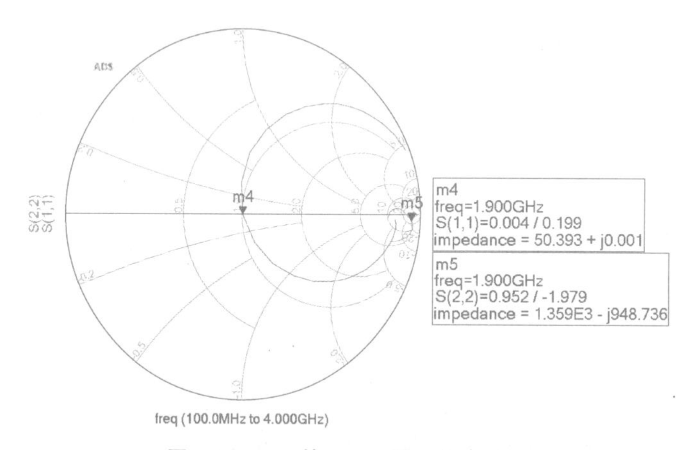

图 4-52 S22 的 Smith 圆图仿真结果

(2) 查看图 4-52 所示的 Smith 圆图，S22 实际的阻抗值大小为 1359－j948.736，利用输入匹配的方法完成输出匹配，得到的结果如图 4-53 所示。

(3) 输出端匹配子电路如图 4-54 所示，P2 端为负载端，将其连接到电路原理图时，要注意连接方式，如图 4-55 所示。

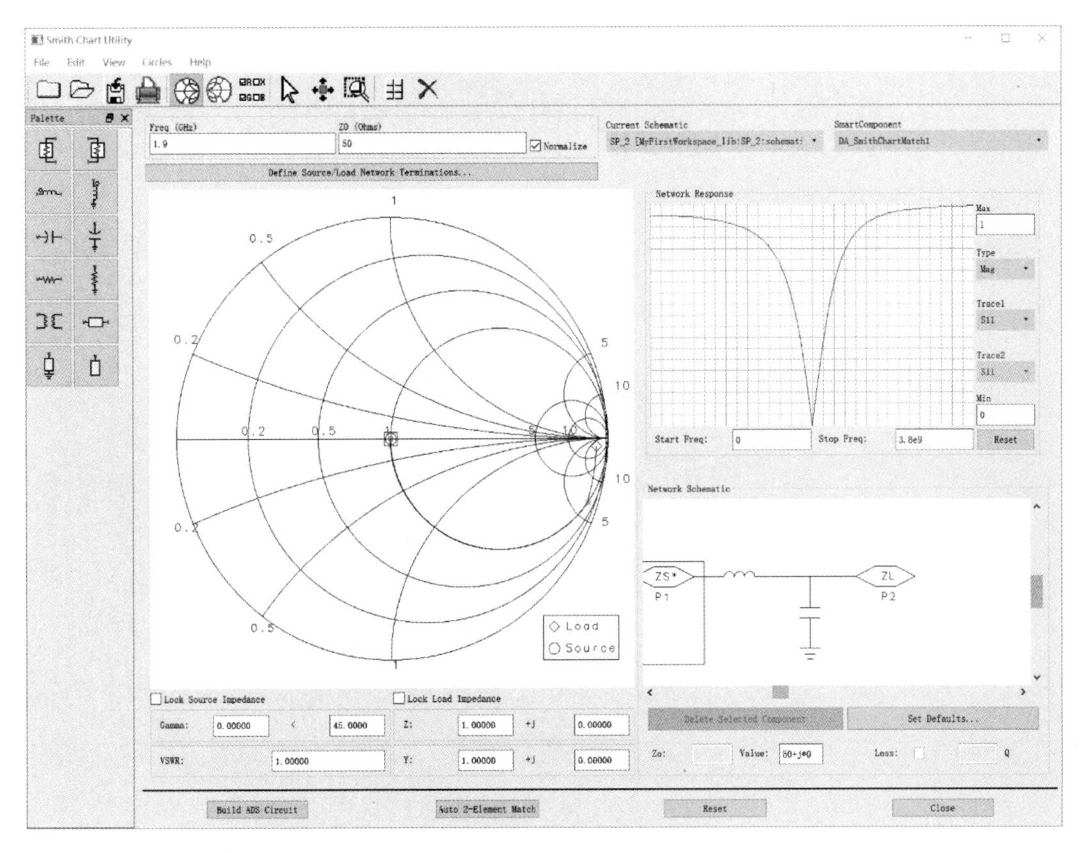

图 4-53　输出端负载匹配最后结果

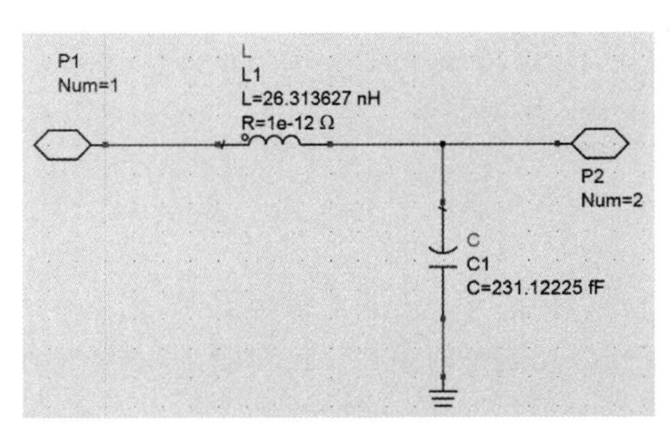

图 4-54　输出端匹配子电路

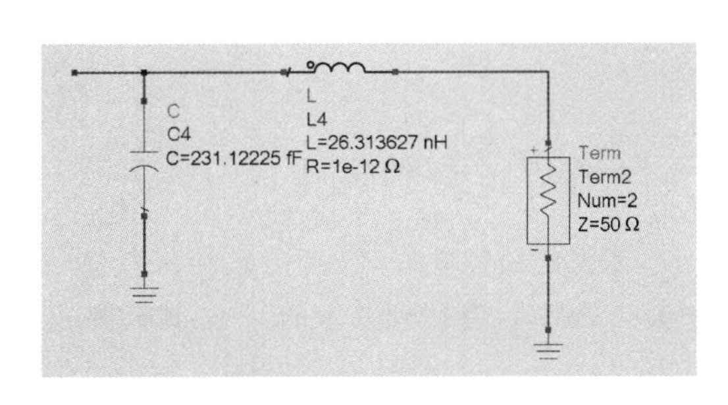

图 4-55　电路与负载连接方式

（4）全部匹配电路设计完成，如图 4-56 所示。

（5）单击仿真按钮，进行仿真。仿真结束后，添加 S11、S21、S22 数据显示，如图 4-57 所示。从图中可以看出，S22 变好了，S21 放大倍数也提高了。

建立输入、输出电路匹配用的是 Smith 圆图工具，当然设计该放大器是演示如何进行电路匹配设计，只考虑了共轭匹配，一般放大器第一级考虑的是低噪声匹配，这也是匹配电路设计的内容。

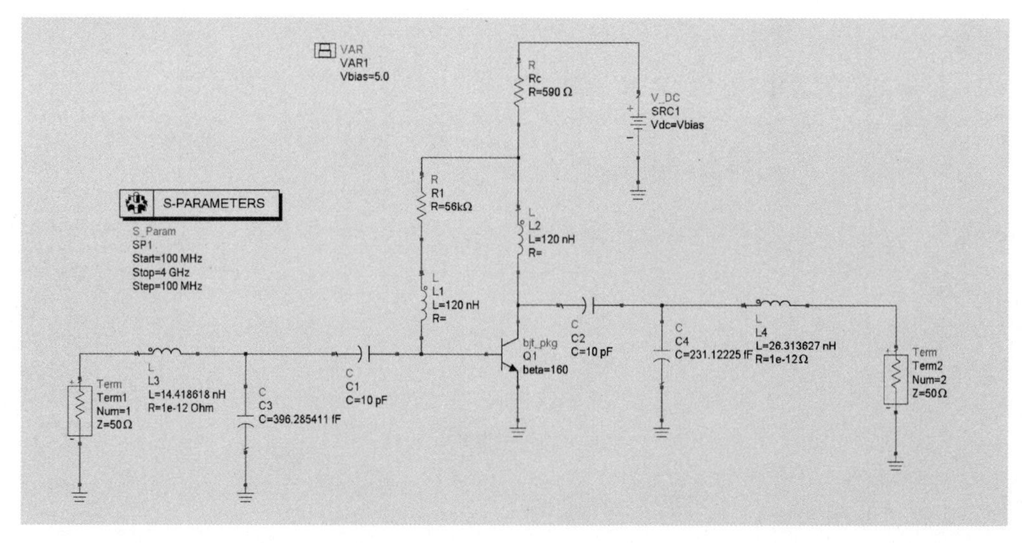

图 4-56 输入、输出匹配电路

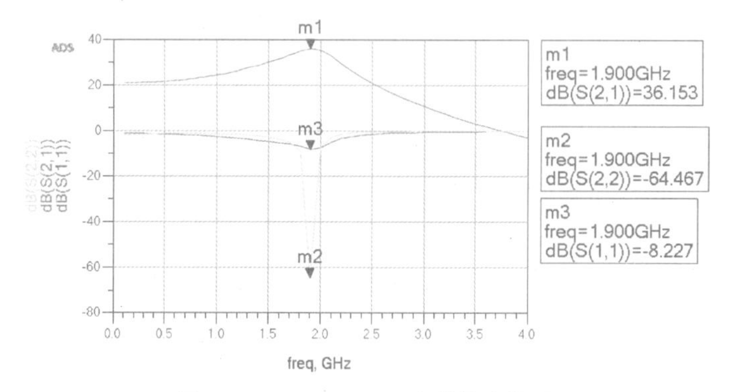

图 4-57 S11、S21、S22 参数仿真结果

4.1.7 参数优化

匹配电路建立好之后，仿真结果如图 4-57 所示，尽管 S22 达到了指标要求，但 S11＝－8.277dB，没有达到要求的目标，这时需要用 ADS 仿真器中的参数优化功能，进一步完善电路设计。

（1）另存图 4-56，命名为 s_opt。选择 Optim/Stat/Yield/DOE 类元件面板，插入 Optimization Controller（优化控制器）和 Goal（优化目标）控件，如图 4-58 所示。

（2）双击控件，出现如图 4-59 所示的对话框。在对话框中输入设置，全部完成后单击 OK 按钮，S11 优化目标控件，如图 4-60 所示。

（3）选中控件，单击工具栏中的 Copy 图标，复制另外两个 Goal 控件。分别改变 Goal 表达式为 db(S(2,2))及 db(S(2,1))，如图 4-61 所示。

（4）可以保留 OPTIM 控件参数大多数默认值，如图 4-62 所示。修改 MaxIters＝125，FinalAnalysis＝“SP1”。

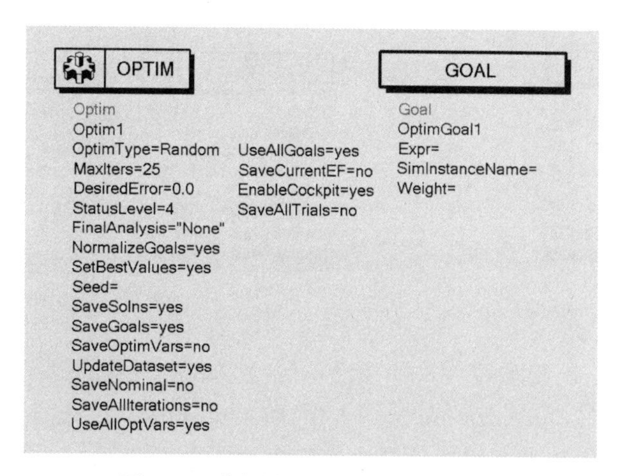

图 4-58　优化控制器及优化目标控件

Optim Goal Input:1

ads_simulation:Goal Instance Name

OptimGoal1

Goal Information　Display

Expression: (1,1))

Help on Expressions

Analysis: SP1

Weight: 1.0

Sweep variables: freq

freq

time

Edit...

Limit lines

	Name	Type	Min	Max	Weight	freq min	freq max
1	limit1	<		-10	1	1850	1950

Add Limit　Delete Limit　Move Up　Move Down

OK　Apply　Cancel　Help

图 4-59　“优化目标控件”设置窗口

图 4-60　S11 优化目标控件

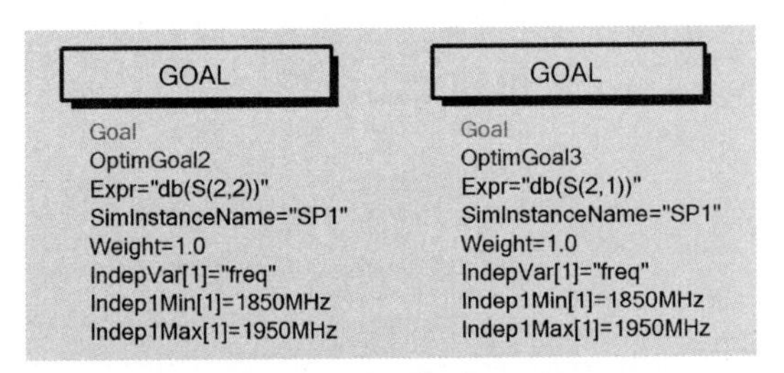

图 4-61　S22 及 S21 优化目标控件

(5) 双击电感 L3，出现如图 4-63 所示的对话框，单击 Tune/Opt/Stat/DOE Setup... 按钮，弹出如图 4-64 所示的窗口，在 Optimization 选项卡中，将 Optimization Status 设置为 Enabled，输入电感优化范围从 1～40nH。设置后电感优化变量如图 4-65 所示，单击 OK 按钮，元件文本框显示 opt 函数和范围，如图 4-66 所示。

OPTIM
Optim
Optim1
OptimType=Random
MaxIters=125
DesiredError=0.0
StatusLevel=4
FinalAnalysis="SP1"
NormalizeGoals=yes
SetBestValues=yes
Seed=
SaveSolns=yes
SaveGoals=yes
SaveOptimVars=no
UpdateDataset=yes
SaveNominal=no
SaveAllIterations=no
UseAllOptVars=yes
UseAllGoals=yes
SaveCurrentEF=no
EnableCockpit=yes
SaveAllTrials=no

图 4-62　设置后的 OPTIM 控制器

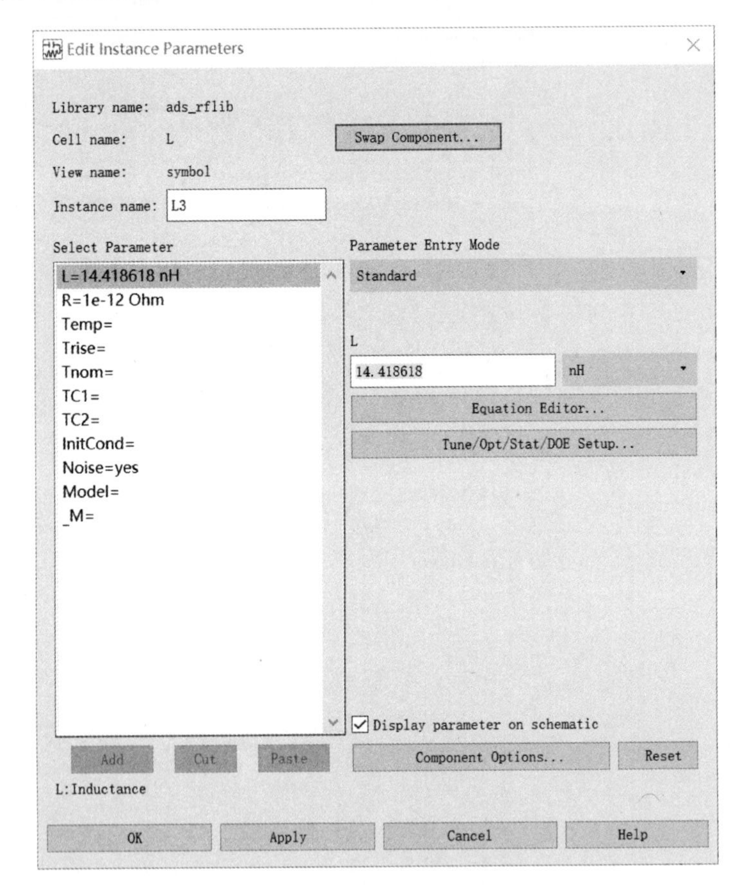

图 4-63　设置电感优化变量

(6) 用同样方法对电容 C3、C4 及电感 L4 进行优化参数设置，其中，电容 C3 优化范围为 10～1000fF，电感 L4 优化范围为 1～40nH，电容 C4 优化范围为 10～1000fF，如图 4-67 所示。

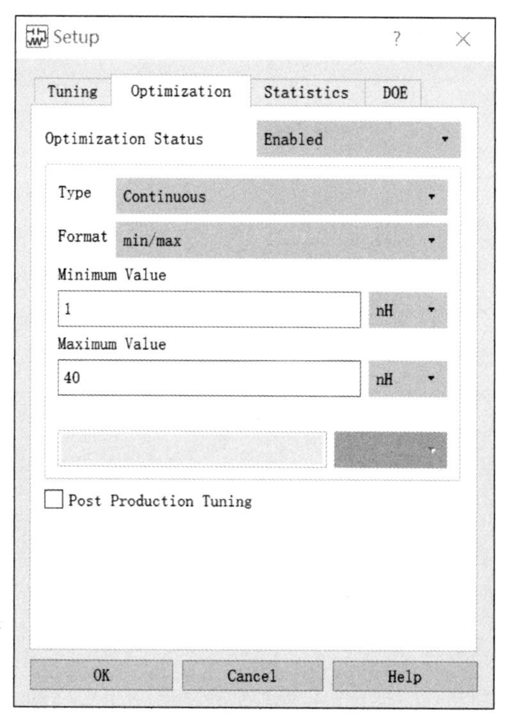

图 4-64 设置 Optimization 选项卡

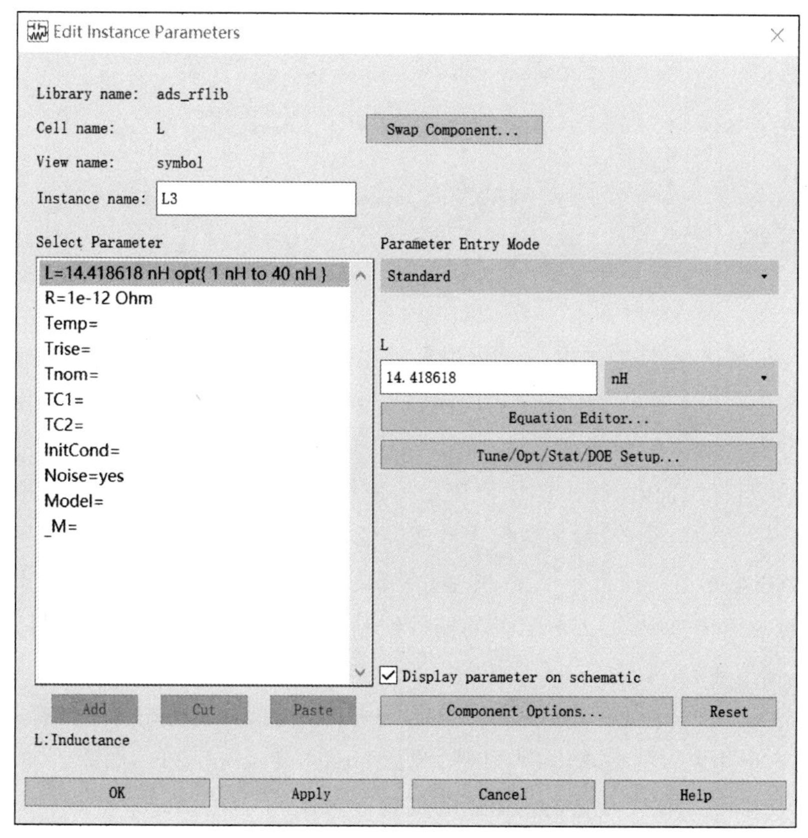

图 4-65 设置后电感优化变量

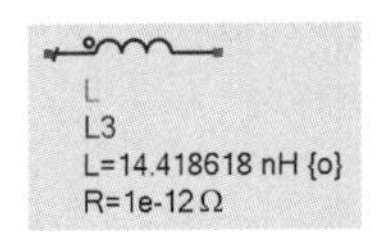

图 4-66 设置优化后电感

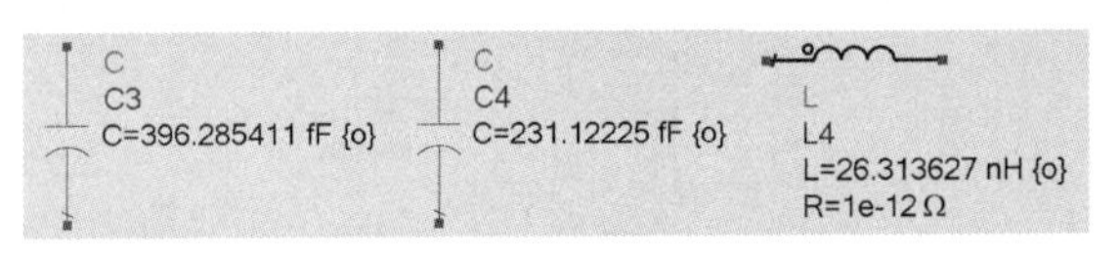

图 4-67 设置优化后器件

(7) 优化设置后,完整电路原理图如图 4-68 所示。

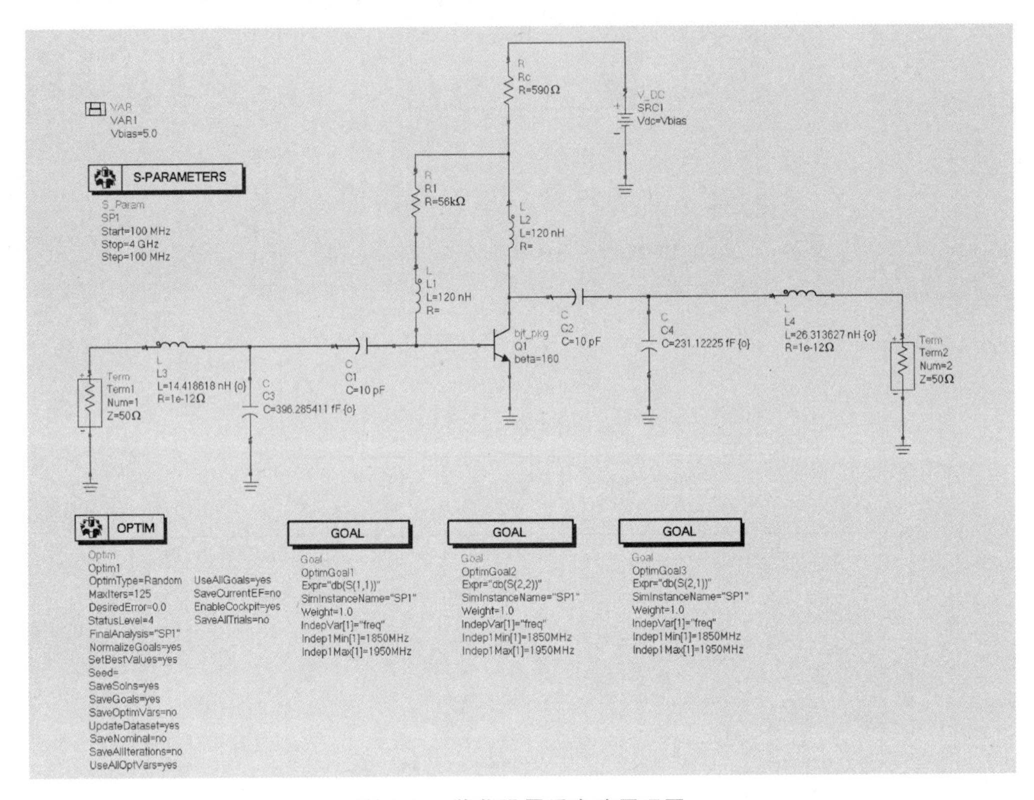

图 4-68 优化设置后电路原理图

(8) 单击仿真优化按钮进行优化仿真。在优化仿真过程中,弹出优化仿真窗口,如图 4-69 所示,显示出当前的优化状态;同时弹出优化仿真状态窗口,如图 4-70 所示。

每次优化迭代运算都会改变 CurrentEF (误差函数)的值,当 CurrentEF=0 或接近 0 时,则满足优化目标。同时,列出各优化变量的最优值,若优化仿真结束后,EF≠0,则可以采取检查原理图结构与参数、增加迭代次数或降低目标等措施重新仿真。

(9) 在数据显示窗口插入矩形图,并显示 S11、S21、S22 仿真曲线,单位为 dB,如图 4-71 所示。在数据显示窗口中,插入 Smith 圆图并绘制 S11 和 S22 仿真曲线,同时,Z_0=500 进行阻抗替换,如图 4-72 所示。

端口 1 的输入阻抗为 24.560+j14.916Ω,与 50Ω 有差距,说明端口 1 没有完全匹配。

(10) 单击优化窗口的 Update Design... 按钮,弹出 Update Design 窗口,如图 4-73 所示。将电路中 C3、L3 及 C4、L4 优化变量的值更新为优化值,如图 4-74 所示。

(11) 双击电感 L3,弹出对话框,单击 Tune/Opt/Stat/DOE Setup... 按钮,弹出窗口如图 4-75 所示,

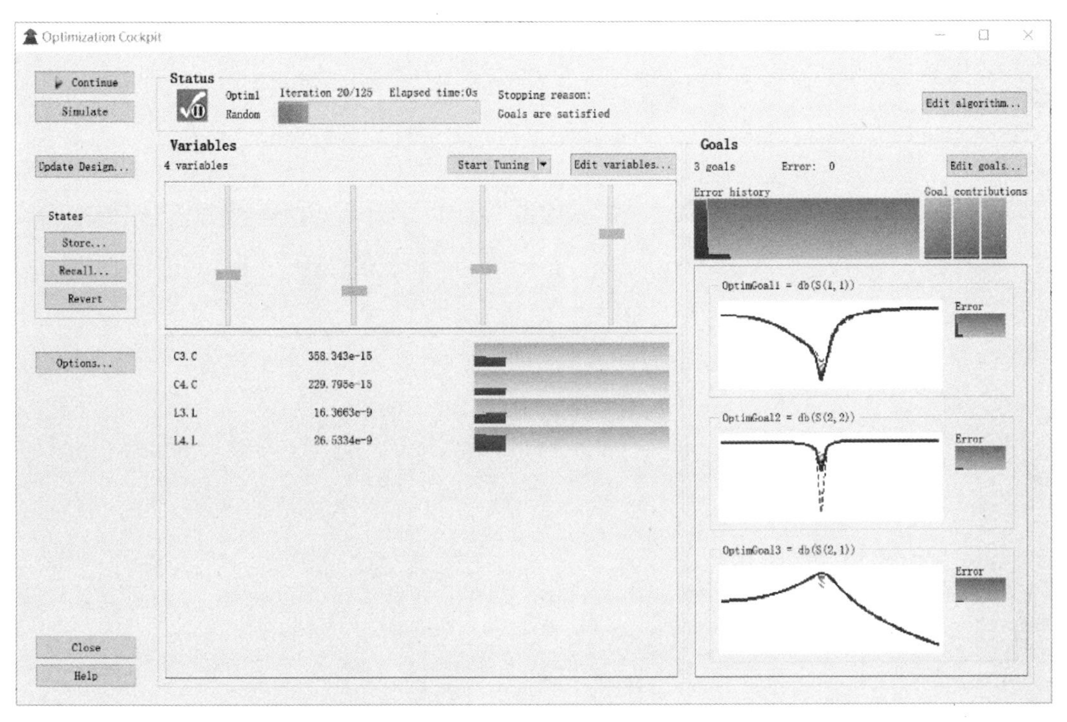

图 4-69　优化仿真窗口

图 4-70　优化仿真状态窗口

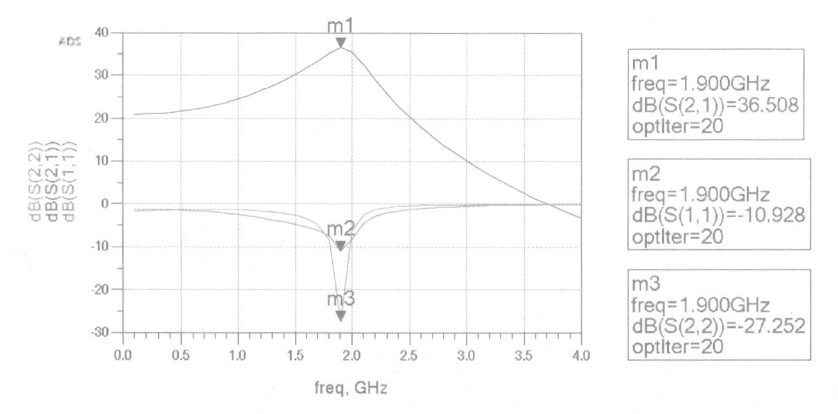

图 4-71 S11、S21、S22 优化仿真结果

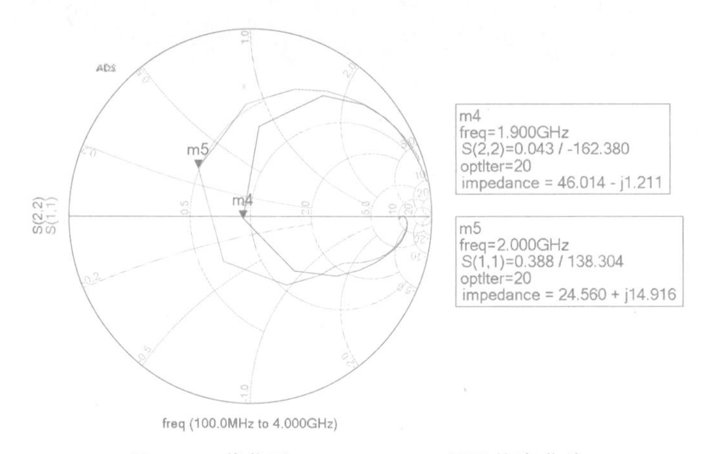

图 4-72 优化后 S11、S22 Smith 圆图仿真曲线

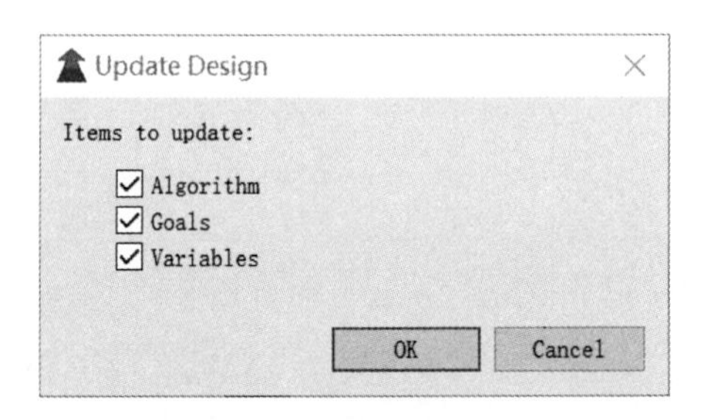

图 4-73 Update Design 窗口

在 Optimization 选项卡中将电感的 Optimization Status 参数设置为 Disabled，单击 OK 按钮。

完成禁止优化器件后，元件优化函数从 opt 变为 noopt，这意味着该元件将不参与优化。也可以试着在原理图中，单击 L3 插入光标，将 opt 函数改成 noopt 使 L3 不参加优化。

(12) 保存 s_opt 原理图。

用同样的方法使电容 C3、C4 及电感 L3 禁止优化，同时把优化后的参数与实际标称值器件替换，进行仿真。

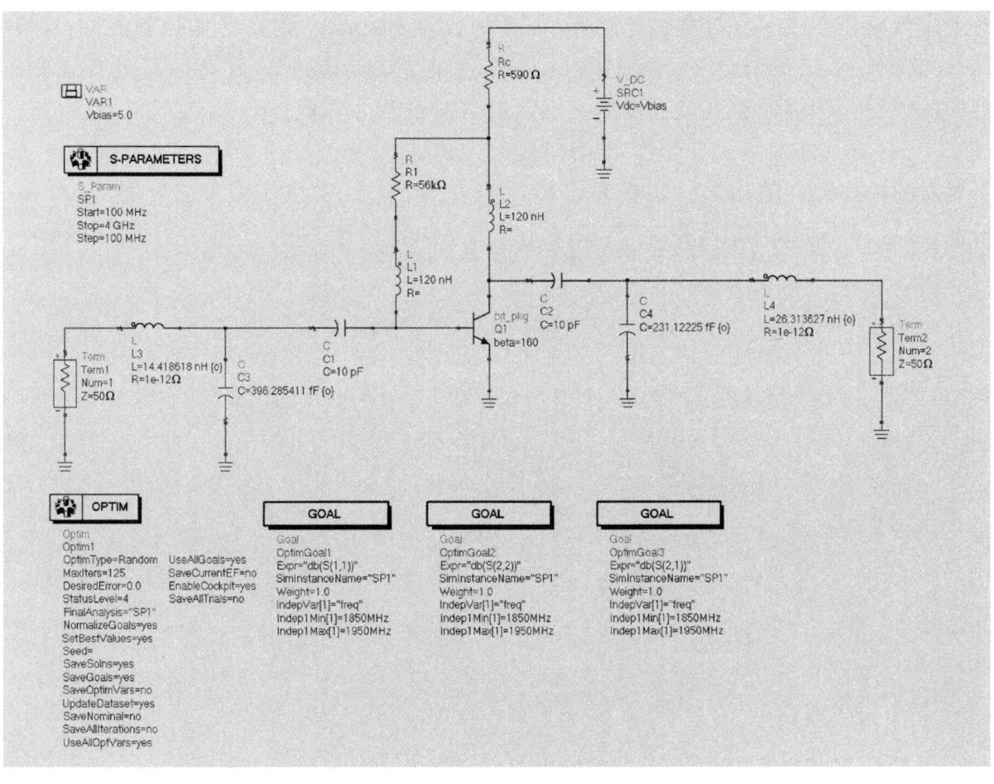

图 4-74 更新优化变量值的电路图

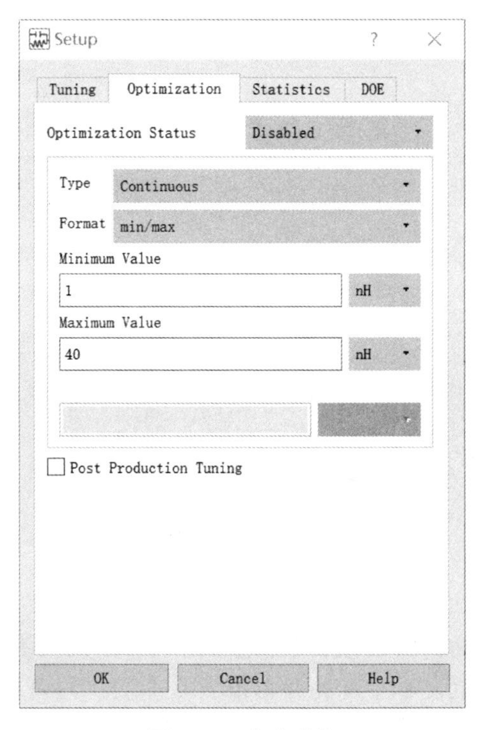

图 4-75 电感优化

下面为总体参数仿真过程。另存图 4-74 命名为 s_final。删除优化控制器 Options 和目标 Goal 控件。修正 4 个 L 和 C 匹配元件值，为电感添加电阻。这些匹配处理在余下的案例中将用到。继续通过直接在屏幕上输入的方法改变元件值：

L3＝18.3nH，R1＝12Ω；L4＝27.1nH，R2＝6Ω；C3＝0.35pF；C4＝0.22pF

对新的最终元件值仿真。数据显示窗口打开后，插入 S11、S12、S22 数据，并在 Smith 圆图上对 S11 和 S22 绘图，检查匹配后阻抗在 1.900GHz 处是否接近 50Ω，如图 4-76 和图 4-77 所示。

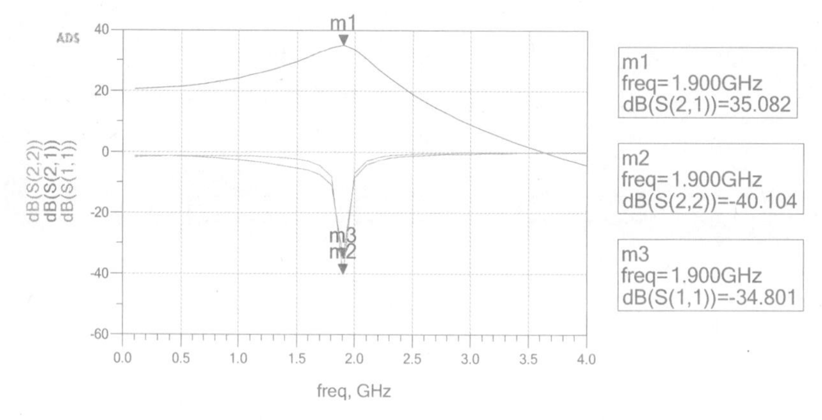

图 4-76 S11、S21、S22 仿真结果

第 19 集
微课视频

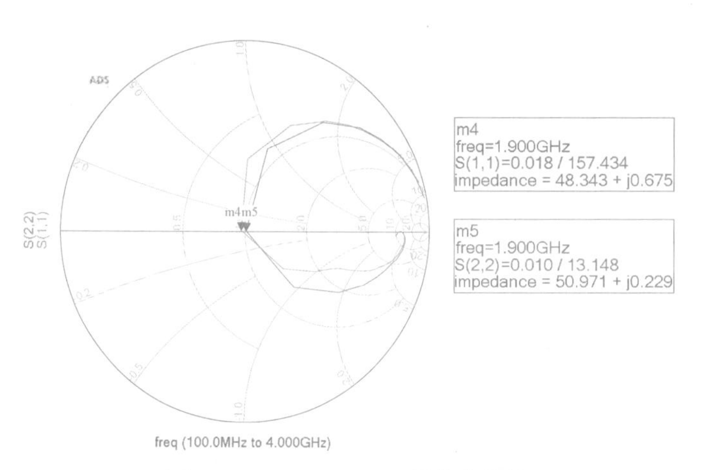

图 4-77 S11、S22 Smith 圆仿真结果

最后，保存最终设计和数据显示文件。

4.2 谐波平衡法仿真

谐波平衡法仿真是研究非线性电路的非线性特性和系统失真的频域仿真分析法，一般适合模拟射频微波电路仿真。本章首先介绍谐波平衡法仿真基本原理及相关控件使用情况，然后利用实例详细介绍谐波平衡法仿真的一般相关操作及注意事项。

4.2.1 谐波平衡法仿真基本原理及功能

在射频电路设计中，通常需要得到射频电路的稳态响应。如果采用传统的 Spice 模拟器对射频电路进行仿真，通常需要经过很长的瞬态模拟时间电路的响应才会稳定。对于射频电路，可以采用特殊的仿真技术在较短的时间内获得稳态响应，谐波平衡法就是其中之一。

在频域中描述如三极管、二极管等非线性器件是非常困难的，然而，在时域中这些非线性器件很容易得到其非线性模型。因此，在谐波平衡仿真器中，非线性系统用时域描述，用频率描述线性系统，谐波平衡法将时域和频域通过 FFT 结合起来，它将电路状态变量近似写成傅里叶级数展开的形式，通常展开项必须取得足够大，以保证高次谐波对于模拟结果的影响可以忽略不计。谐波平衡法在目前商用的 RF 软件中得到了很好的应用，如 ADS、AWR、Hspice、Nexxim 等都支持 HB 分析。

谐波平衡法仿真是非线性系统最常用的分析方法，用于仿真非线性电路中的噪声、增益压缩、谐波失真、振荡器寄生、相噪和互调产物，它要比 Spice 仿真器快得多，可以用来对混频器、振荡器、放大器等进行仿真分析。对放大器而言，采用谐波平衡法分析的目的就是进行大信号的非线性模拟。通过它可以模拟电路的 1dB 输出功率、效率以及 IP3 等与非线性有关的量。谐波平衡法仿真有如下功能：

(1) 确定电流或电压的频谱成分。

(2) 计算参数，如三阶截取点、总谐波失真及交调失真分量。

(3) 执行电源放大器负载激励回路分析。

(4) 执行非线性噪声分析。

4.2.2 谐波平衡法仿真面板与仿真控制器

ADS 中有专门针对谐波平衡法仿真的元器件面板，在 Simulation-HB 元器件面板中包括了所有谐波平衡法参数仿真需要的控件，如图 4-78 所示。

主要控件名称如下：HB(谐波平衡法仿真控制器)、Sweep Plan(参数扫描计划控制器)、Options(谐波平衡法仿真设置控制器)、Prm Swp(参数扫描控制器)、Term(终端负载)、BudLin(线性化预算分析控件)、NoiseCon(谐波噪声控制控件)、OscPort(接地振荡器端口元件)、OscPort2(差分振荡器端口元件)、NdSet(节点设置控件)、NdSet Name(节点名控件)、Disp Temp(显示模板控件)、Meas Eqn(仿真测量等式控件)、It(时域电流波形控件)、Vt(时域电压波形控件)、Pt(功率显示控件)、Ifc(频域电流显示控件)、Vfc(频域电压显示控件)、Pspec(功率谱密度显示控件)、IP3in(输入三阶交调点分析控件)、IP3out(输出三阶交调点分析控

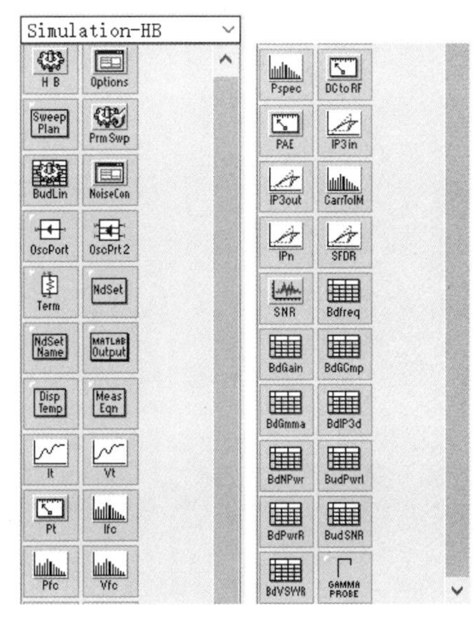

图 4-78 HB 参数元器件面板

件)、IPn(N 阶截止点分析控件)、SNR(信噪比分析控件)、Bdfreq(频率预算控件)、BdGain(增益预算控件)、BdGmma(反射系数预算控件)、BudPwrl(入射功率预算控件)、BdPwrR(反射功率预算控件)和 BudSNR(信噪比预算控件)。

1. 谐波平衡法仿真控制器

谐波平衡法仿真控制器(HB)如图 4-79 所示,它是控制谐波平衡法仿真的最主要控件,可以设置谐波平衡法仿真的基准频率(foundamental frequency)、最大谐波的次数、扫描参数、仿真执行参数和噪声分析等相关参数。

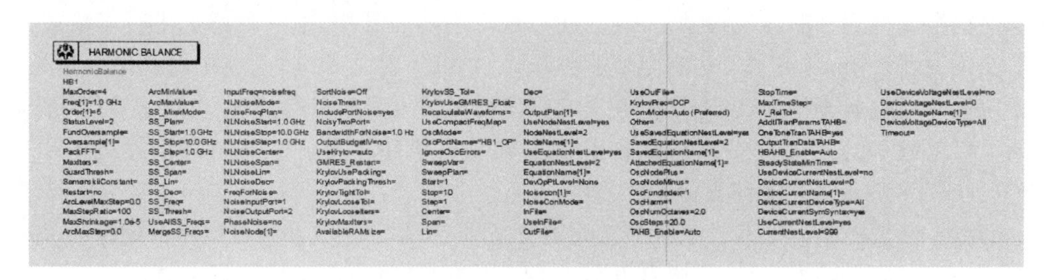

图 4-79 谐波平衡法仿真控制器

双击 HARMONIC BALANCE 图标,弹出谐波平衡法仿真控制器参数设置窗口,主要包括 Freq、Sweep、Initial Guess、Oscillator、Noise、Small-Sig、Params、Solver、Output、Display 10 个选项卡。

谐波平衡法仿真需要设置仿真执行时的基准频率和最大谐波次数等相关参数,用户可以通过 Freq 选项卡对这些参数进行设置,如图 4-80 所示。相关参数描述及说明如表 4-1 所示。

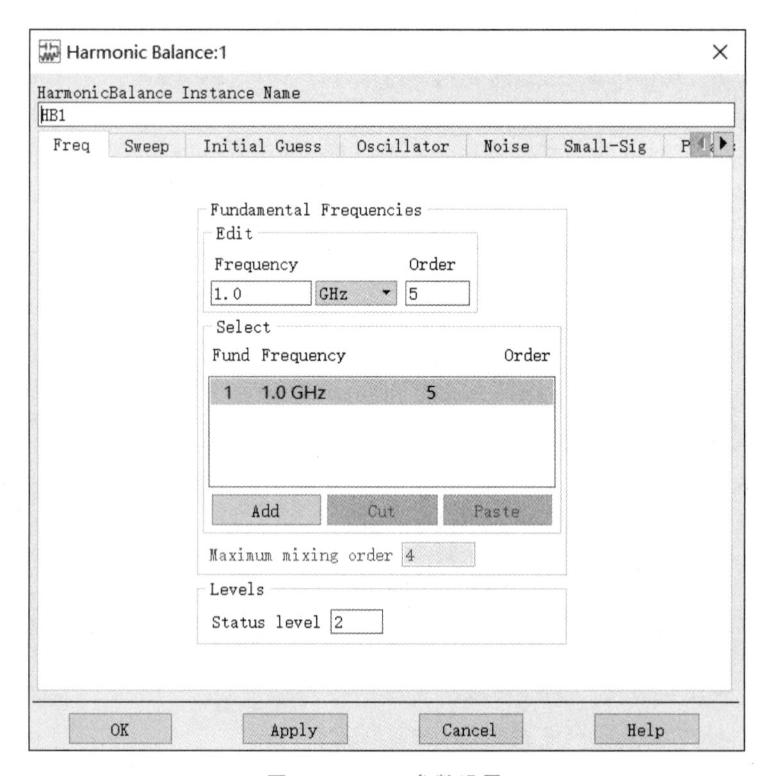

图 4-80 Freq 参数设置

表 4-1 Freq 相关参数描述及说明

参数名称	参数描述	说明
Frequency	基波频率	必须设置至少一个基波频率
Order	最大谐波次数	频率中含有的最大谐波次数
Maximum mixing order	最大混频次数	混频后频率成分的最大次数
Status level	设置仿真状态窗口中显示仿真信息的多少	0 表示显示很少的仿真信息；1 和 2 表示显示正常的仿真信息；3 和 4 表示显示很多的仿真信息

如果在进行谐波平衡法仿真时需要对某个参数进行扫描，用户可以通过 Sweep 选项卡进行相关设置，如图 4-81 所示。各参数的含义如表 4-2 所示。

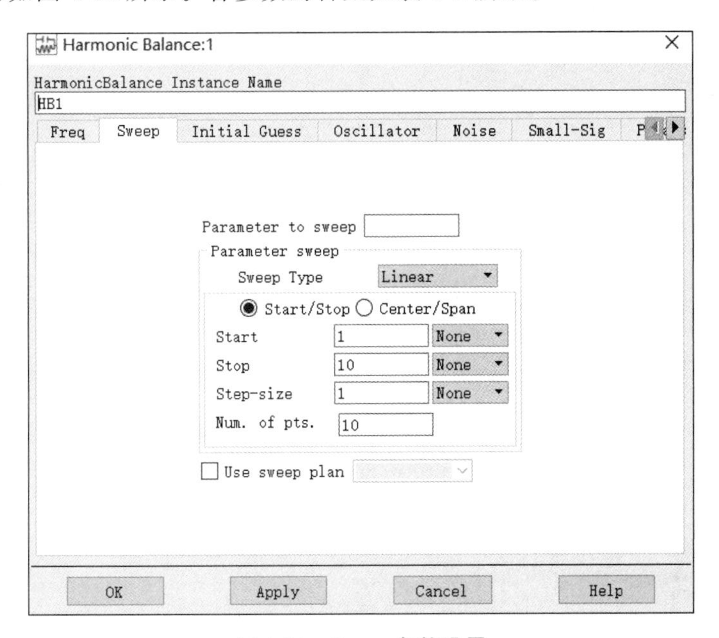

图 4-81 Sweep 参数设置

表 4-2 Sweep 相关参数含义

参数名称		参数描述	说明
Parameter to sweep		需要扫描的变量	必须是原理图中设置的变量
Sweep Type		扫描类型	Linear 表示线性扫描；Single Point 表示单点仿真；Log 表示对数扫描
Start/Stop	Start	变量扫描参数的起始值	变量扫描范围设定为 Start/Stop
	Stop	变量扫描参数的终止值	
Center/Span	Center	变量扫描中心值	变量扫描范围设定为 Center/Span
	Span	变量扫描范围	
Step-size		变量扫描间隔	变量扫描类型设定为 Linear 时有效
Num. of pts.		变量扫描点数	系统自动生成
Pts. /decade		变量每增加 10 倍，扫描的点数	变量扫描类型设定为 Log 时有效
Use sweep plan		是否使用扫描计划	若使用，则要添加 Sweep Plan 控件，并在控件中进行相应设置

用户可以通过设置 Oscillator 选项卡的相关参数进行振荡器分析，如图 4-82 所示。

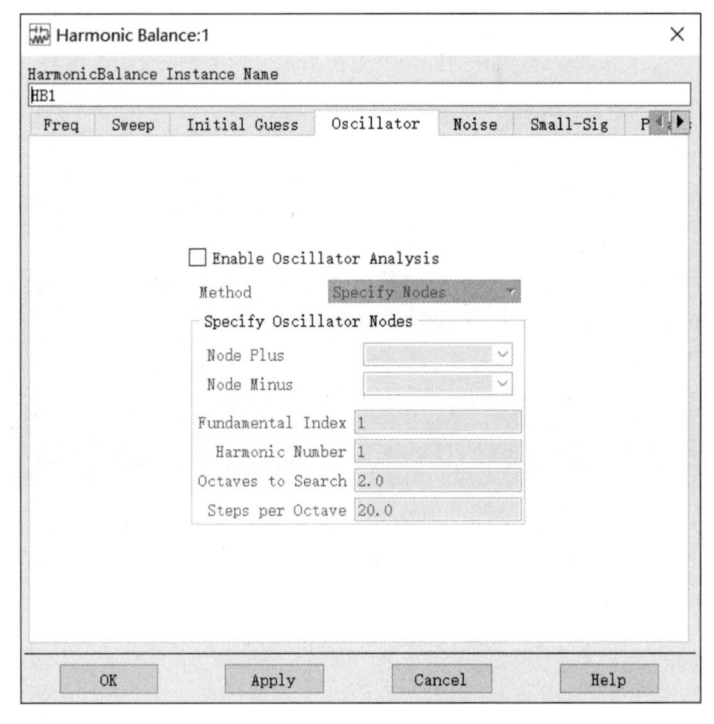

图 4-82 振荡器分析参数设置

用户可以利用 Noise 选项卡对噪声分析的相关参数进行设置，如图 4-83 所示。

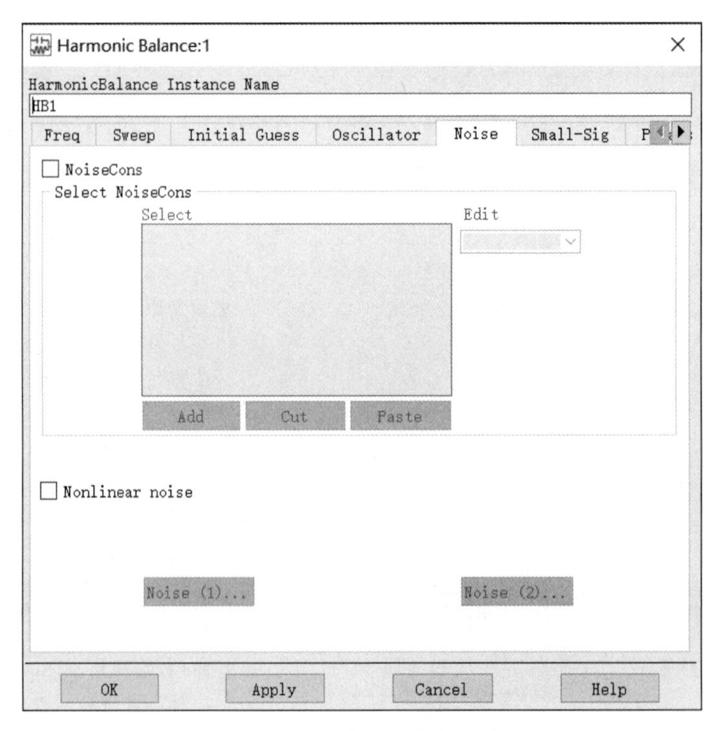

图 4-83 噪声分析参数设置

如果需要在谐波平衡法仿真中加入小信号分析，则可以通过 Small-Sig 选项卡进行相关设置，如图 4-84 所示。具体的参数含义与 Sweep 选项卡相同。

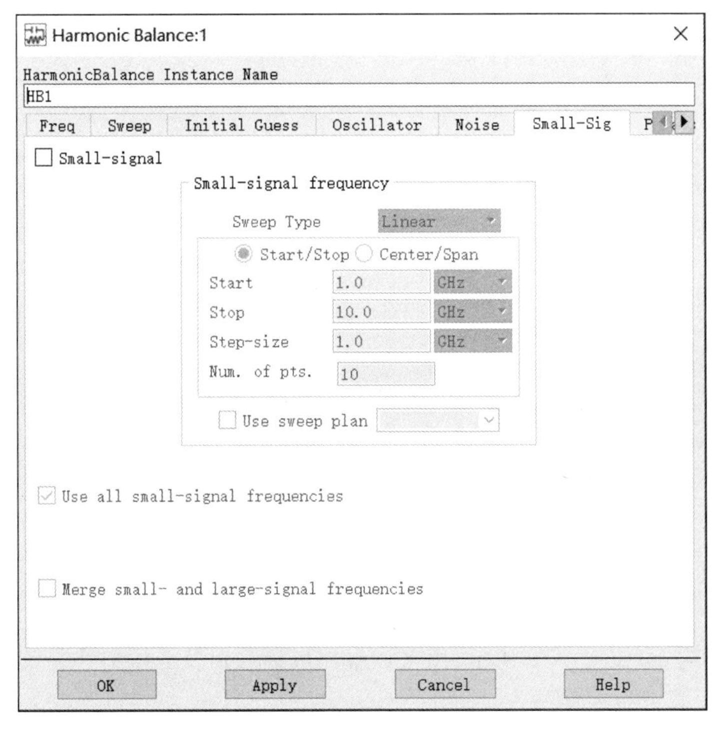

图 4-84 小信号分析参数设置

2. 谐波平衡法仿真设置控制器

谐波平衡法仿真设置控制器如图 4-85 所示。它主要用来设置诸如环境温度、设备温度、仿真的收敛性、仿真的状态提示和输出文件特性等与仿真相关的参数。

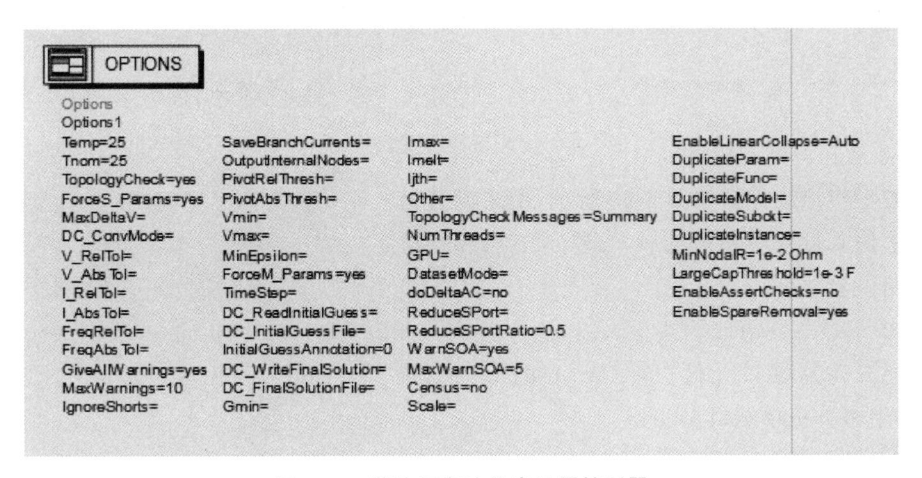

图 4-85 谐波平衡法仿真设置控制器

3. 参数扫描计划控制器

参数扫描计划控制器如图 4-86 所示。它主要用来控制仿真中的参数扫描计划。用户可以使用该控制器添加一个或多个扫描变量,并制订相应的扫描计划。

4. 参数扫描控制器

参数扫描控制器如图 4-87 所示。它用来设置仿真中的扫描参数,该参数扫描可以在多个仿真实例中使用。

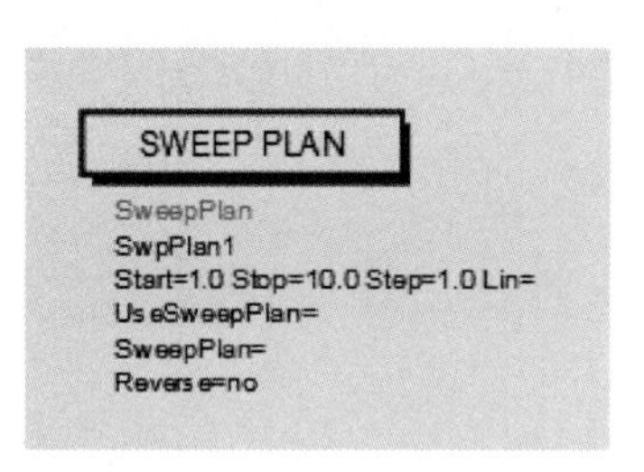

图 4-86 参数扫描计划控制器

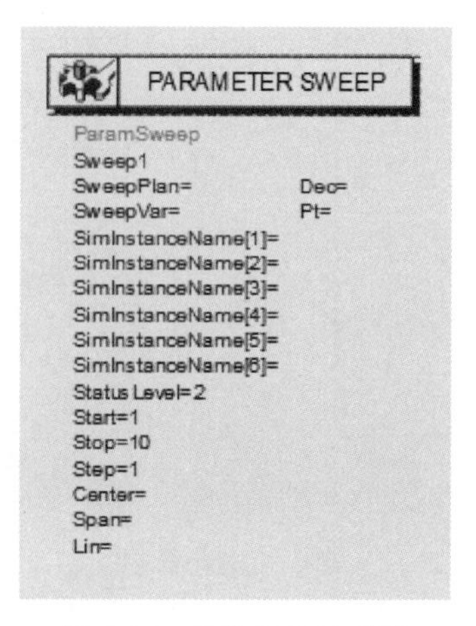

图 4-87 参数扫描控制器

5. 终端负载

终端负载(Term)如图 4-88 所示,用来设置端口标号以及各端口终端负载阻抗。

6. 线性化预算分析控件

线性化预算分析控件如图 4-89 所示,用来对电路进行线性化预算分析。

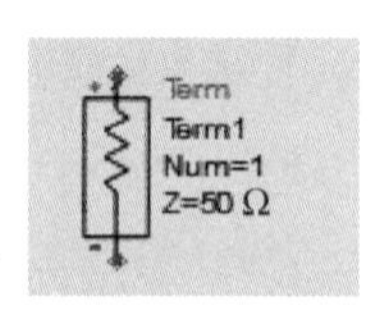

图 4-88 终端负载

图 4-89 线性化预算分析控件

7. 谐波噪声控制控件

谐波噪声控制控件如图 4-90 所示,用来设置谐波平衡法仿真过程中噪声的频率、噪声节点和相位噪声等相关参数。

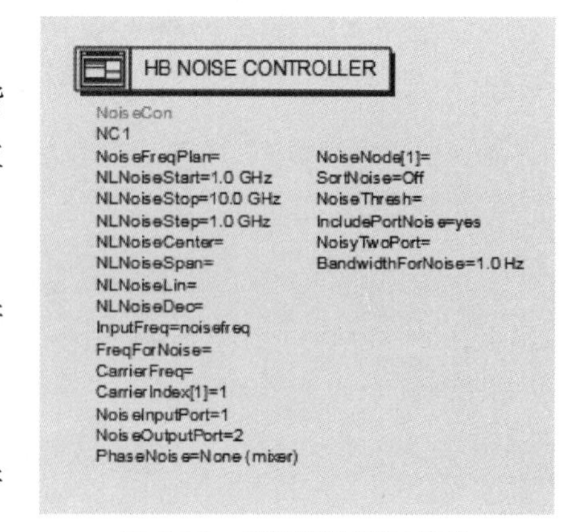

图 4-90 谐波噪声控制控件

8. 接地振荡器端口元件

接地振荡器端口元件(OscPort)如图 4-91 所示,专门用来分析单端口振荡器。

9. 差分振荡器端口元件

差分振荡器端口元件(OscPort2)如图 4-92 所示,用来分析振荡器元件差分结构的振荡器。

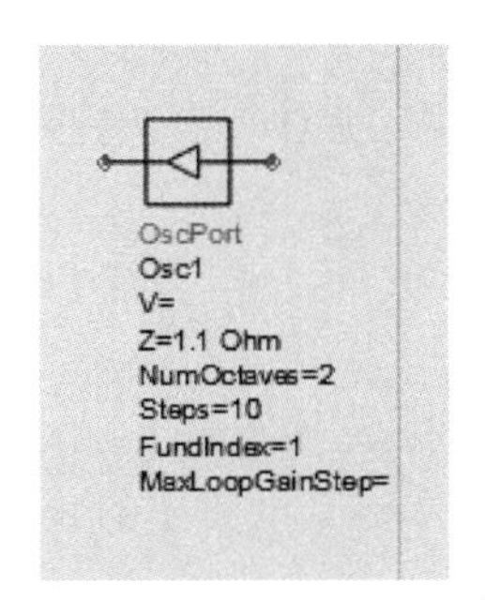

图 4-91 接地振荡器端口元件

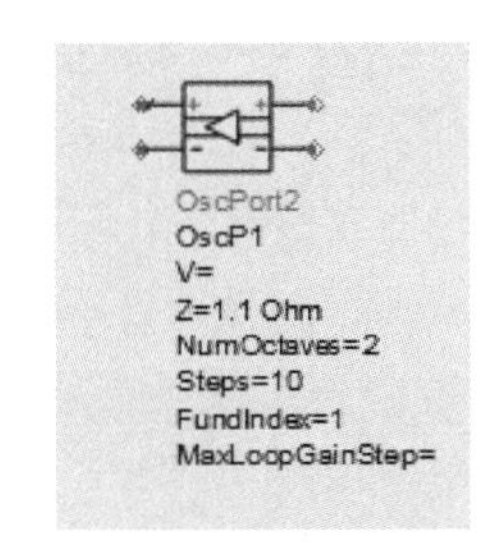

图 4-92 差分振荡器端口元件

10. 其他控件

节点设置控件与节点名控件分别如图 4-93 和图 4-94 所示，用来设置仿真电路中的相关节点以及节点名称。

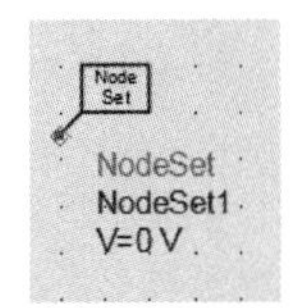

图 4-93 节点设置

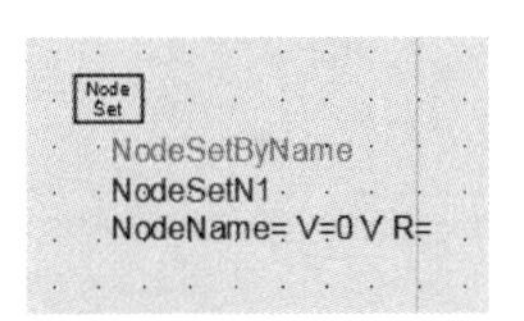

图 4-94 节点名

显示模板控件和仿真测量等式控件(MeasEqn)分别如图 4-95 和图 4-96 所示，用来设置显示模板和添加一个或多个仿真测量等式在仿真结果中显示。

图 4-95 显示模板控件

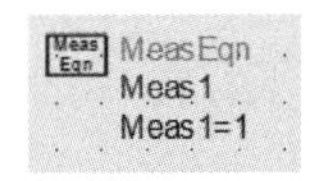

图 4-96 仿真测量等式控件

时域电流波形控件(It)如图 4-97 所示，用户可以使用该控件计算电路时域电流，并可以在数据显示窗口中直接地观察电流的波形。

时域电压波形控件(Vt)如图 4-98 所示，用户可以使用该控件计算电路时域电压，并可以在数据显示窗口中直接地观察电压的波形。

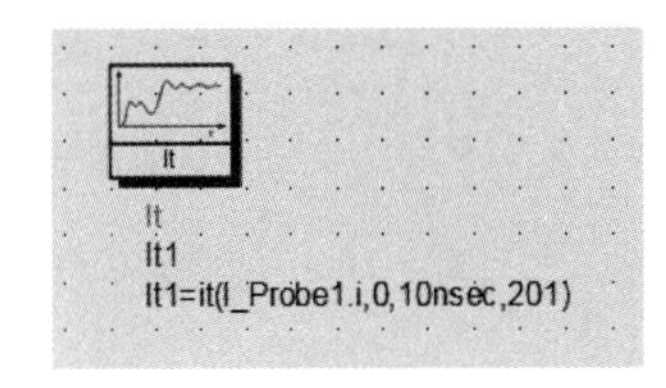

图 4-97 时域电流波形控件

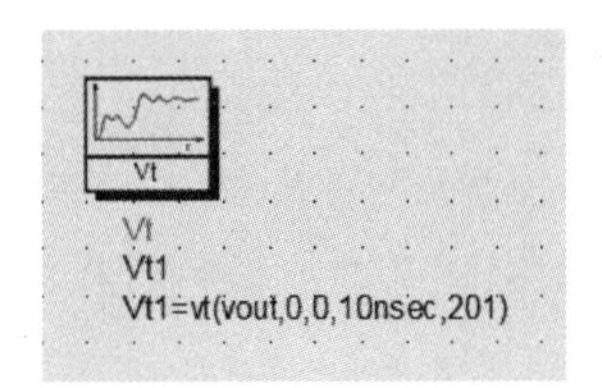

图 4-98 时域电压波形控件

功率显示控件(Pt)如图 4-99 所示，用来计算仿真电路中的端口功率。

频域电流显示控件(Ifc)如图 4-100 所示，用来计算仿真电路中的频域电流，并可以在数据窗口中直接地观察电流的频率成分。

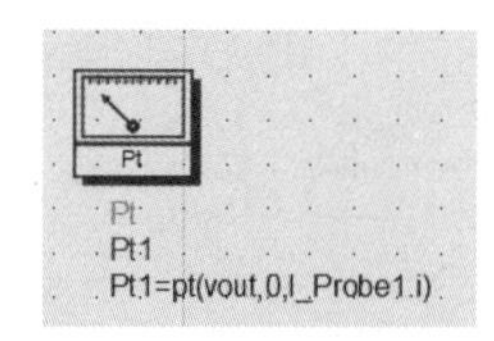

图 4-99　功率显示控件

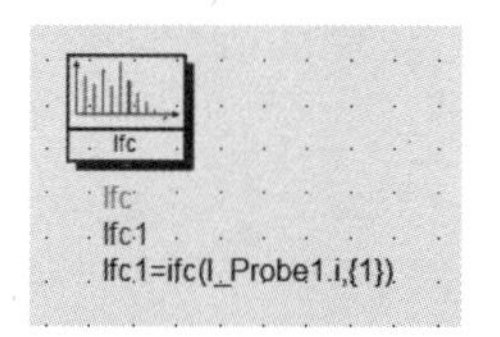

图 4-100　频域电流显示控件

频域电压显示控件(Vfc)如图 4-101 所示,用来计算仿真电路中的频域电压,并可以在数据窗口中直接地观察电压的频率成分。

功率谱密度显示控件(Pspec)如图 4-102 所示,用来计算仿真电路中的功率谱密度,并可以在数据窗口中直接地观察信号的功率谱密度。

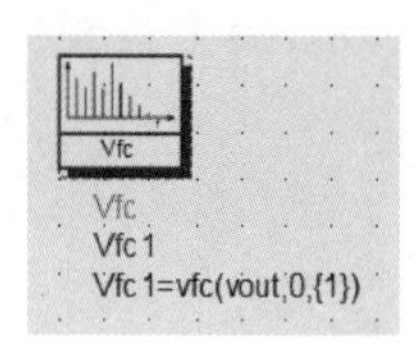

图 4-101　频域电压显示控件

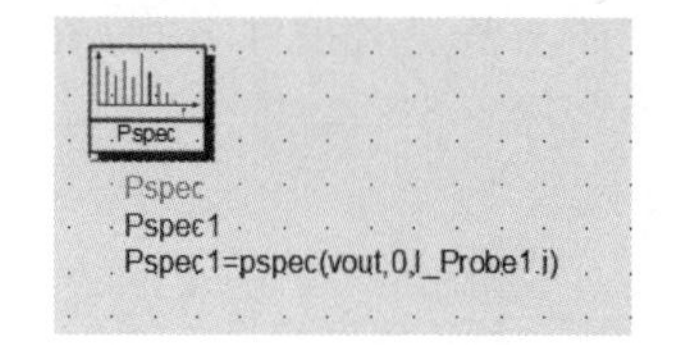

图 4-102　功率谱密度显示控件

输入三阶交调点分析控件(IP3in)如图 4-103 所示,用来分析电路的输入三阶交调点。

输出三阶交调点分析控件(IP3out)如图 4-104 所示,用来分析电路的输出三阶交调点。

图 4-103　输入三阶交调点分析控件

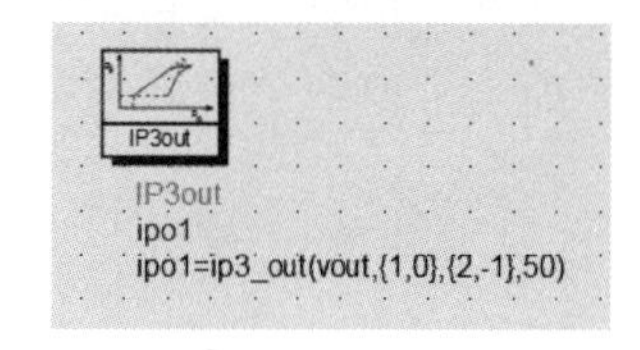

图 4-104　输出三阶交调点分析控件

N 阶截止点分析控件(IPn)如图 4-105 所示,用来分析电路的 N 阶截止点,其中 W 可以在参数设置中设置。

信噪比分析控件(SNR)如图 4-106 所示,用来分析电路中信号的信噪比。

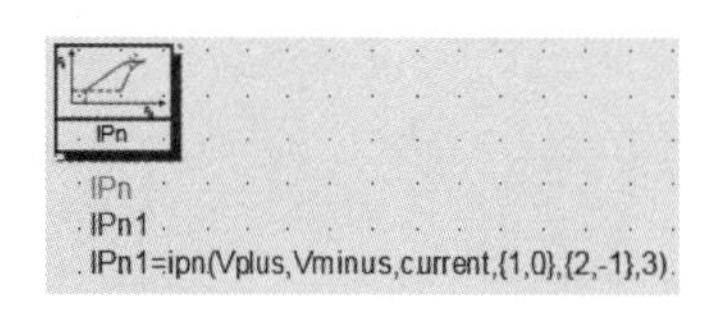

图 4-105　N 阶截止点分析控件

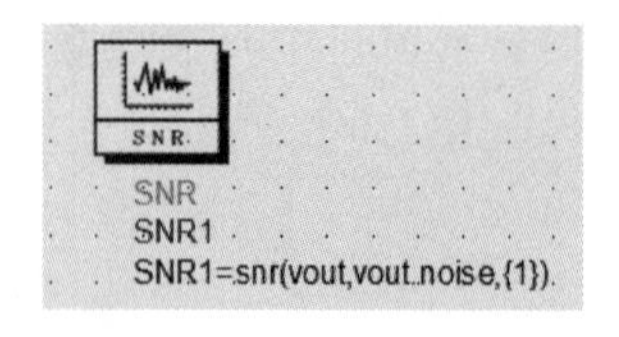

图 4-106　信噪比分析控件

4.2.3　谐波平衡法仿真的一般步骤

谐波平衡法仿真的一般步骤如下。

(1) 选择器件模型并建立电路原理图。

(2) 确定需要进行谐波平衡法仿真的输入、输出端口,并进行标识。

(3) 在 Simulation-HB 元件面板列表中选择谐波平衡法仿真控制器,并放置在原理图设计窗口中。

(4) 双击谐波平衡法仿真控制器，对仿真参数进行设置，设置内容包括基准频率、最大谐波次数和参数扫描相关参数等。

(5) 如果扫描变量较多，则需要在 Simulation-HB 元件面板列表中选择 Prm Swp 控件，双击该控件，在其中设置多个扫描变量，以及每个扫描变量的扫描类型和扫描参数范围等。

(6) 设置完成后，执行仿真。

(7) 在数据显示窗口查看仿真结果。

4.2.4　单音信号 HB 仿真

单音信号 HB 仿真过程如下。

(1) 运行 ADS2023，进入软件主窗口。

(2) 在 ADS2023 主窗口单击"工具栏"中的按钮，查看系统自带的工程，打开 Home/Simulation Examples/HB Simulation/ADS Simualtion Controllers/Open workspace/SimModels_wrk.7zads 工程。

(3) 在工程 Folder View 选项卡目录中选择设计 HB1，单击该文件夹，打开 schematic，如图 4-107 所示。

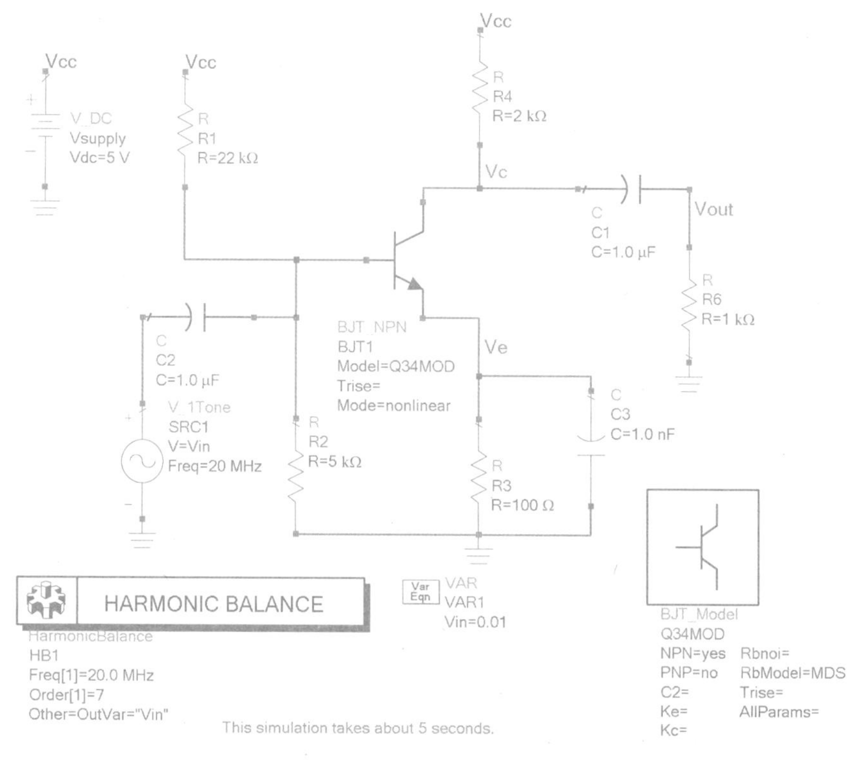

图 4-107　HB1 电路原理图

(4) 单击仿真按钮进行仿真。仿真结束后在数据显示窗口显示仿真结果，如图 4-108 所示。

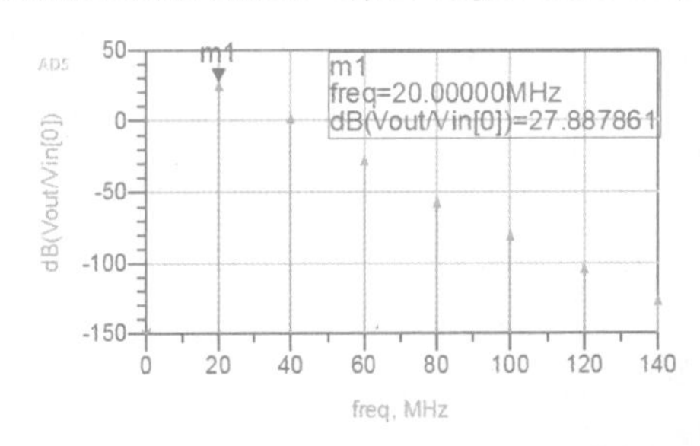

图 4-108　仿真结果

4.2.5　参数扫描

参数扫描过程如下。

(1) 运行 ADS2023，进入软件主窗口。

(2) 在 ADS2023 主窗口单击"工具栏"中的按钮，查看系统自带的工程，打开 Home/Simulation Examples/HB Simulation/ADS Simulation Controllers/Open/SimModels_wrk. 7zads 工程。

(3) 在工程 Folder View 选项卡目录中选择设计 HB2，单击该文件夹，打开 schematic，如图 4-109 所示。

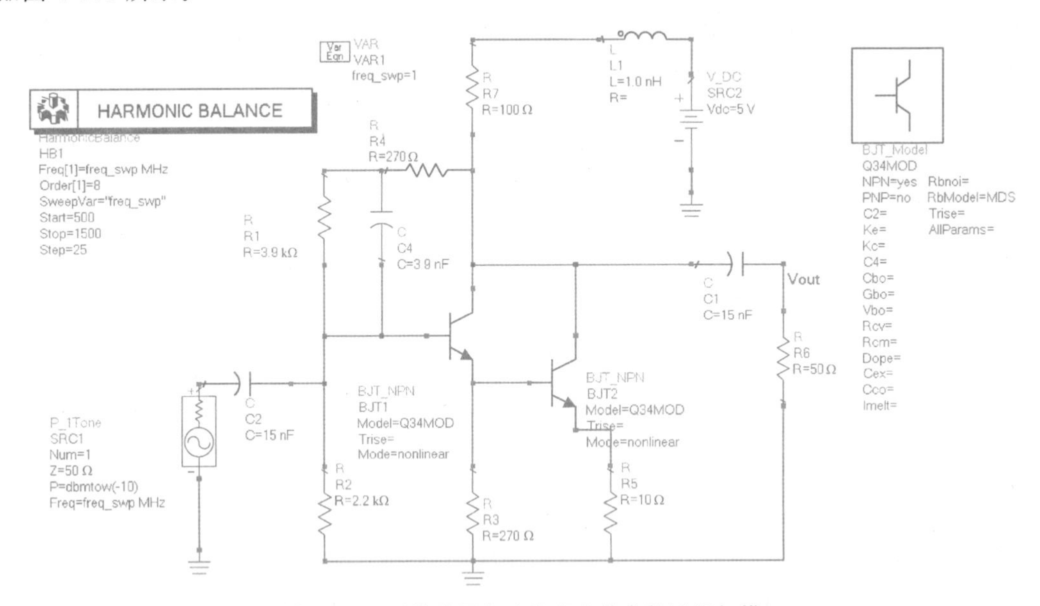

图 4-109　对谐波平衡法仿真中的参数进行扫描

(4) 频域功率源 P_1Tone 的参数设置如下。

① Num=1。

② P=dbmtow(−10)，式中 dbmtow()用于将功率单位转换为 dBm。

③ Freq=freq_swp，表示功率源的频率参数为一个变量，将在后面进行定义。

(5) 谐波平衡仿真控制器 HB1 参数设置如下：

① Frequency=freq_swp MHz。

② Order＝8。

③ Parameter to sweep＝freq_swp。

④ Sweep Type＝Linear。

⑤ Start＝500。

⑥ Stop＝1500。

⑦ Step＝25。

(6) VAR 控件参数设置如下：

① 在 Variable or Equation Entry Mode 下拉菜单中选择 Name＝Value 项。

② 在 Select Parameter 中添加一个变量，名称为 freq_swp，并设置它的默认值为 freq_swp＝ 10。

(7) 单击仿真按钮，进行仿真。仿真结束后在数据显示窗口显示仿真结果，如图 4-110 所示。

(8) 除了输出信号的功率谱外，还可以观察到每个频率输出信号的功率曲线和随着基准频率的变化输出信号的各最大谐波频率的数据列表，分别如图 4-111 和图 4-112 所示。

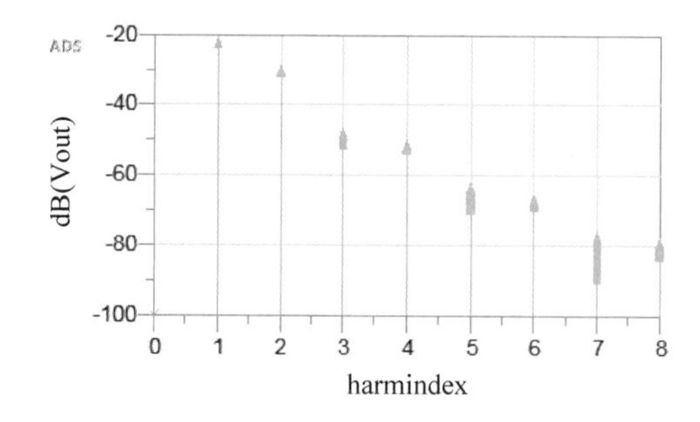

图 4-110　输出信号功率谱

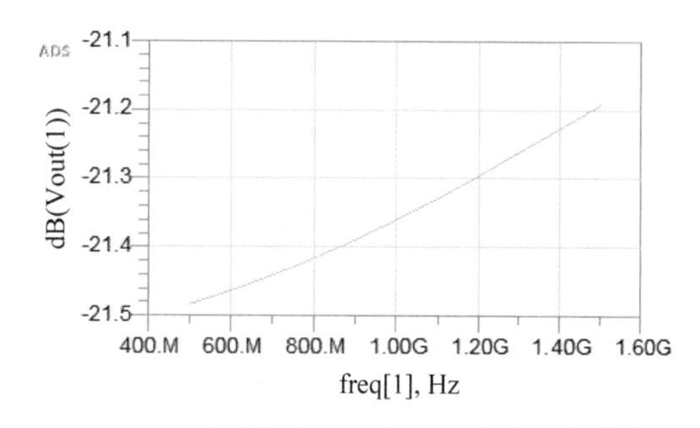

图 4-111　输出信号功率随基础频率变化曲线

harmindex	HB2.freq
freq_swp=500.000	
0	0.0000 Hz
1	500.0 MHz
2	1.000 GHz
3	1.500 GHz
4	2.000 GHz
5	2.500 GHz
6	3.000 GHz
7	3.500 GHz
8	4.000 GHz
freq_swp=525.000	
0	0.0000 Hz
1	525.0 MHz
2	1.050 GHz
3	1.575 GHz
4	2.100 GHz
5	2.625 GHz
6	3.150 GHz
7	3.675 GHz
8	4.200 GHz
freq_swp=550.000	
0	0.0000 Hz
1	550.0 MHz
2	1.100 GHz
3	1.650 GHz
4	2.200 GHz
5	2.750 GHz
6	3.300 GHz

图 4-112　输出信号谐波成分列表

4.3 功率分配器的设计与仿真

在射频/微波电路中,为了将功率按一定比例分成两路或多路,需要使用功率分配器(简称功分器)。反过来使用的功分器是功率合成器。在近代射频/微波大功率固态发射源的功率放大器中广泛地使用功分器,而且通常功分器是成对使用的,先将功率分成若干份,然后分别放大,最后再合成输出。

在20世纪40年代,MIT辐射实验室(Radiation Laboratory)发明和制造了种类繁多的波导型功分器。它们包括E和H平面波导T型结、波导魔T和使用同轴探针的各种类型的功分器。在20世纪50年代中期到60年代,又发明了多种采用带状线或微波技术的功分器。平面型传输线应用的增加,也导致了新型功分器的开发,如Wilkinson分配器、分支线混合网络等。

本节分析功分器的设计方法,并利用ADS2023设计中心频率为1GHz的集总参数等分型功分器,进而给出中心频率为1GHz分布参数Wilkinson功分器的电路和版图设计实例。

4.3.1 功分器的基本原理

一分为二功分器是三端口网络结构,如图4-113所示。信号输入端的功率为 P_1,而其他两个端口的功率分别为 P_2 和 P_3。

第20集
微课视频

由能量守恒定律可知

$$P_1 = P_2 + P_3$$

如果 $P_2(\text{dBm}) = P_3(\text{dBm})$,三端口功率间的关系可写成

$$P_2(\text{dBm}) = P_3(\text{dBm}) = P_1(\text{dBm}) - 3\text{dB}$$

图4-113 功分器示意图

当然,P_2 并不一定要等于 P_3,只是相等的情况在实际电路中最常用。因此,功分器可分为等分型($P_2 = P_3$)和比例型($P_2 = kP_3$)两种类型。

功分器的主要技术指标包括频率范围、承受功率、主路到支路的分配损耗、输入与输出间的插入损耗、支路端口间的隔离带、每个端口的电压驻波比等。

1. 频率范围

频率范围是各种射频/微波电路的工作前提,功分器的设计结构与工作频率密切相关。必须先明确功分器的工作频率,才能进行下面的设计。

2. 承受功率

承受功率是在功分器/合成器中电路元件所能承受的最大功率,是核心指标,它决定了采用什么形式的传输线才能实现设计任务。一般来说,传输线承受功率由小到大的次序是微带线、带状线、同轴线、空气带状线、空气同轴线,要根据设计任务选择用何种传输线。

3. 分配损耗

主路到支路的分配损耗实质上与功分器的主路分配比有关。其定义为

$$A_{\text{d}} = 10\lg \frac{P_{\text{in}}}{P_{\text{out}}}$$

式中,$P_{\text{in}} = kP_{\text{out}}$。例如,两等分功分器的分配损耗是3dB,四等分功分器的分配损耗是6dB。

4. 插入损耗

输入与输出间的插入损耗是由于传输线(如微带线)的介质或导体不理想等因素产生的。考虑输入端的驻波比所带来的损耗,插入损耗定义为

$$A = A_{\mathrm{i}} - A_{\mathrm{d}}$$

A 是在其他支路端口接匹配负载,主路到某一支路间的传输损耗,其为实测值。A 在理想状态下为 A_{d}。在功分器的实际工作中,几乎都是用 A 作为研究对象的。

5. 隔离带

支路端口间的隔离带是功分器的另一个重要指标。如果从每个支路端口输入功率只能从主路端口输出,而不应该从其他支路输出,这就要求支路之间有足够的隔离度。在主路和其他支路都接匹配负载的情况下,i 口和 j 口的隔离度定义为

$$A_{\mathrm{d}ij} = 10\lg \frac{P_{\mathrm{in}i}}{P_{\mathrm{out}j}}$$

隔离度的测量也可按照这个定义进行。

6. 驻波比

每个端口的电压驻波比越小越好。

4.3.2 等分型功分器

根据电路使用元件的不同,功分器可分为电阻式和 L-C 式两种类型。

1. 电阻式

电阻式电路仅利用电阻设计,按结构分成△形和Y形,如图 4-114 所示。

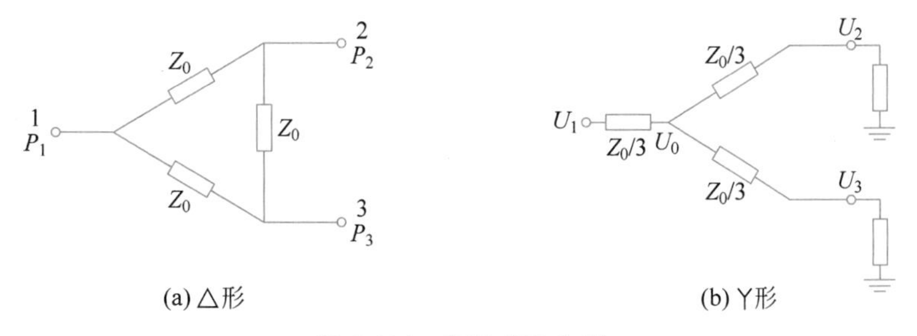

图 4-114　电阻式功分器

在图 4-114 中,Z_0 是电路特性阻抗,在高频电路中,不同频段的特性阻抗不同。这种电路的优点是频宽大,布线面积小,设计简单;缺点是功率衰减较大(6dB)。如图 4-114(b)所示,设 $Z_0 = 50\Omega$,则

$$U_0 = \frac{1}{2} \times \frac{4}{3} U_1 = \frac{2}{3} U_1$$

$$U_2 = U_3 = \frac{3}{4} U_0$$

$$U_2 = \frac{1}{2} U_1$$

$$20\log \frac{U_2}{U_1} = -6\mathrm{dB}$$

2. *L-C* 式

L-C 式电路利用电感及电容进行设计，按结构分成低通型和高通型两种类型，如图 4-115 所示。下面分别给出其参数的计算公式。

$$L_s = \frac{Z_0}{\sqrt{2}\omega_0};\quad C_p = \frac{1}{\omega_0 Z_0};\quad \omega_0 = 2\pi f_0 \tag{4-1}$$

$$L_p = \frac{Z_0}{\omega_0};\quad C_s = \frac{\sqrt{2}}{\omega_0 Z_0};\quad \omega_0 = 2\pi f_0 \tag{4-2}$$

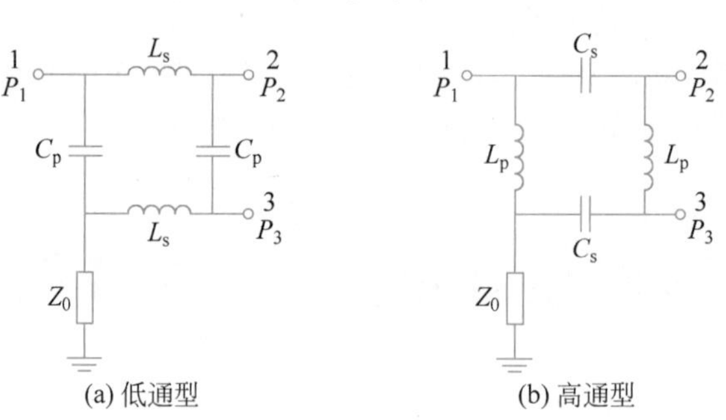

(a) 低通型　　(b) 高通型

图 4-115　*L-C* 式集总参数功分器

集总参数功分器的设计过程是先确定电路结构，再计算出各个电感、电容或电阻的值，最后，按照确定的电路结构进行设计。

4.3.3　等分型功分器设计实例

设计工作频率 f_0=1GHz 的功分器，特性阻抗 Z_0=50Ω，功率比例 k=0.5，且要求在 1±0.02GHz 范围内 S11≤−14dB，S21≥−4dB，S31≥−4dB。

1. 电路结构选择及参数计算

选择高通型 *L-C* 式电路结构，如图 4-115(b)所示。按照式(4-2)计算得 L_p=7.96nH，C_s=4.5pF。

2. ADS 设计与仿真

(1) 创建新项目。新建项目空间，命名为 chapter4_wrk，其他选项默认。新建原理图，单击图标，弹出对话框，命名为 Aliquot。

(2) 等分型功分器电路设计。在 Lumped-Components 类中，分别选择控件、、，在 Simulation-S_Param 类中，分别选择控件、放置到原理图中的合适位置。在工具栏中单击按钮，放置各端口接地，双击 S-PARAMETERS 修改属性，要求扫描频率为 0.9～1.1GHz，扫描步长为 0.01GHz。等分型功分器仿真电路原理图如图 4-116 所示。

(3) 等分型功分器电路仿真。单击"工具栏"中的按钮进行仿真，仿真结束后会出现数据显示窗口。单击显示窗口左侧"工具栏"中的按钮，弹出设置窗口，在窗口左侧的列表里选择 S(1,1)即 S11 参数，单击 Add 按钮，弹出设置单位(这里选择 dB)窗口，单击两次 OK 按钮后，窗口中显示出 S11 参数随频率变化的曲线。用同样的方法依次加入 S31、S21，得到波形如图 4-117 所示。

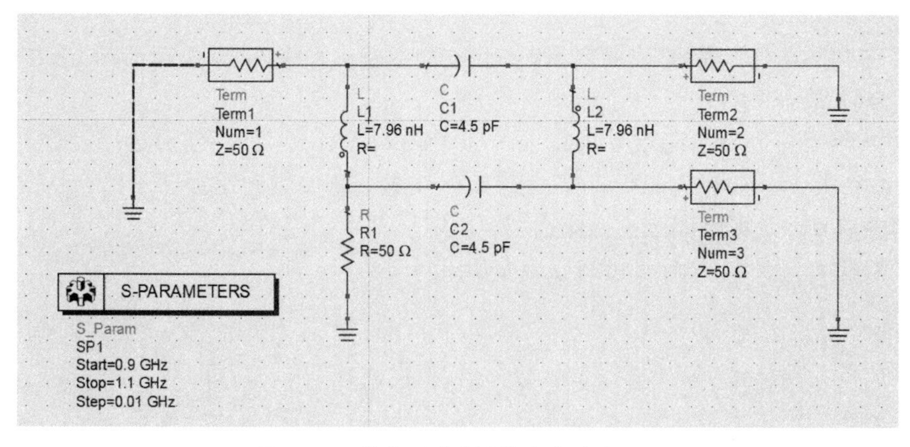

图 4-116　等分型功分器仿真电路原理图

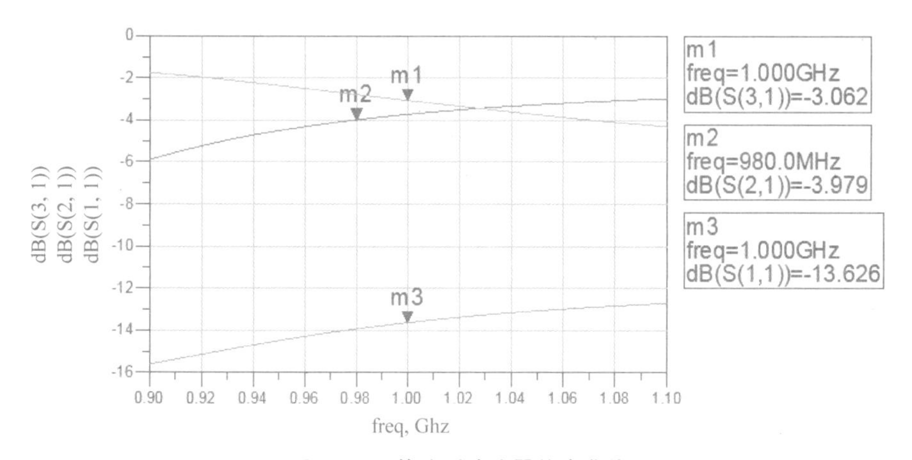

图 4-117　等分型功分器仿真曲线

4.3.4　比例型功分器设计

比例型功分器的两个输出端口功率不相等。假定一个支路端口与主路端口的功率比为 k，可按照下面公式计算低通型 L-C 式集总参数比例型功分器。

$$P_3=kP_1;\quad P_2=(1-k)P_1;\quad \left(\frac{Z'_s}{Z_0}\right)^2=(1-k);\quad \left(\frac{Z_s}{Z_p}\right)^2=k;$$

$$Z_s=Z_0\sqrt{1-k};\quad L_s=\frac{Z_s}{\omega_0};\quad Z_p=Z_0\sqrt{\frac{1-k}{k}};\quad C_p=\frac{1}{\omega_0 Z_p}$$

其他形式的比例型功分器参数可用类似的方法进行计算。

设计工作频率 $f_0=750$MHz 的功分器，特性阻抗 $Z_0=50\Omega$，功率比例 $k=0.1$，且要求在 750±50MHz 的范围内 S11≤−10dB，S21≥−2dB，S31≥−12dB。

1. 电路结构选择及参数计算

选择低通型 L-C 式电路结构如图 4-115(a)所示，代入参数计算得 $L_s=10$nH，$C_p=1.4$pF。

2. ADS 设计与仿真

（1）创建新项目。在 chapter4_wrk 项目空间下新建原理图，单击图标，弹出对话框，命名为 PowerDivider。

（2）比例型功分器电路设计。在 Lumped-Components 类中，分别选择控件、、。在 Simulation-S_Param 类中，分别选择控件、，放置到原理图中的合适位置。单击图标，放置两个地，双击 S-PARAMETERS 修改属性，要求扫描频率为 0.6～0.8GHz，扫描步长为 0.01GHz。比例型功分器仿真电路原理图如图 4-118 所示。

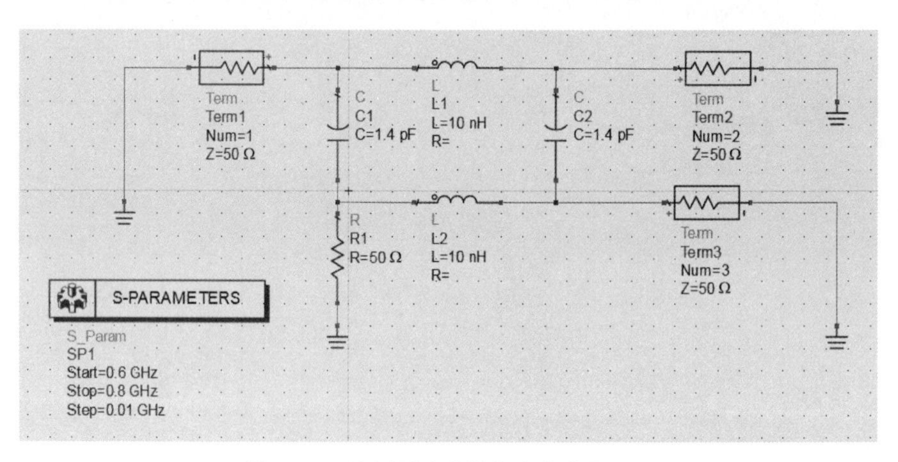

图 4-118 比例型功分器仿真电路原理图

（3）比例型功分器电路仿真。单击“工具栏”中的按钮进行仿真，仿真结束后会出现数据显示窗口。单击数据显示窗口左侧“工具栏”中的按钮，弹出设置窗口，在窗口左侧的列表里选择 S(1,1)即 S11 参数，单击 Add 按钮弹出单位（这里选择 dB）设置窗口，单击两次 OK 按钮后，窗口中显示出 S11 参数随频率变化的曲线。用同样的方法依次加入 S22、S21、S12 参数的曲线，由于比例型功分器的对称结构，S11 与 S22 以及 S21 与 S12 曲线是相同的。仿真曲线如图 4-119 所示。

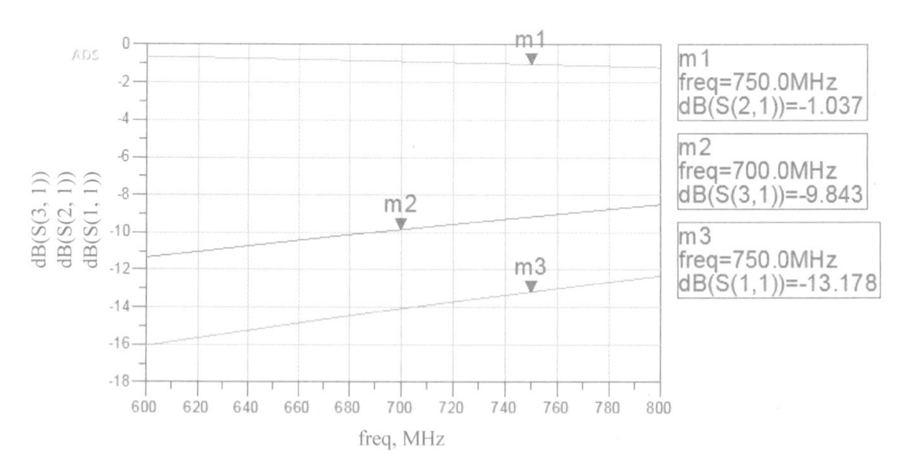

图 4-119 比例型功分器仿真曲线

4.3.5　Wilkinson 功分器

分布参数功分器最简单的类型是 T 形结，它是具有一个输入和两个输出的三端口网络，可用于功率分配或功率合成。实际上，T 形结分布参数功分器可用任意类型的传输线制作。图 4-120 给出了一些常用的波导型和微带型 T 形结。由于存在传输线损耗，这种结的缺点是不能同时在全部端口匹配，同时，在输出端口之间没有任何隔离。

(a) E平面波导型T形结　　(b) H平面波导型T形结　　(c) 微带型T形结

图 4-120　各种 T 形结功分器

根据微波工程的理论可知，有耗三端口网络可制成全部端口匹配，并在输出端口之间有隔离。Wilkinson 功分器就是这样一种网络。

Wilkinson 功分器可制成任意比例型功分器，但一般考虑等分情况。这种功分器常制作成微带线或带状线形式，如图 4-121(a)所示。图 4-121(b)给出了相应的等效传输线电路。可以利用两个较简单的电路(在输出端口用对称和反对称源驱动)对电路进行分析。

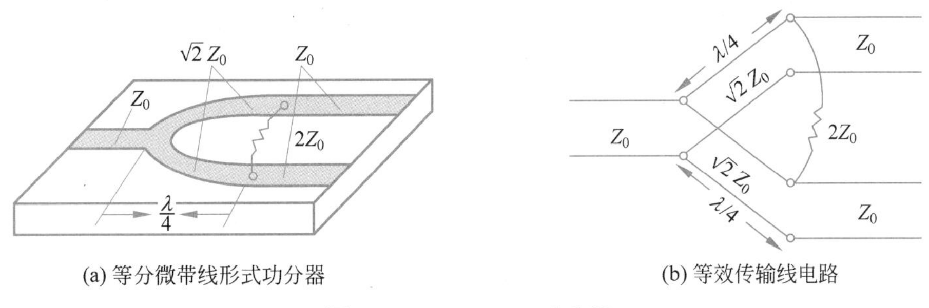

(a) 等分微带线形式功分器　　(b) 等效传输线电路

图 4-121　Wilkinson 功分器

4.3.6　Wilkinson 功分器设计

利用 $\varepsilon_r=4.3$，厚度 $h=0.8$mm 的介质基板，设计 Wilkinson 功分器。通带为 0.9～1.1GHz，功分比为 1∶1，带内各端口反射系数 S11、S22、S33 小于－20dB，两输出端隔离度 S23 小于－25dB，传输损耗 S21 和 S31 小于 3.1dB。

根据设计要求，中心频率为 1.0GHz，输入阻抗为 50Ω，并联电阻为 50Ω。

(1) 创建新项目。在 chapter4_wrk 项目空间下新建原理图，单击图标，弹出对话框，命名为 wilkinson0。

(2) 在 Tlines-Microstrip 类中，选择 MSUB 放置传输线参数模型，在弹出的 Choose Layout Technology 对话框中选择 Standard ADS Layers，0.0001millimeter layout resolution 并单击 Finish 按钮退出，双击并修改属性为如图 4-122 所示。

传输线仿真参数模型 MSub 各参数含义为 H——传输线到底部接地导体板的距离，即基板高度；Er——基板相对介电常数；Mur——相对磁导率；Cond(conductivity)——电导率；Hu——如果传输线处于一个金属盒中，为金属盒的高度；T——传输线厚度；tanD——介电损耗角正切；rough——介质表面方均根粗糙度。

（3）选择微带控件、、、及分别放置在原理图区中。选择画线工具按照如图 4-122 所示将电路连接好，并双击每个元件设置参数。

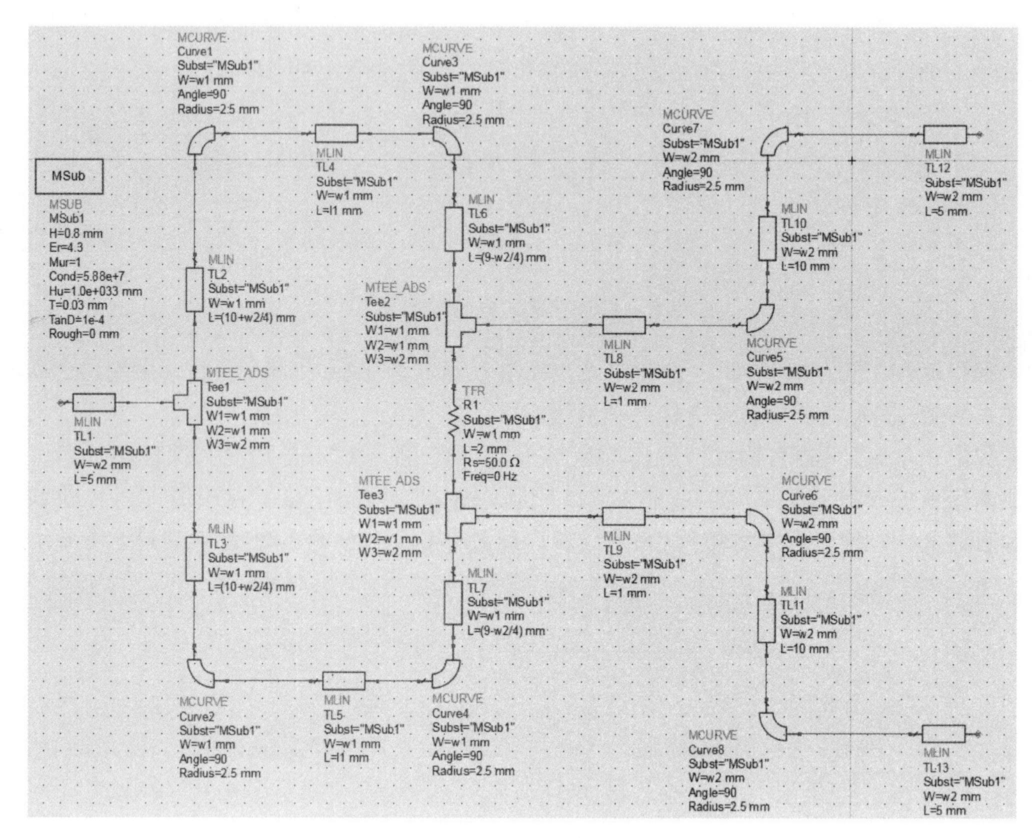

图 4-122 Wilkinson 功分器连接方式

（4）滤波器两边的引出线是特性阻抗为 50Ω 的微带线，它的宽度 W 由微带线计算工具得到。单击菜单栏 Tools→LineCalc→Start LineCalc 选项，出现新窗口，如图 4-123 所示。在窗口的 Substrate Parameters 栏中填入与 MSUB 中相同的微带线参数。在 Component Parameters 栏中填入中心频率为 1GHz。Physical 栏中的 W 和 L 分别表示微带线的宽和长。Electrical 栏中的 Z0 和 E_Eff 分别表示微带线的特性阻抗和相位延迟。单击 Synthesize 和 Analyze 栏中的▲、▼箭头，完成上面参数间的换算。计算过程中，出现另一个窗口显示当前运算状态及错误信息。

填入 Z0＝50Ω 可以算出微带线的线宽为 1.52mm。填入 Z0＝70.7Ω 和 E_Eff＝90deg 可以算出微带线的线宽为 0.79mm，长度为 42.9mm。

（5）单击工具栏图标，在原理图中放置 VAR 控件，双击该图标弹出设置窗口，依次添加微带线的 W、L、S 参数，如图 4-124 所示。在 Instance name 栏中填变量名称，在 Variable Value 栏中填变量的初值，单击 Add 按钮添加变量。单击 Tune/Opt/Stat/DOE Setup... 按钮，弹出菜单，选择 Optimization 选项卡，设置变量的取值范围。Enabled/Disabled 表示该变量是否能被优化。

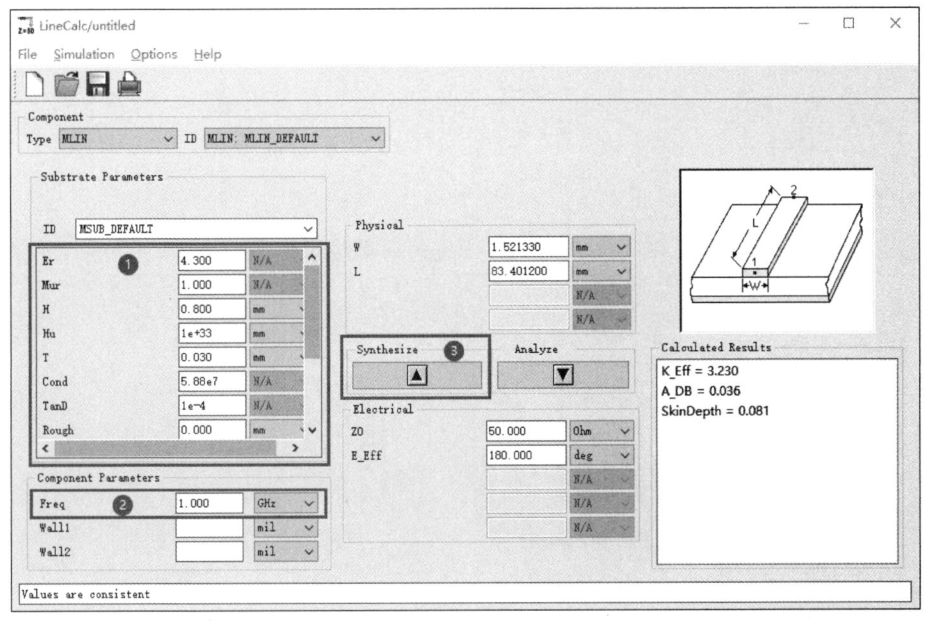

图 4-123　LineCalc 主界面

示例视频 10
微课视频

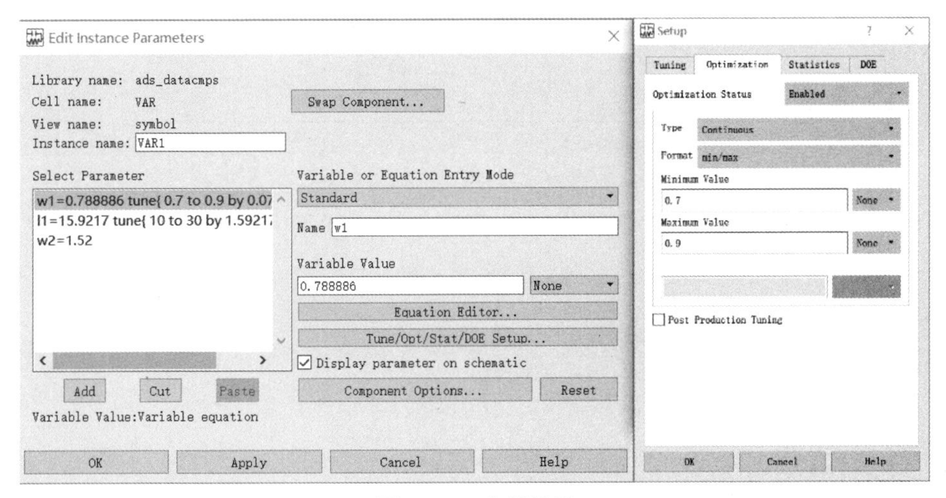

图 4-124　变量设置

示例视频 11
微课视频

中间微带线长度 L_1 及宽度 W_1 为优化变量。设 L_1 初始值为 15mm，其优化范围为 10～30mm；W_1 初始值为 0.8mm，其优化范围为 0.7～1.1mm；50Ω 微带线宽 W_2 为 1.52mm。

4.3.7　电路仿真与优化

（1）在原理图设计窗口中选择 Simulation-S_Param 元件类，在面板中选择 Term 放置在功分器三个端口上，定义端口 1、2 和 3。单击接地图标，放置三个地，并按照如图 4-125 所示连接电路。选择控件放置在原理图中，并设置扫描的频率范围和步长，频率范围根据功分器的指标确定。

（2）在原理图设计窗口中选择 Optim/Stat/Yield/DOE 类，在面板中选择 S 控件放置在原理图中，双击该控件设置优化方法及优化次数，如图 4-126 所示。

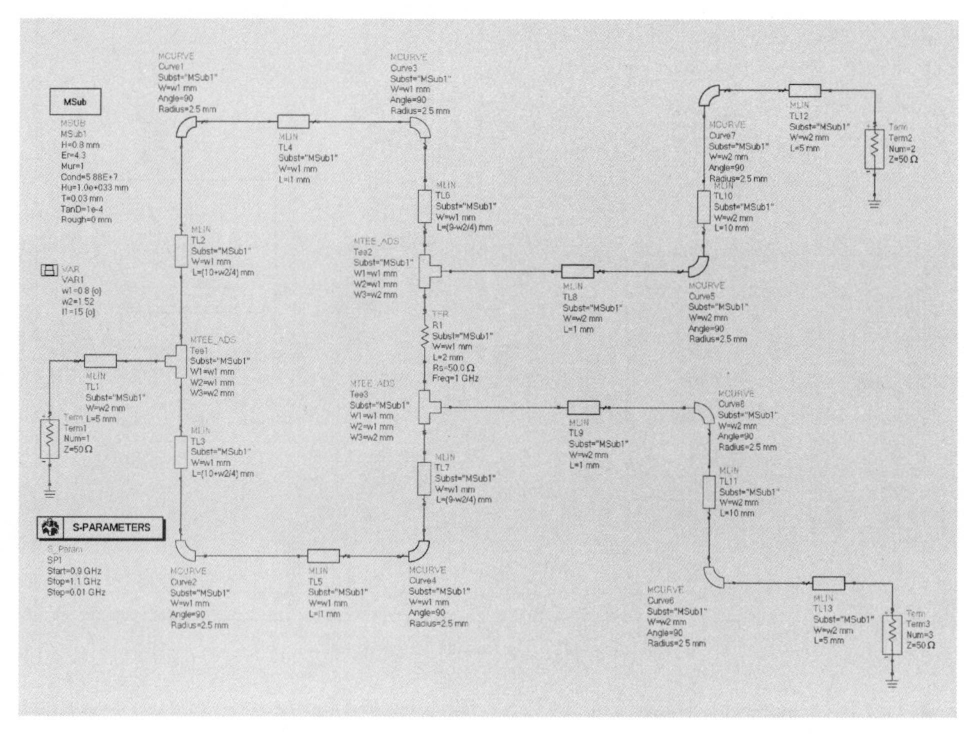

图 4-125　Wilkinson 功分器仿真电路

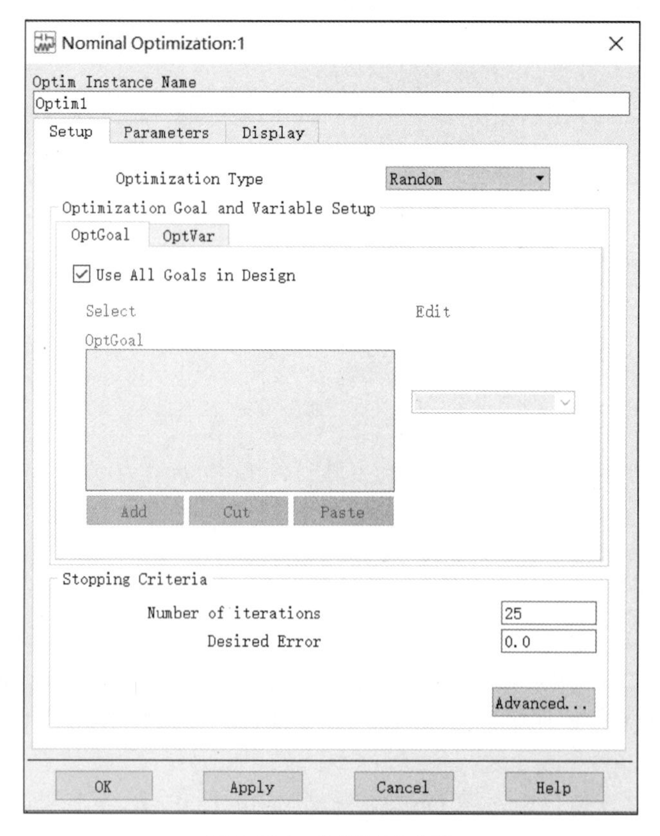

图 4-126　优化属性设置

常用的优化方法有 Random（随机）、Gradient（梯度）法等。随机法通常用于大范围搜索；梯度法则用于局部收敛。本例选择随机法优化，优化次数为 25 次。

（3）选择控件，设置四个优化目标为 S21＞－3.1、S22＜－20、S11＜－20、S23＜－25 及频率范围为 0.9G～1.1G。由于电路的对称性，S31 和 S33 不用设置优化。S11 和 S22 分别为输入、输出端口的反射系数，S21 为功分器通带内的衰减情况，S23 为两个输出端口的隔离度。加入优化目标后的原理图如图 4-127 所示。

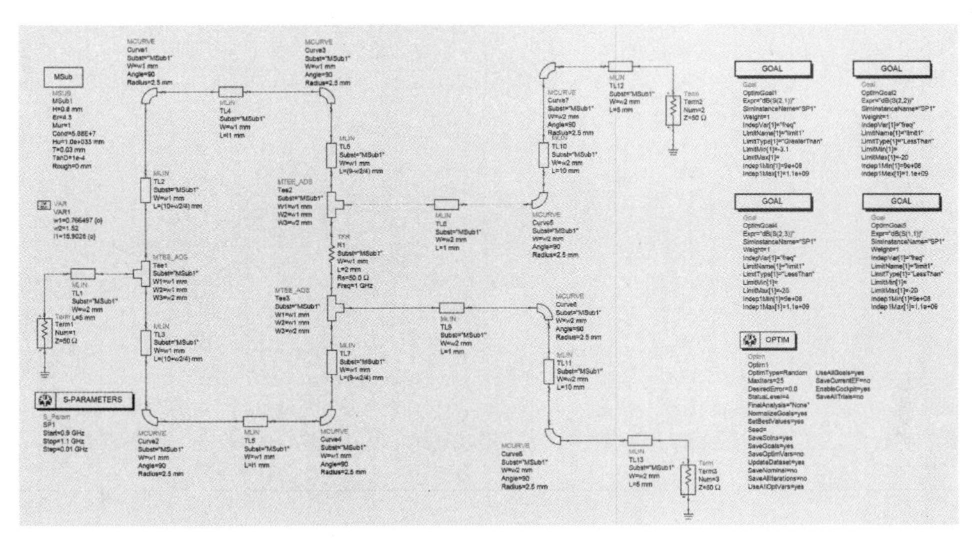

图 4-127 加入优化目标后的原理图

（4）设置完优化目标后，保存电路图，然后进行参数优化仿真。单击工具栏按钮，开始优化，弹出优化窗口，如图 4-128 所示。

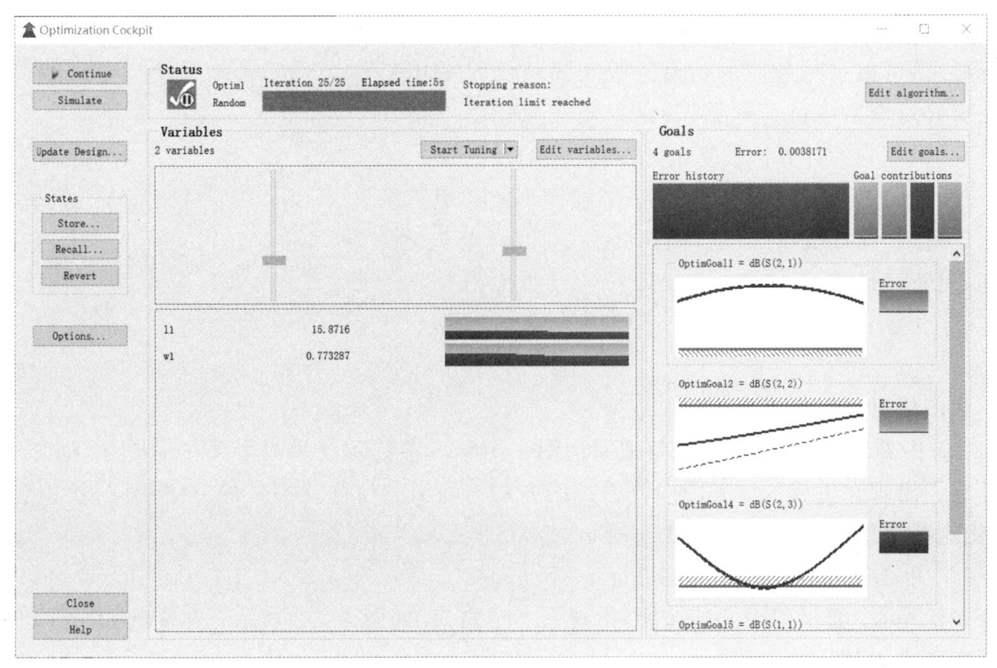

图 4-128 优化窗口

（5）单击 Simulate 按钮进行仿真，仿真结束后会出现数据显示窗口。

（6）单击数据显示窗口左侧“工具栏”中的按钮，弹出设置窗口，在窗口左侧的列表里选择 S(1,1)即 S11 参数，单击 Add 按钮弹出单位（这里选择 dB）设置窗口，单击两次 OK 按钮后，数据显示窗口中显示出 S11 参数随频率变化的曲线。用同样的方法依次加入 S31、S21、S23 参数曲线，如图 4-129 所示。

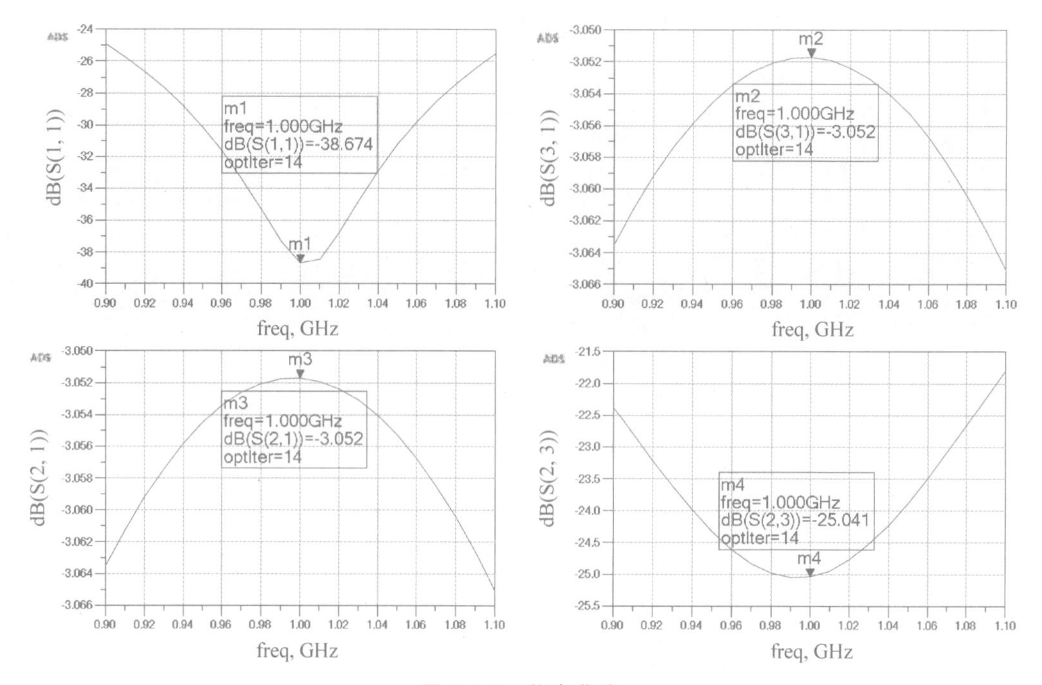

图 4-129　仿真曲线

观察 S 参数曲线是否满足指标要求，如果已经达到指标要求，可以进行版图的仿真。版图的仿真是采用矩量法直接对电磁场进行计算，其结果比在原理图中仿真要准确，但是它的计算比较复杂，需要较长的时间。

（7）单击图 4-128 中的 Update Design... 按钮，弹出“更新设计”（Update Design）对话框，如图 4-130 所示，单击 OK 按钮，更新设计。

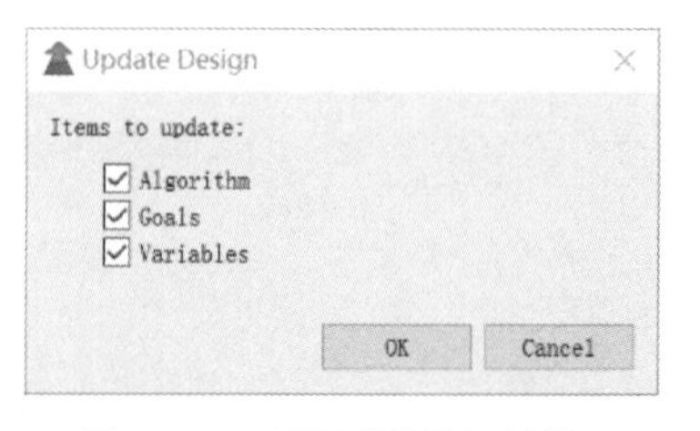

图 4-130　“更新设计”对话框

4.3.8　版图仿真

版图仿真过程如下。

（1）由原理图生成版图，先要把原理图中用于 S 参数仿真的两个 Term 及“接地”去掉，不让它们出现在生成的原理图中。去掉的方法与前面关掉优化控件的方法相同，使用按钮，把这些元件打上叉，如图 4-131 所示。

（2）单击菜单栏 Layout→Generate/Update Layout 选项，弹出 Layout 层设置窗口，如图 4-132 所示；直接单击 OK 按钮，出现另一个窗口，如图 4-133 所示；再单击 OK 按钮，完成版图生成，如图 4-134 所示。

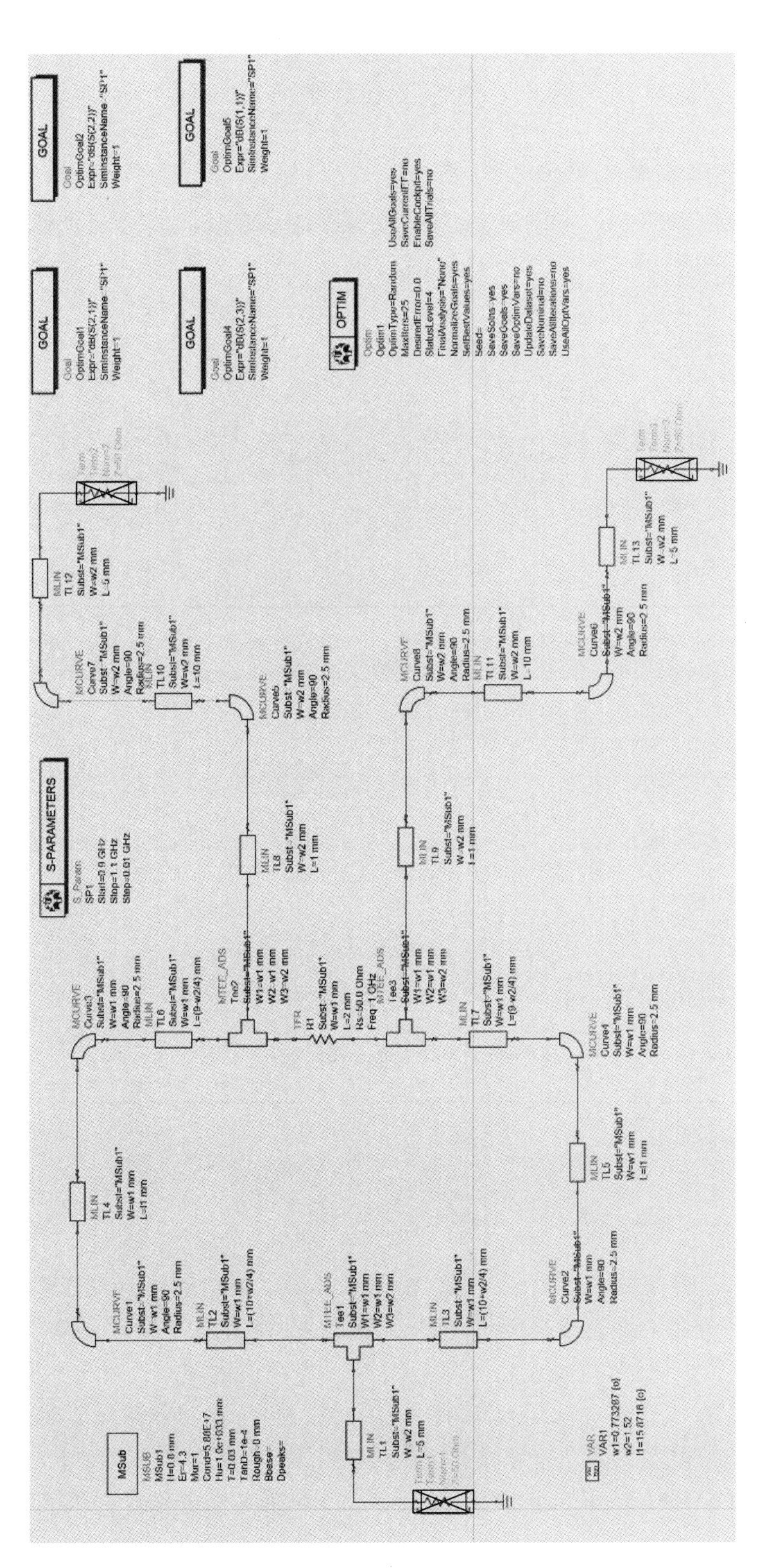

图 4-131 生成版图前的原理图

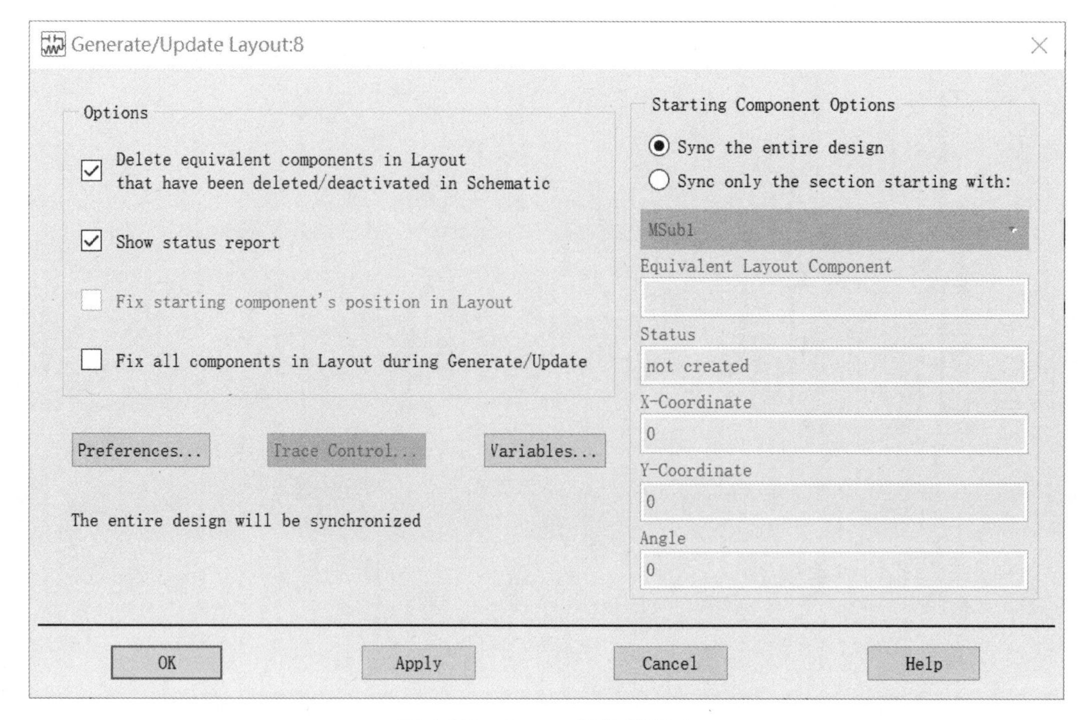

图 4-132　Layout 层设置窗口

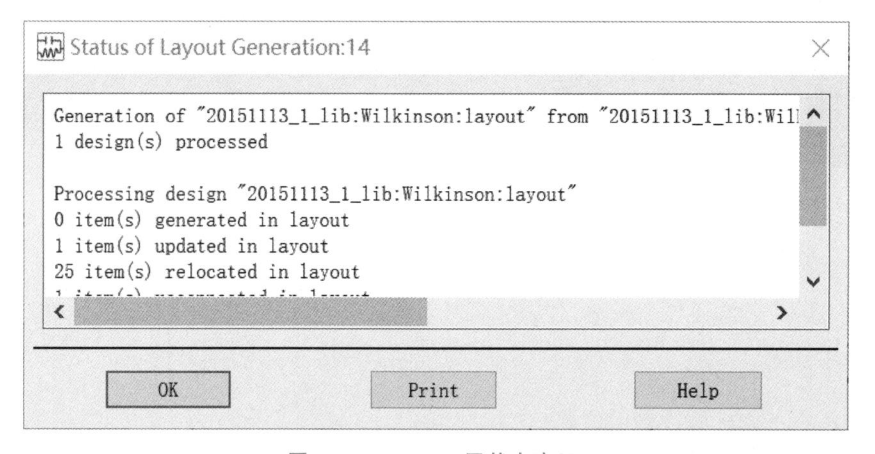

图 4-133　Layout 层状态窗口

(3) 版图生成后，设置微带电路基板(介质)的基本参数。单击版图窗口菜单栏 EM→Substrate，从原理图中获得参数及修改这些参数，如图 4-135 所示。

(4) 为了进行 S 参数仿真，需要在功分器版图上添加相应的端口。单击工具栏上的 Port 按钮，弹出 Port 设置窗口，单击 OK 按钮，关闭该窗口，在功分器三个端点分别加上端口 P1、P2 和 P3。在功分器版图中删除 R1，在原电阻 R1 的两端加入端口 P4 和 P5，并单击版图窗口菜单栏 EM→Port Editor 选项，在 Port Editor 窗口合并端口 4 和端口 5，并设置新的端口 4 阻抗为 100Ω，如图 4-136 所示。

(5) 单击版图窗口菜单栏 EM→Simulation Settings 选项弹出仿真设置窗口，如图 4-137

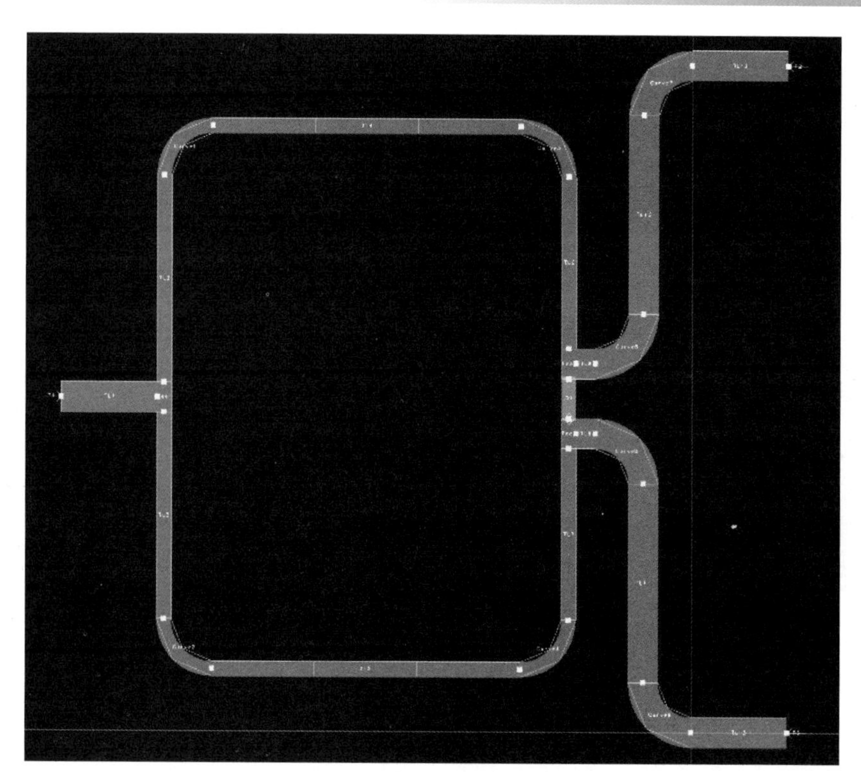

图 4-134　Wilkinson 功分器版图

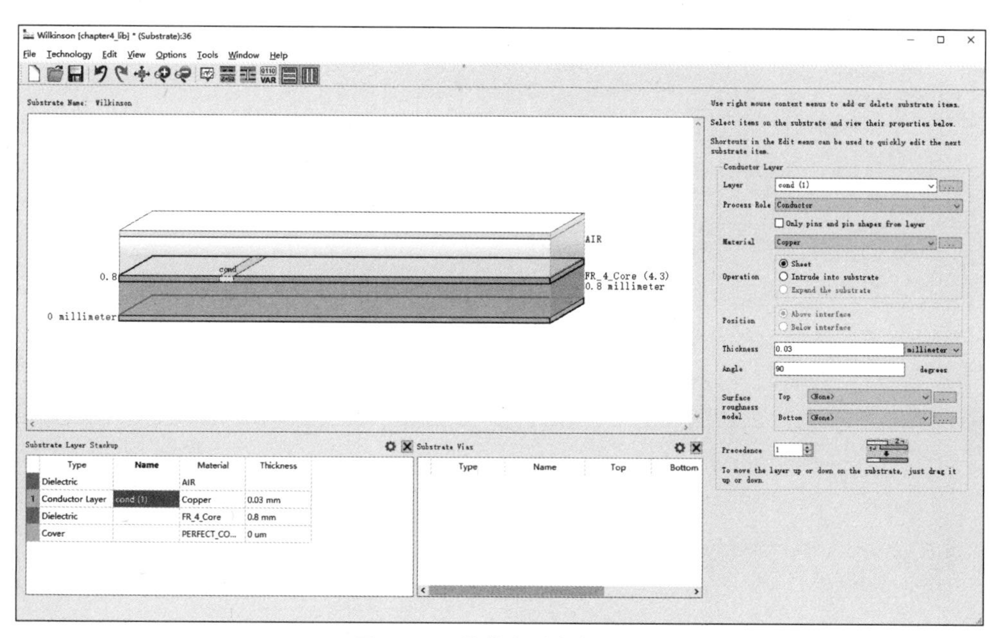

图 4-135　微带介质参数设置

所示。单击 Show 3D EM View 按钮，可以预览功分器的 3D 版图，如图 4-138 所示。

(6) 在仿真设置窗口左侧的 Frequency plan 中，类型选择 Adaptive，起止频率设置与原理图相同，采样点数限制取 10，如图 4-139 所示。然后单击 Update 按钮，将设置填入左侧列表中，单击 Simulate 按钮开始仿真。

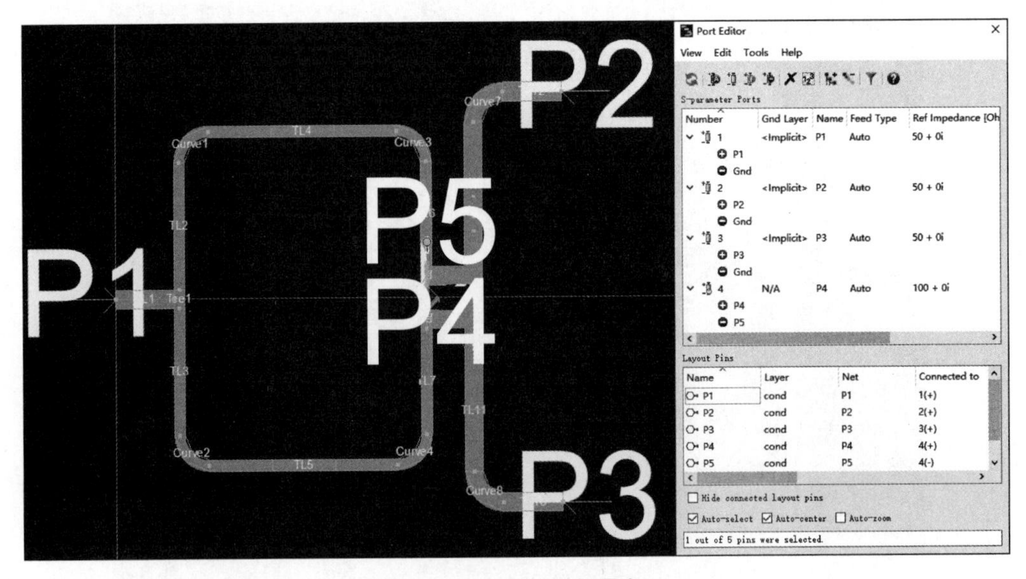

图 4-136 仿真端口设置窗口

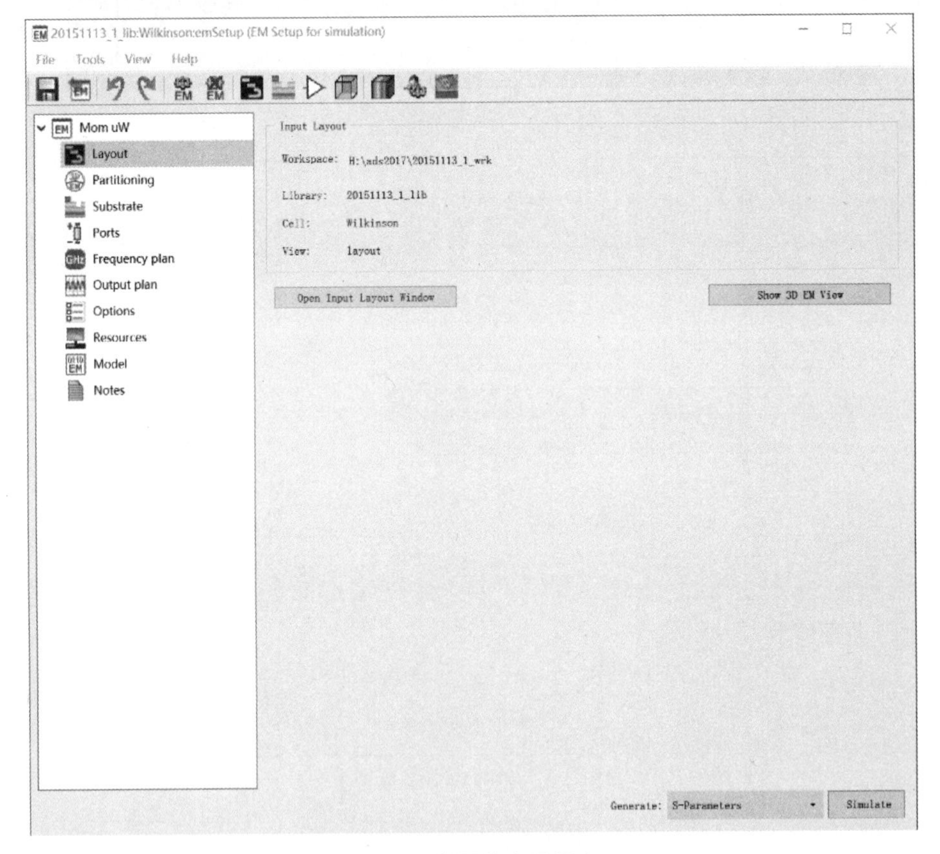

图 4-137 版图仿真设置窗口

(7) 仿真运算要进行数分钟,仿真结束后将出现数据显示窗口,观察发现版图仿真结果与原理图结果略有区别。版图仿真曲线如图 4-140 所示。

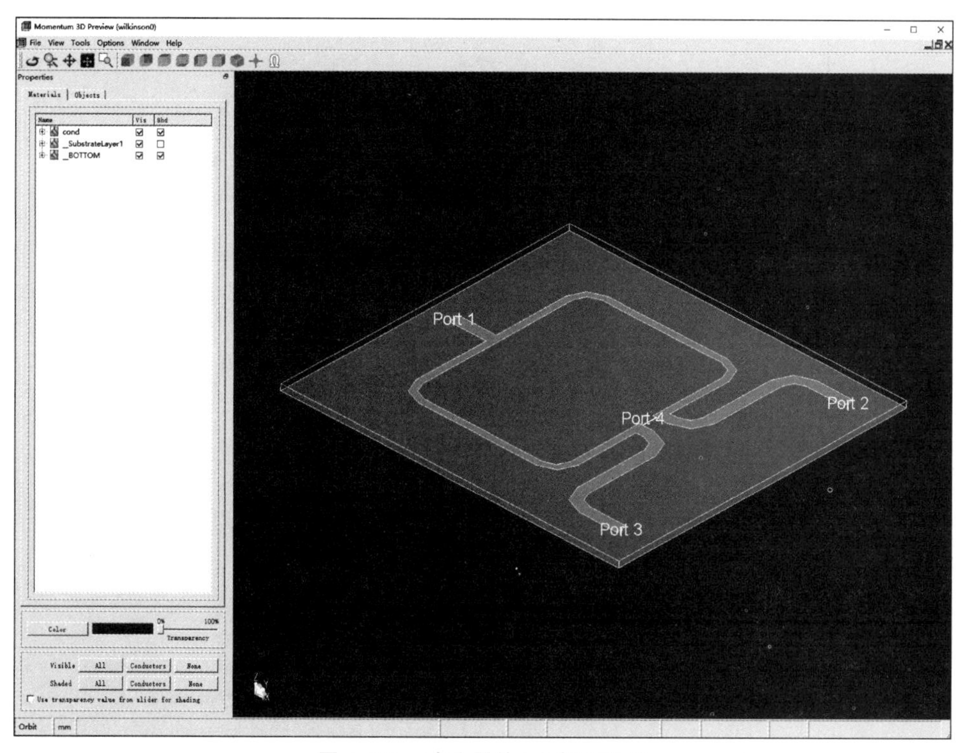

图 4-138　功分器的 3D 版图预览

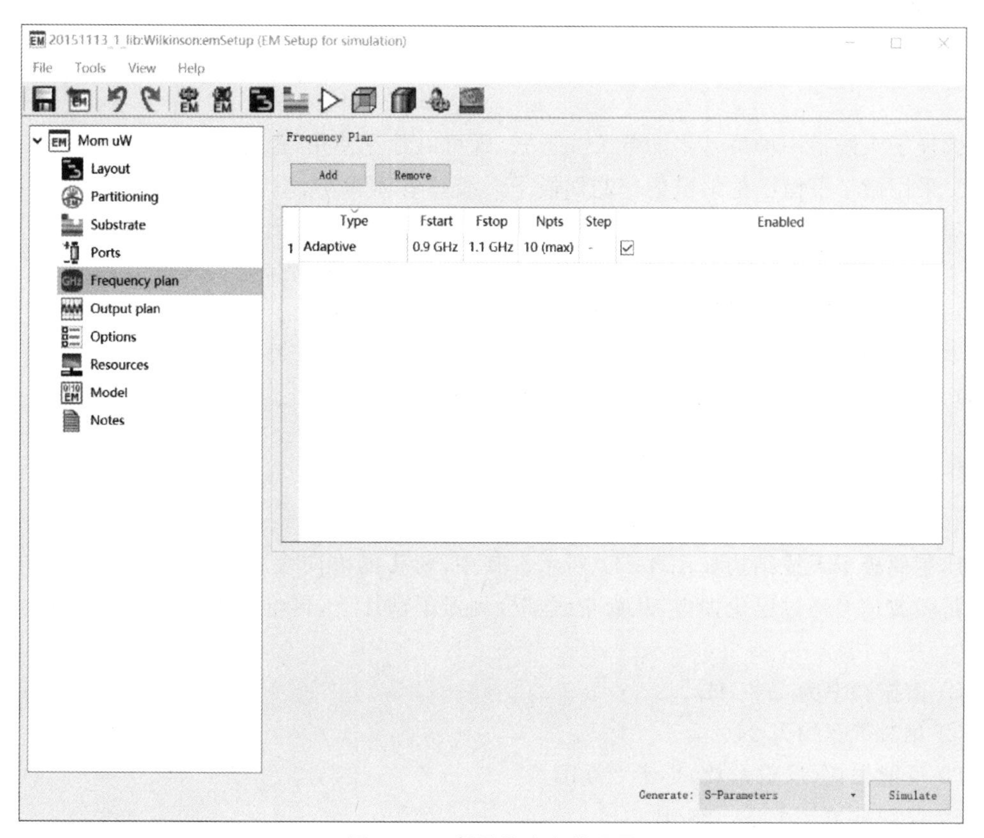

图 4-139　版图仿真参数设置

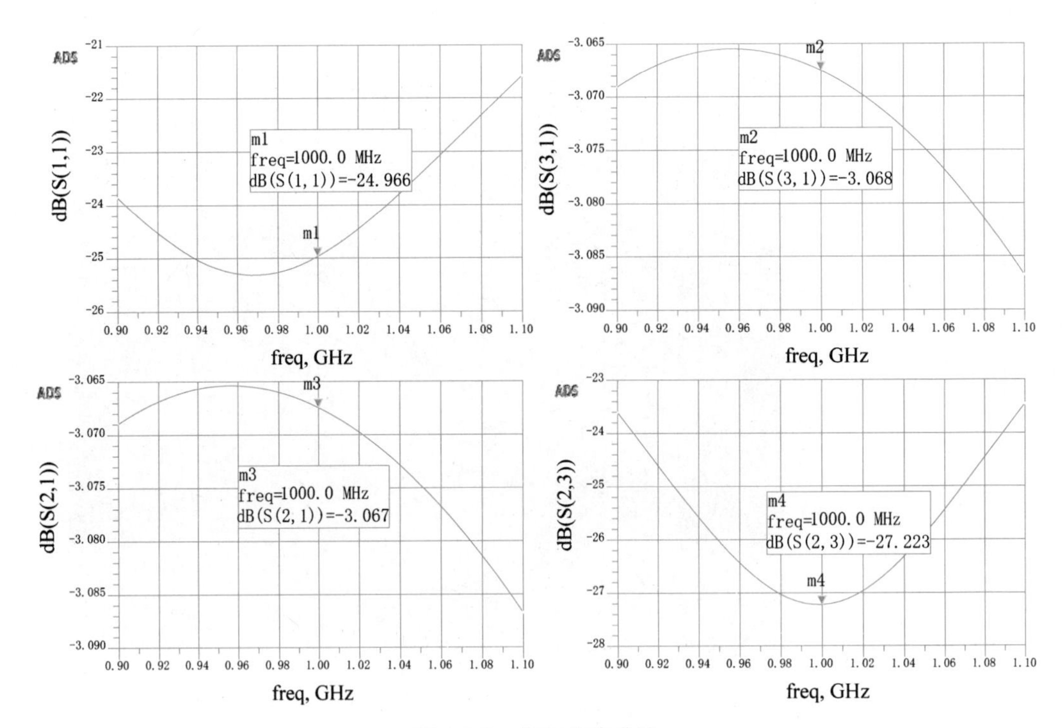

图 4-140 版图仿真曲线

第 21 集
微课视频

4.4 印制偶极子天线的设计与仿真

偶极子天线是一种最基本的单天线形式,既可以独立使用,也可以作为大型天线阵辐射单元。采用微带平衡巴伦馈电的印制偶极子天线具有体积小、质量轻、制造成本低、易于大规模集成等特点,克服了常规微带天线频带较窄等特点,在驻波比小于 2 的约束下,带宽可大于 40%。传统的印制偶极子天线采用微带线馈电、单面辐射振子的形式,具有较宽的带宽,但其微带线馈电网络损耗较大,且受外界电磁环境影响较大。

本节利用 ADS Layout 设计环境对 1.8GHz 印制偶极子天线进行设计与仿真,特别是 2D 和 3D 参数的绘制,通过天线设计学习 ADS 的射频电路仿真。

4.4.1 印制偶极子天线

1. 天线结构

印制偶极子天线结构如图 4-141 所示。其中,箭头的方向表示电流的流向。基本工作原理是微波信号通过巴伦馈电,从微带线耦合到振子贴片上,再由振子臂辐射到自由空间。

2. 技术指标

① 谐振频率为 1.8GHz。

② 相对带宽约为 24%。

③ 反射损耗(反射系数)小于 2.0dB。

④ 反射波损耗小于-28dB。

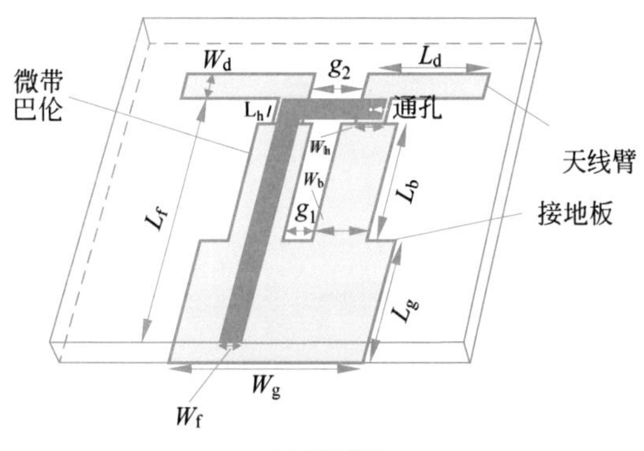

(a) 平面图

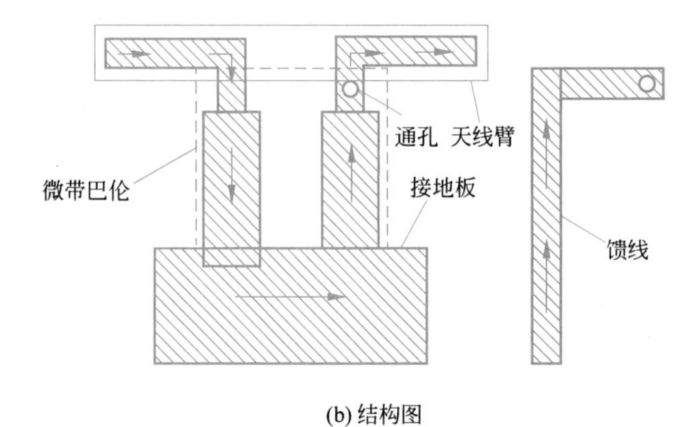

(b) 结构图

图 4-141　印制偶极子天线结构图

示例视频 12
微课视频

⑤ 输入阻抗为 50Ω。

⑥ 增益为 2.0dB。

天线尺寸如表 4-3 所示。

表 4-3　1.8GHz 印制偶极子天线的尺寸

内　容	参　数
偶极子天线臂	$L_d=29$mm　$W_d=6$mm　$g_2=3$mm
微带巴伦	$L_b=25$mm　$L_h=3$mm　$g_1=1$mm　$W_t=3$mm　$W_b=5$mm　$W_h=3$mm
通孔	$r=0.4$mm
地板	$L_g=12$mm　$W_g=19$mm

4.4.2　偶极子天线设计

偶极子天线设计过程如下。

(1) 单击 File→New Project 选项设置工程文件名称及存储路径，直接在主窗口中单击■，打开 Layout 窗口。

(2) 右击从弹出的快捷菜单中选择 Preferences 选项，弹出属性设置窗口。单击 Units/Scale 选项卡，选择 Length 项为 mm，如图 4-142 所示。

(3) 由于设计的是双面天线，在一个介质板上贴有上下两层，上层为馈线，下层为偶极

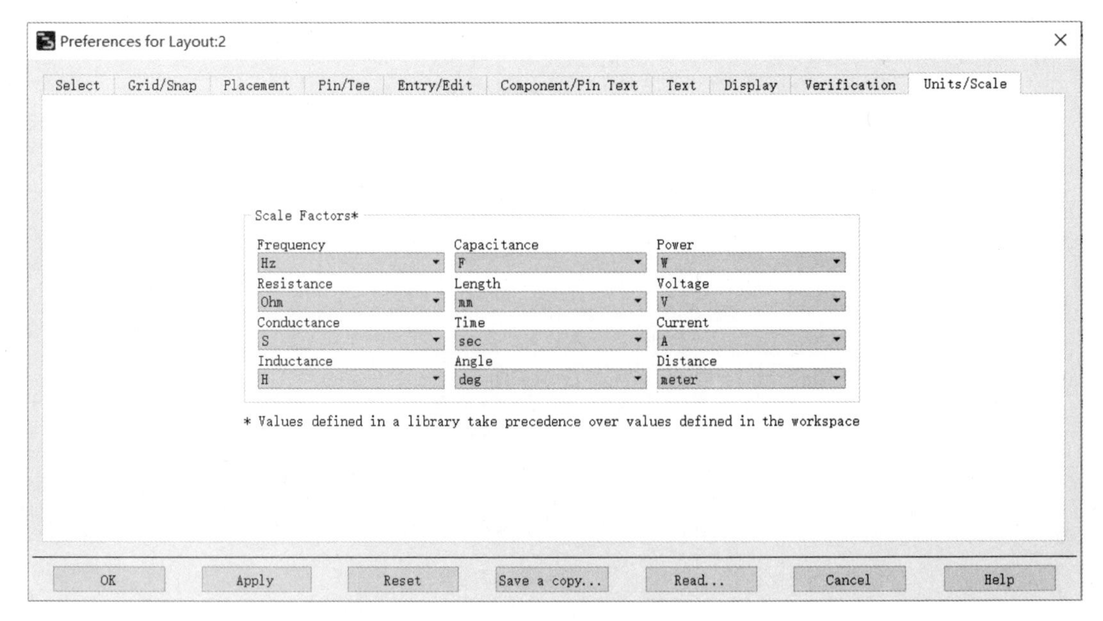

图 4-142 属性设置窗口

子天线和地板。首先设计底层，选择 v,s cond2：drawing，如图 4-143 所示。

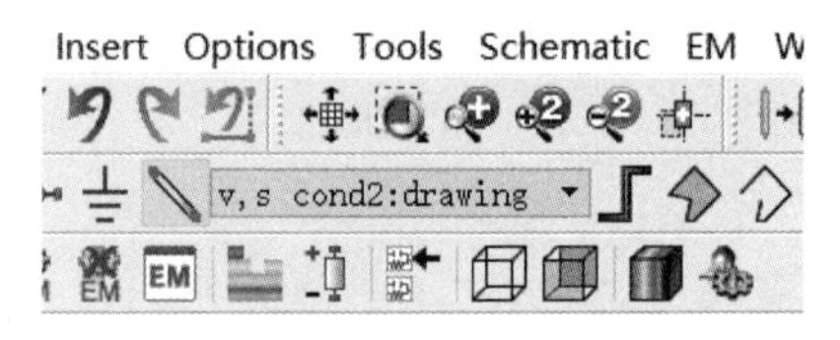

图 4-143 设计层选择

（4）在工具栏选择▭，然后在窗口中选择一点，开始绘制矩形，矩形大小的控制可以看右下角坐标，它表示相对距离。双击元件修改尺寸，图的右侧显示出该模型尺寸，如图 4-144 所示设计底板尺寸。

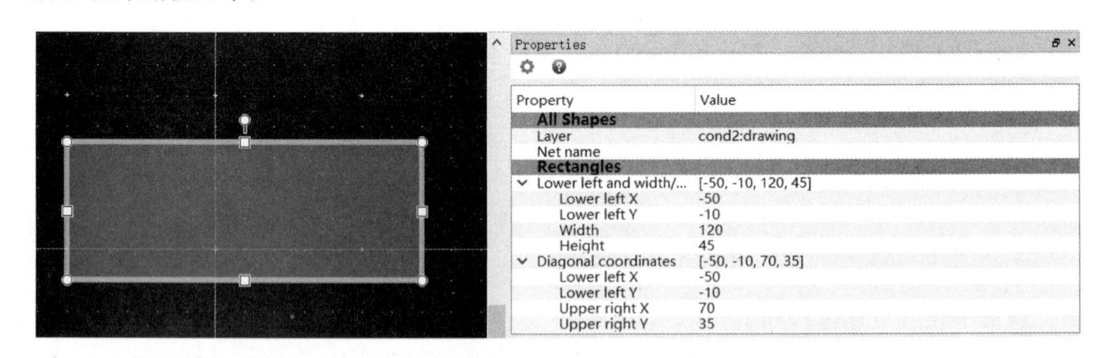

图 4-144 底板尺寸设计

（5）同理按要求尺寸设计天线其他部分，得到如图 4-145 所示的面天线图形。

图 4-145 中对应天线各部分尺寸及绘制层的具体数据如图 4-146 所示（在绘制过程中注意图层的选择）。

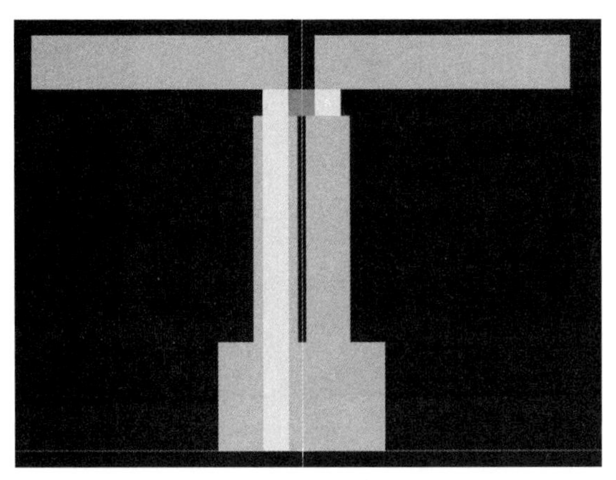

图 4-145　面天线图形

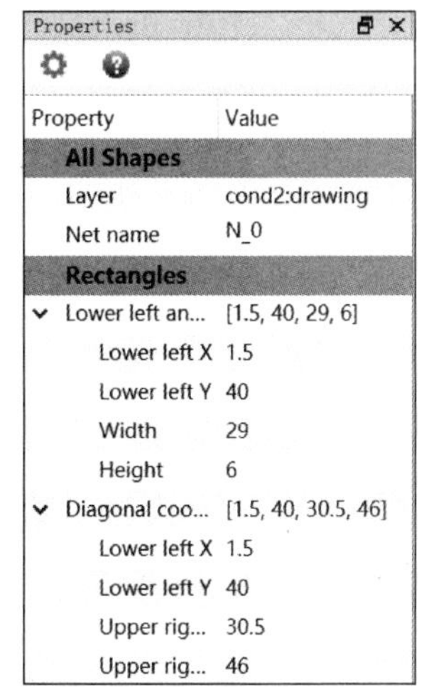

(a)

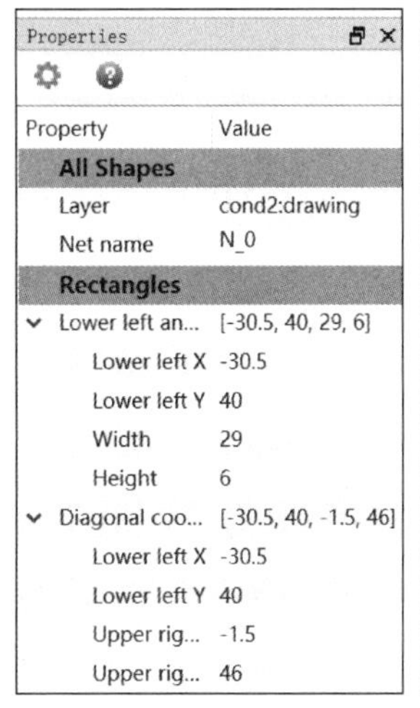

(b)

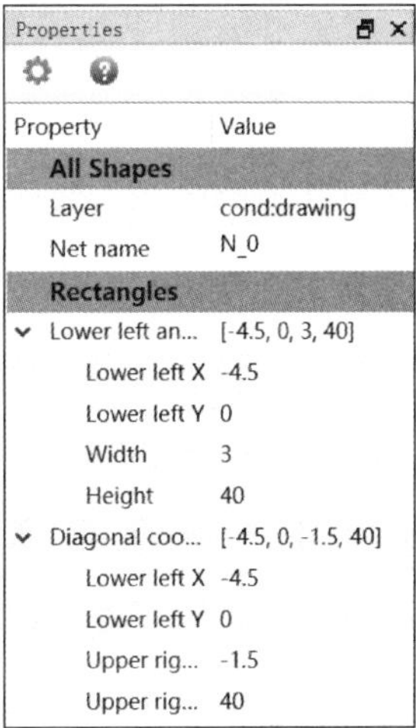

(c)

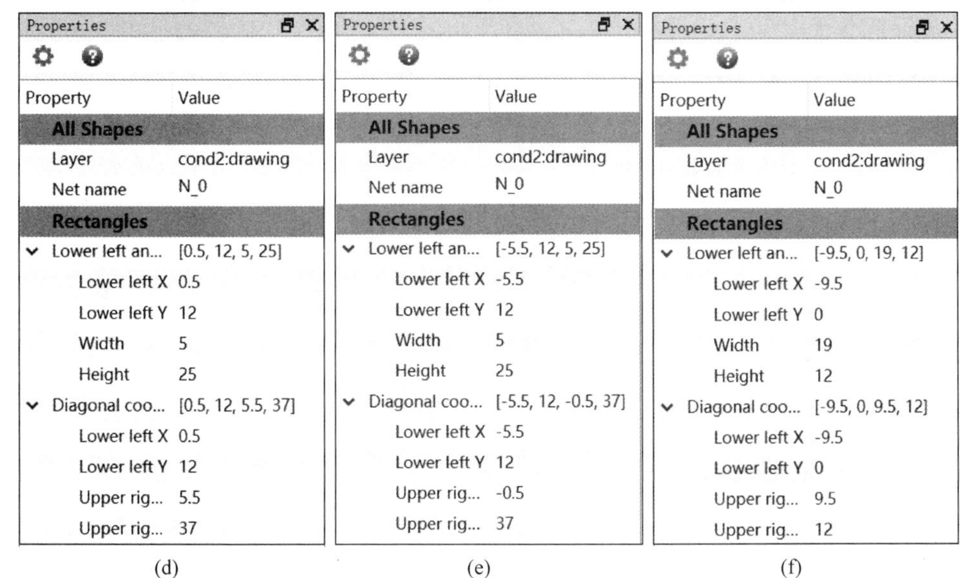

图 4-146　天线尺寸及对应图层

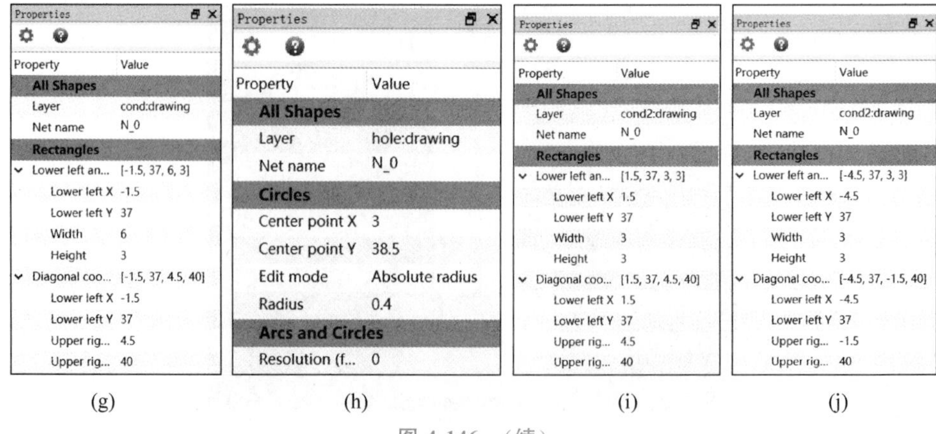

图 4-146 （续）

4.4.3 优化仿真

优化仿真的流程如下。

（1）选择工具栏中的控件加端口。在 cond 层加第一个端口 P1，在 cond2 层加第二个端口 P2。得到在 Layout 中设计的天线全貌，如图 4-147 所示。单击 EM→Port Editor 选项对 P1 和 P2 信号进行如图 4-148 所示的设置。

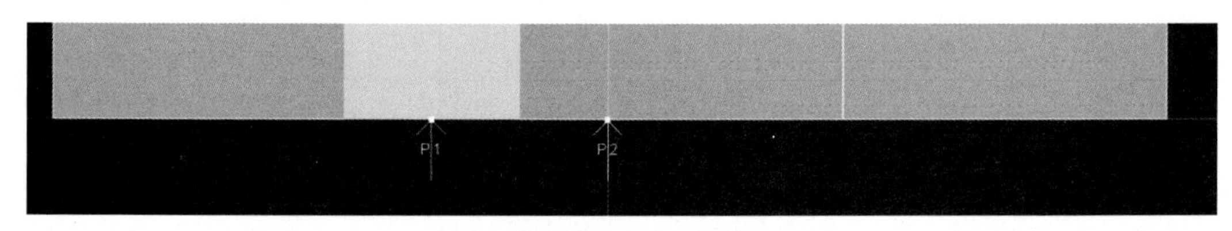

图 4-147 为天线添加端口

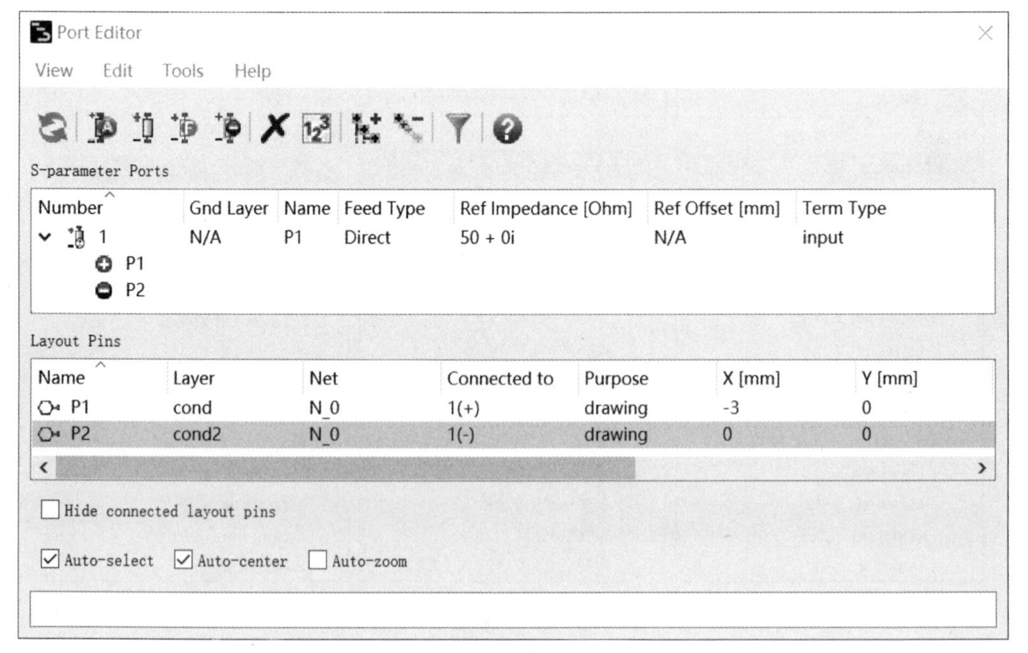

图 4-148 端口设置

（2）单击EM按钮，进行相关参数设置，如图4-149所示。

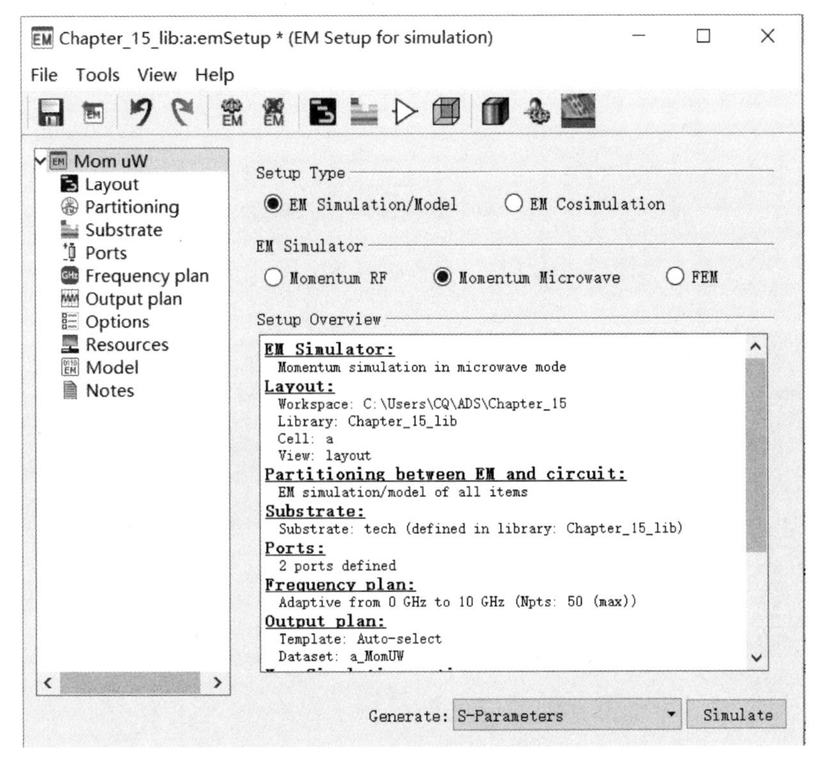

图4-149　EM相关参数设置界面

（3）新建Substrate，完成层和层介质相关参数的设置，如图4-150和图4-151所示。

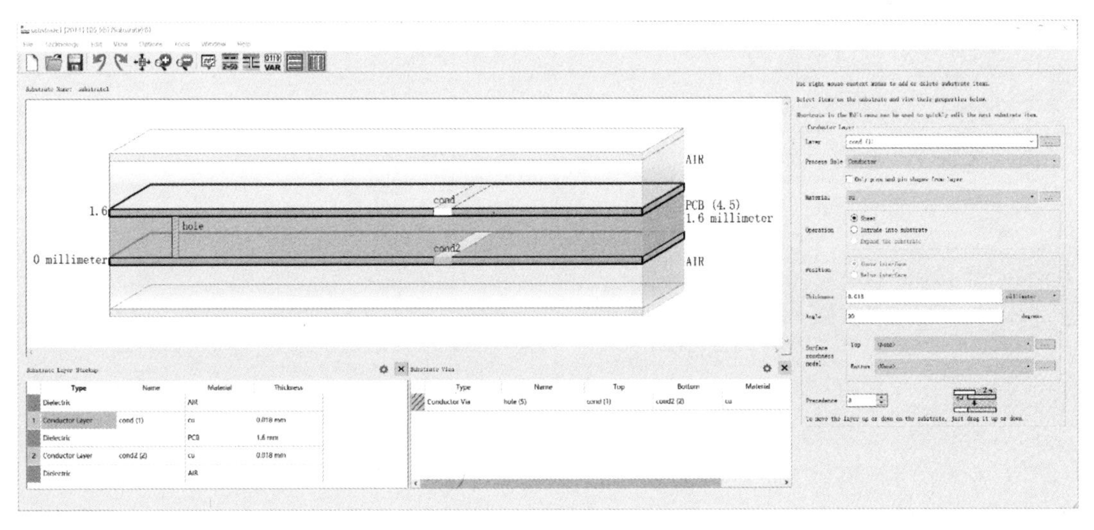

图4-150　每层相关参数设置

（4）S参数仿真设置，如图4-152所示。

（5）单击图4-150中的 Simulate 按钮，开始进行S参数仿真，得到仿真结果如图4-153所示。

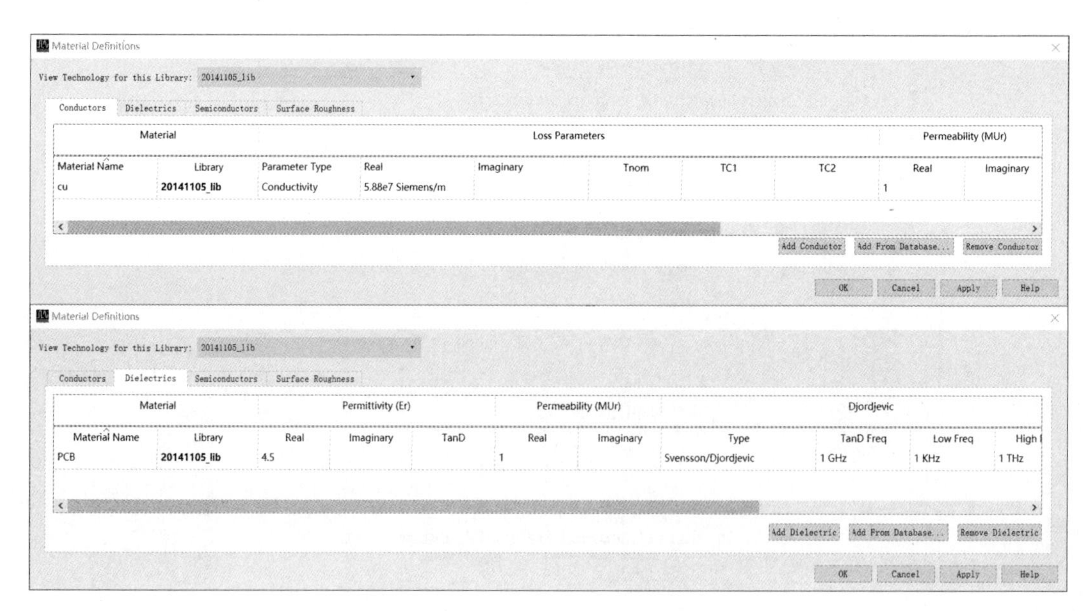

图 4-151　每层介质相关参数设置

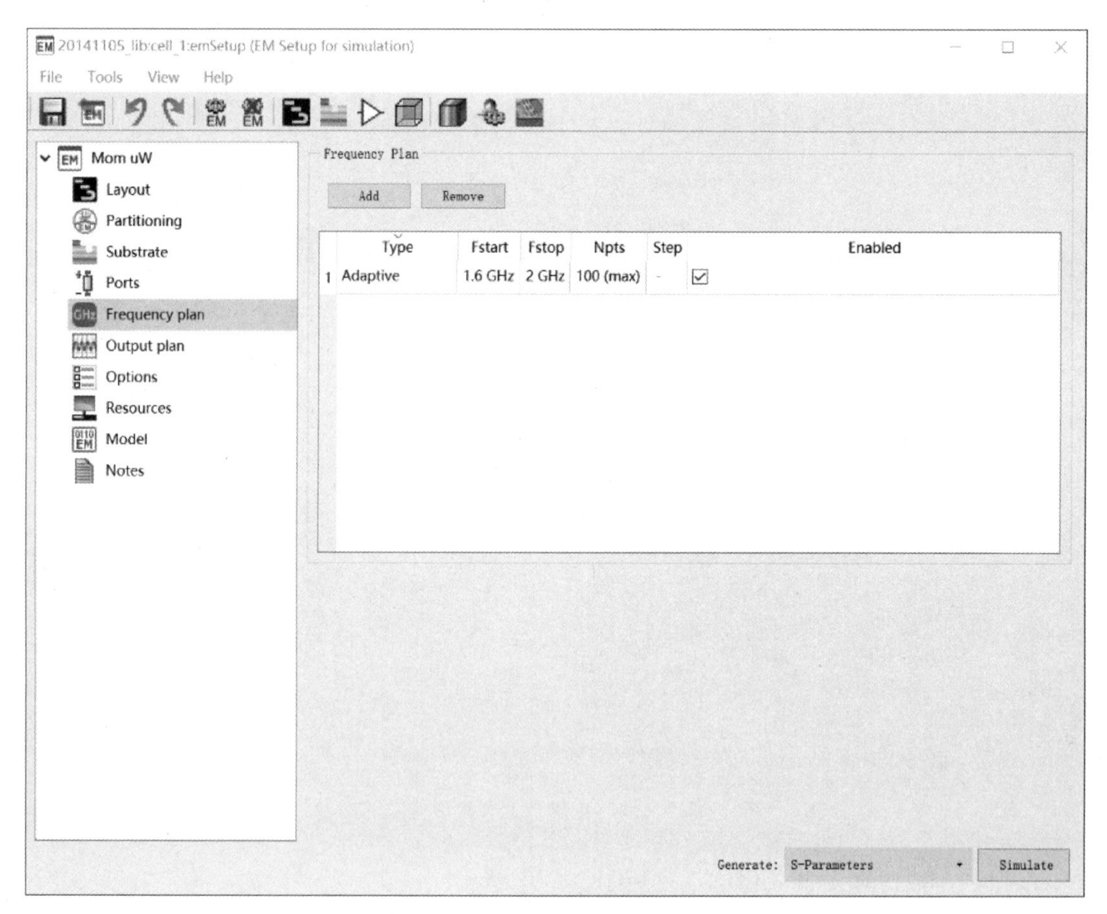

图 4-152　S 参数仿真设置

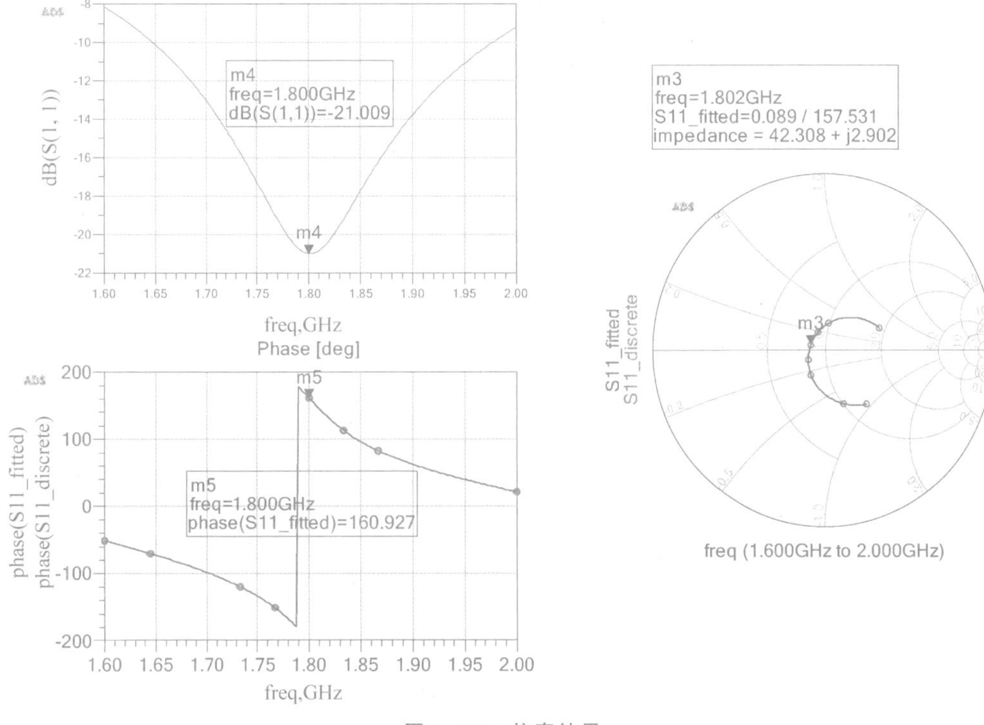

图 4-153　仿真结果

（6）单击按钮，进行 3D EM 图预览，可以通过该窗口的各个快捷按钮，实现多角度的预览，如图 4-154 所示。

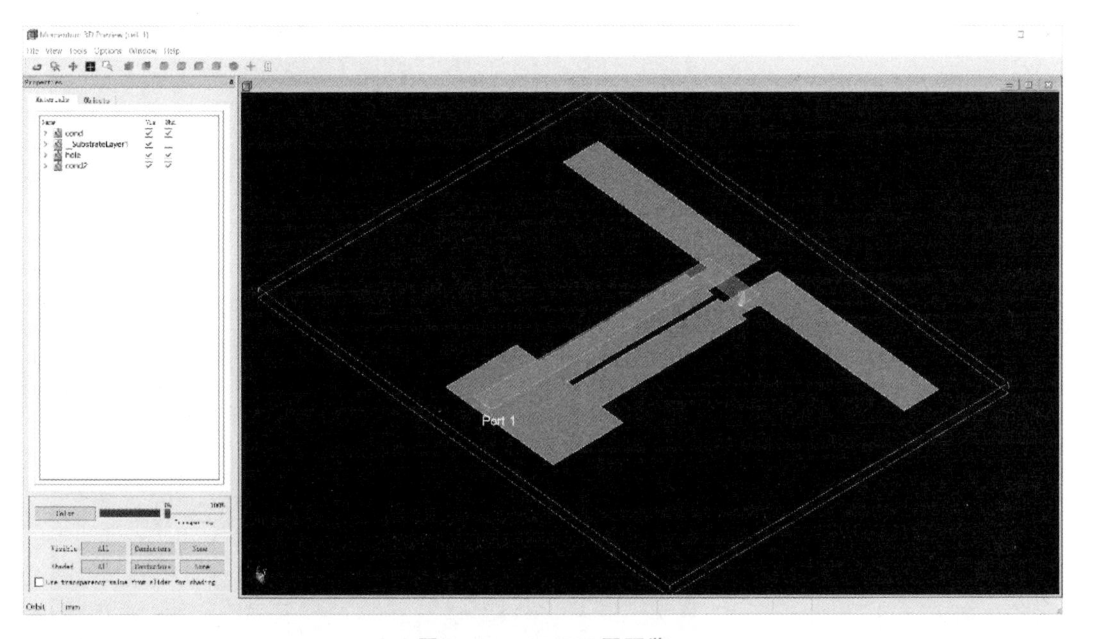

图 4-154　3D EM 图预览

（7）单击按钮，完成 3D 及其他相关仿真结果的查看。在 Far Fields 选项中分别选择 E、E Theta 和 E Phi，得到如图 4-155(a)～图 4-155(c)所示的 3D 曲线。

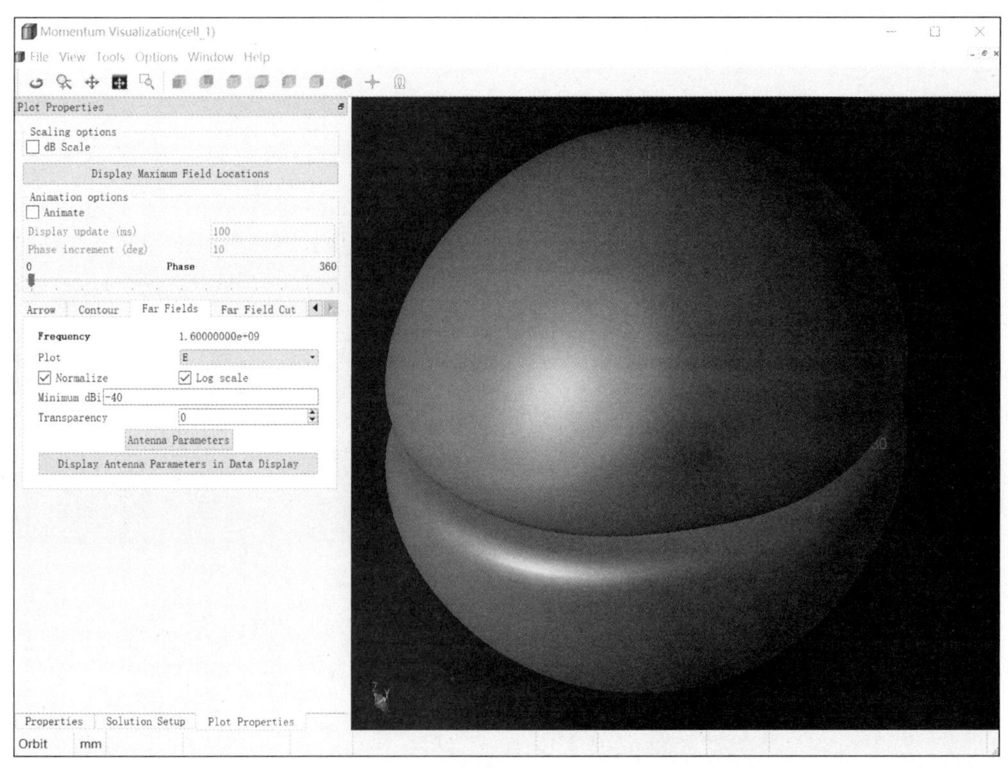

(a) E场3D显示

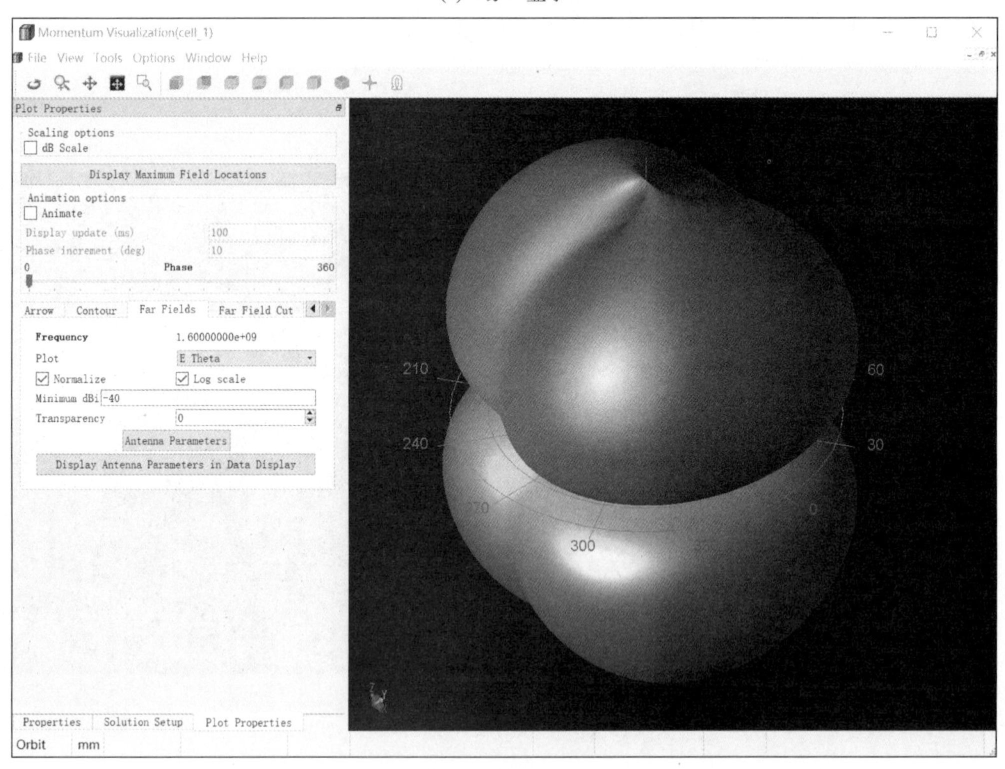

(b) E Theta场3D显示

图 4-155 3D 仿真结果

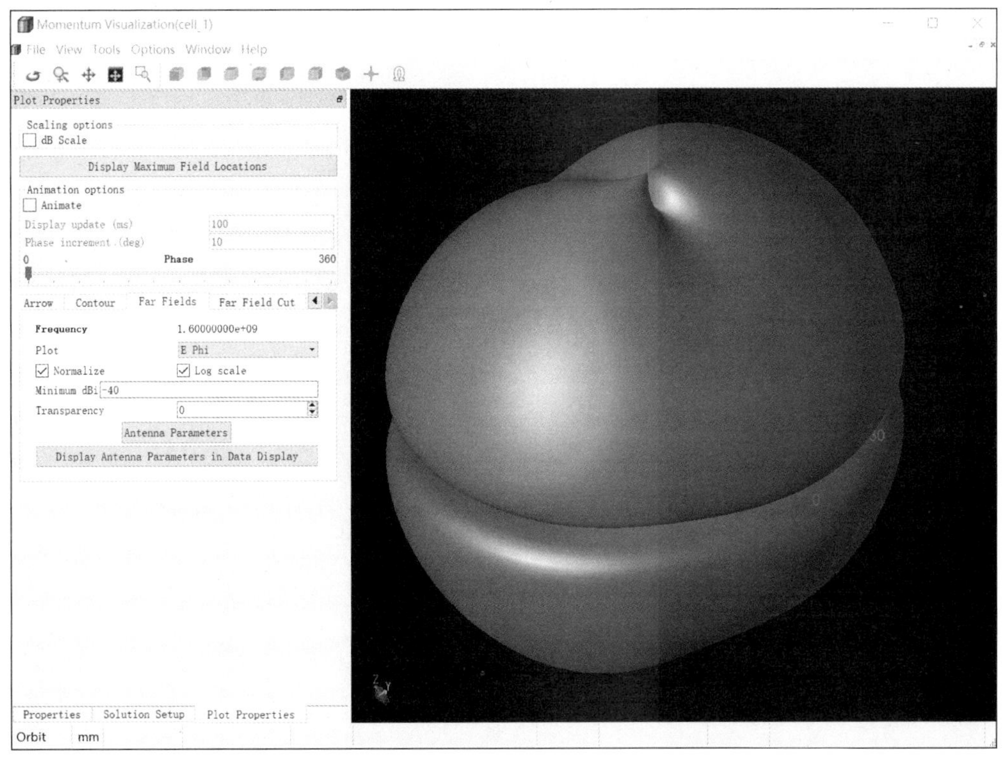

(c) E Phi场3D显示

图 4-155 （续）

(8) 通过单击图 4-155 中的 Antenna Parameters 按钮，可以查看天线在不同模式下的参数，如图 4-156 所示。

Antenna Parameters

Frequency (GHz)	1.6	
Input power (Watts)	0.0021727	
Radiated power (Watts)	0.00173	
Directivity(dBi)	2.56955	
Gain (dBi)	1.58002	
Radiation efficiency (%)	79.6246	
Maximum intensity (Watts/Steradian)	0.000248766	
Effective angle (Steradians)	6.95433	
Angle of U Max (theta, phi)	3	156
E(theta) max (mag, phase)	0.38939	121.957
E(phi) max (mag, phase)	0.189239	-173.746
E(x) max (mag, phase)	0.39476	-47.9247
E(y) max (mag, phase)	0.176592	60.0592
E(z) max (mag, phase)	0.0203791	-58.0434

OK

图 4-156　天线不同模式下的具体参数

(9) 单击图 4-155 中的 Far Field Cut 选项卡,可以查看 2D 的仿真结果。在该选项卡中,单击 `Display Cut in Data Display` 按钮,弹出相关的 2D 仿真结果,如图 4-157 所示。

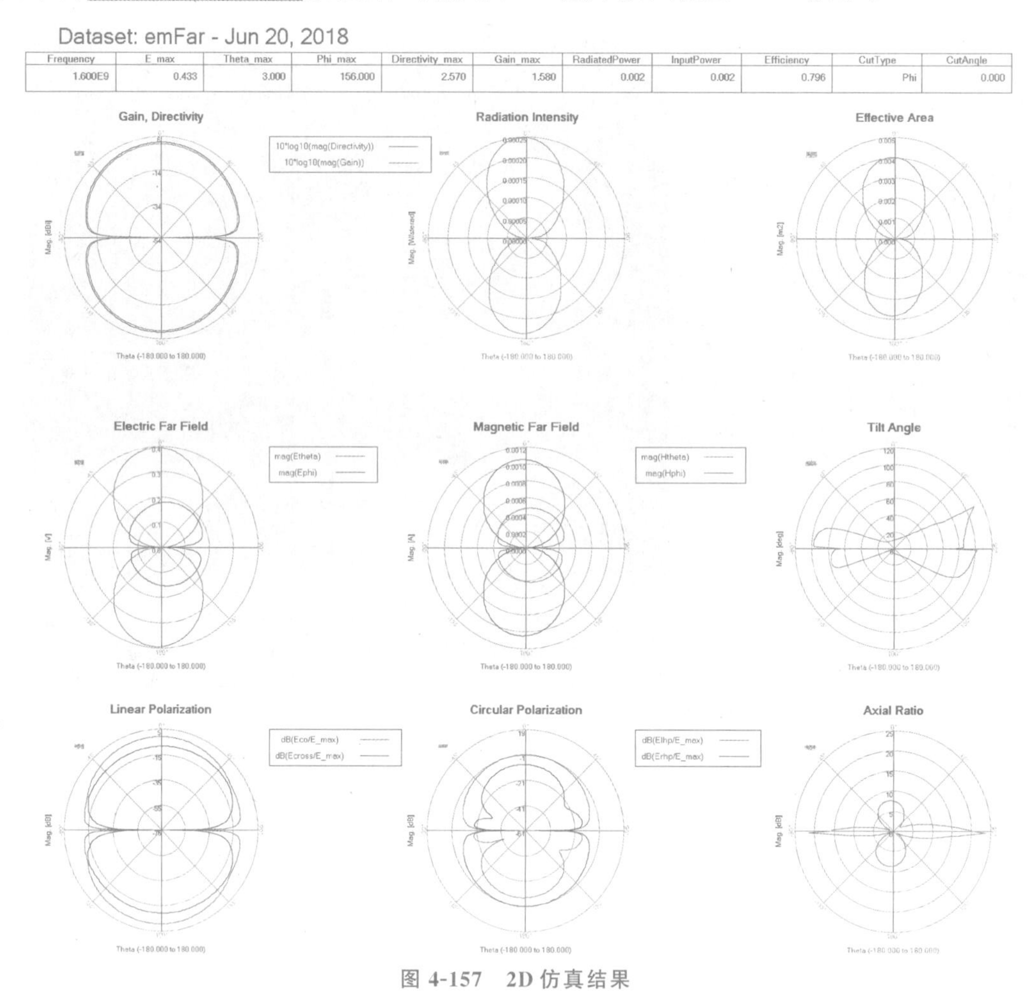

图 4-157 2D 仿真结果

(10) 观察天线的增益 Gain 图形,如图 4-158 所示,添加一个标记以便更清楚地观察 Gain 值。

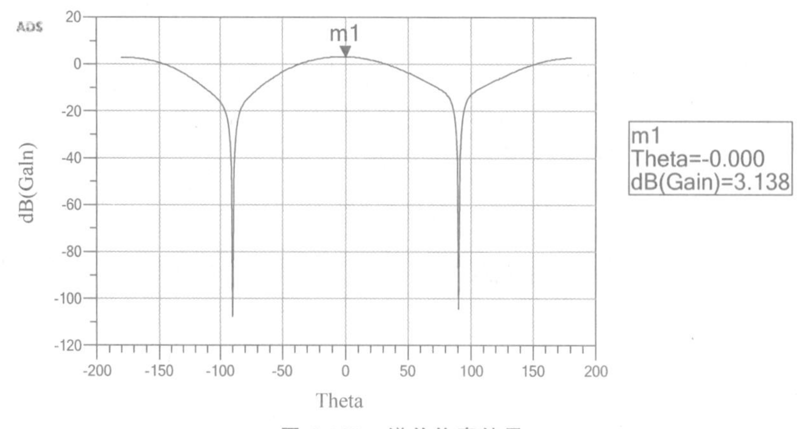

图 4-158 增益仿真结果

本章习题

4.1　在使用ADS软件进行晶体管放大电路的仿真时，电路设计见题图3-1，NPN管Q1使用如下参数进行设置(IS=60.9F、NF=1、BF=100、VAF=114、IKF=0.36、ISE=30.2P、NE=2、BR=4、NR=1、VAR=24、IKR=0.54、RE=85.8M、RB=0.343、RC=34.3M、XTB=1.5、CJE=69P、VJE=1.1、MJE=0.5、CJC=22.2P、VJC=0.3、MJC=0.3、TF=454P、TR=316N)。完成如下命题。

(1) 绘制该原理图。

(2) 计算该电路静态工作点。

(3) 设置V2信号源输入频率=1kHz、Vpp=10mV的正弦信号，进行瞬态仿真，绘制输入输出波形，计算电路增益。

(4) 设置V2信号源输入频率=1Hz～1GHz、Vpp=10mV的正弦信号，进行交流小信号仿真，绘制电路幅频特性和相频特性曲线、输入输出阻抗仿真曲线，并计算放大电路带宽和上下截止频率。

(5) 对RC电阻进行参数仿真，设置RC分别为1kΩ、2kΩ、3kΩ、4kΩ、5kΩ时，在同一坐标图内绘制电路的幅频特性曲线。

(6) 请描述嘉立创EDA标准版和ADS软件仿真对题图3-1电路分析结果的异同，并分析原因?

4.2　用于2.4GHz的印制电路板天线设计见题图4-1，图中相关参数如下：L_1=3.94mm、L_2=2.70mm、L_3=5.00mm、L_4=2.64mm、L_5=2.00mm、L_6=4.90mm、W_1=0.90mm、W_2=0.50mm、D_1=0.50mm、D_2=0.30mm、D_3=0.30mm、D_4=0.50mm、D_5=1.40mm、D_6=1.70mm。请在ADS中设计该印制电路板天线，并进行优化仿真，给出该天线在2～3GHz频率内的S(1,1)仿真曲线，进行3D EM图预览。

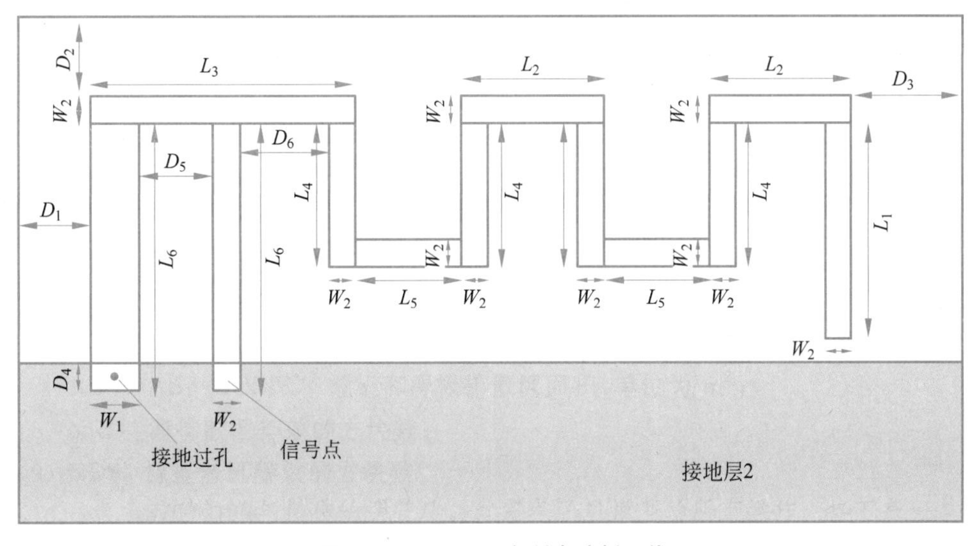

题图4-1　2.4GHz印制电路板天线

第二部分

PART Ⅱ

电路原理图及PCB设计

本篇介绍基于嘉立创EDA专业版工具绘制原理图和PCB的原理及方法，内容主要包括电路原理图和PCB设计的流程，电路原理图和PCB绘制方法，以及PCB设计中的布局、布线的规则。

在印制电路板设计基础部分，主要介绍了印制电路板基础知识、PCB材质及生产加工流程、常用电子元器件特性及封装和集成电路芯片封装。

在电路原理图设计部分，主要介绍了原理图绘制流程、原理图元器件库设计、原理图绘制及检查和导出原理图至PCB。

在印制电路板设计部分，主要介绍了PCB设计流程及基本使用、PCB绘图对象、PCB元器件封装库设计、PCB设计规则、PCB布局设计、PCB布线设计和生成加工PCB相关文件。

第5章 印制电路板设计基础

在实际电路设计中，完成电路原理图设计和电路仿真后，最终需要将电路中的实际元器件安装在印制电路板(printed circuit board，PCB)上。原理图的绘制解决了电路的逻辑连接，而电路元器件的物理连接是靠PCB上的铜箔实现的。

随着中、大规模集成电路出现，元器件安装朝着自动化、高密度方向发展，对印制电路板导电图形的布线密度、导线精度和可靠性要求越来越高。为满足对印制电路板数量上和质量上的要求，印制电路板的生产也越来越专业化、标准化、机械化和自动化，如今已在电子工业领域中形成一门新兴的PCB制造工业。

印制电路板(也称印制线路板)是指以绝缘基板为基础材料加工成一定尺寸的板，在其上面至少有一个导电图形及所有设计好的孔(如元器件孔、机械安装孔及金属化孔等)，以实现元器件之间的电气互连。

第22集
微课视频

5.1 印制电路板基础知识

在印制电路板出现之前，电子元器件之间的互连都是依靠电线直接连接而组成完整的线路。在当代，电路板只是作为有效的实验工具而存在，而印制电路板在电子工业中已经占据了绝对统治的地位。

5.1.1 印制电路板的发展

印制电路技术虽然在第二次世界大战后才获得迅速发展，但是"印制电路"这一概念的来源，却要追溯到19世纪。

在19世纪，由于不存在复杂的电子装置和电气机械，因此没有需要大量生产印制电路板的问题，只是大量需要无源元件，如电阻、线圈等。1899年，美国人提出采用金属箔冲压法，在基板上冲压金属箔制出电阻器，1927年提出采用电镀法制造电感、电容。

在20世纪初，为了达到简化电子机器的制作，减少电子零件间的配线，降低制作成本等目的，人们开始钻研以印制的方式取代配线的方法。三十年间，不断有工程师提出在绝缘的基板上加以金属导体作配线。而最成功的是于1925年，美国的Charles Ducas在绝缘的基板上印制出线路图案，再以电镀的方式，成功建立导体作配线。

直至1936年，奥地利人保罗·爱斯勒(Paul Eisler)在英国发表了箔膜技术，他在一个收音机装置内采用了印制电路板；而在日本，宫本喜之助以喷附配线法"メタリコン法吹着配线方法（特许119384号）"成功申请专利。两者中保罗·爱斯勒的方法与现今的印制电路板最为相似，这类做法称为减去法，是把不需要的金属除去；而Charles Ducas、宫本喜之助的做法是只加上所需的配线，称为加成法。虽然如此，但因为当时的电子零件发热量大，两者的基板也难以配合使用，以致未有正式的实用作品问世，不过这也使印制电路技术更进一步。

在20世纪50年代中期，随着大面积的高黏合强度铺铜板的研制，为大量生产印制电路板提供了材料基础。1954年，美国通用电气公司采用了图形电镀-蚀刻法制板。

在20世纪60年代，印制电路板得到广泛应用，并日益成为电子设备中必不可少的重要部件。在生产上除大量采用丝网漏印法和图形电镀-蚀刻法（即减成法）等工艺外，还应用了加成法工艺，使印制导线密度更高。目前高层数的多层印制电路板、挠性印制电路板、金属芯印制电路板、功能化印制电路板都得到了长足的发展。

我国印制电路技术的发展现状：在20世纪50年代中期试制出单面板和双面板；在20世纪60年代中期，试制出金属化双面印制电路板和多层板样品；1977年左右开始采用图形电镀-蚀刻法工艺制造印制电路板；1978年试制出加成法材料——铺铝箔板，并采用半加成法生产印制电路板；在20世纪80年代初研制出挠性印制电路和金属芯印制电路板。

近十几年来，印制电路板制造行业发展迅速，印制电路板从单面板发展到双面板、多层板和挠性板，并不断地向高精度、高密度和高可靠性方向发展。不断缩小体积、减少成本、提高性能，使得印制电路板在未来电子产品的发展过程中，仍然保持强大的生命力。

未来印制电路板生产制造技术发展趋势是在性能上向高密度、高精度、细孔径、细导线、小间距、高可靠、多层化、高速传输、轻量、薄型方向发展。

在电子设备中，印制电路板通常起三个作用：

(1) 为电路中的各种元器件提供必要的机械支撑；

(2) 提供电路的电气连接；

(3) 用标记符号将板上所安装的各个元器件标注出来，便于插装、检查及调试。

但是，更为重要的是，使用印制电路板有四大优点：

(1) 具有重复性；

(2) 印制电路板的可预测性；

(3) 所有信号都可以沿导线任一点直接进行测试，不会因导线接触引起短路；

(4) 印制电路板的焊点可以在一次焊接过程中将大部分焊完。

正因为印制电路板有以上特点，所以从它面世的那天起，就得到了广泛的应用和发展，现代印制电路板已经朝着多层、精细线条的方向发展。特别是SMD（表面封装）技术是高精度印制电路板技术与VLSI（超大规模集成电路）技术的紧密结合，大大提高了系统安装密度与系统的可靠性。

5.1.2 印制电路板的分类

目前的印制电路板一般是以铜箔铺在绝缘板（基板）上，故亦称铺铜板。

1. 根据PCB导电板层划分

(1) 单面印制电路板（single sided print circuit board）。单面印制电路板指仅一面有导电图形的印制电路板，板的厚度为0.2～5.0mm，它是在一面铺有铜箔的绝缘基板上，通过印制和腐蚀的方法在基板上形成印制电路。如图5-1(a)所示为单面印制电路板的正反面示例，它适用于电路密度低、成本要求低的电子设备，如红外遥控器等；如图5-1(b)所示为单面印制电路板焊接示意图。

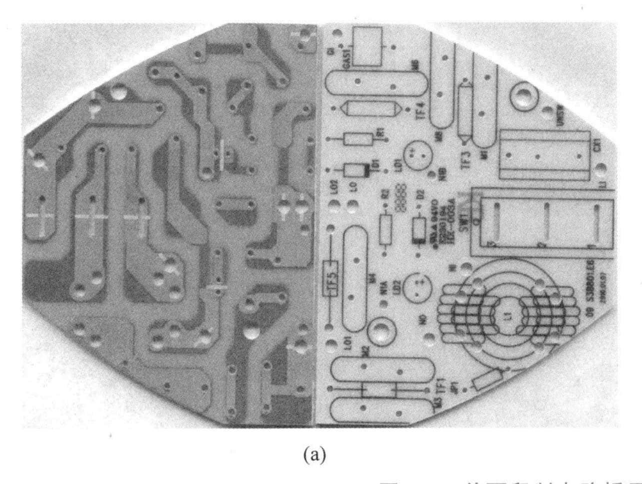

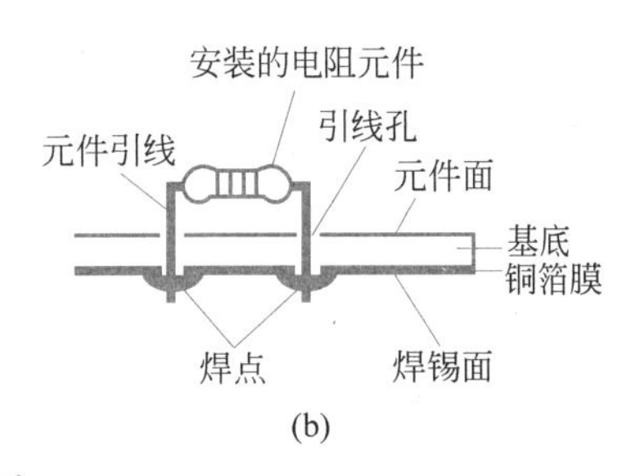

(a)　　(b)

图5-1　单面印制电路板示例

(2) 双面印制电路板(double sided print circuit board)。双面印制电路板指两面都有导电图形的印制电路板，板的厚度为0.2～5.0mm，它是在两面铺有铜箔的绝缘基板上，通过印制和腐蚀的方法在基板上形成印制电路，两面的电气互连通过金属化孔实现。它适用于要求较高的电子设备，由于双面印制电路板的布线密度较高，所以能减小设备的体积。如图5-2(a)所示为双面印制电路板的正反面示例，它广泛应用于电路密度中等、成本要求不高的电子设备。如图5-2(b)所示为双面印制电路板焊接示意图。

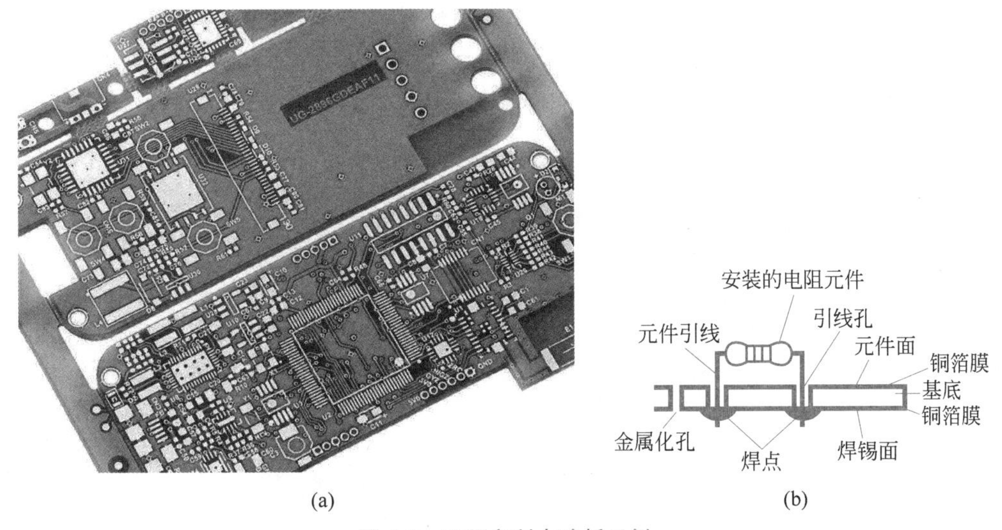

(a)　　(b)

图5-2　双面印制电路板示例

(3) 多层印制电路板(multilayer print circuit board)。多层印制电路板是由交替的导电图形层及绝缘材料层层压黏合而成的一块印制电路板，导电图形的层数在两层以上，层间电气互连通过金属化孔实现。多层印制电路板的连接线短而直，便于屏蔽，但多层印制电路板的工艺复杂。

如图 5-3 所示为四层印制电路板剖面图。通常在电路板上，元件放在顶层，所以一般顶层也称元件面，而底层一般是焊接用的，所以又称焊接面。对于 SMD 元件，顶层和底层都可以放元件。元件也分为两大类，即插针式元件和表面贴片式元件(SMD)。多层印制电路板广泛应用于电路密度高的电子设备，它适用于各种高新技术产业，如电信、电力、计算机、工业控制、数码产品、科教仪器、医疗器械、汽车、航空航天等。

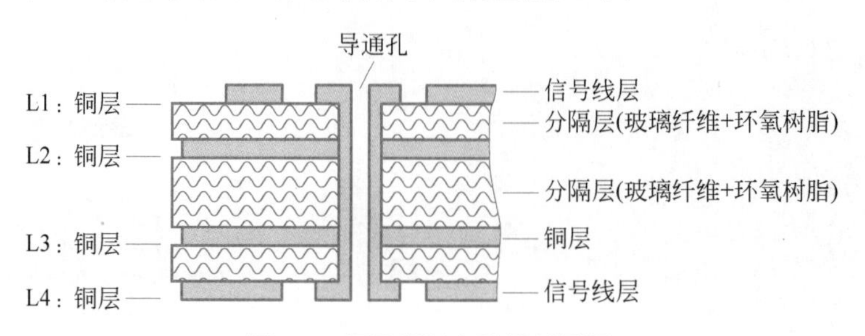

图 5-3 四层印制电路板剖面图

2. 根据 PCB 所用基板材料划分

根据 PCB 所用基板材料划分有如下几种。

(1) 刚性印制电路板(rigid print circuit board)。刚性印制电路板是指以刚性基材制成的 PCB，常见的 PCB 一般是刚性 PCB，如计算机中的板卡、家电中的印制电路板等。常用刚性 PCB 有纸基板、玻璃布板和合成纤维板，后者价格较高，性能较好，常用在高频电路和高档家电产品中；当频率高于数百兆赫时，必须用介电常数和介质损耗更小的材料，如聚四氟乙烯和高频陶瓷作基板。

(2) 柔性印制电路板(flexible print circuit board，FPCB，也称挠性印制电路板、软印制电路板)。柔性印制电路板是以软性绝缘材料为基材的 PCB，如图 5-4 所示。由于它能进行折叠、弯曲和卷绕，因此可以节约 60%～90%的空间，为电子产品小型化、薄型化创造了条件，它在计算机、打印机、可穿戴设备及通信设备中得到广泛应用。

图 5-4 柔性印制电路板示例

(3) 铝基板(aluminum plate)。铝基板是一种具有良好散热功能的金属基铺铜板，一般单面板由三层结构所组成，分别是电路层(铜箔)、绝缘层和金属基层。与传统的 FR-4 相比，铝基板能够将热阻降至最低，使铝基板具有极好的热传导性能；与厚膜陶瓷电路相比，它的机械性能又极为优良。铝基板在电路设计方案中能对热扩散进行极为有效的处理，从而降低模块运行温度，延长使用寿命，提高功率密度和可靠性；可以减少散热器和其他硬件（包括热界面材料）的装配，缩小产品体积，降低硬件及装配成本。其常见于LED照明产品，有正反两面，白色的一面是焊接LED引脚的，另一面呈现铝本色，一般会涂抹导热凝浆后与导热部分接触，如图5-5所示。

（4）软硬结合板（rigid-flex board）。FPCB与PCB的诞生与发展，催生了软硬结合板这一新产品。软硬结合板是柔性线路板与硬性线路板，经过压合等工序，按相关工艺要求组合在一起，形成的具有FPCB特性与PCB特性的线路板，如图5-6所示。软硬结合板同时具备FPCB的特性与PCB的特性，因此，它可以用于一些有特殊要求的产品之中，既有一定的挠性区域，也有一定的刚性区域，对节省产品内部空间、减少成品体积、提高产品性能有很大的帮助。

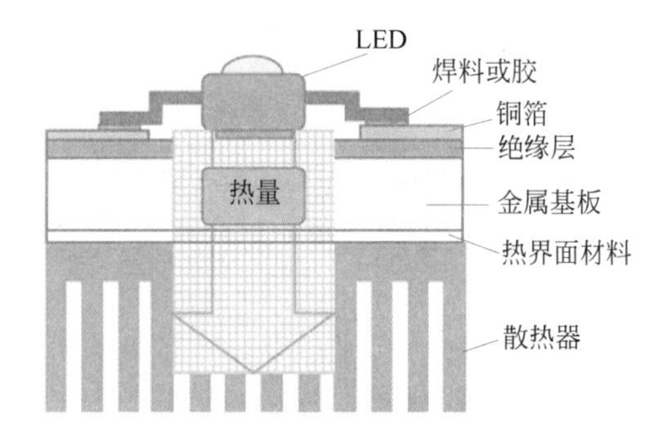

图5-5　LED铝基板示例

图5-6　软硬结合板示例

第23集
微课视频

5.2　PCB材质及生产加工流程

本节主要介绍印制电路板的材质和生产制造过程。深入了解和掌握PCB的生产及制造过程对于正确的PCB设计、板层选择、线路阻抗控制及PCB量产的高成品率都是必不可少的。

5.2.1　常用PCB结构及特点

印制电路板是以铜箔基板（copper-clad laminate，CCL）作为原料而制造的电器或电子的重要机构组件，只有了解它们是如何制造出来的、适用于何种产品、各有哪些优劣点，才能选择适当的基板。基板是PCB的材料基础，主要由介电层（树脂resin，玻璃纤维glass fiber）和高纯度的导体（铜箔copper foil）所构成的复合材料（composite material）。

基板是由高分子合成树脂和增强材料组成的绝缘层板；在基板的表面铺着一层导电率较高、焊接性良好的纯铜箔，常用厚度为35～50μm；铜箔铺在基板一面的铺铜板称为单面铺铜板，基板的两面均铺铜箔的铺铜板称为双面铺铜板；将铜箔牢固地铺在基板上，是由黏合剂完成的。常用铺铜板的厚度有1.0mm、1.5mm和2.0mm三种。

铺铜板的种类也较多。按绝缘材料不同可分为纸基板、玻璃布基板和合成纤维板；按黏合剂树脂不同又分为酚醛、环氧、聚酯和聚四氟乙烯等；按用途可分为通用型和特殊型。

1）铺铜箔酚醛纸层压板

铺铜箔酚醛纸层压板是由绝缘浸渍纸或棉纤维浸渍纸浸以酚醛树脂（phonetic）经热压而成的层压制品，两表面胶纸可附以单张无碱玻璃浸胶布，其一面铺以铜箔。主要用作无线电设备中的印制电路板。

2）铺铜箔酚醛玻璃布层压板

铺铜箔酚醛玻璃布层压板是用无碱玻璃布浸以环氧酚醛树脂（epoxy）经热压而成的层压制品，其一面或双面铺以铜箔，具有质轻、电气和机械性能良好、加工方便等优点。其板面呈淡黄色，若用三氰二胺作固化剂，则板面呈淡绿色，具有良好的透明度。主要在工作温度和工作频率较高的无线电设备中用作印制电路板。

3）铺铜箔聚四氟乙烯层压板

铺铜箔聚四氟乙烯（polytetrafluorethylene，简称 PTFE 或称 TEFLON）层压板是以聚四氟乙烯板为基板，铺以铜箔经热压而成的一种铺铜板。主要在高频和超高频线路中作印制电路板用。

4）铺铜箔环氧玻璃布层压板

铺铜箔环氧玻璃布层压板是将电子玻纤布或其他增强材料浸以树脂，一面或双面铺以铜箔并经热压而制成的一种板状材料，是孔金属化印制电路板常用的材料。

5）软性聚酯铺铜薄膜

软性聚酯铺铜薄膜是用聚酯薄膜与铜热压而成的带状材料，在应用中将它卷曲成螺旋形状放在设备内部。为了加固或防潮，常以环氧树脂将它灌注成一个整体。主要用作柔性印制电路板和印制电缆，可作为接插件的过渡线。

5.2.2 PCB 生产加工流程

图 5-7 和图 5-8 分别为双面印制电路板和多层印制电路板的制版工艺及流程。下面对工艺流程中的一些术语进行说明。

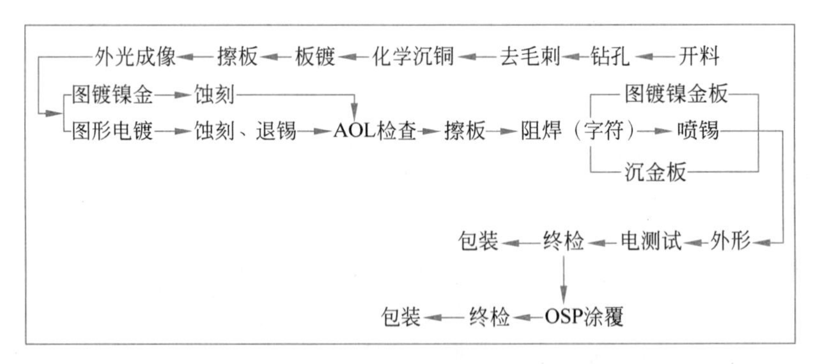

图 5-7　双面印制电路板的制版工艺及流程

1）开料

开料就是将一张大料根据不同制板要求用机器锯成小料的过程，将大块的铺铜板剪裁成生产板加工尺寸，方便生产加工。

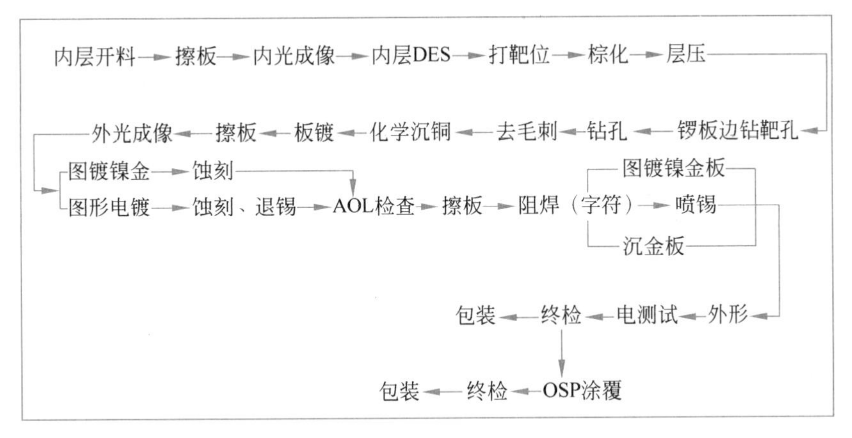

图 5-8　多层印制电路板的制版工艺及流程

2）刨边、洗板

开料后的板边角处尖锐，容易划伤手，同时易使板与板之间擦花，所以开料后再用圆角机圆角。圆角后去除板面的氧化层。

3）内光成像

进行内层图形的转移，将底片上的图形转移到板面的干膜上，形成抗蚀层。

4）蚀刻

曝光后的内层板，通过 DES 线，完成显影蚀刻、去膜，形成内层线路，如图 5-9 所示。

5）打靶位

将内层板板边层压用的管位孔（铆钉孔）冲出用于层压的预排定位。

6）棕化

使内层铜面形成微观的粗糙，增强层间化片的黏接力，如图 5-10 所示。

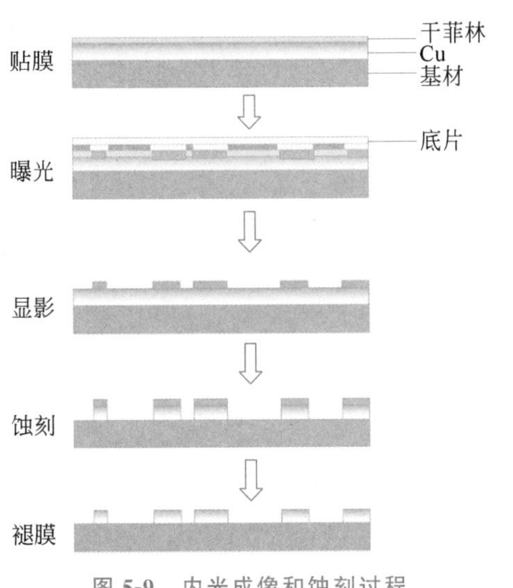

图 5-9　内光成像和蚀刻过程

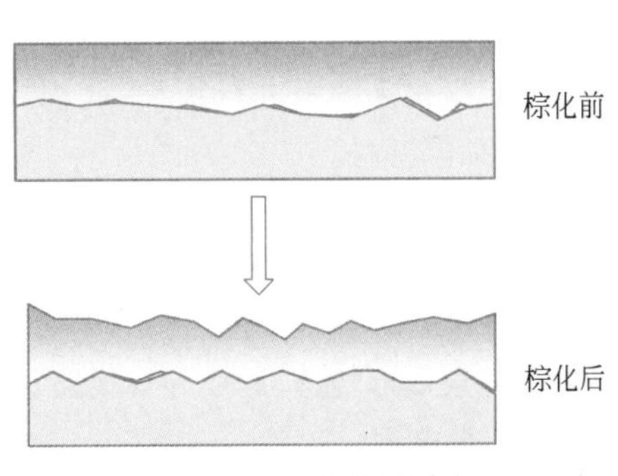

图 5-10　棕化前后对比

7）层压

使多层板间的各层间黏合在一起，形成一个完整的板。利用半固化片的特性，在一定温度下融化，成为液态填充图形空间处，形成绝缘层，然后进一步加热后逐步固化，形成稳定的绝缘材料，同时将各线路各层连接成一个整体的多层板，如图 5-11 所示。

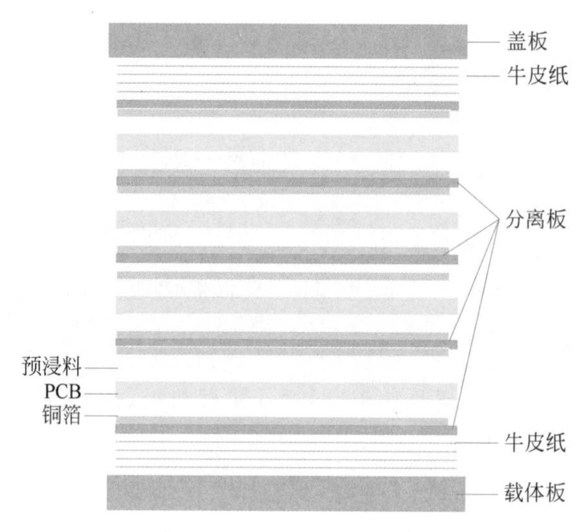

图 5-11　层压的各多层板结构

8）锣板边钻靶孔

将 3 个定位孔周边铜皮锣掉，用钻靶机将钻孔用的定位孔钻出来。

9）钻孔

使线路板层间产生通孔，达到连通层间的作用。

10）去毛刺（磨板）

去除板面的氧化层、钻孔产生的粉尘、毛刺，使板面孔内清洁、干净。

11）化学沉铜

对孔进行孔金属化，使原来绝缘的基材表面沉淀上铜，达到层间电性相通。它是一种自催化的化学氧化及还原反应，在化学镀铜过程中 Cu^{2+} 离子得到电子还原为金属铜，还原剂放出电子，本身被氧化。

12）板镀

使刚沉铜出来的板进行板面、孔内铜加厚 5～8μm，防止在图形电镀前孔内薄铜被氧化、微蚀掉而漏基材。

13）烘板

去除板面的杂物，烘干板面、孔内的水分。

14）外光成像

完成外层图形转移，形成外层线路。

15）图形电镀

使线路、孔内铜加厚到客户要求标准。

16）蚀刻

将板面没有用的铜蚀刻掉，露出有用的线路图形。

17）磨板

清洁板面，增强阻焊的黏结力。

18）阻焊（字符）

板面涂上一层阻焊，通过曝光显影，露出要焊接的盘与孔，其他地方盖上阻焊层，防止焊接短路在板面印上字符，起到标识作用。

19）树脂塞孔

树脂塞孔的目的为平整平面、消除杂质进入导通孔或避免卷入腐蚀杂质，有利于层压时真空度下降过程及制造精细线条，可实现任意层互联。

20）碳油

碳油目的为跨接线路导体，键盘用接点，固定阻抗器及半固体阻抗器。

21）OSP涂覆（防氧化层）

在要焊接的表面铜上沉积一层有机保护膜，起到保护铜面与提高焊接性能的作用。

22）沉锡

在裸露的铜面上涂盖上一层锡，达到保护铜面不氧化，利于焊接，主要是取代高污染铅、镉、汞等有害物质，PCB制程中，代替喷锡高温、高污染、高噪声制程及昂贵化学镍金污染制程，化学锡主要是低温（20～30℃）制程，无污染作业流程。

23）喷锡

喷锡又称热风整平，是将印制电路板浸入熔融的焊料中，再通过热风将印制电路板的表面及金属化孔内的多余焊料吹掉，从而得一个平滑、均匀光亮的焊料涂覆层，达到保护铜面不氧化，利于焊接的作用。

24）沉金

通过化学反应在裸露的铜面上沉淀一层平坦的镍金，使焊盘表面平整不被氧化，增加SMD元件组装和贴装的可靠性与安全性。

25）外形

加工形成客户要求的有效尺寸大小。

26）电测试

模拟板的状态，通电进行电性能检查，是否有开短路。

27）物理、化学试验测试

利用物理、化学反应分析药水浓度，物质含量等确认是否异常，为生产相关工序提供可靠、及时、准确的化学分析数据，能协助各工序顺利生产。

28）终检

对板的外观、尺寸、孔径、板厚、标记等检查，满足客户要求。

29）包装

将板包装成捆，易于运送。

5.2.3 PCB叠层定义

本节主要介绍印制电路板中的每层定义，包括PCB的各层名称及功能。

(1) 底层（bottom layer）：又称为焊锡面，主要用于制作底层铜箔导线，它是单面板唯一的布线层，也是双面板和多面板的主要布线层，注意单面板只使用底层，即使电路中有表面贴装元件也只能安装于底层。

(2) 顶层(top layer):主要用在双面板、多层板中制作顶层铜箔导线,在实际电路板中又称为元件面,元件引脚安插在本层面焊孔中,焊接在底面焊盘上。由于在双面板、多层板顶层可以布线,因此为了安装和维修的方便,表面贴装元件尽可能安装于顶层。

(3) 中间信号层(mid1~mid14):在一般电路板中较少采用,一般只有在5层以上较为复杂的电路板中才采用。

(4) 内电源层(internal plane):主要用于放置电源/地线,编辑器可以支持16个内部电源/接地层。因为在各种电路中,电源和地线所接的元件引脚数是最多的,所以在多层板中,可充分利用内部电源/接地层将大量的接电源(或接地)的元件引脚通过元件焊盘或过孔直接与电源(或地线)相连,从而极大地减少顶层和底层电源/地线的连线长度,如图5-12所示。

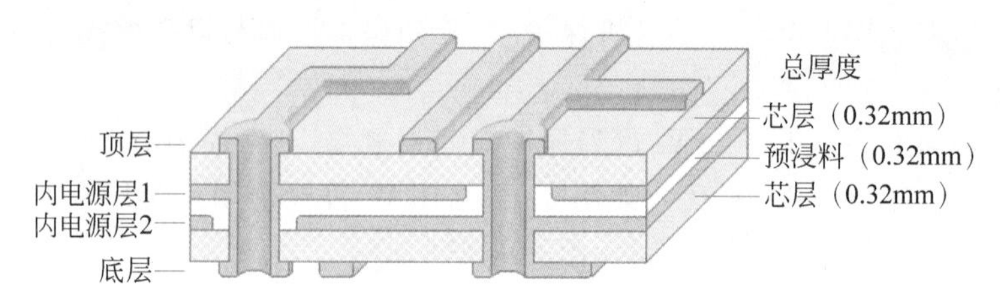

图5-12 四层板的中间两层为电源层

(5) 丝印层(silkscreen layer):主要通过丝印的方式将元件的外形、序号、参数等说明性文字印制在元件面(或焊锡面),以便于电路板装配过程中插件(即将元件插入焊盘孔中)、产品的调试及维修等。丝印层通常分为顶层和底层,一般尽量使用顶层,只有维修率较高的电路板或底层装配有贴片元件的电路板中,才使用底层丝印层以便于维修人员查看电路(如电视机、显示器电路板等),如图5-13所示。

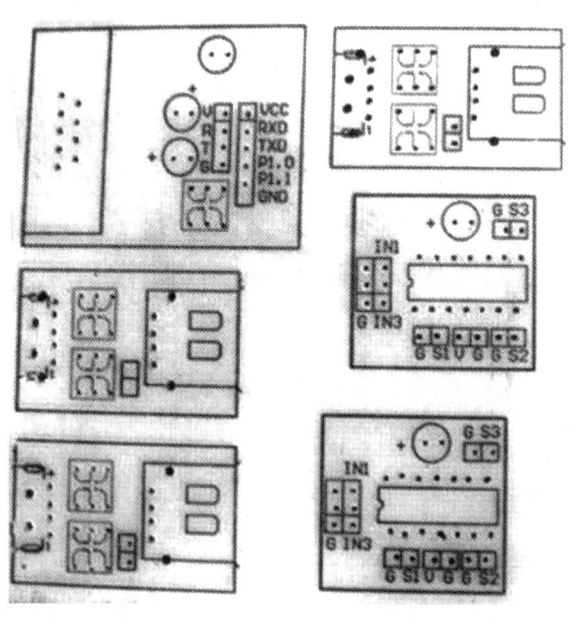

图5-13 PCB丝印层示例

(6) 机械层(mechanical layer)：没有电气特性，在实际电路板中也没有实际的对象与其对应，是 PCB 编辑器便于电路板厂家规划尺寸制板而设置，属于逻辑层(即在实际电路板中不存在实际的物理层与其相对应)，主要为电路板厂家制作电路板时提供所需的加工尺寸信息，如电路板边框尺寸、固定孔、对准孔以及大型元件或散热片的安装孔等尺寸标注信息，可支持 16 个以上机械层。

(7) 禁止布线层(keep out layer)：在实际电路板中也没有实际的层面对象与其对应，它起着规范信号层布线的作用，即在该层中绘制的对象(如导线)，信号层的铜箔导线无法穿越，所以信号层的铜箔导线被限制在禁止布线层导线所围的区域内。该层主要用于定义电路板的边框，或定义电路板中不能有铜箔导线穿越的区域，如电路板中的挖空区域，如图 5-14 所示。

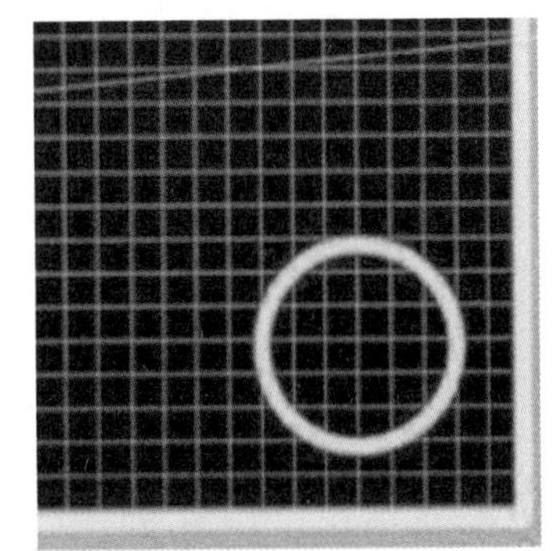

图 5-14 PCB 禁止布线层示例

(8) 阻焊层(solder mask layer)：主要为一些不需要焊锡的铜箔部分(如导线、填充区、铺铜区等)涂上一层阻焊漆(一般为绿色)，用于阻止进行波峰焊接时，焊盘以外的导线、铺铜区粘上不必要的焊锡而设置，从而避免相邻导线波峰焊接时短路，还可防止电路板在恶劣的环境中长期使用时氧化腐蚀。因此它和信号层相对应出现，也分为顶层和底层，如图 5-15 所示。

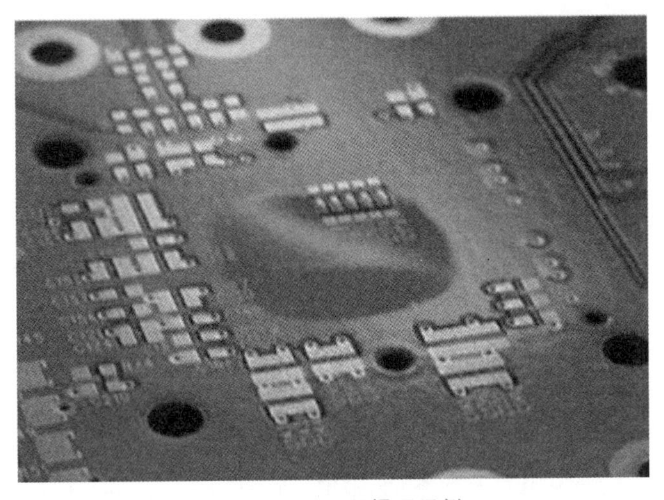

图 5-15 PCB 阻焊层示例

(9) 焊锡膏层(paste mask layer)：贴片元件的安装方式比传统的穿插式元件的安装方式要复杂很多，该安装方式必须包括以下几个过程，即刮锡膏—贴片—回流焊。在第一步“刮锡膏”时，就需要一块掩模板，其上就有许多和贴片元件焊盘相对应的方形小孔，将该掩模板放在对应的贴片元件封装焊盘上，将锡膏通过掩模板方形小孔均匀涂覆在对应的焊盘上，与掩模板相对应的就是焊锡膏层，如图 5-16 所示。

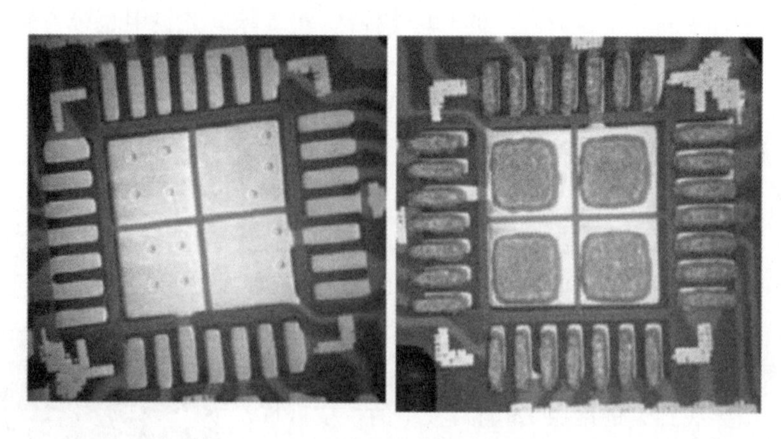

图 5-16　PCB 焊锡膏层示例

5.3　常用电子元器件特性及封装

本节主要介绍常用电子元器件的物理封装，内容包括电阻元件特性及封装、电容元件特性及封装、电感元件特性及封装、二极管器件特性及封装、三极管器件特性及封装。

5.3.1　电阻元件特性及封装

第 24 集
微课视频

各种材料的物体对通过它的电流呈现一定的阻力，这种阻碍电流的作用叫作电阻。电阻主要用于降低电压、分配电压、限制电路电流，为各种电子元器件提供必要的工作条件（电压或者电流）等。

1. 电阻元件的分类

对电阻主要从材料、功率和精度等方面进行分类，下面详细介绍这些分类方法。

1）按材料对电阻进行分类

（1）薄膜电阻：薄膜电阻包括碳膜电阻（RT）、金属膜电阻（RJ）、金属氧化膜电阻（RY）等。碳膜电阻稳定性较高，噪声也比较低，一般在无线电通信设备和仪表中做限流、阻尼、分流、分压、降压、负载和匹配等用途；金属膜电阻和金属氧化膜电阻用途和碳膜电阻一样，具有噪声低、耐高温、体积小、稳定性高和精密度高等特点。薄膜电阻外观如图 5-17 所示。通常底色是米色的为碳膜电阻，底色是天蓝色的为金属膜电阻。

（2）实心电阻：实心电阻具有成本低、阻值范围广、容易制作等特点，但阻值稳定性差，噪声和温度系数大。图 5-18 给出了实心电阻的外观。

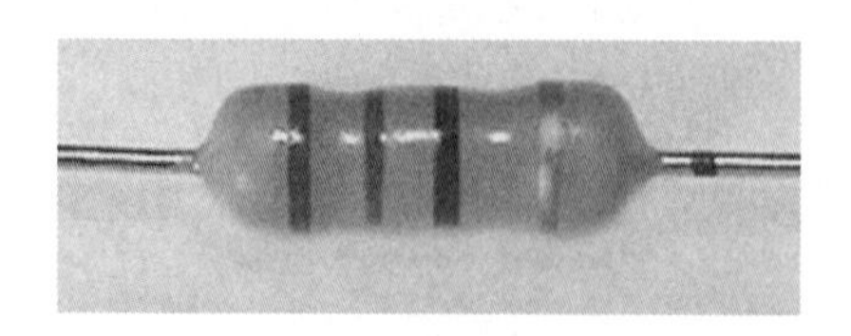

图 5-17　薄膜电阻外观

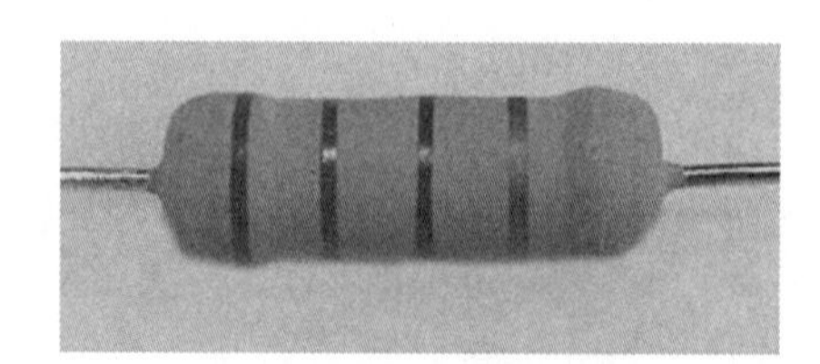

图 5-18　实心电阻外观

(3) 绕线电阻：绕线电阻有固定和可调式两种，特点是稳定、耐热性能好、噪声小、误差范围小。一般在功率和电流较大的低频交流和直流电路中做降压、分压、负载等用途，额定功率大都在 1W 以上。图 5-19 给出了绕线电阻的外观。

(4) 贴片电阻：贴片电阻外观如图 5-20 所示。贴片电阻的特点主要有：

① 体积小，质量轻；

② 适应回流焊与波峰焊；

③ 电性能稳定，可靠性高；

④ 装配成本低，并与自动装贴设备匹配；

⑤ 机械强度高，高频特性优越。

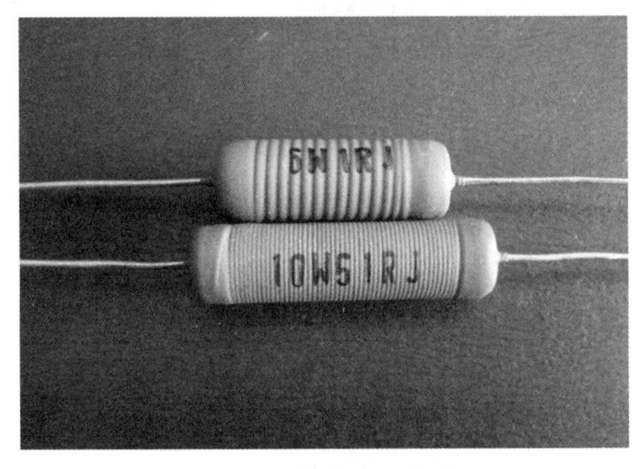

图 5-19　绕线电阻外观

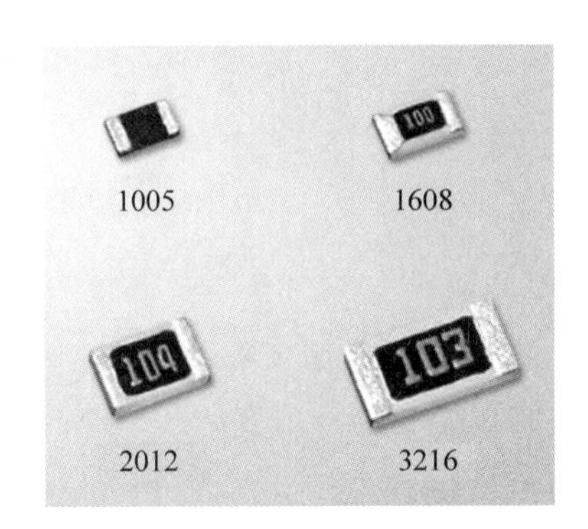

图 5-20　贴片电阻外观

(5) 敏感电阻：敏感电阻主要包含热敏 MZ/MF、湿敏 MS、光敏 MG、压敏 MY、力敏 ML、磁敏 MC 和气敏 MQ 等。图 5-21 给出了几种敏感电阻的外观图。

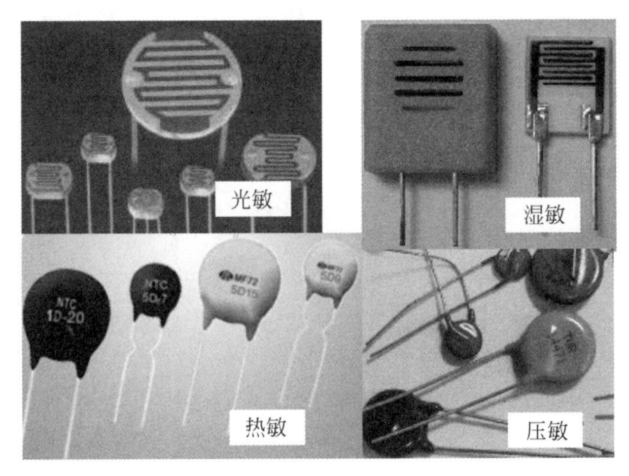

图 5-21　敏感电阻外观

2) 按功率对电阻进行分类

有 1/16W、1/8W、1/4W、1/2W、1W、2W 等额定功率的电阻。

3）按电阻值的精确度分类

（1）有精确度为±5%、±10%、±20%等的普通电阻。

（2）还有精确度为±0.1%、±0.2%、±0.5%、±1%和±2%等的精密电阻。

4）排电阻器

排电阻器，简称排阻，是一种将按一定规律排列的分立电阻器集成在一起的组合型电阻器，也称集成电阻器或电阻器网络。

如图5-22所示，排电阻器有单列式（SIP）、双列直插式（DIP）、贴片式外形结构，内部电阻器的排列又有多种形式。

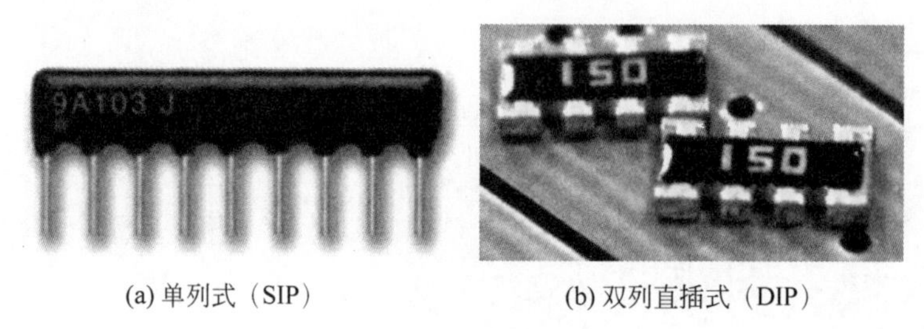

(a) 单列式（SIP）　(b) 双列直插式（DIP）

图5-22　各种排电阻器外观

2. 电阻元件阻值标示方法

电阻阻值的标示方法有三种：色环标示法、数字索位标示法和E96系列数字代码与字母混合标示法。

1）色环标示法

色环标示法是用色环或色点（大多用色环）标示电阻器的标称阻值、允许误差。

（1）普通电阻色环标示。

普通电阻有四道色环。图5-23(a)给出了四道色环电阻的标示方法。图中，第一、二道色环表示标称阻值的有效值；第三道色环表示倍乘；第四道色环表示允许误差。

（2）精密电阻色环标示。

精密电阻有五道色环。图5-23(b)给出了五道色环电阻的标示方法。图中第一、二、三道色环表示标称阻值的有效值；第四道色环表示倍乘；第五道色环表示允许误差。

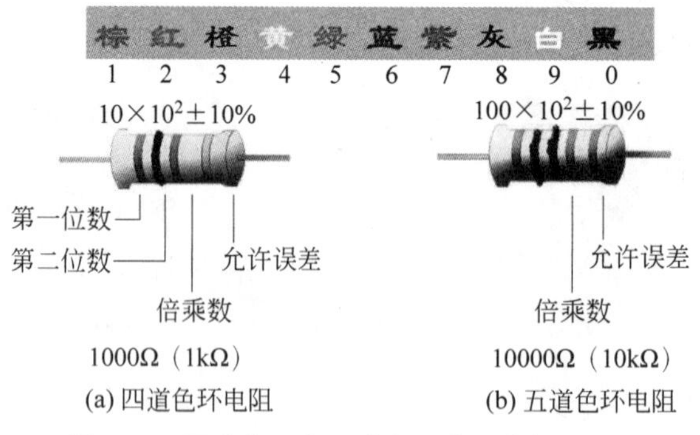

(a) 四道色环电阻　(b) 五道色环电阻

图5-23　四道色环和五道色环电阻值标示

为了方便计算，表5-1给出了色环标示法的表示规则。

表 5-1　色环标示法的表示规则

色环颜色	第一道色环(×100)	第二道色环(×10)	第三道色环(×1)	第四道色环(倍数)	第五道色环(误差)
黑	—	—	—	×1	—
棕	1	1	1	×10	±1%
红	2	2	2	×100	±2%
橙	3	3	3	×1000	—
黄	4	4	4	×10000	—
绿	5	5	5	×100000	±0.5%
蓝	6	6	6	×1000000	±0.25%
紫	7	7	7	—	±0.1%
灰	8	8	8	—	±0.05%
白	9	9	9	—	—
金	—	—	—	×0.1	±5%
银	—	—	—	×0.01	±10%

2）数字索位标示法

数字索位标示法就是在电阻体上用三位数字标明其阻值。典型的矩形片状电阻采用这种标示法。它的第一位和第二位为有效数字，第三位表示在有效数字后面所加 0 的个数，这一位不会出现字母。例如，472 表示 4700Ω，151 表示 150Ω。如果是小数，则用 R 表示小数点，并占用一位有效数字，其余两位是有效数字。例如，2R4 表示 2.4Ω，R15 表示 0.15Ω。

3）E96 系列数字代码与字母混合标示法

E96 系列数字代码与字母混合标示法也是采用三位标明电阻阻值，即两位数字加一位字母。其中两位数字表示的是 E96 系列电阻代码，第三位是用字母代码表示的倍率。例如，查 E96 系列电阻代码表可知，51D 表示 332×10^{3}，即 332kΩ；249Y 表示 249×10^{-2}，即 2.49Ω。

3. 电阻元件物理封装的标识

电阻的物理封装有直插式、贴片式和定制封装三种。

1）直插式单个电阻元件的 PCB 封装

直插式电阻 PCB 封装为 RES-TH_BDXX-LXX-PXX-DXX 形式，BDXX 代表电阻宽度；LXX 代表电阻长度；PXX 代表焊盘中心间距；DXX 代表焊盘过孔半径，单位为 mm。这个尺寸肯定比电阻本身要稍微大一点，表 5-2 给出了常见直插式电阻封装与功率常见封装。

表 5-2　常见直插式电阻封装与功率常见封装

常见封装	BD1.8-L3.2-P7.20-D0.4	BD2.4-L6.3-P10.3-D0.6	BD3.3-L9.0-P13.00-D0.6	BD4.5-L11.5-P15.50-D0.8	BD5.0-L15.5-P19.8-D0.8	BD8.0-L24.5-P28.5-D0.8
功率/W	1/8	1/4	1/2	1	3	5

如图 5-24 所示，典型地，嘉立创 EDA 提供的 1/8W 直插式电阻的 PCB 封装为 RES-TH_BD1.8-L3.2-P7.20-D0.4。该封装默认的焊盘直径为 1.2mm，焊孔直径为 0.8mm。

另外，很多热敏、压敏、光敏、湿敏电阻的封装很像电容，或看起来根本不像个电阻器。因此，对于这类电阻可以参照下文的无极电容封装来设计。

而可调式电阻器封装也很有特点，如引导的独特性。很多引脚宽度也不能使用传统的

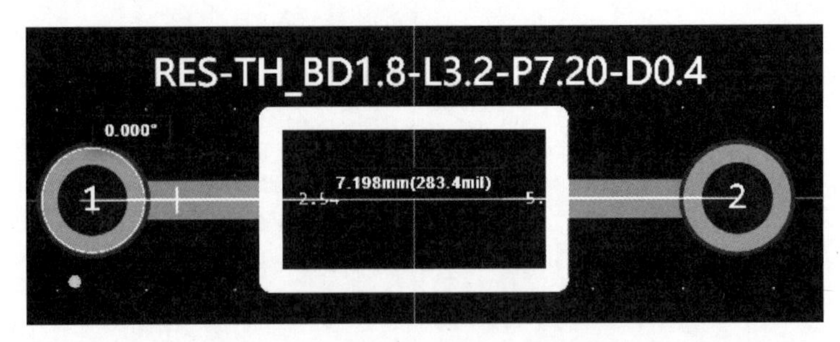

图 5-24　色环电阻 PCB 封装表示

圆形，一般都不能按照上述封装进行，需要遵照产品手册进行单独设计。

2）贴片式单个电阻元件的 PCB 封装

贴片式电阻、电容的常见封装有 9 种（电容指无级贴片），有英制和公制两种表示方式。英制表示方法是采用 4 位数字表示的 EIA（美国电子工业协会）代码，前两位表示电阻或电容长度；后两位表示宽度，以英寸（in）为单位。实际上公制很少被用到，公制代码也由 4 位数字表示，其单位为 mm，与英制类似。

如图 5-25 所示为单个贴片式电阻 PCB 物理尺寸的标注。表 5-3 给出了贴片式电阻封装规格、尺寸和功率的对应关系。

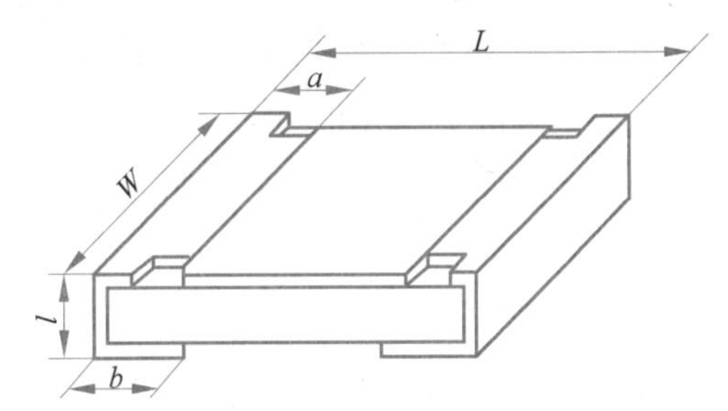

图 5-25　贴片式电阻 PCB 物理尺寸

表 5-3　贴片式电阻封装规格、尺寸和功率对应关系

英制代码/in	公制代码/mm	长（L）/mm	宽（W）/mm	高（H）/mm	a/mm	b/mm	额定功率/W	最大工作电压/V
0201	0603	0.60±0.05	0.30±0.05	0.23±0.05	0.10±0.05	0.15±0.05	1/20	25
0402	1005	1.00±0.10	0.50±0.10	0.30±0.10	0.20±0.10	0.25±0.10	1/16	50
0603	1608	1.60±0.15	0.80±0.15	0.40±0.10	0.30±0.20	0.30±0.20	1/10	50
0805	2012	2.00±0.20	1.25±0.15	0.50±0.10	0.40±0.20	0.40±0.20	1/8	150
1206	3216	3.20±0.20	1.60±0.15	0.55±0.10	0.50±0.20	0.50±0.20	1/4	200
1210	3225	3.20±0.20	2.50±0.20	0.55±0.10	0.50±0.20	0.50±0.20	1/3	200
1812	4832	4.50±0.20	3.20±0.20	0.55±0.10	0.50±0.20	0.50±0.20	1/2	200
2010	5025	5.00±0.20	2.50±0.20	0.55±0.10	0.60±0.20	0.60±0.20	3/4	200
2512	6432	6.40±0.20	3.20±0.20	0.55±0.10	0.60±0.20	0.60±0.20	1	200

3）排电阻元件的 PCB 封装

使用排阻，减小了占用 PCB 的空间而且方便安装。

（1）SIP 直插式排阻。

SIP 直插式排阻的引脚有一个公共端（用白色圆点表示），内部电阻不相互独立。常见的此种排阻有 4、7、8 个独立电阻，故其引脚对应为 5、8、9 个，即电阻数加 1 个。经常作为上拉电阻使用。需要注意，单列排阻有方向性。

（2）贴片式双列排阻。

如图 5-26 所示，贴片式排阻的引脚总是偶数的，没有公共端，内部电阻相互独立，常见排阻有 4 个电阻，故有 8 个引脚，即电阻数的 2 倍，经常作为限流电阻使用。其封装参数如表 5-4 所示。

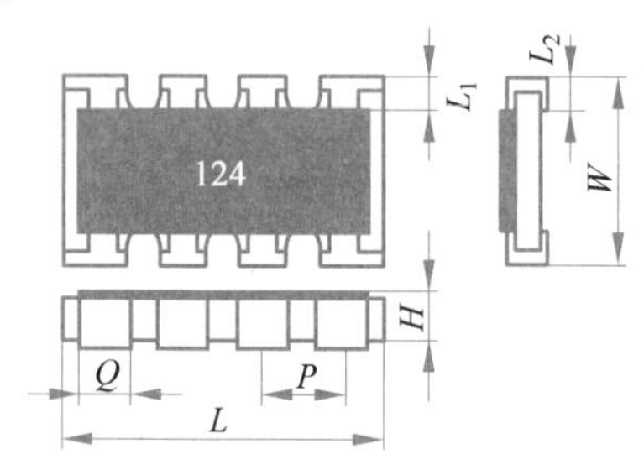

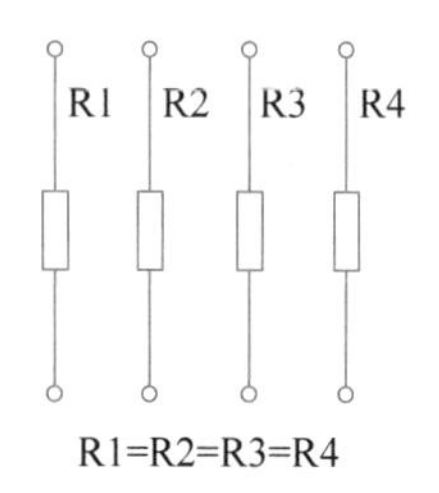

图 5-26 贴片式排阻的物理封装

表 5-4 贴片式排阻封装的参数

尺寸型号	L/mm	W/mm	H/mm	L_1/mm	L_2/mm	P/mm	Q/mm
RCA03-4D(0603)	3.2±0.2	1.6±0.15	0.5±0.1	0.3±0.15	0.35max	0.8±0.1	0.5±0.1

5.3.2 电容元件特性及封装

电容器是由两个金属电极，中间夹一层电介质构成的电子元件。简单地讲，电容器是储存电荷的容器，即储能元件。

1. 电容元件的作用

电容的主要作用是通交流、隔直流。电容器通常起旁路、去耦、滤波、储能等电气作用。

1）旁路

旁路电容是为本地元器件提供能量的储能元件，它能使稳压器的输出均匀化，降低负载需求。就像小型可充电电池一样，旁路电容能够被充电，并向元器件进行放电。为尽量减少阻抗，旁路电容要尽量靠近负载元器件的供电电源引脚和地引脚。这能够很好地防止输入值过大而导致的地电位抬高和噪声。地电位是地连接处在通过大电流毛刺时的电压降。

2）去耦

去耦，又称解耦。从电路来说，总是可以区分为驱动源和被驱动负载。如果负载电容比较大，驱动电路要把电容充电、放电，才能完成信号的跳变，在上升沿比较陡峭的时候，电流比较大，这样驱动的电流就会吸收很大的电源电流。由于电路中的电感、电阻(特别是芯片引脚上的电感会产生反弹)，这种电流相对于正常情况来说实际上就是一种噪声，会影响前级的正常工作，这就是所谓的耦合。

去耦电容就是起到一个电池的作用，满足驱动电路电流的变化，避免相互间的耦合干扰，在电路中进一步减小电源与参考地之间的高频干扰阻抗。

将旁路电容和去耦电容结合起来将更容易理解。旁路电容实际也是去耦合的，只是旁路电容一般是指高频旁路，也就是给高频的开关噪声提供一条低阻抗路径。

(1) 高频旁路电容一般比较小，根据谐振频率一般取 0.1μF、0.01μF 等。

(2) 去耦合电容的容量一般较大，可能是 10μF 或者更大，依据电路中的分布参数，以及驱动电流的变化大小确定。

旁路是把输入信号中的干扰作为滤除对象，而去耦是把输出信号的干扰作为滤除对象，防止干扰信号返回电源，这应该是它们的本质区别。

3）滤波

假设电容为纯电容，从理论上来讲，电容越大，阻抗越小，通过的频率也越高。但实际上，超过 1μF 的电容大多为电解电容，有很大的电感成分。所以，频率高后反而阻抗会增大。有时会看到有一个电容量较大的电解电容并联了一个小的陶瓷电容，这时大电容通低频，小电容通高频。电容的作用就是通高频阻低频。电容越大低频越不容易通过。具体用在滤波中，大电容（1000μF）滤低频，小电容（20pF）滤高频。曾有工程师形象地将滤波电容比作水塘，由于电容的两端电压不会突变，由此可知，信号频率越高则衰减越大，所以说电容像个水塘，不会因几滴水的加入或蒸发而引起水量的变化。它把电压的变动转化为电流的变化，频率越高，峰值电流就越大，从而缓冲了电压，滤波就是充电、放电的过程。

4）储能

储能型电容器通过整流器收集电荷，并将存储的能量通过变换器引线传送至电源的输出端。电压额定值为 DC 40～450V、电容值为 220～150000μF 的铝电解电容器是比较常用的，典型的有 EPCOS 公司的 B43504 或 B43505。根据不同的电源要求，元器件有时会采用串联、并联或其他组合的形式。对于功率级超过 10kW 的电源，通常采用体积较大的罐形螺旋端子电容器。

2. 电容元件的分类

1）按结构分类

按照结构可以将电容器分为三大类，即固定电容器、可变电容器和微调电容器。

2）按功能分类

表 5-5 为按功能对电容器进行分类的列表。

表 5-5　常见电容器按功能分类

名　称	符号	电容量	额定电压	特　点	应　用	图　片
聚酯（涤纶）电容器	CL	40pF～4μF	63～630V	小体积，大容量，耐热、耐湿，稳定性差	对稳定性和损耗要求不高的低频电路	
聚苯乙烯电容器	CB	10pF～1μF	100V～30kV	稳定，低损耗，体积较大	对稳定性和损耗要求较高的电路	
聚丙烯电容器	CBB	1000pF～10μF	63～2000V	性能与聚苯相似，但体积小，稳定性略差	代替大部分聚苯或云母电容，用于要求较高的电路	

续表

名　　称	符号	电容量	额定电压	特　　点	应　　用	图　　片
云母电容器	CY	10pF～0.1μF	100V～7kV	价格较高,但精度、温度特性、耐热性、寿命等均较好	高频振荡,脉冲等对可靠性和稳定性较高的电子装置	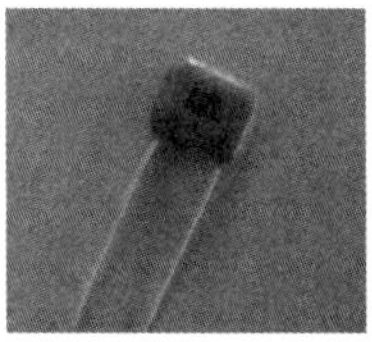
高频瓷介电容器	CC	1～6800pF	63～500V	高频损耗小,稳定性好	高频电路	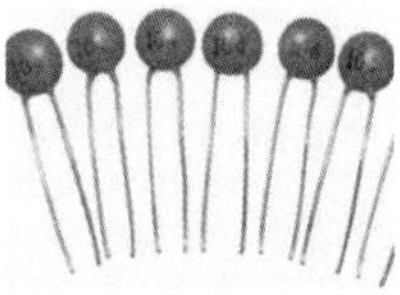
低频瓷介电容器	CT	10pF～4.7μF	50～100V	体积小,价廉,损耗大,稳定性差	要求不高的低频电路	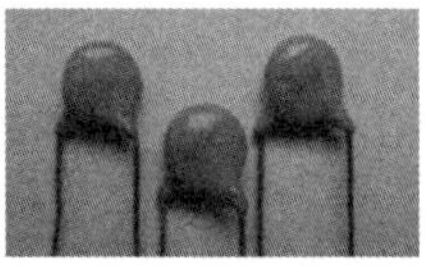
玻璃釉电容器	CI	10pF～0.1μF	63～400V	稳定性较好,损耗小,耐高温(200℃)	电源滤波、低频耦合、去耦、旁路等	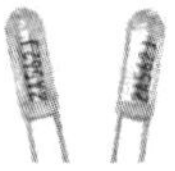
铝电解电容器	CD	0.47～10000μF	6.3～450V	体积小,容量大,损耗大,漏电大,有极性,安装时要注意	电源滤波、低频耦合、去耦、旁路等	
钽电解电容器	CA	0.1～1000μF	6.3～125V	损耗、漏电小于铝电解电容	在要求高的电路中代替铝电解电容	
空气介质可变电容器	—	100～1500pF	—	损耗小,效率高;可根据要求制成直线式、直线波长式、直线频率式及对数式等	电子仪器、广播电视设备等	

续表

名　　称	符号	电容量	额定电压	特　　点	应　　用	图　　片
薄膜介质可变电容器	—	15～550pF	—	体积小，质量轻；损耗比空气介质可变电容大	通信、广播接收机等	
薄膜介质微调电容器	—	—	—	损耗较大，体积小	收录机、电子仪器等电路作电路补偿	
陶瓷介质微调电容器	—	0.3～22pF	—	损耗较小，体积较小	精密调谐的高频振荡回路	
独石电容器	—	0.5～10μF	2倍额定电压	电容量大，体积小，可靠性高，电容量稳定，耐高温耐湿性好等	广泛应用于精密仪器。各种小型电子设备作谐振、耦合、滤波、旁路	

3. 电容元件电容值的标示方法

电容元件电容值的标示方法主要包括直标法、色标法、文字符号法和数码法。

1）直标法

电容器的直标法与电阻器的直标法一样，在电容器外壳上直接标出标称容量和允许误差，在不标单位的情况下。当用整数表示时，单位为pF；用小数表示时，单位为μF。例如2200为2200pF，0.056为0.056μF。

2）色标法

顺着引线方向，第一、二道环表示有效值，第三道环表示倍乘，用色点表示电容器的主要参数，电容器的色标法与电阻器相同。

3）文字符号法

采用单位开头字母（f、p、n、μ、m）标示单位量，允许误差和电阻器的表示方法相同。小于10pF的电容器，其允许误差用字母代替，其中，B代表±0.1%pF；C代表±0.2%pF；D代表±0.5%pF；F代表±1%pF。

4）数码法

数码法是用3位数标示标称容量，再用一个字母表示允许误差，如104k、512M等。前两位数是标示有效值，第3位数为倍乘，即10的多少次方。对于非电解电容器，其单位为pF；而对电解电容器而言，单位为μF。

4. 电容元件的主要参数

电容元件的主要参数包括容量与误差、额定耐压值、温度系数、绝缘电阻、损耗、频率特性。

1）容量与误差

实际电容量和标称电容量允许的最大偏差范围，一般分为如下三级。

（1）Ⅰ级：±5%。

（2）Ⅱ级：±10%。

（3）Ⅲ级：±20%。

在有些情况下，还有0级，误差为±20%。精密电容器的允许误差较小，而电解电容器的误差较大，它们采用不同的误差等级，常用的电容器其精度等级和电阻器的表示方法相同。用字母表示如下。

（1）D：005级——±0.5%。

（2）F：01级——±1%。

（3）G：02级——±2%。

（4）J：Ⅰ级——±5%。

（5）K：Ⅱ级——±10%。

（6）M：Ⅲ级——±20%。

2）额定耐压值

额定耐压值表示电容器接入电路后，能连续可靠地工作，不被击穿时所能承受的最大直流电压。使用时绝对不允许超过这个电压值，否则电容器就要损坏或被击穿。一般选择的电容器额定电压应高于实际工作电压的10%～20%。如果电容器用于交流电路中，其最大值不能超过额定的直流工作电压。

3）温度系数

温度系数是指在一定温度范围内，温度每变化1℃，电容量的相对变化值，温度系数越小越好。

4）绝缘电阻

绝缘电阻用来表明漏电大小。一般小容量的电容器，绝缘电阻很大，为几百兆欧姆或几千兆欧姆。电解电容器的绝缘电阻一般较小。相对而言，绝缘电阻越大越好，漏电也越小。

5）损耗

损耗是指在电场的作用下，电容器在单位时间内发热而消耗的能量。这些损耗主要来自介质损耗和金属损耗，通常用损耗角正切值表示。

6）频率特性

频率特性是指电容器的电参数随电场频率而变化的性质。在高频条件下工作的电容器，由于介电常数在高频时比低频时小，电容量也相应减小，损耗也随频率的升高而增加。另外，在高频工作时，电容器的分布参数，如极片电阻、引线和极片间的电阻、极片的自身电感、引线电感等，都会影响电容器的性能。所有这些，使得电容器的使用频率受到限制。

不同品种的电容器，最高使用频率不同。典型的有：

(1) 小型云母电容器在250MHz以内；

(2) 圆片型瓷介电容器为300MHz；

(3) 圆管型瓷介电容器为200MHz；

(4) 圆盘型瓷介电容器可达3000MHz；

(5) 小型纸介电容器为80MHz；

(6) 中型纸介电容器只有8MHz。

5. 电容元件正负极判断

如图5-27(a)所示，图左侧电解电容器外面有一条很粗的白线，里面有一行负号，表示负极，另一边为正极。也有的用引脚长短区别正负极，长脚为正，短脚为负；电容器上面有标志的黑块为负极。在PCB上电容位置上有两个半圆，涂颜色的半圆对应的引脚为负极。当不确定电容器的正负极时，可以用万用表测量，方法是用两表笔分别接触两电极，每次测量时先把电容器放电。电阻大的那次，黑表笔接的那一极是正极。

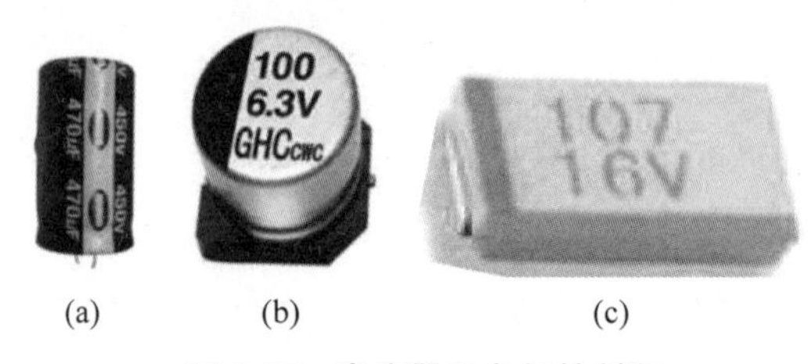

图5-27 电容器正负极性判断

如图5-27(b)和图5-27(c)所示，贴片电容器正负极区分：一种是常见的钽电容器，为长方体形状，有“－”标记的一端为正；另外，还有一种银色的表贴电容器，是铝电解，上面为圆形，下面为方形，在计算机主板上很常见，这种电容器则是有标记的一端为负。

6. 电容元件PCB封装的标示

电容器可分为无极性和有极性两种，容值范围为0.22pF～100μF。绘制PCB时，设计者需要考虑实际使用的电容值、耐压值及电容类别等因素，这些因素也决定了电容器的外形、尺寸等参数。一般而言，同种类型、相同类别的电容器，容值越大电容器外形越大；同种类型、相同容值的电容器，耐压越高的电容器外形越大。

1) 无极性电容器

无极性电容在电路原理中的符号是CAP，在PCB中常选用CAP-TH_ XX-WXX-PXX-DXX系列的封装。如图5-28所示，常见有CAP-TH_L5.0-W3.0-P5.00-D1.0、CAP-TH_L7.0-W4.0-P7.55-D0.6、CAP-TH_L10.0-W5.0-P7.50-D1.2、CAP-TH_L13.0-W6.0-P10.00-D1.2等。和电阻器类似，这些封装名称中的数字也代表封装中元件的长度、宽度、焊盘的中心间距、焊盘过孔半径，单位为mm。常见耐压有6.3V、10V、16V、25V、50V、100V、200V、500V、1000V、2000V、3000V、4000V。表5-6给出了无极性贴片电容器的常见封装规格。

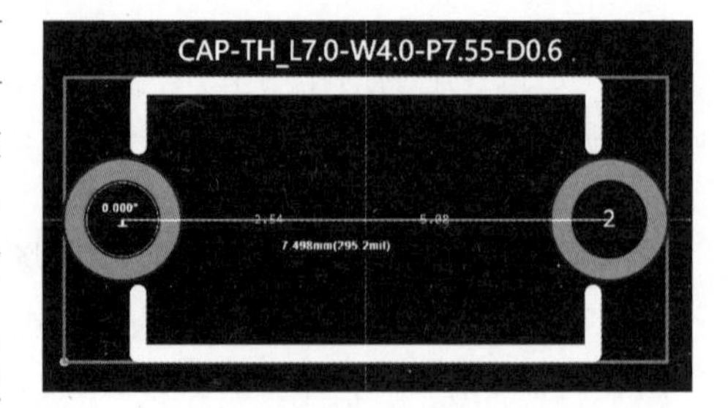

图5-28 直插式无极性电容器的封装

表 5-6 无极性贴片电容器常见封装规格

英制代码/in	公制代码/mm	长(L)/mm	宽(W)/mm	高(H)/mm
0402	1005	1.00±0.05	0.50±0.05	0.50±0.05
0603	1608	1.60±0.10	0.80±0.10	0.80±0.10
0805	2012	2.00±0.20	1.25±0.20	0.70±0.20
1206	3216	3.20±0.30	1.60±0.20	0.70±0.20
1210	3225	3.20±0.30	2.50±0.30	1.25±0.30
1808	4520	4.50±0.40	2.00±0.20	≤2.00
1812	4532	4.50±0.40	3.20±0.30	≤2.50
2225	5763	5.70±0.50	6.30±0.50	≤2.50
3035	7690	5.60±0.50	9.00±0.05	≤3.00

2）有极性电容器

有极性电容器也就是平时所称的电解电容器，一般平时用得最多的为铝电解电容器，由于电解质为铝，所以温度稳定性以及精度都不是很高。

直插式电解电容器的常见封装为 CAP-TH_BD5.0-P2.00-D0.8-FD、CAP-TH_BD6.3-P2.50-D1.0-FD、CAP-TH_BD8.0-P3.50-D0.6-FD 等。封装名称中的数字也代表封装中器件的轮廓圆直径、焊盘的中心间距、器件引脚直径。如图 5-29 所示，是嘉立创 EDA 元件库中所提供的 CAP-TH_BD8.0-P3.50-D0.6-FD 封装，表示焊盘中心距为 3.5mm；轮廓圆的直径是 8mm。

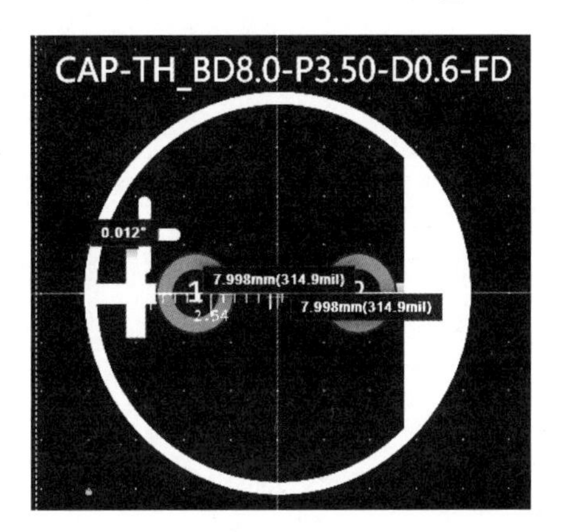

图 5-29 直插式极性电容器的封装

贴片元件由于其紧贴电路板，对温度稳定性要求较高，所以有极性贴片电容器以钽电容器应用较多。根据其耐压不同，贴片电容器又可分为 A、B、C、D 四个系列。表 5-7 给出了有极性贴片电容器的具体封装分类。

表 5-7 有极性贴片电容器常见封装分类

类　型	封 装 形 式	耐压/V
A	3216	10
B	3528	16
C	6032	25
D	7343	35

5.3.3 电感元件特性及封装

电感器是一种非线性元件，可以储存磁能。由于通过电感的电流值不能突变，所以电感对直流电流短路，对突变的电流呈高阻态。电感器常用于 LC 滤波器、LC 振荡器、扼流圈、变压器、继电器、交流负载、调谐、补偿、偏转等。

1. 电感元件的分类

图 5-30 给出了常用的电感元件。电感元件的分类主要包括两类：一类是应用自感作

用的电感线圈；另一类是应用互感作用的变压器。

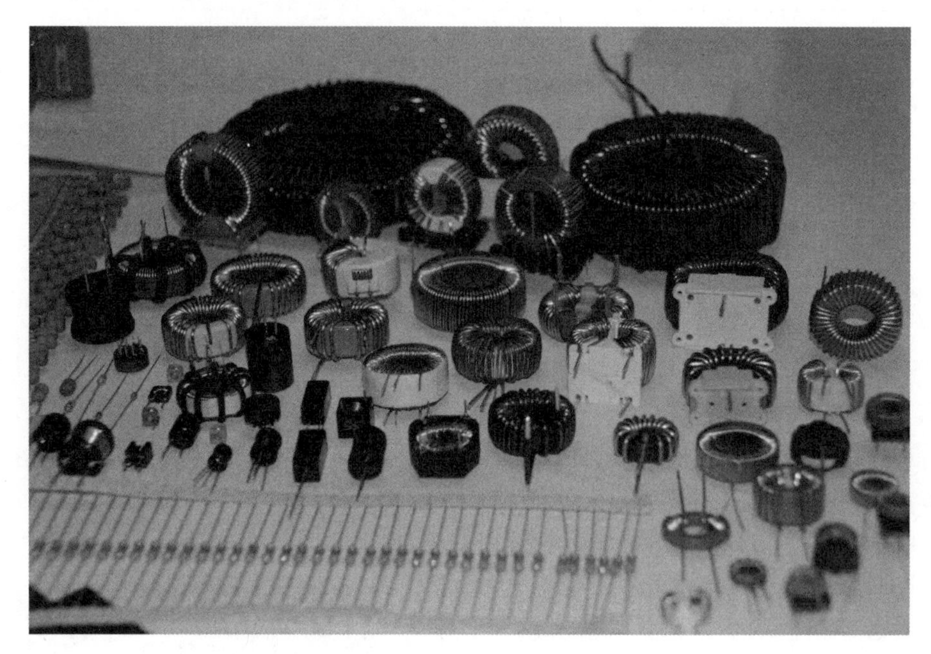

图 5-30　常用电感元件举例

1）按绕线结构分类

（1）单层线圈。这种线圈电感量小，通常用在高频电路中，要求它的骨架具有良好的高频特性，介质损耗小。

（2）多层线圈。多层线圈可以增大电感量，但线圈的分布电容也随之增大。

（3）峰房线圈。峰房线圈在绕制时导线不断以一定的偏转角在骨架上偏转绕向，这样可大大减小线圈的分布电容。

2）按外形分类

电感器按外形可以分为空心线圈和实心线圈。

3）按工作性质分类

电感器按工作性质可以分为高频电感器，包括各种天线线圈、振荡线圈；以及低频电感器，如各种扼流圈、滤波线圈等。

4）按封装形式分类

电感器按封装形式可以分为普通电感器、色环电感器、环氧树脂电感器和贴片电感器等。

5）按电感量分类

电感器按电感量可以分为固定电感器和可调电感器。

2. 电感元件电感值标注方法

电感元件电感值标注方法主要有直标法、文字符号法、数码法和色标法。

1）直标法

在采用直标法时，直接将电感量标在电感器外壳上，并同时标允许误差。

2）文字符号法

用文字符号标示电感器的标称容量及允许误差，当其单位为 μH 时，用 R 作为电感的文字符号，其他与电阻器的标示相同。如图 5-31 所示，该电感元件的电感量为 3.3μH，误差为±10%。

3）数码法

电感器的数码标示法与电阻器一样，前面的两位数为有效数，第三位为倍乘，单位为μH。如图 5-32 所示，该电感元件的电感量表示为 $22\times10^0=22\mu H$，其误差为±20%。

图 5-31　电感值用文字符号表示

图 5-32　数码法表示电感值

4）色标法

电感器的色标法多采用色环标示法，色环电感识别方法与电阻相同。通常为四色环，色环电感中前面两条色环代表有效值，第三条色环代表倍乘，第四条色环为偏差。

3. 电感元件的主要参数

电感元件的主要参数包括电感量、允许误差、最大电流等。

1）电感量

电感器工作能力用电感量表示，表示产生感应电动势的能力。电感量是表征线圈的一个重要参数，通常线圈的匝数越多，电感量越大。此外，电感量大小与线圈绕制方式、有无磁心及磁心位置还有材料有关。

电感量标称值(按 E12 系列)分别有 1、1.2、1.5、1.8、2.2、2.7、3.3、3.9、4.7、5.6、6.8、8.2。电感量的常用单位为 H(亨)、mH(毫亨)和 μH(微亨)。$1H=1\times10^3mH=1\times10^6\mu H$。

2）允许误差

允许误差采用百分数表示，表示方法为±5%(Ⅰ)、±10%(Ⅱ)、±20%(Ⅲ)。用文字符号 J 表示±5%，K 表示±10%，M 表示±20%。

用途不同对电感器的精度要求不同：振荡线圈要求较高，允许误差为 0.2%～0.5%；对耦合线圈和高频扼流线圈要求较低，允许误差为 10%～15%。

3）最大电流

一旦电感器通过的电流值超过电感器允许通过的最大电流值，就会损害和烧毁电感器。

4. 电感元件 PCB 封装的标示

功率电感器封装以骨架的尺寸作封装标示：

(1) 贴片用椭圆形标示方法，如 5.8(5.2)×4，表示长径为 5.8mm，短径为 5.2mm，高为 4mm 的电感器。

(2) 插件用圆柱形标示方法，如 $\phi6\times8$，表示直径为 6mm，高为 8mm 的电感器。只是它们的骨架一般要通用，否则要定制。

普通线性电感器、色环电感器与电阻电容器的封装都有一样的标示，贴片用尺寸标示，如 0603、0805、0402、1206 等；插件用功率标示，如 1/8W、1/4W、1/2W、1W 等。

电感器在绝大多数情况下是一个线圈，在特高频时可能就是一段导线。在单独使用时是不显示其极性的，即正接和反接都是没有区别的。

5.3.4 二极管器件特性及封装

电子元器件中，二极管器件是一种具有两个电极的装置，只允许电流由单一方向流过，常用于整流、开关、限幅、续流、检波、阻尼、显示、稳压、触发等。

1. 二极管器件的分类

1）按材料分

二极管按材料可分为锗二极管、硅二极管、砷化镓二极管等。

2）按制作工艺分

二极管按制作工艺可分为面接触二极管和点接触二极管。

3）按结构类型分

二极管按结构类型可分为半导体结型二极管、金属半导体接触二极管等。

4）按封装形式分

二极管按封装形式可分为常规封装二极管、特殊封装二极管等。

5）按用途不同分

二极管按用途不同可分为整流二极管、检波二极管、稳压二极管、变容二极管、光电二极管、发光二极管、开关二极管、快速恢复二极管等。

（1）整流二极管。整流二极管是将交流电转换（整流）成脉动直流电的二极管，它利用二极管的单向导电性工作。

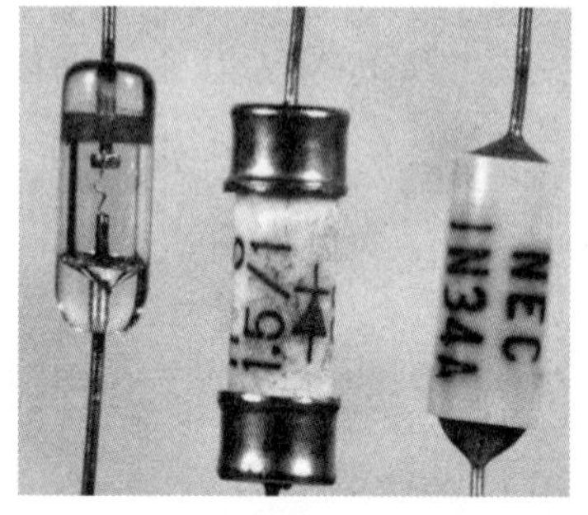

图 5-33 检波二极管外形

（2）检波二极管。检波二极管是用于把在高频载波上的低频信号卸载下来（去载）的器件，具有较高的检波效率和良好的频率特性。图 5-33 给出了常见检波二极管的外形结构。

（3）开关二极管。开关二极管是利用半导体二极管的单向导电性，即导通时相当于开关闭合（电路接通）；截止时相当于开关打开（电路切断），特殊设计制造的一类二极管。

开关二极管的特点是导通和截止速度快，能满足高频和超高频电路的需要，常用于脉冲数字电路、自动控制电路等。图 5-34 给出了常见开关二极管的外形结构。

（4）稳压二极管。稳压二极管又称齐纳二极管，是利用硅二极管的反向击穿特性（雪崩现象）稳定直流电压的，根据击穿电压决定稳压值。因此，需要注意的是，稳压二极管是加反向偏压的。稳压二极管主要用于稳压电源中的电压基准电路或过压保护电路中，图 5-35 给出了常见稳压二极管的外形结构。

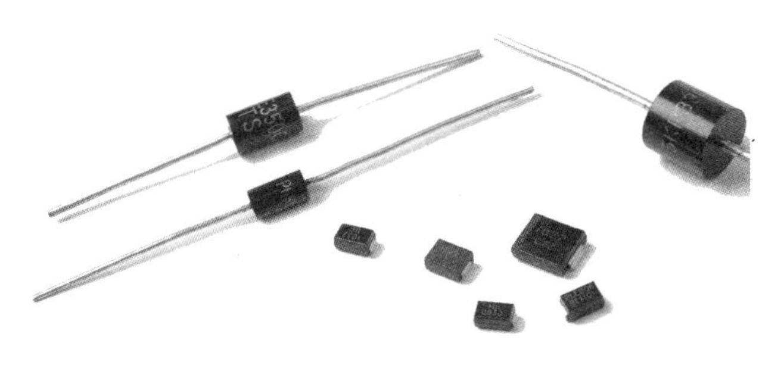

图 5-34　开关二极管外形

图 5-35　稳压二极管外形

(5) 快速恢复二极管。快速恢复二极管是一种开关特性好、反向恢复时间短的二极管，主要应用于开关电源、PWM 脉宽调制器及变频器等电子电路中。

(6) 肖特基二极管。肖特基二极管是肖特基势垒二极管(Sehottky barrier diode,SBD)的简称，是近年来产生的低功耗、大电流、超高速半导体器件。其反向恢复时间极短(可以小到几纳秒)，正向导通压降仅 0.4V 左右，而整流电流却可达到几千安培。这些优良特性是快速恢复二极管所无法比拟的。肖特基二极管是用贵重金属(金、银、铝、铂等)作为正极，以 N 型半导体为负极，利用二者接触面上形成的势垒具有整流特性而制成的金属半导体器件。肖特基二极管通常用于高频、大电流、低电压整流电路中。

(7) 瞬态电压抑制二极管。瞬态电压抑制二极管，简称 TVS(transient voltage suppressor)。它是在稳压管的工艺基础上发展起来的一种半导体器件，主要应用于对电压的快速过压保护电路中。可广泛用于计算机、电子仪表、通信设备、家用电器以及野外作业的机载/船用及汽车用电子设备中，并可以作为人为操作引起的过电压冲击或雷电对设备的电击等的保护元件。

(8) 发光二极管。图 5-36 所示为发光二极管。其英文简称是 LED(light emitting diode)。除了具有普通二极管的单向导电特性之外，还可以将电能转换为光能。给发光二极管外加正向电压时，它也处于导通状态，当正向电流流过管芯时，发光二极管就会发光，将电能转换成光能。

图 5-36　发光二极管外形

发光二极管的发光颜色主要由制作管子的材料以及掺入杂质的种类决定。目前常见的发光二极管发光颜色主要有蓝色、绿色、黄色、红色、橙色、白色等。其中，白色发光二极管是新型产品，主要应用在手机背光灯、液晶显示器背光灯、照明等领域。

发光二极管的工作电流通常为 2～25mA，工作电压(即正向压降)随着材料的不同而不同：

① 普通绿色、黄色、红色、橙色发光二极管的工作电压约 2V。

② 白色发光二极管的工作电压通常高于 2.4V。

③ 蓝色发光二极管的工作电压通常高于 3.3V。

发光二极管的工作电流不能超过额定值太高，否则，有烧毁的危险。故通常在发光二极管回路中串联一个电阻作为限流电阻。

红外发光二极管是一种特殊的发光二极管，其外形和发光二极管相似，只是它发出的是红外光，在正常情况下人眼是看不见的。其工作电压约 1.4V，工作电流一般小于 20mA。有些公司将两个不同颜色的发光二极管封装在一起，使之成为双色二极管（又称为变色发光二极管）。这种发光二极管通常有三个引脚，其中一个是公共端。它可以发出三种颜色的光（其中一种是两种颜色的混合色），通常作为不同工作状态的指示器件。

(9) 雪崩二极管(avalanche diode)。雪崩二极管是在稳压管工艺技术基础上发展起来的一种微波功率器件，它在外加电压的作用下可以产生高频振荡。

雪崩二极管利用雪崩击穿对晶体注入载流子，因载流子穿越半导体晶片需要一定的时间，所以其电流滞后于电压，出现延迟时间。若适当地控制穿越时间，那么，在电流和电压关系上就会出现负阻效应，从而产生高频振荡。它常被应用于微波通信、雷达、战术导弹、遥控、遥测、仪器仪表等设备中。

(10) 双向触发二极管。双向触发二极管也称二端交流器件(DIAC)。它是一种硅双向电压触发开关器件，当双向触发二极管两端施加的电压超过其击穿电压时，两端即导通，导通将持续到电流中断或降到器件的最小保持电流才会再次关断。双向触发二极管通常应用在过压保护电路、移相电路、晶闸管触发电路、定时电路中。

(11) 变容二极管。简称为 VCD(variable capacitance diode)，是利用反向偏压来改变PN 结电容量的特殊半导体器件。变容二极管相当于一个容量可变的电容器，它的两个电极之间的 PN 结电容大小随加到变容二极管两端反向电压的改变而变化。当加到变容二极管两端的反向电压增大时，变容二极管的容量减小。由于变容二极管具有这一特性，所以它主要用于电调谐回路（如彩色电视机的高频头）中，作为一个可以通过电压控制的自动微调电容器。

选用变容二极管时，应着重考虑其工作频率、最高反向工作电压、最大正向电流和零偏压结电容等参数是否符合应用电路的要求，应选用结电容变化大、高 Q 值、反向漏电流小的变容二极管。

2. 二极管器件的识别和检测

1) 二极管器件的识别

二极管在电路中常用 VD 加数字表示，如 VD5 表示编号为 5 的二极管。

(1) 小功率二极管的负极通常在表面用一个色环标出；有些二极管也采用 P、N 符号确定二极管极性，其中，P 表示正极，N 表示负极。金属封装二极管通常在表面印有与极性一致的二极管符号；发光二极管则通常用引脚长短来识别正负极，长脚为正，短脚为负。

(2) 整流桥的表面通常标注内部电路结构或者交流输入端以及直流输出端的名称，交流输入端通常用 AC 或者“～”表示；直流输出端通常以“＋”“－”符号表示。

(3) 贴片二极管由于外形多种多样，其极性也有多种标注方法：在有引线的贴片二极管中，管体有白色色环的一端为负极；在有引线而无色环的贴片二极管中，引线较长的一端为正极；在无引线的贴片二极管中，表面有色带或者有缺口的一端为负极。

2）二极管的检测

用数字万用表的二极管挡检测二极管时，将数字万用表置在二极管挡，然后将二极管的负极与数字万用表的黑表笔相接，正极与红表笔相接，此时显示屏上即可显示二极管正向压降值。不同材料的二极管的正向压降值不同：硅二极管为0.55～0.7V；锗二极管为0.15～0.3V。若显示屏显示0000，说明管子已短路；若显示0L或者“过载”，说明二极管内部开路或处于反向状态，此时可对调表笔再测。

3. 二极管器件的主要参数

二极管器件的主要参数包括额定正向工作电流、最大浪涌电流、最高反向工作电压、反向电流、反向恢复时间和最大功率。

1）额定正向工作电流

额定正向工作电流是指二极管长期连续工作时允许通过的最大正向电流值。因为电流通过管子时会使管芯发热，温度上升，温度超过容许限度(硅管为140℃左右，锗管为90℃左右)时，就会使管芯过热而损坏。所以，二极管使用中不要超过二极管额定正向工作电流值。例如，常用的1N4001型锗二极管的额定正向工作电流为1A。

2）最大浪涌电流

最大浪涌电流是允许流过的过量正向电流。它不是正常工作电流，而是瞬间电流，这个值通常为额定正向工作电流的20倍左右。

3）最高反向工作电压

加在二极管两端的反向电压高到一定值时，管子将会击穿，失去单向导电能力。为了保证使用安全，规定了最高反向工作电压值。例如，1N4001型锗二极管反向耐压为50V，1N4007的反向耐压为1000V。

4）反向电流

反向电流是指二极管在规定的温度和最高反向电压作用下，允许流过二极管的反向电流。反向电流越小，管子的单方向导电性能越好。值得注意的是，反向电流与温度有着密切的关系，温度大约每升高10℃，反向电流增大一倍。例如，2AP1型锗二极管：

(1) 在25℃时，反向电流为250μA。

(2) 温度升高到35℃，反向电流将上升到500μA。

(3) 在75℃时，它的反向电流已达8mA，不仅失去了单方向导电特性，还会使管子过热而损坏。

硅二极管比锗二极管在高温下具有较好的稳定性。

5）反向恢复时间

从正向电压变成反向电压时，理想情况是电流能瞬时截止。实际上，一般要延迟一点时间。决定电流截止延时的长短，就是反向恢复时间，虽然它直接影响到二极管的开关速度，但不一定说这个值越小就越好。

6）最大功率

最大功率就是加在二极管两端的电压乘以流过的电流，这个极限参数对稳压二极管等显得特别重要。

4. 二极管器件 PCB 封装的标示

二极管器件主要有直插式、贴片式两种。

1）直插式二极管器件

如图 5-37 所示，在嘉立创 EDA 软件的 PCB 库中，经常选用 DO-41_BD2.4-L4.7-P8.70-D0.9-RD 封装，其中，P8.70 指两焊盘之间的距离为 8.7mm。

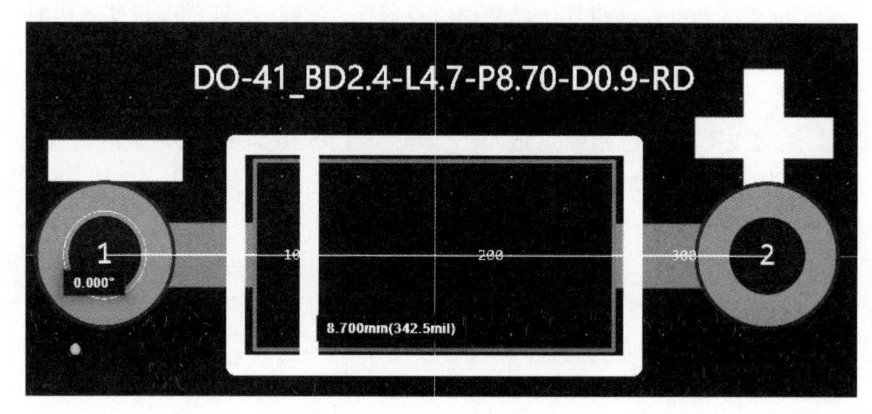

图 5-37　直插式二极管的封装

2）贴片式二极管器件

下面给出了常见贴片二极管的封装和参数。图 5-38 给出了 SOT-23 贴片二极管的封装；图 5-39 给出了 SOD-123 贴片二极管的封装；图 5-40 给出了 SMA、SMB、SMC 贴片二极管的封装；图 5-41 给出了 D^2PAK 贴片二极管的封装。

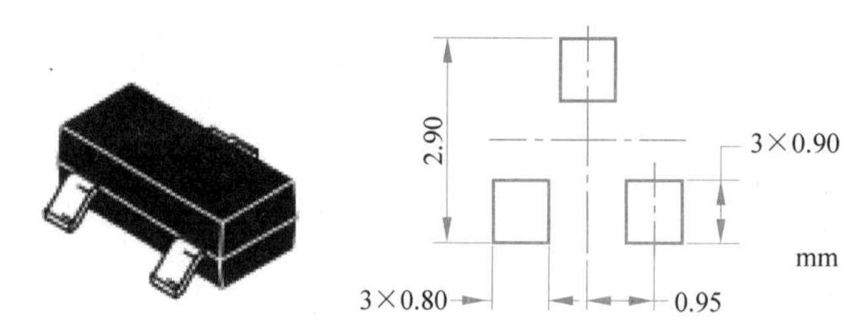

图 5-38　SOT23 贴片二极管的封装

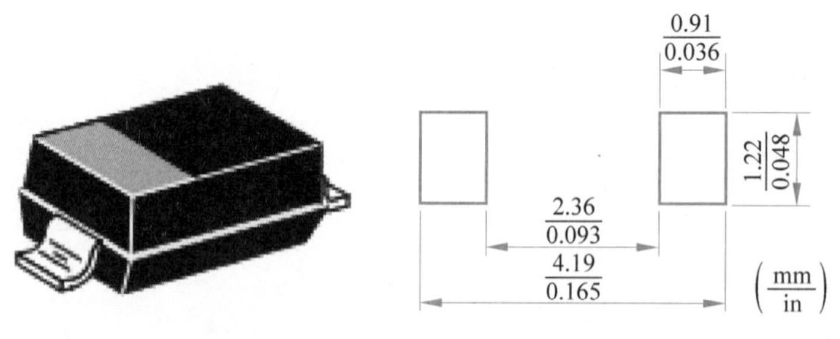

图 5-39　SOD-123 贴片二极管的封装

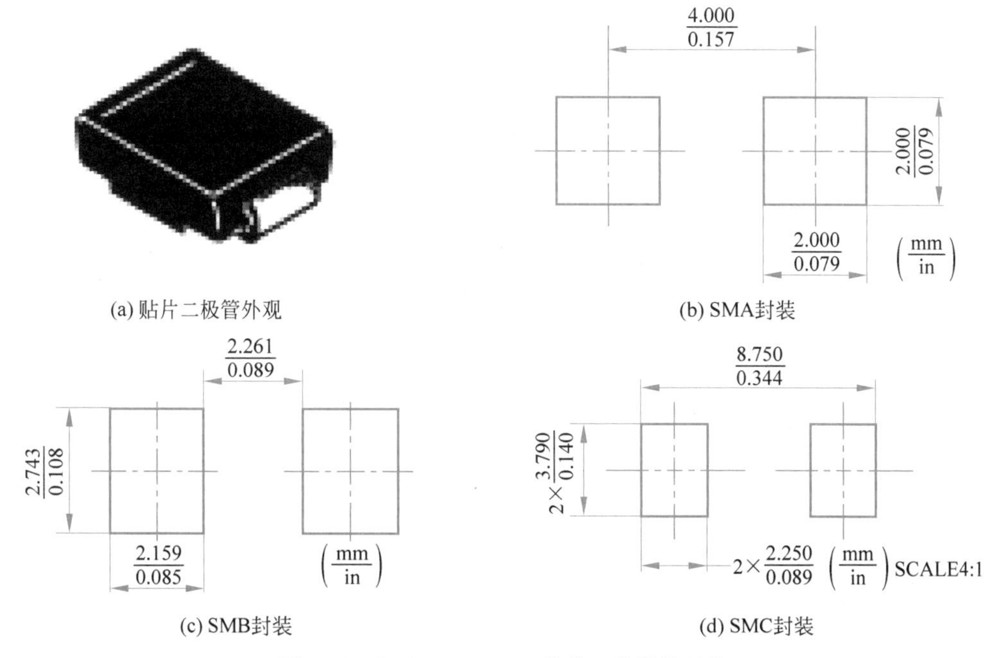

(a) 贴片二极管外观　　(b) SMA封装

(c) SMB封装　　(d) SMC封装

图 5-40　SMA、SMB、SMC 贴片二极管的封装

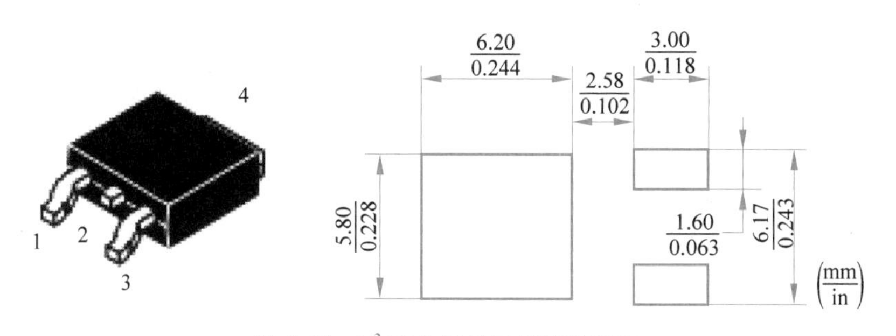

图 5-41　D^2PAK 贴片二极管的封装

5.3.5　三极管器件特性及封装

半导体三极管也称为晶体三极管或晶体管，在半导体锗或硅的单晶上制备两个能相互影响的 PN 结，组成一个 PNP 或 NPN 结构。中间的 N 区或 P 区叫基区，两边的区域叫发射区和集电区，这三部分各有一条电极引线，分别叫基极 B、发射极 E 和集电极 C，是能起放大、振荡或开关等作用的半导体电子器件。

1. 三极管器件的分类

晶体三极管的种类很多，分类方法也有多种，下面按用途、工作频率、功率、材料和极性等进行分类。

1）按材料和极性分

（1）硅材料的有 NPN 与 PNP 三极管。

（2）锗材料的有 NPN 与 PNP 三极管。

2）按用途分

按用途可分为高、中频放大管、低频放大管、低噪声放大管、光电管、开关管、高反压管、达林顿管、带阻尼的三极管等。

3）按功率分

按功率可分为小功率三极管、中功率三极管、大功率三极管。

4）按工作频率分

按工作频率可分为低频三极管、高频三极管和超高频三极管。

5）按制作工艺分

按制作工艺可分为平面型三极管、合金型三极管、扩散型三极管。

6）按外形封装分

按外形封装可分为金属封装三极管、玻璃封装三极管、陶瓷封装三极管、塑料封装三极管等。

2. 三极管器件的识别和检测

市场上有各种类型的晶体三极管，引脚的排列不尽相同。在使用中不确定引脚排列的三极管时，必须进行测量，或查找晶体管使用手册，明确三极管的极性及相应的技术参数。

下面主要介绍用数字万用表检测三极管的步骤。

(1) 将数字万用表拨至二极管挡，红表笔固定任接某个引脚，用黑表笔依次接触另外两个引脚，如果两次显示值均小于1V或都显示溢出符号OL或1，若是NPN型三极管，则红表笔所接的引脚就是基极B。如果在两次测试中，一次显示值小于1V，另外一次显示溢出符号OL或1(视不同的数字万用表而定)，则表明红表笔接的引脚不是基极B，此时应改换其他引脚重新测量，直到找出基极为止。

(2) 用红表笔接基极，用黑表笔先后接触其他两个引脚，如果显示屏上的数值都显示为0.6～0.8V，则被测管属于硅NPN型中、小功率三极管；如果显示屏上的数值都显示为0.4～0.6V，则被测管属于硅NPN型大功率三极管。其中，显示数值较大的一次，黑表笔所接的电极为发射极。在上述测量过程中，如果显示屏上的数值都显示小于0.4V，则被测管属于锗三极管。

(3) H_{FE}是三极管的直流电流放大倍数。用数字万用表可以方便地测出三极管的H_{FE}，将数字万用表置于HFE挡，若被测管是NPN型管，则将管子的各个引脚插入NPN插孔相应的插座中，此时屏幕上就会显示出被测管的H_{FE}值。

3. 三极管器件的主要参数

三极管器件的主要包括以下参数。

(1) 特征频率f_T。当$f=f_T$时，三极管完全失去电流放大功能。如果工作频率大于f_T，电路将不正常工作。

(2) 工作电压或电流。用这个参数可以指定该晶体管的电压和电流使用范围。

(3) 电流放大倍数H_{FE}。

(4) 集电极/发射极反向击穿电压，表示临界饱和时的饱和电压V_{CEO}。

(5) 最大允许耗散功率P_{CM}。

4. 三极管器件的PCB封装的标示

三极管的封装形式与尺寸和功率有关，功率越大通常外形越大。

1）直插式三极管

如图5-42所示，常见直插式的三极管封装有TO-92(普通三极管)、TO-22(大功率三极管)、TO-3(大功率达林顿管)等。

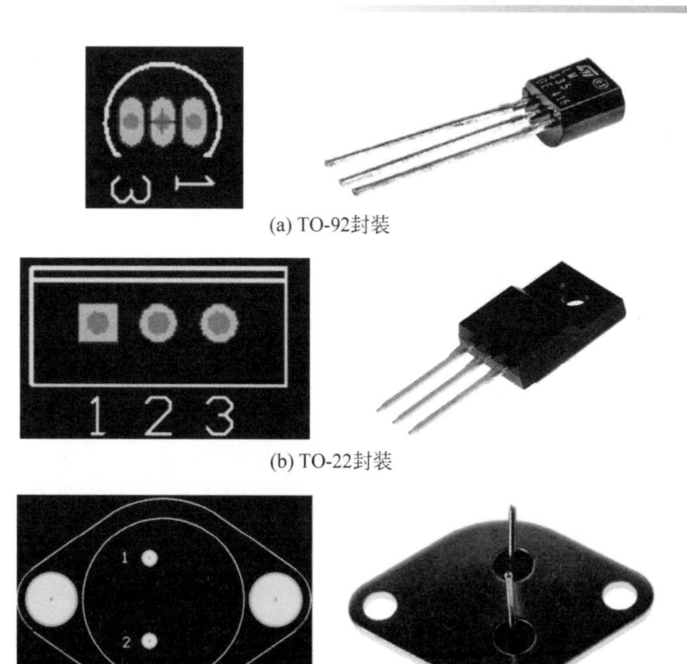

(a) TO-92封装

(b) TO-22封装

(c) TO-3封装

图 5-42　直插式三极管的封装

2）贴片式三极管

贴片式三极管的封装常见为小外形晶体管(small outline transistor，SOT)封装，如SOT-23、SOT-1123、SOT-732、SC-70、SC-88、SC-89 等，以及小外形封装(small outline package，SOP)等系列。图 5-43 给出了 SOT-23 贴片三极管的封装；图 5-44 给出了 SC-70 贴片三极管的封装；图 5-45 给出了 D^2PAK 贴片三极管封装。

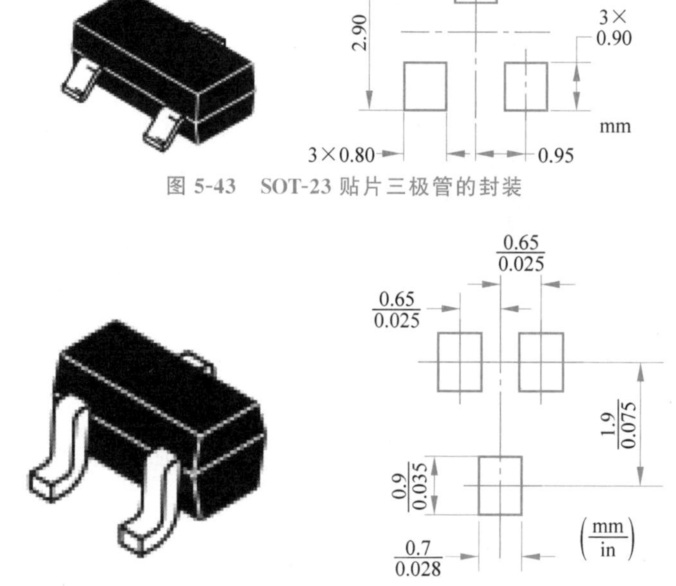

图 5-43　SOT-23 贴片三极管的封装

图 5-44　SC-70 贴片三极管的封装

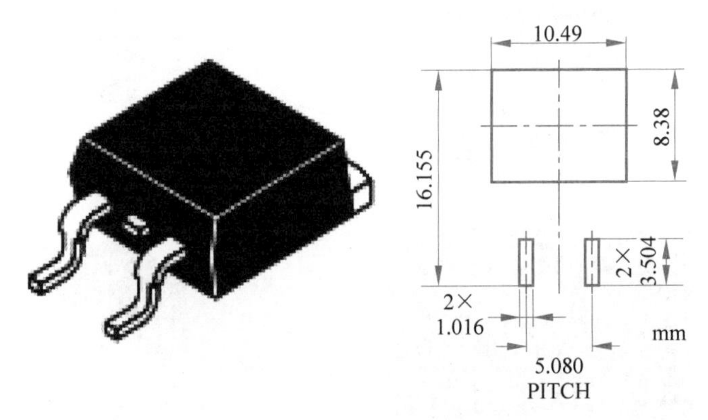

图 5-45　D^2PAK 贴片三极管的封装

5.4　集成电路芯片封装

半导体集成电路的数量很多，封装形式更是无数，主要形式有贴片式和直插式两种。

(1) 常用的直插式封装：双列直插形式封装和插针网格阵列封装等。

(2) 常用的贴片式封装：PLCC 封装、QUAD 封装、SOJ 封装、BGAP、SPGA 封装等，其中，QUAD 封装包含 QFP、TQFP、SQFP 等子系列。

第 25 集
微课视频

下面详细介绍。

1. 双列直插形式封装(dual inline package, DIP)

图 5-46 给出了一个典型的 DIP 外形图及其封装参数。绝大多数中小规模集成电路均采用这种封装形式，DIP 的元器件适合在 PCB 上穿孔焊接，操作方便。但是芯片面积与封装面积之间的比值较大，体积也较大。

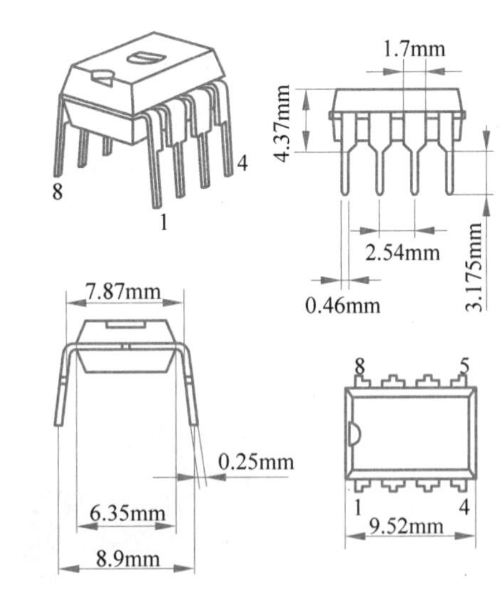

图 5-46　DIP 外形图及封装参数

2. 单列直插式封装(single inline package,SIP)

如图 5-47 所示,SIP 引脚从封装一个侧面引出,排列成一条直线。通常,它们是通孔式的,引脚插入印制电路板的金属孔内,当装配到印制基板上时封装呈侧立状。

这种形式的一种变化是锯齿形单列式封装 ZIP,它的引脚仍是从封装体的一侧伸出,但排列成锯齿形。这样,在一个给定的长度范围内,提高了引脚密度,引脚中心距通常为 2.54mm,引脚数从 2～23,多数为定制产品。

封装的形状各异,也有的把形状与 ZIP 相同的封装称为 SIP。

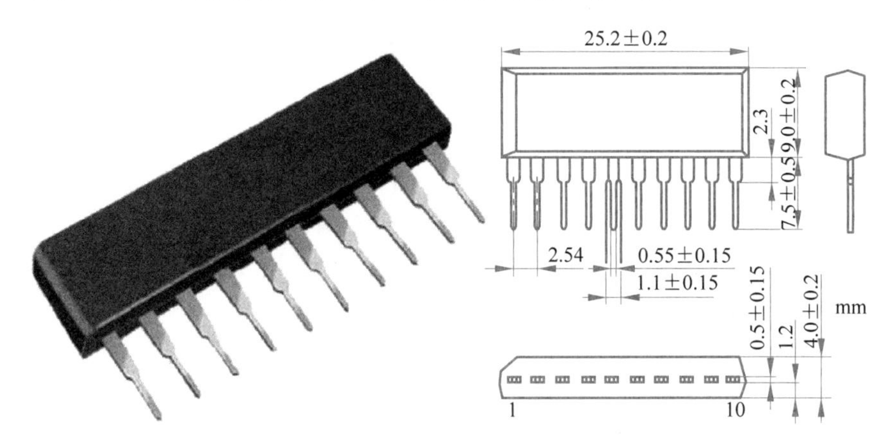

图 5-47　SIP 外形图及封装参数

3. 四侧引脚扁平封装(quad flat package,QFP)

图 5-48 给出了 QFP 的封装外形,其引脚从四个侧面引出呈海鸥翼(L)形,并给出了一个典型的 QFP 的外形尺寸。一般大规模或超大规模集成电路采用这种封装形式,此类引脚数一般都在 100 以上。其特点主要包括:

(1) 该技术实现的引脚之间距离很小,引脚很细。

(2) 该技术封装时操作方便,可靠性高。

(3) 其封装外形尺寸较小,寄生参数减小,适合高频应用。

(4) 该技术主要适合用 SMT 表面组装技术在 PCB 上安装布线。

4. 小外形封装(small outline package,SOP)

如图 5-49 所示,SOP 是一种表面贴装型封装,其引脚从封装两侧引出呈海鸥翼状(L 形)。SOP 器件又称为小外形集成电路(small outline integrated circuit,SOIC),是 DIP 的缩小形式,引线中心距为 1.27mm,材料有塑料和陶瓷两种。SOP 也叫 SOL 和 DFP,SOP 封装标准有 SOP-8、SOP-16、SOP-20、SOP-28 等,SOP 后面的数字表示引脚数,业界往往把 P 省略,叫小外形(small outline,SO)。另外,还派生出 SOJ(J 型引脚小外形封装)、TSOP(薄小外形封装)、VSOPC(甚小外形封装)、SSOP(缩小型 SOP)、TSSOP(薄的缩小型 SOP)及 SOT(小外形晶体管)、SOIC(小外形集成电路)等。

5. 带引线的塑料芯片载体(plastic leaded chip carrier,PLCC)封装

图 5-50 给出了 PLCC 封装的外形尺寸,其外形呈正方形,32 脚封装,引脚从封装的四个侧面引出,呈丁字形,是塑料制品,外形尺寸比 DIP 封装小得多,并给出了一个典型 PLCC 封装的外形尺寸。

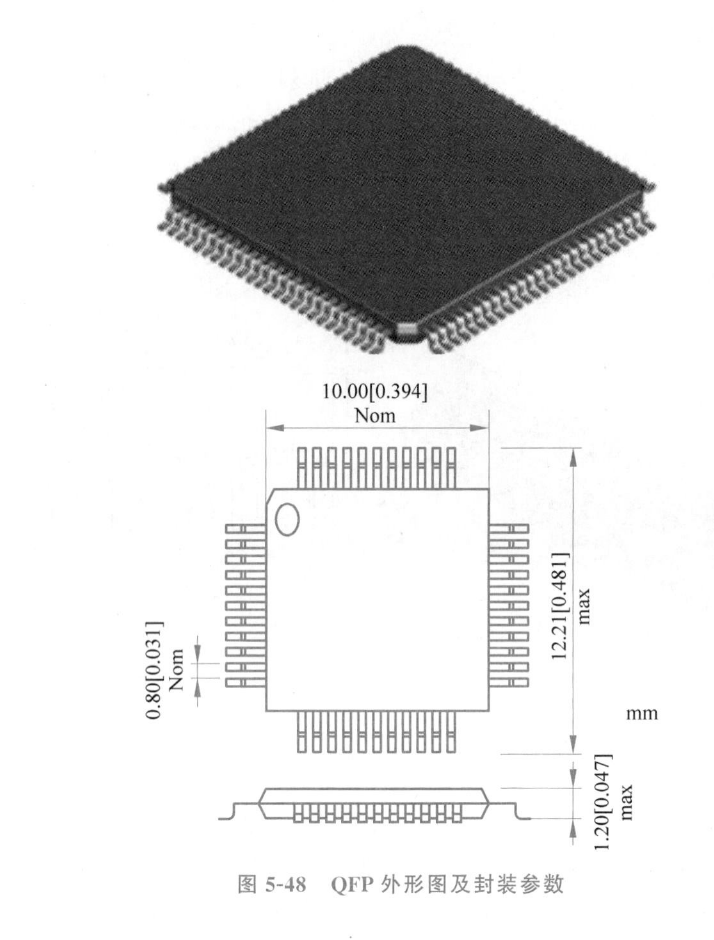

图 5-48 QFP 外形图及封装参数

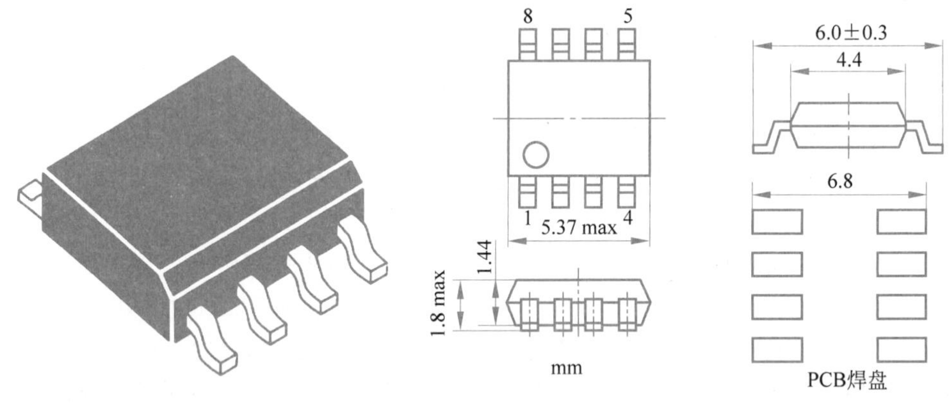

图 5-49 SOP 外形图及封装参数

PLCC 封装适合用 SMT 表面组装技术在 PCB 上安装布线，具有外形尺寸小、可靠性高的优点。

6. 插针网格阵列封装（pin grid array package，PGA）

如图 5-51 所示，这种技术封装的芯片内外有多个方阵形的插针，每个方阵形插针沿芯片的四周间隔一定距离排列，根据引脚数目的多少，可以围成 2～5 圈。安装时，将芯片插入专门的 PGA 插座。

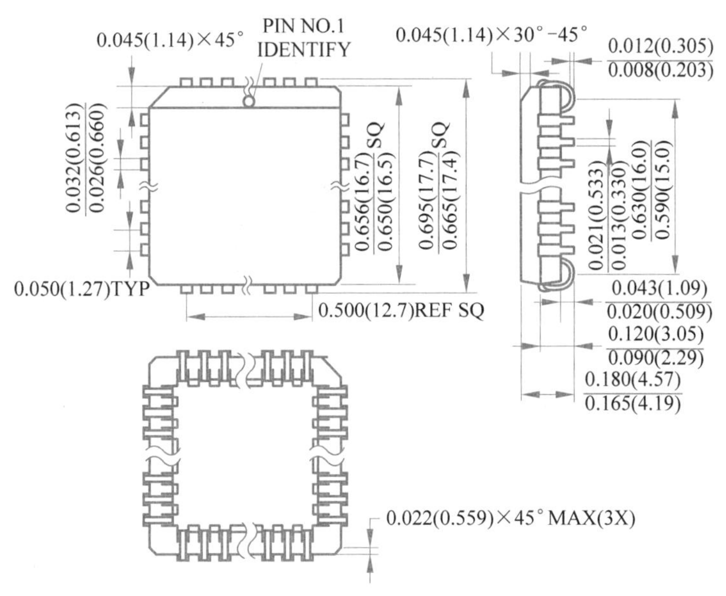

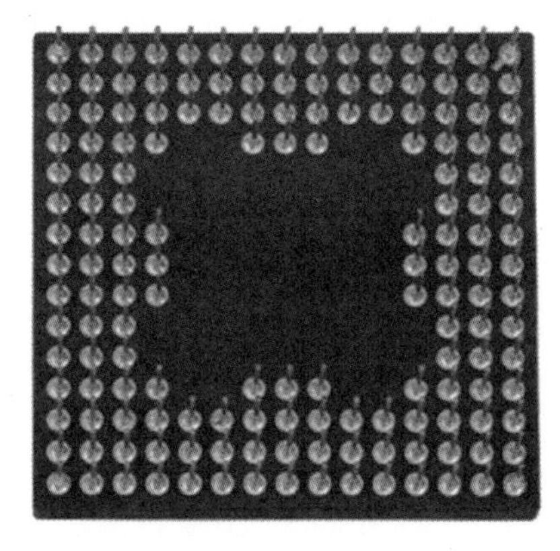

图 5-50　PLCC 封装外形图及封装参数

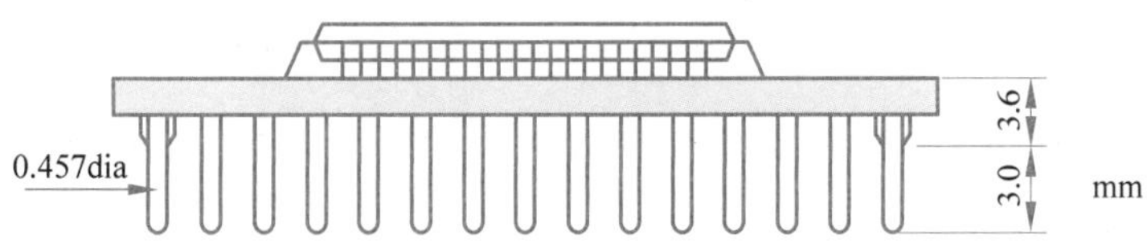

图 5-51　PGA 外形图及封装参数

多数为陶瓷 PGA，用于高速大规模逻辑 LSI 电路，成本较高。引脚中心距通常为 54mm，引脚数为 64～447。为了降低成本，封装基材可用玻璃环氧树脂印制基板代替，也有 64～256 引脚的塑料 PGA。

7．球极阵列封装(ball grid array package，BGAP)

如图 5-52 所示，BGA 在封装底部，引脚都成球状并排列成一个类似于格子的图案。

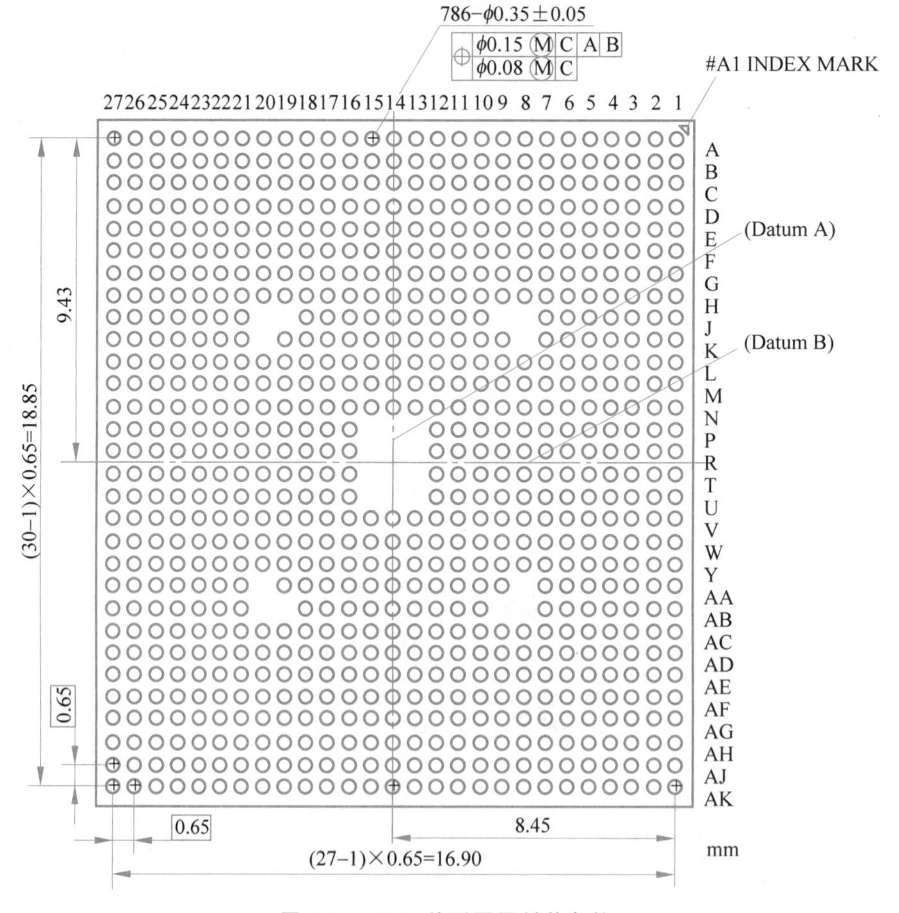

图 5-52 BGA 外形图及封装参数

其特点主要有：

(1) I/O 数较多，可极大地提高器件的 I/O 数，缩小封装体尺寸，节省组装的占位空间。

(2) 提高了贴装成品率，潜在地降低了成本。

(3) BGA 封装的阵列焊球与基板的接触面大，有利于散热。

(4) BGA 封装阵列焊球的引脚很短，缩短了信号的传输路径，减小了引线电感、电阻，因而可改善电路的性能。

(5) 明显地改善了 I/O 端的共面性，极大地减小了组装过程中因共面性差而引起的损耗。

(6) BGA 封装适用于 MCM 封装，能够实现 MCM 的高密度、高性能。

(7) BGA 封装比细节距的脚形封装的 IC 牢固可靠。

8. 栅格阵列(land grid array，LGA)封装

如图 5-53 所示，用金属触点式封装取代了以往的针状插脚，其原理就像 BGA 封装一样，只不过 BGA 封装是用锡焊死的，而 LGA 封装则是可以随时解开扣架更换芯片。

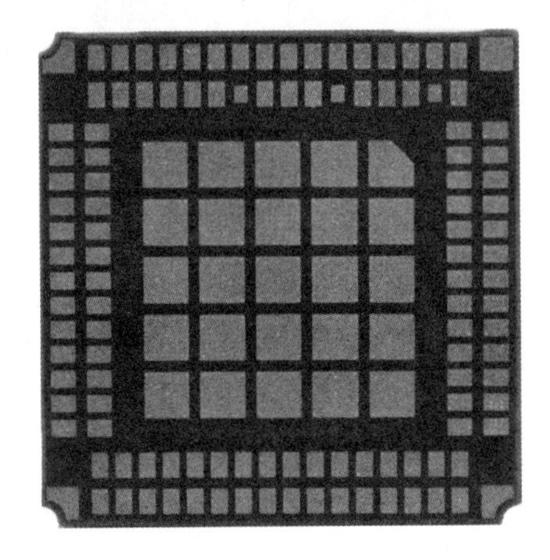

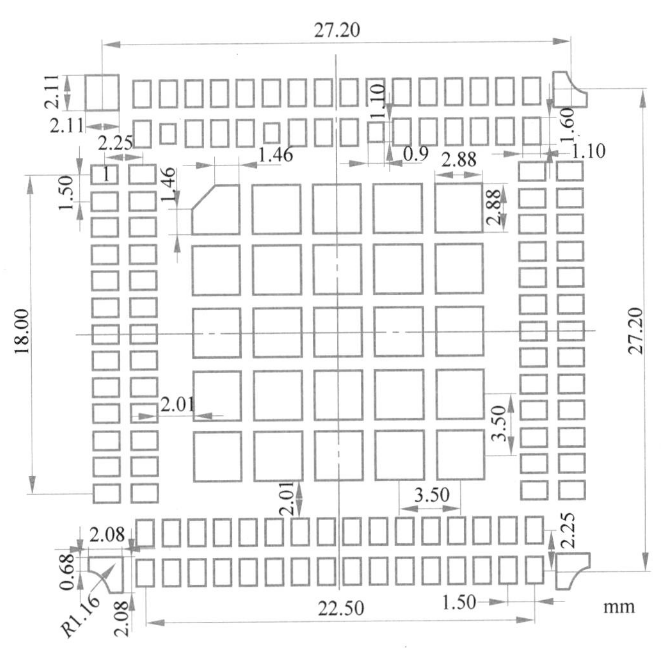

图 5-53　LGA 封装外形图及封装参数

9. 极小空间的片芯级封装(chip scale BGA package,CSP)

CSP是芯片级封装的意思。CSP最新一代的内存芯片封装技术,其技术性能又有了新的提升。CSP可以让芯片面积与封装面积之比超过1∶1.14,已经相当接近1∶1的理想情况,绝对尺寸也仅有32mm^2,约为普通的BGA封装的1/3,仅仅相当于TSOP内存芯片面积的1/6。与BGA封装相比,同等空间下CSP可以将存储容量提高三倍。如图5-54所示为0.5mm球栅间距CSP参数。

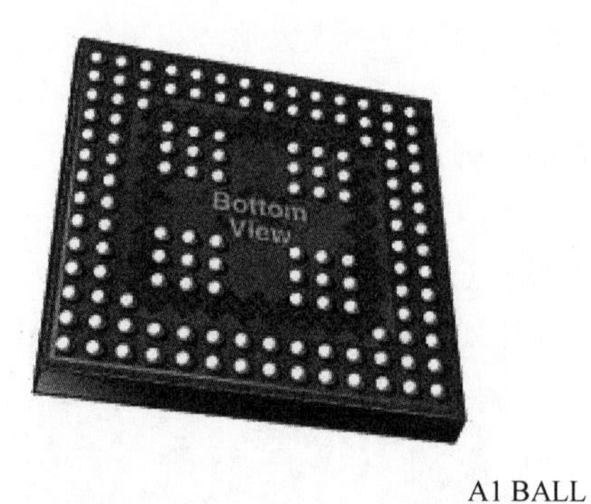

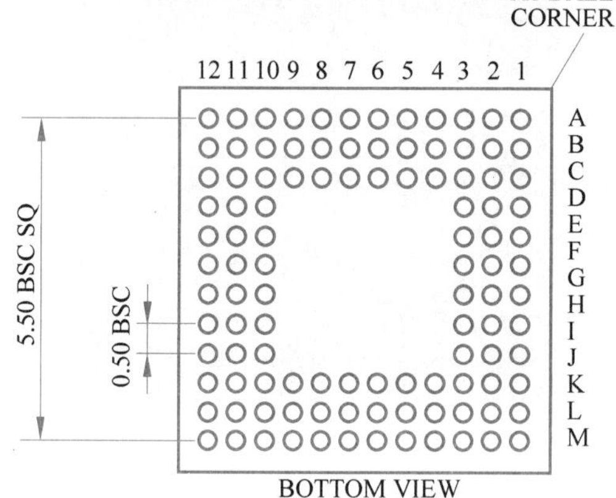

图5-54 CSP外形图及封装参数

本章习题

5.1 PCB设计中主要的层有哪些?

5.2 请简述双面印制电路板的制版流程。

5.3 请简述电子元器件特性对电路和PCB设计的作用。

第6章 电路原理图设计

在进行印制电路板设计过程中，首先要完成电路原理图设计。本章将进一步介绍原理图绘制环境的设置，以及深入讨论原理图绘制技巧。本章内容主要包括原理图绘制流程、所需元件库设计、原理图绘制及检查和导出原理图设计到PCB中。

本章通过设计实例，将原理图环境参数的设置方法和原理图的绘制技巧融合在一起进行介绍。这样，读者可通过对设计实例的学习，系统地掌握嘉立创EDA专业版2.1.33原理图绘制的方法。

6.1 原理图绘制流程

第26集
微课视频

图6-1给出了嘉立创EDA原理图绘制流程。原理图作为电子系统设计原理的图形化描述方法和手段，对其他设计者或者用户理解电子系统的设计思想起着非常重要的作用，因为设计者实现电子系统的设计思想就体现在原理图中。所以，读者既要能绘制原理图，又要能看懂别人绘制的原理图。

通过层次化和平坦式的设计结构，体现一个电子系统的设计原理。因此，原理图的设计应该遵循以下设计原则。

(1) 在设计原理图时，要规范合理地使用元件符号和注解方法。

(2) 原理图的设计必须直观，容易读图。

(3) 原理图的设计质量直接影响所有后续设计的正确性，因此，设计者必须要保证所设计的原理图是对所设计电子系统真实和准确的描述。

(4) 正确地设置用于绘制原理图的环境参数，这对于绘制原理图过程也有很大的影响。

6.1.1 原理图设计规划

本书在介绍原理图、PCB图和相关的设计部分时，使用了一个设计实例。这个设计实例基于MSP430G2553IPW20R作为系统主控器件，实现2020年大学生电子设计竞赛E题“放大器非线性失真研究装置”的单片机系统。在本章原理图设计过程中，将嘉立创EDA专业版原理图绘制参数和原理图绘制方法融合到这个设计过程中。

图6-2给出了该设计的各个模块之间的连接关系。在构建该系统时，需要阅读相关的数据手册。

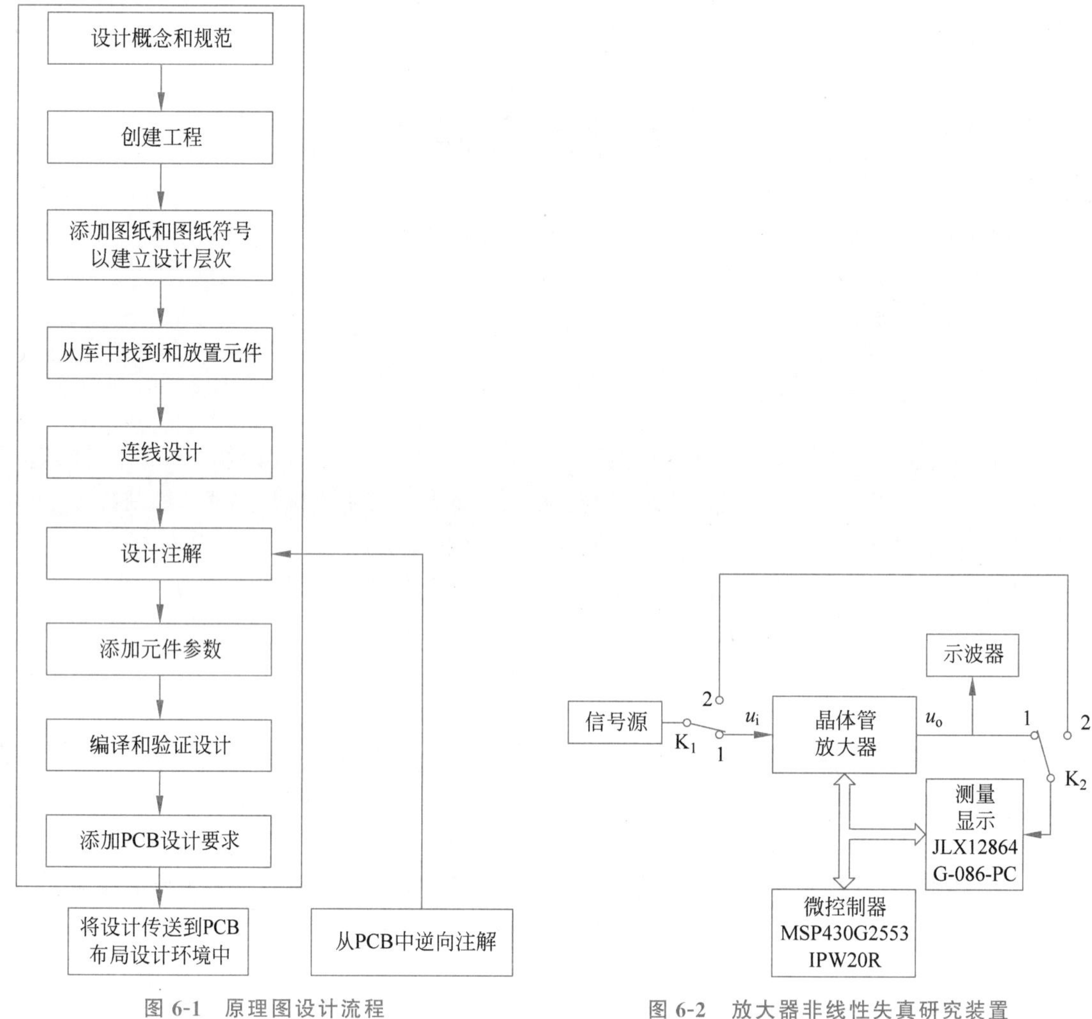

图 6-1 原理图设计流程

图 6-2 放大器非线性失真研究装置系统结构框架

(1) 系统使用的单片机 MSP430G2553IPW20R 数据手册，请登录 https://www.ti.com.cn/product/zh-cn/MSP430G2553 获取。

(2) 系统使用的 LCD 屏 JLX12864G-086-PC 数据手册，请登录 http://www.jlxlcd.cn/html/zh-detail-227.html 获取。

(3) 系统使用的双向开关数据手册，请登录 https://www.ti.com.cn/product/zh-cn/CD4066B 获取。

(4) 系统使用的电阻、电容、二极管、三极管、接插件等元器件的数据手册，请登录 https://pan.baidu.com/s/1HnSR6xhWd-zvkrpmaXtFEQ?pwd=fozk 获取。

原理图设计质量直接影响到后续 PCB 设计和 PCB 制板的质量，所以在绘制原理图之前，必须要进行周密的规划。规划主要包括以下几方面的内容。

(1) 绘制原理图所需要元器件库的原理图封装和 PCB 封装是否完备。如果所需要的库元器件不完整，则在绘制原理图前，需要事先完成所需要元器件原理图封装或者 PCB 封装的绘制。

(2) 对电子系统的各个模块进行仔细划分，如电源模块、控制模块、模拟电路模块和数字处理模块等。

(3) 设计者根据理论知识或者自己的理解所设计的电路，在必要的时候需要对这些电路进行 Spice 仿真。

(4) 确定描述电路设计采用的绘制方式，即采用平坦式还是层次化。

(5) 正确地设置原理图所需要的环境参数。

6.1.2 原理图绘制环境参数设置

下面介绍设置原理图绘制环境参数的步骤。其主要包括以下步骤。

(1) 在嘉立创 EDA 专业版主界面主菜单下，选择“设置”→“客户端”选项，在“设置”对话框中针对客户端的相关参数进行设置，如图 6-3 所示，设置运行模式为半离线模式(工程和库均保存在本地，支持使用在线系统库)，并设置本地库路径和工程目录。单击“确认”按钮后软件切换运行环境并重新启动程序，本书中的例程全部在半离线模式下创建和保存在本地计算机中。

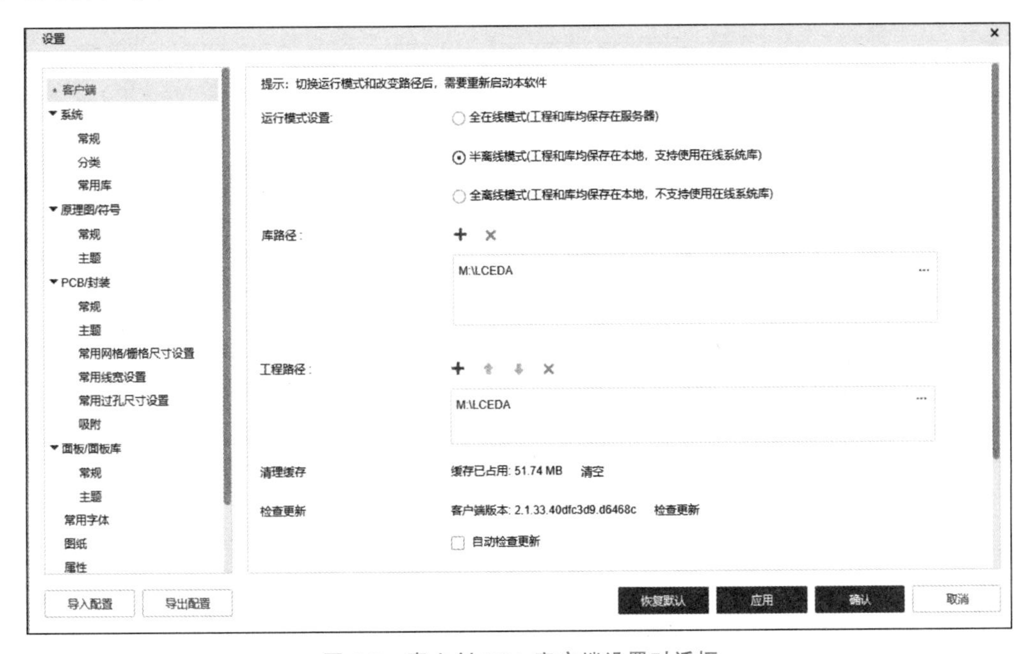

图 6-3 嘉立创 EDA 客户端设置对话框

(2) 在嘉立创 EDA 专业版主界面主菜单下，选择“设置”→“原理图/符号”→“通用”选项，在“设置”对话框中针对原理图绘制参数进行设置，如图 6-4 所示，原理图绘制参数界面包含单位、网络类型 、十字光标、1 线宽显示、默认网格尺寸、指示线、复制/剪切、默认网络名、单击导线选中、拖动网络名、移动及旋转符号导线跟随方式、每页元件放置数量、其他等选项。完成设置后单击“确认”按钮退出。

(3) 在嘉立创 EDA 主界面主菜单下，选择“设置”→“原理图/符号”→“主题”选项，在“设置”对话框中针对原理图绘制主题进行设置，如图 6-5 所示，原理图绘制主题参数界面包含图元风格、对象、描边颜色、填充颜色、字体、线型等选项。完成设置后单击“确认”按钮退出。

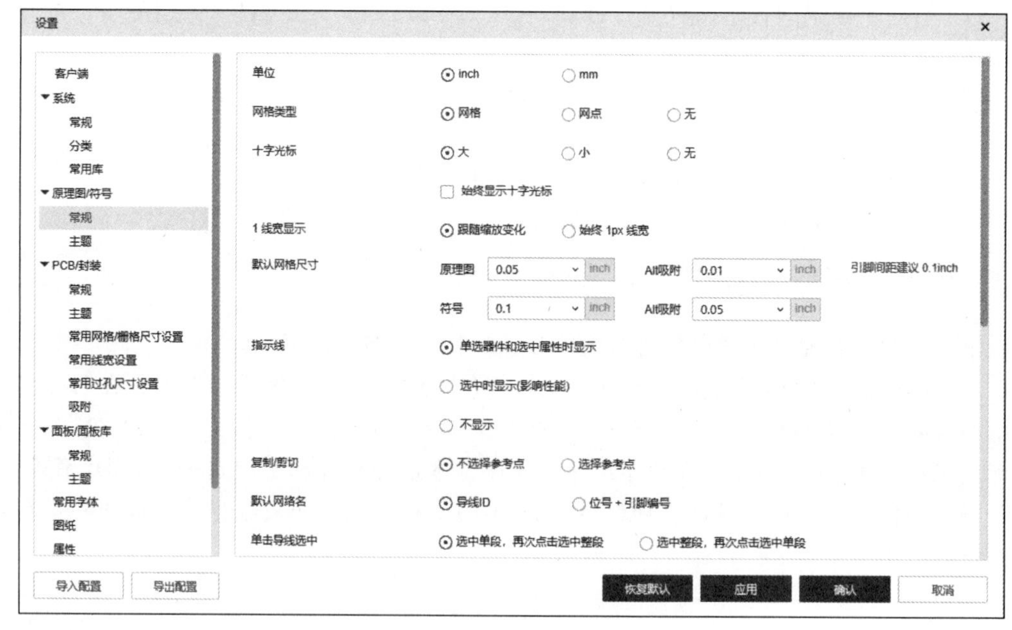

图 6-4　嘉立创 EDA 原理图通用设置对话框

第 27 集
微课视频

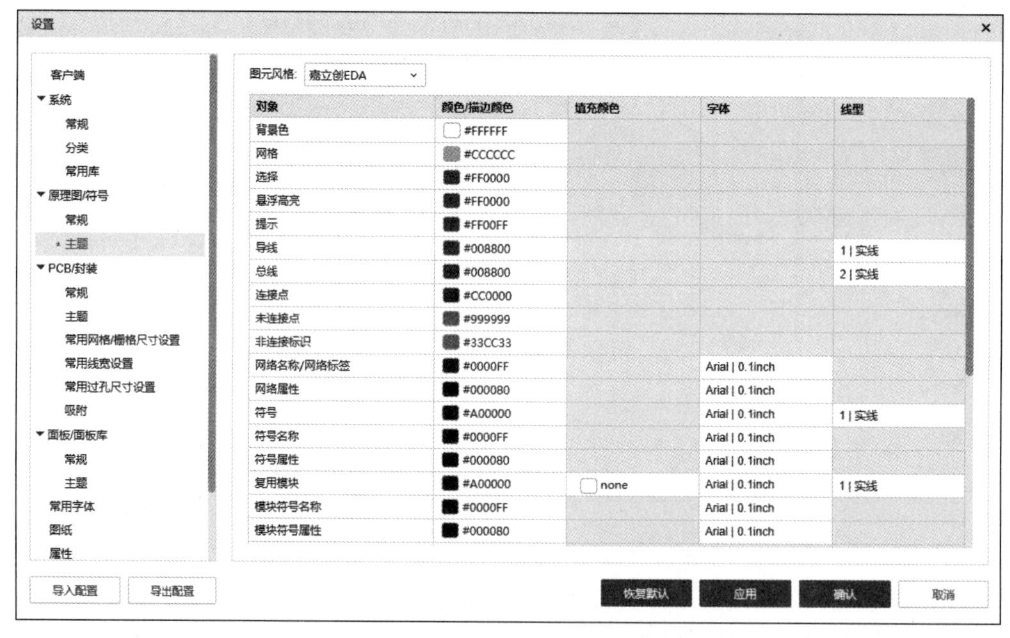

图 6-5　嘉立创 EDA 原理图绘制主题设置对话框

6.2　原理图元器件库设计

元器件的原理图封装用于原理图的设计，它表示元器件端口连接关系的符号描述。在完成元器件原理图符号和 PCB 封装的设计后，将通过分配模型和参数的方法，实现它们之间的对应关系。本节通过两个不同类型的器件集成电路和 LCD 屏，描述不同的原理图符号设计方法。

6.2.1 创建器件 MSP430G2553IPW20R 原理图符号

本节将为 MSP430G2553IPW20R 器件创建一个原理图符号封装。下面给出绘制 MSP430G2553IPW20R 原理图符号的步骤，其主要包括以下步骤。

(1) 在嘉立创 EDA 主界面主菜单下，选择“文件”→“新建”→“元件库”选项，在新建元件库对话框中设置库名称为 THDLIB，单击“保存”按钮生成了 THDLIB. elib 的库文件。

(2) 在嘉立创 EDA 主界面主菜单下，选择“设置”→“系统”→“分类”选项，在“设置”对话框中选择 THDLIB 库，如图 6-6 所示，单击＋号增加集成电路和 LCD 屏两个一级分类，用于保存本节创建的器件。完成设置后单击“确认”按钮退出。

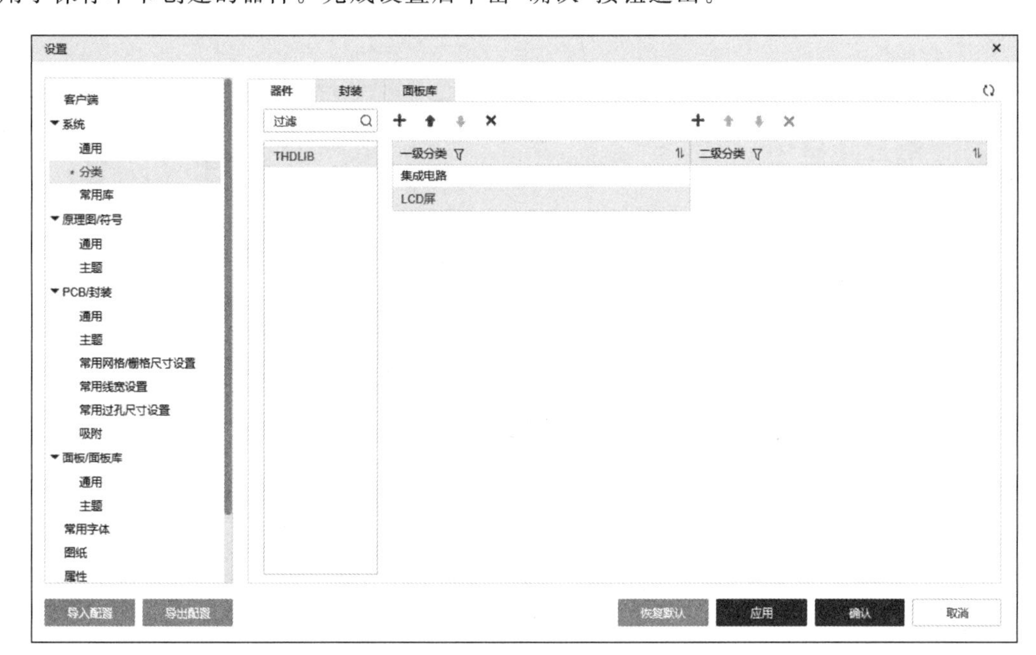

图 6-6 THDLIB 库中设置元件分类对话框

示例视频 13
微课视频

(3) 在嘉立创 EDA 主界面主菜单下，选择“文件”→“新建”→“元件”选项，在“新建器件”对话框中设置库为 THDLIB，“器件”设置为元件和 MSP430G2553IPW20R，“分类”设置为集成电路，“描述”设置为混合信号微控制器，如图 6-7 所示。单击“保存”按钮生成了 MSP430G2553IPW20R 器件。

(4) 在原理图符号设计窗口内，在左侧面板的“库设计”中选择“向导”标签，按照图 6-8 所示，设置器件“类型”为 DIP、“原点”位于第一脚、“左/右引脚数”为 10、“引脚间距”为 0. 1inch、“引脚长度”为 0. 2inch、“引脚编号方向”为逆时针圆，单击“生成符号”按钮自动生成 20 脚符号。

(5) 选中器件每个引脚编辑该引脚属性，如图 6-9 所示，按照器件数据手册编辑 1 引脚的相关属性，设置“引脚名称”为 DVCC。

图 6-7 “新建器件”对话框界面

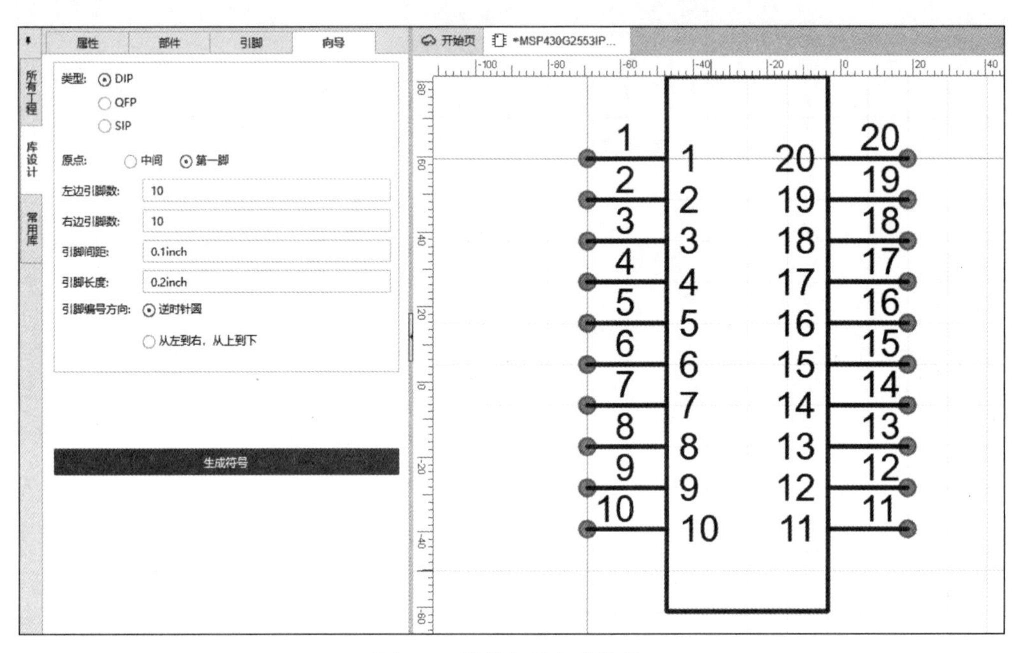

图 6-8 利用向导生成符号

(6) 依次修改芯片 20 个引脚的属性，器件 MSP430G2553IPW20R 的原理图符号如图 6-10 所示。

(7) 为器件分配元器件封装。在左侧面板的“库设计”中选择符号属性，单击“封装”输入框，在弹出的“封装管理器”对话框中搜索 TSSOP-20_L6.5-W4.4-P0.65-BL，如图 6-11 所示，添加其作为器件封装，单击“确认”按钮完成封装的设置。

(8) 为器件分配 3D 封装模型。在左侧面板的“库设计”中选择符号属性，单击“3D 模型”输入框，在弹出的“3D 模型管理器”对话框中搜索 TSSOP-20_L6.5-W4.4-P0.65-BL，如图 6-12 所示，添加其作为器件 3D 模型，单击“确认”按钮完成 3D 模型的设置。

(9) 完成的 MSP430G2553IPW20R 原理图封装符号的设计如图 6-13 所示。

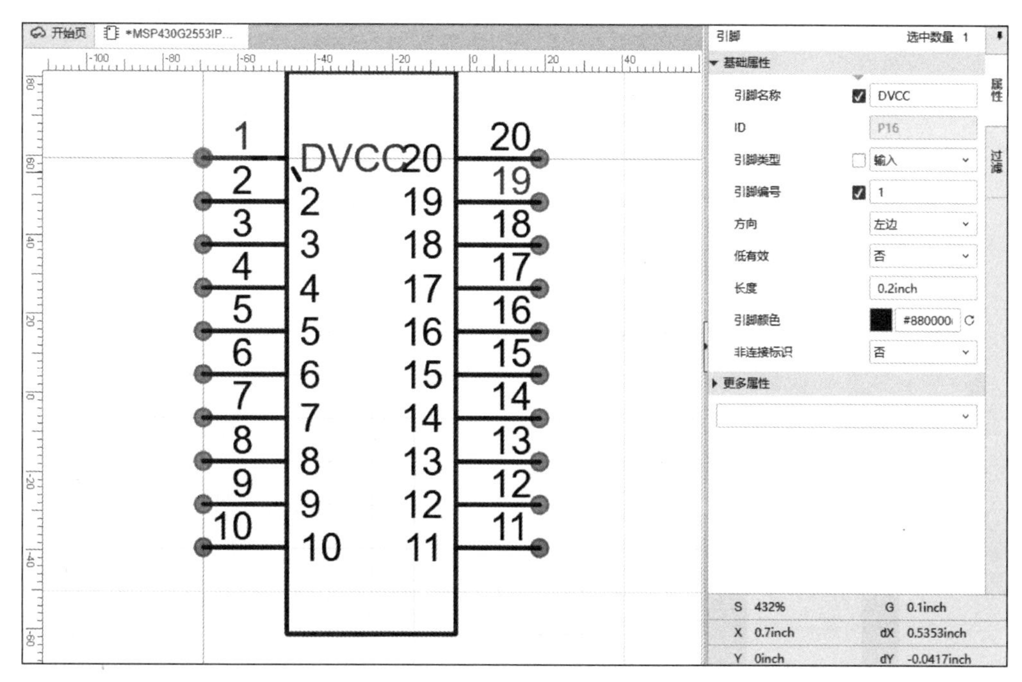

图 6-9　修改引脚 1 属性

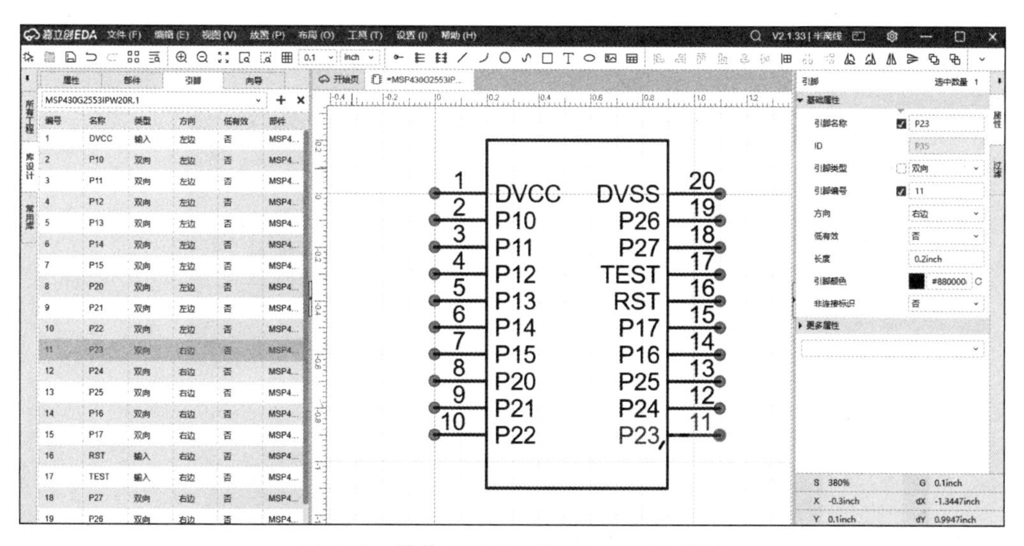

图 6-10　器件 MSP430G2553IPW20R 符号

6.2.2　创建器件 JLX12864G-086-PC 原理图符号

本节将为 JLX12864G-086-PC 器件创建一个原理图符号。对于复杂器件的原理图符号封装的绘制，通常需要几个部分才能描述清楚。所以，设计者需要进行精心的规划。

通常按照不同的功能划分每个部分的原理图符号。例如，对于 JLX12864G-086-PC 器件来说，就是将该器件的原理图符号封装按照不同的功能进行划分，将其划分为器件电气引脚部分和机械定位固定部分。

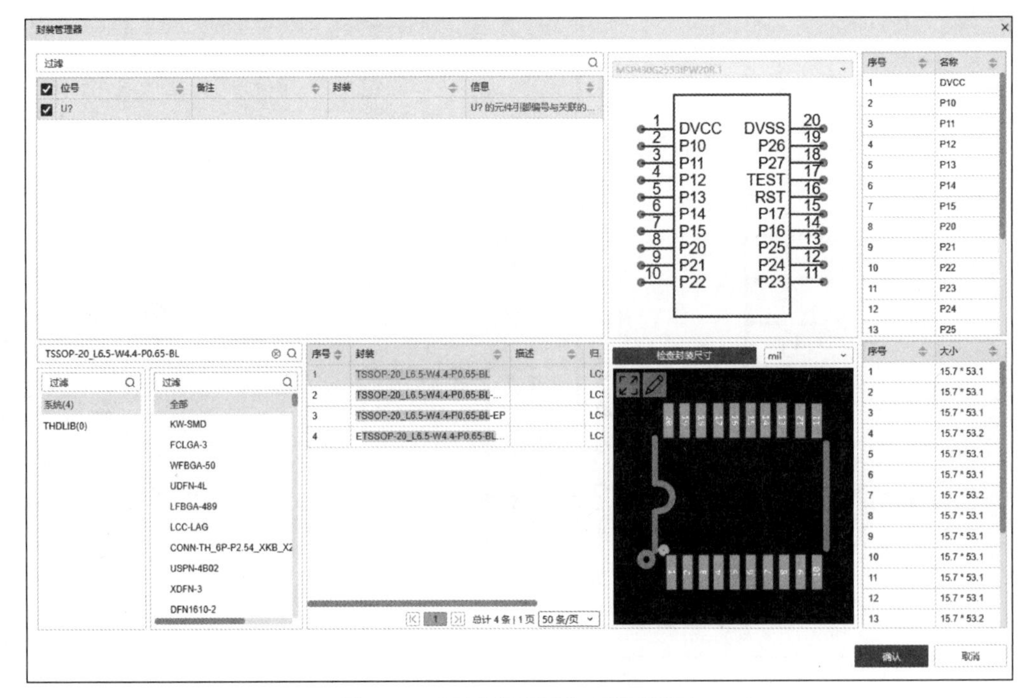

图 6-11 “封装管理器”对话框界面

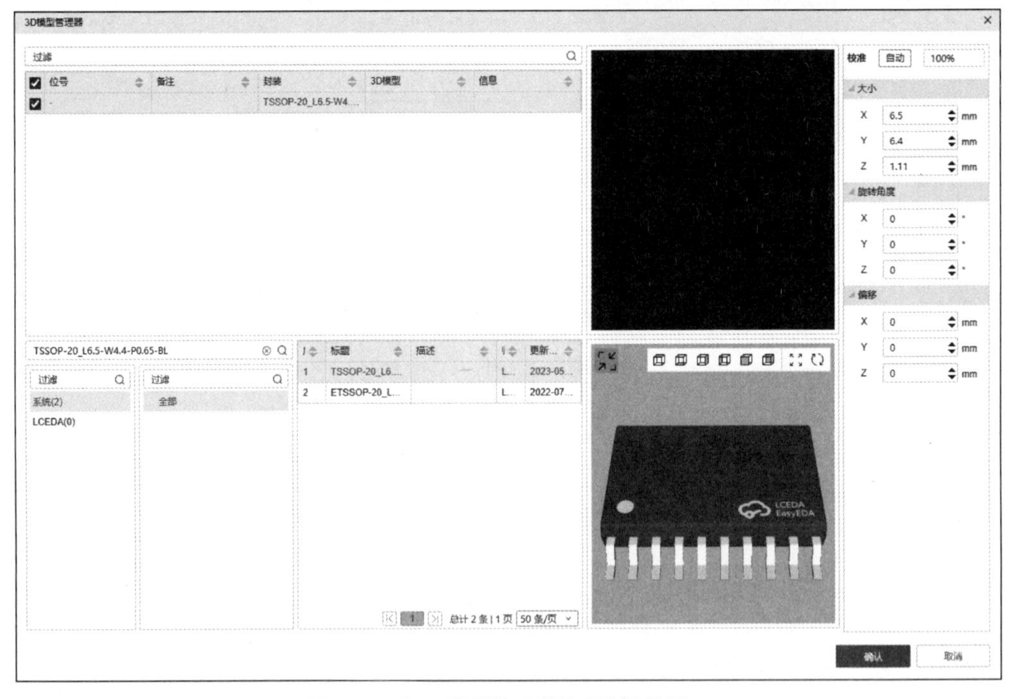

图 6-12 “3D 模型管理器”对话框界面 1

在绘制这类器件的原理图符号封装时，可以参考厂商所提供的类似器件的原理图封装。这样，能够设计出更好的原理图符号封装。

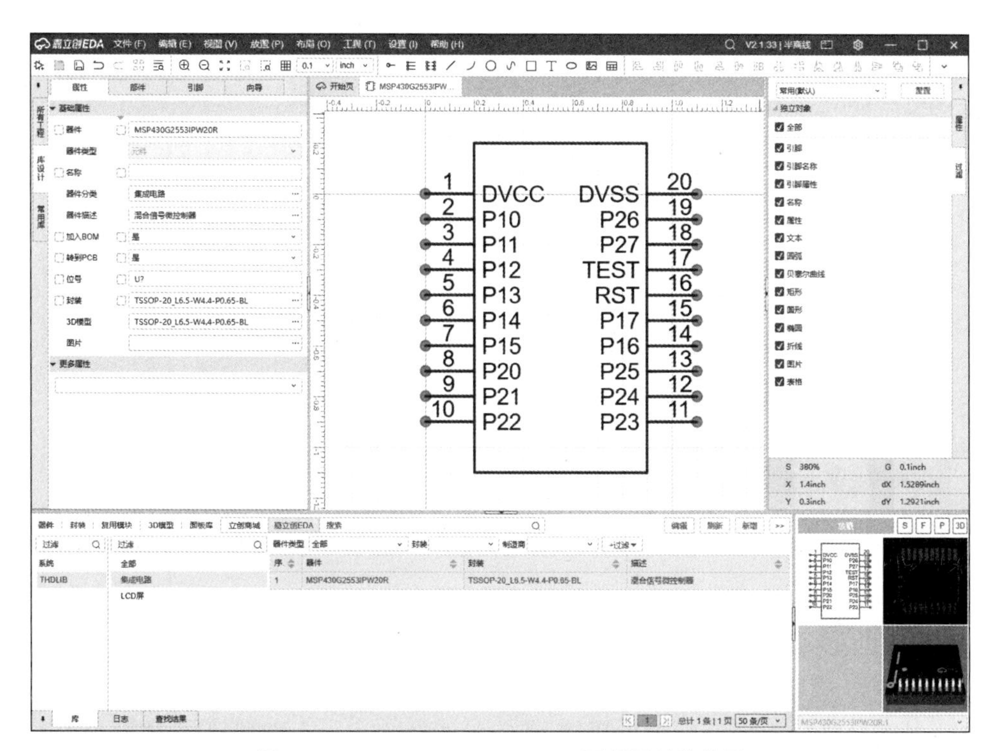

图 6-13 MSP430G2553IPW20R 原理图封装符号

不管根据什么规则划分原理图符号封装的不同部分，总的规则是简明扼要，便于原理图的绘制。下面给出创建原理图符号封装的步骤，其主要包括以下步骤。

(1) 在嘉立创 EDA 主界面主菜单下，选择"文件"→"新建"→"元件"选项，在"新建器件"对话框中设置"库"为 THDLIB，"器件"设置为元件和 JLX12864G-086-PC，"分类"设置为 LCD 屏，"描述"设置为 128X64 点 LCD 屏，如图 6-14 所示。单击"保存"按钮生成 JLX12864G-086-PC 器件。

新建器件

库 THDLIB 创建元件库

器件 元件 JLX12864G-086-PC

分类 LCD屏 管理分类

描述 128X64点LCD屏

保存 取消

图 6-14 "新建器件"对话框界面

(2) 在原理符号设计窗口内，在左侧面板的"库设计"中选择符号"向导"，按照图 6-15 所示设置器件"类型"为 SIP、"原点"位于第一脚、"左边引脚数"为 12、"引脚间距"为 0.1inch、"引脚长度"为 0.2inch，单击"生成符号"按钮自动生成 12 脚符号。

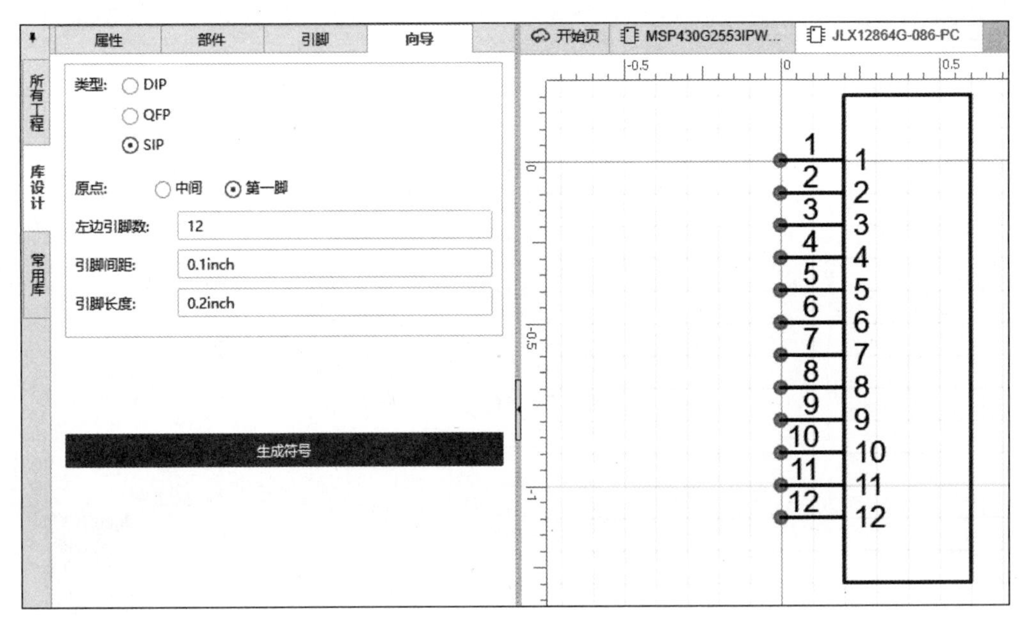

图 6-15　利用向导生成符号

(3) 依次修改器件 12 个引脚的属性,器件 JLX12864G-086-PC 的原理图符号如图 6-16 所示。

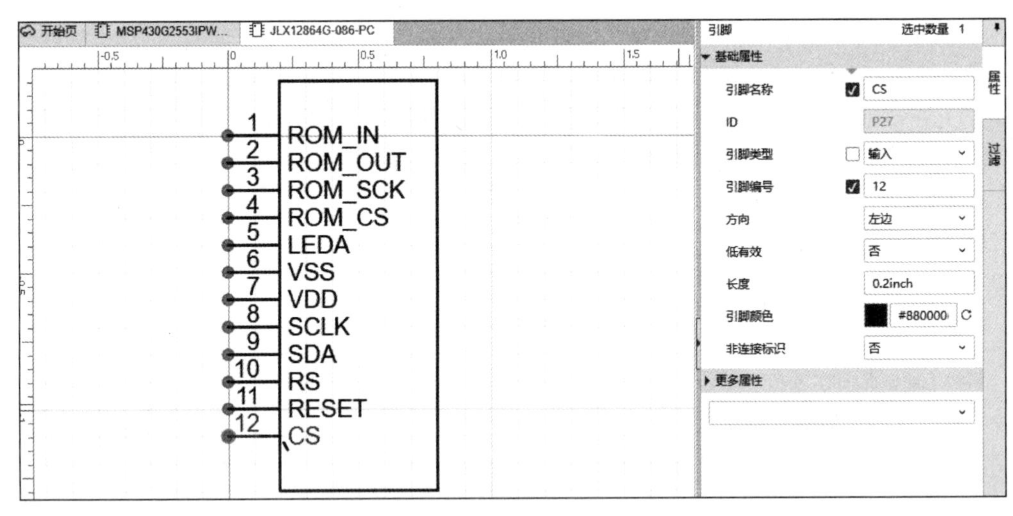

图 6-16　器件 JLX12864G-086-PC 的电气引脚原理图符号

(4) 为该器件添加机械定位固定部分符号。在原理图符号设计窗口内,在左侧面板的“库设计”中选择符号“部件”,单击右上角 ⊕ 按钮增加符号部分 2,如图 6-17 所示。

(5) 在原理图符号设计窗口内,为器件 JLX12864G-086-PC 符号部分 2 添加 8 个用于机械固定的非电气引脚,如图 6-18 所示,引脚名称为 NC(不需要连接)。

(6) 元器件器件封装将于后续创建后进行分配。

(7) 为器件分配 3D 封装模型。将提前下载的器件 3D 封装文件 step 文件放置到系统库目录下,在左侧面板的“库设计”中选择符号“属性”,单击“3D 模型输入框”,在弹出的“3D

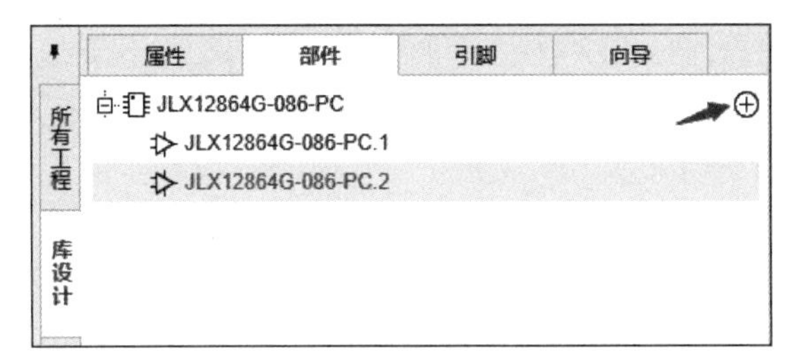

图 6-17　器件 JLX12864G-086-PC 增加符号部分

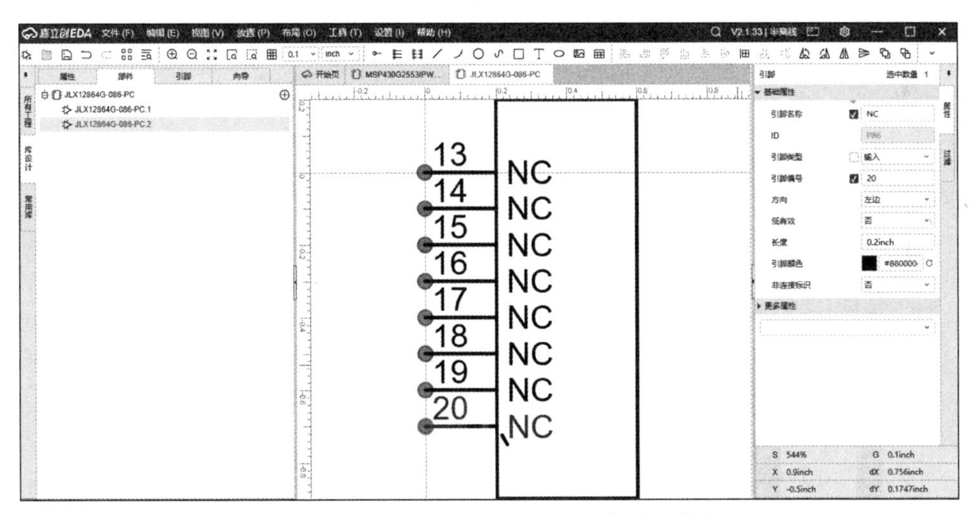

图 6-18　器件 JLX12864G-086-PC 部分 2 符号

模型管理器”对话框中，选择 JLX12864G-086-PC. step 模型，如图 6-19 所示，添加其作为器件 3D 模型，单击“确认”按钮完成 3D 模型的设置。

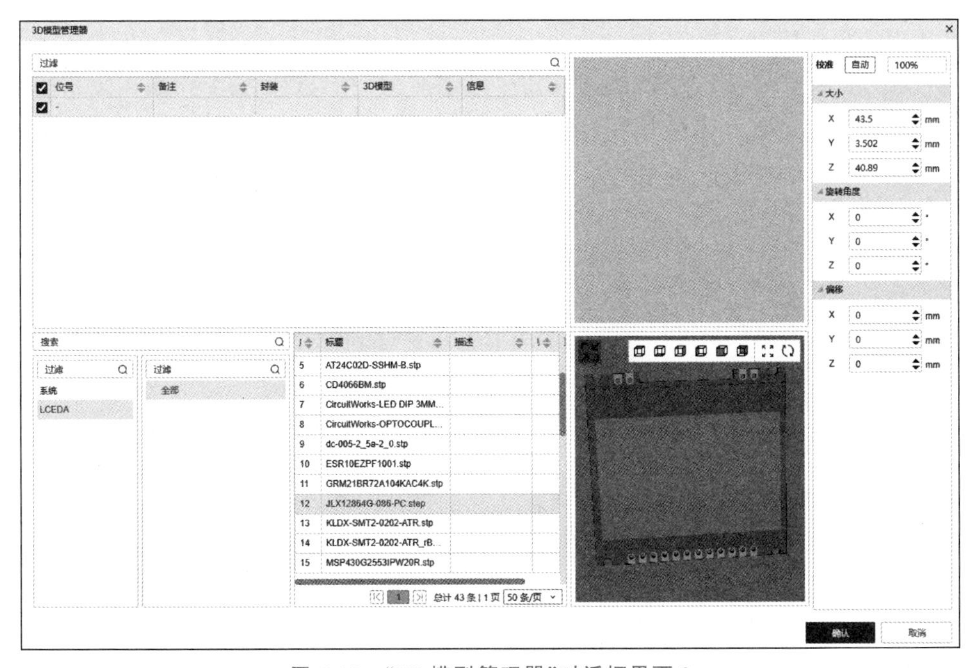

图 6-19　“3D 模型管理器”对话框界面 2

至此，完成了元件 JLX12864G-086-PC 的原理图符号封装设计。

6.3 原理图绘制及检查

在绘制原理图前，必须确认所需要的元器件原理图符号封装和 PCB 封装。如果嘉立创 EDA 或者第三方没有提供设计中所需要电子元器件的完整封装，则设计者在绘制原理图前，需要定制没有事先提供的电子元器件的完整封装。当嘉立创 EDA、第三方或者设计者已经提供了设计中所需元器件的完整模型后，将这些模型添加到嘉立创 EDA 软件的库管理器中使用，本书中原理图符号使用自建的 THDLIB 元件库。

6.3.1 绘制原理图

原理图的绘制过程直接影响原理图的绘制质量。在原理图绘制的过程中，不但要考虑电子系统原理本身，还要考虑后续 PCB 绘制。下面给出在绘制原理图过程中需要考虑的一些因素：

(1) 在满足电子系统原理本身的情况下，如果连线不合理，会直接导致 PCB 绘制复杂度的增加。尤其是在很多设计中，存在大规模可编程逻辑器件，由于该器件绝大多数引脚是根据设计者的要求进行分配的，所以在分配引脚的过程中，一定要考虑到 PCB 布线是否方便，这种分配过程很少能一次成功。甚至在将原理图导入 PCB 绘制工具后，在 PCB 绘制的工程中，才会发现在原理图的分配引脚不够合理。然后，再次对原理图进行修改。这个反复修改原理图连线的过程，其实是在考量设计人员系统规划设计的能力。这种系统规划设计的能力，必须通过多次的实际绘图设计才能逐步提高。

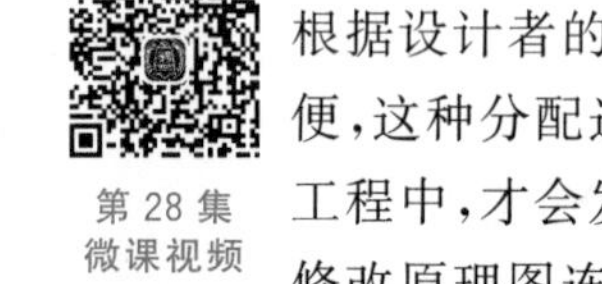

第 28 集
微课视频

示例视频 14
微课视频

(2) 最终的原理图可能需要提供给其他设计者，由他们对设计进行参考或者进一步检查，所以需要对每张设计图纸进行清晰的标注。这样，在某种程度上，也能大大降低由于设计者的失误所导致的设计错误。

(3) 对于一个电子系统的设计，通常需要绘制多张图纸，到底需要绘制多少张图纸，并没有一个严格的规定。设计原则是每张图纸对电子系统的描述不能太复杂，如果太复杂，则容易造成设计出现问题。但是，一张图纸的描述又不能过于简单，太简单的话，所需要绘制图纸的数量就会增加，在多张图纸之间进行网络连接就会变得非常复杂；并且对于检查图纸的工程技术人员来说，增加了理解难度和发现错误的难度。所以，在绘制原理图时需要折中考虑。这种折中考虑问题的能力，也是在多次绘图设计中总结出来的。

(4) 原理图的绘制很少可以一次就完美地实现，可能需要对原理图进行多次的修改，甚至需要重新绘制某些原理图。所以，绘图过程一定要有足够的耐心。

6.3.2 添加设计图纸

根据设计的要求，确定一个设计中所需要总的设计图纸数量。在每添加一张图纸前，设计者都要清楚，所添加的多张图纸需要绘制电子系统的哪个部分。在绘制原理图的过程中，不需要一次就添加完所有的图纸，在设计的过程中也可以根据设计需要增加图纸。

(1) 在嘉立创 EDA 主界面主菜单下，选择“文件”→“新建”→“工程”选项，如图 6-20 所示，在“新建工程”对话框中设置工程“名称”为 THD，单击“保存”按钮生成名为 THD. eprj

的工程文件。

新建工程

名称 THD

描述 本工程用于显示原理图与PCB绘制

工程路径 M:\LCEDA

保存 取消

图 6-20 “新建工程”对话框界面

(2) 嘉立创 EDA 创建工程时会默认创建一个电路板、一个原理图和一个 PCB，无须在创建工程后再创建 PCB。在左侧“工程设计”中可以修改电路板、原理图和 PCB 的名称，右击 Board1，在菜单中选择重命名，修改电路板名称为 THD，如图 6-21 所示，依次修改原理图和 PCB 的名称为 THD-SCH 和 THD-PCB。

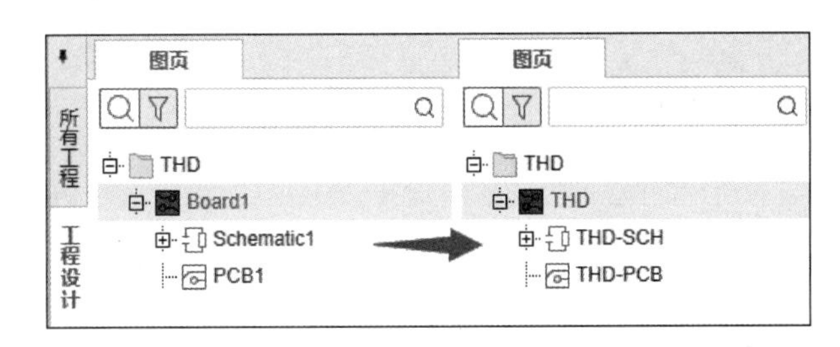

图 6-21 修改电路板、原理图和 PCB 名称

(3) 在左侧“工程设计”中双击原理图 THD-SCH 中的 1. P1，进入原理图编辑页面。工程默认生成的原理图尺寸为 A4，可以在右侧图纸属性中修改相应的尺寸，或调整图纸尺寸的宽度和高度。在右侧图纸属性中可以设置原理图绘制人、审阅人、版本、料号等信息，图 6-22 为本例程中原理图图纸页 1 的相关信息。

(4) 在嘉立创 EDA 主界面主菜单下，选择“文件”→“新建”→“图页”选项，自动生成原理图图纸页 2，可以按照操作图纸页 1 的方法设置本页图纸的参数。

6.3.3 放置原理图符号

在图纸页 1 和 2 内放置元器件的原理图符号。

1. 图纸页 1 中放置原理图符号

在图纸页 1 中放置元器件原理图符号主要包括以下步骤。

(1) 打开名字为 P1. THD-SCH 的原理图。

(2) 在底部面板元器件库管理器中，找到名称为 THDLIB 的元件库。如图 6-23 所示，在该库中，找到名字为 732511150(信号输入为 SMA 的接插件)的元件，双击该元件将其放入到原理图中的左上角位置。

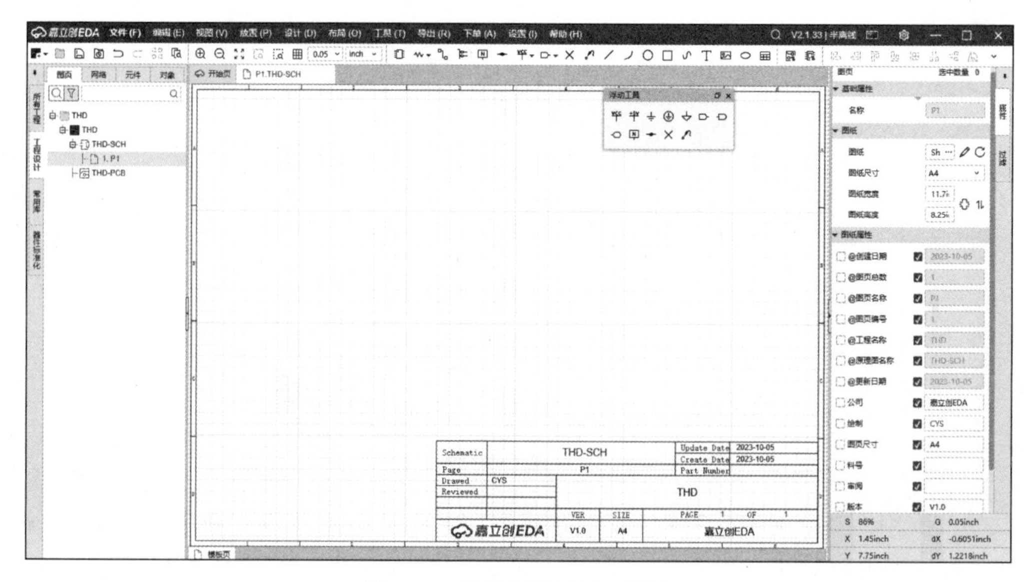

图 6-22　原理图图纸页 1 界面

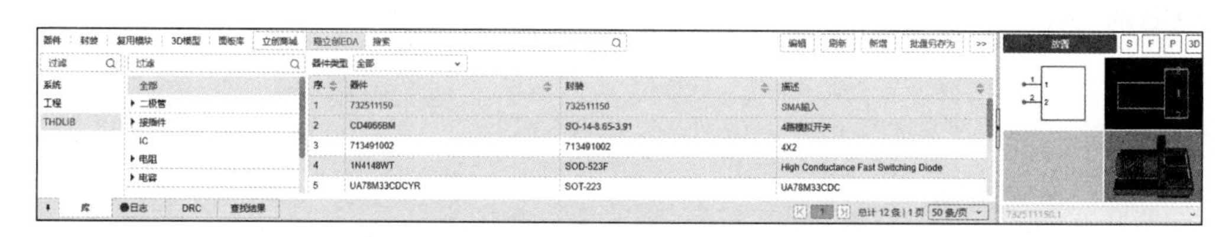

图 6-23　底部面板元器件库

(3) 按图 6-24 所示，将电阻、电容、NPN、PNP、二极管、CD4066BM 等元器件分别放置到图纸页 1 中的合适位置。

(4) 按照图 6-24 所示放置电路设计中各网络名称。

(5) 保存设计图纸。

2. 图纸页 2 中放置原理图符号

在图纸页 2 中放置元器件原理图符号主要包括以下步骤。

(1) 打开名字为 P2. THD-SCH 的原理图。

(2) 按照图 6-25 所示，将 MSP430G2553IPW20R、JLX12864G-086-PC、电阻、电容、UA78M33、按键、接插件等元器件分别放置到图纸页 2 中的合适位置。

(3) 按照图 6-25 所示，放置电路设计中各网络名称。

(4) 保存设计图纸。

6.3.4　连接原理图符号

必须预先严格设计指标和要求，将原理图符号连接在一起。在该设计中，通过网络标号和连线实现原理图内元件和跨页原理图元件之间的连接。在绘制完原理图后，如果在 PCB 设计中发现原理图中的连线不满足 PCB 布线要求，还需要返回来修改原理图符号之间的连线关系。

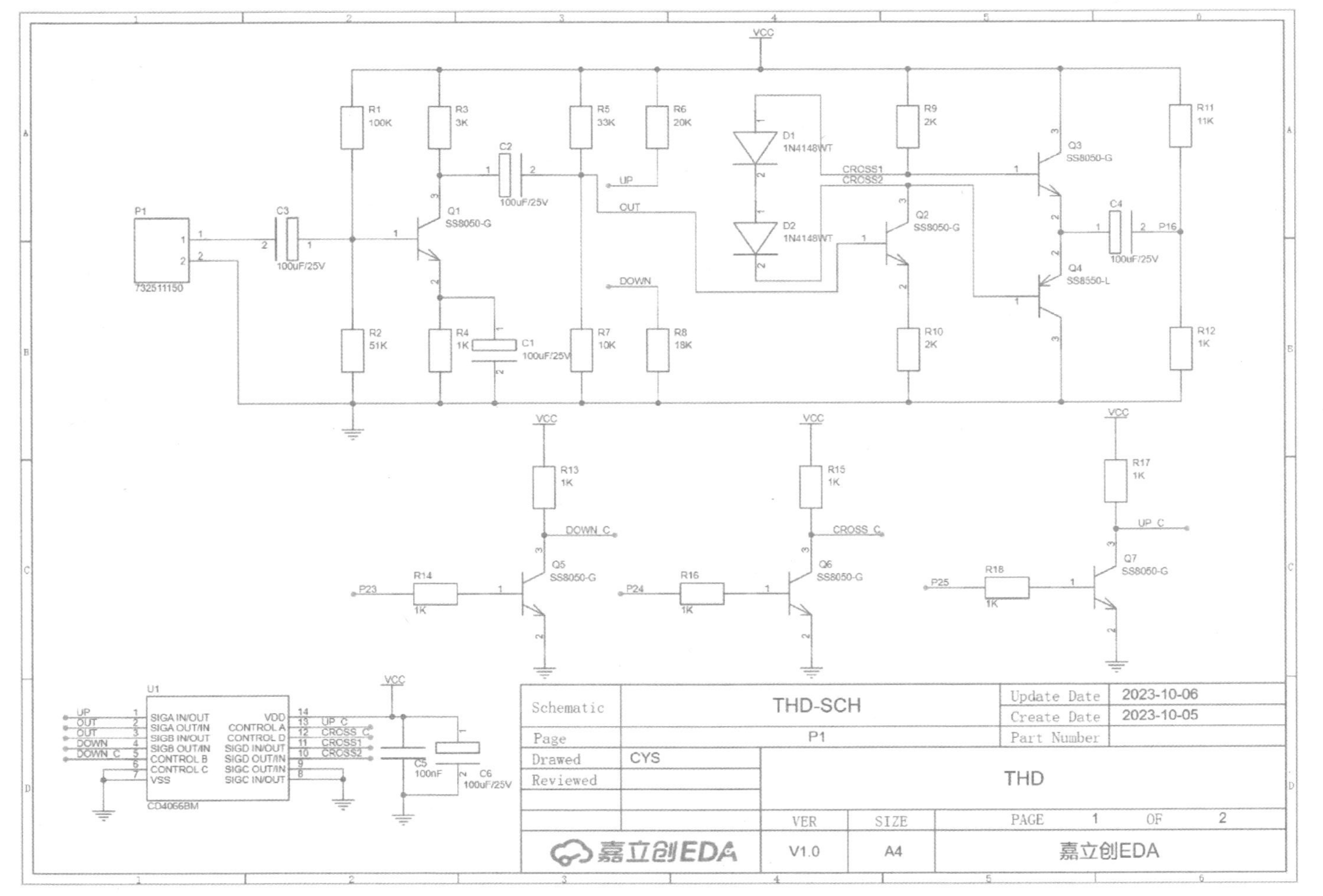

图 6-24　原理图图纸页 1 电路设计

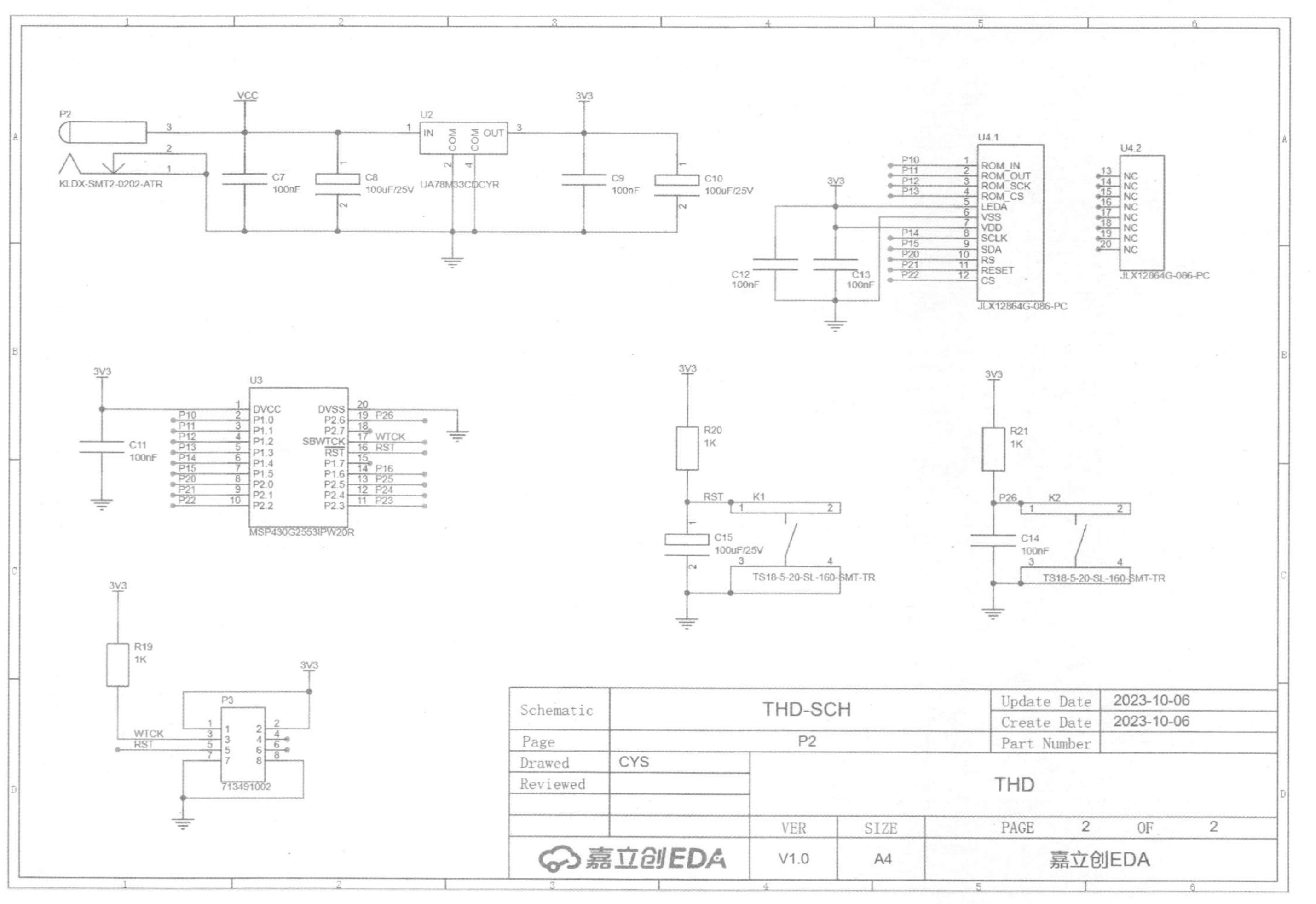

图 6-25 原理图图页 2 电路设计

连接原理图符号主要包括以下步骤。

(1) 打开名为 P1. THD-SCH 的原理图。

① 按照图 6-24 所示的原理图图纸，完成连线。

② 在相应的连线上给出网络标号，用来表示原理图中每个电气网络的连接关系。

③ 保存设计图纸。

(2) 打开名为 P2. THD-SCH 的原理图文件。

① 按照图 6-25 所示的原理图图纸，完成连线。

② 在相应的连线上给出网络标号，用来表示原理图中每个电气网络的连接关系。

③ 保存设计图纸。

6.3.5　检查原理图设计

在将原理图设计导入到 PCB 布局工具前，需要对原理图设计进行检查。在嘉立创 EDA 内，通过对设计进行编译来检查逻辑错误、电气错误和绘图错误。

在嘉立创 EDA 主界面主菜单下选择“设计”→“设计规则”选项，可以对原理图检查的设计规则进行设置。从如图 6-26 所示的“设计规则”对话框可以看到规则的错误消息等级，并且可以对错误消息等级进行修改。消息等级分为致命错误、错误、警告、提醒等。

设计规则

☑	No.	检查项	设计规则	消息等级
☑	1	网络	总线名需要符合规则	致命错误
☑	2		网络名需要符合规则	致命错误
☑	3		网络名不能超过 255 个字符	错误
☑	4		通过总线分支跟总线相连的导线，必须有名称且符合所连总线的命名规则	致命错误
☑	5		元件相同引脚编号的引脚需要连接到同一个网络。	致命错误
☑	6		网络标识，网络端口需要有名称	错误
☑	7		网络标识，网络端口含有"全局网络名"属性时，所连导线的名称需要与"全局网络名"的值一致	错误
☑	8		引脚的连接端点不能重叠且未连接	致命错误
☑	9		导线不能是游离导线(未连接任何元件引脚)	警告
☑	10		导线不能是独立网络的导线(仅连接了一个元件引脚)	警告
☑	11		网络端口名称需要与所连接导线的名称一致	提醒
☑	12		网络端口名称需要与所连接总线的名称一致	提醒
☑	13		网络标签、网络标识、网络端口、短接符需要连接导线或总线	提醒
☑	14		导线和总线未连接网络标识或网络端口时，名称需要显示在画布	提醒
☑	15	元件	元件需要有"器件"、"封装"属性，不能为空	致命错误
☑	16		元件如果有"值"属性，不能为空	提醒
☑	17		元件的引脚需要有"编号"属性，不能为空	致命错误
☑	18		元件的引脚和焊盘需要一一对应	错误
☑	19		如果元件含有多部件，每个部件的"器件，封装，位号"这几个属性必须一致	致命错误
☑	20		如果元件含有多部件，每个部件除了"器件，封装，位号"这几个属性外，其他属性必须一致	警告

导入配置　导出配置　恢复默认　立即校验　确认　取消

图 6-26　原理图“设计规则”设置界面

在嘉立创 EDA 主界面主菜单下选择“设计”→“检查 DRC”选项即可进入设计规则检查页面，检查结果在底部面板 DRC 信息中显示，如图 6-27 所示为原理图 DRC 检查结果。

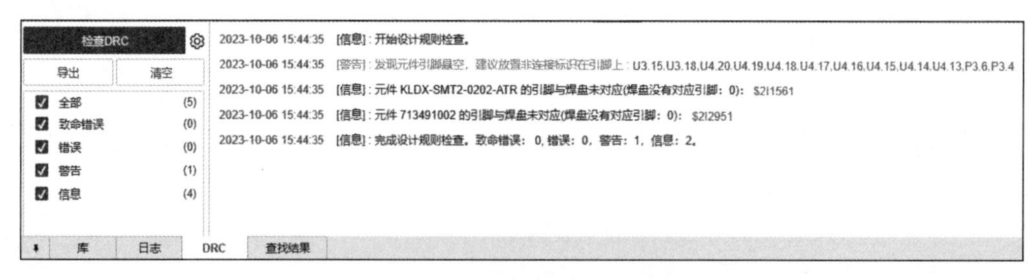

图 6-27 原理图 DRC 检查结果

DRC 检查结果显示其中部分未使用引脚没有进行连接内容为[警告]：发现元件引脚悬空，建议放置非连接标识在引脚上。双击对应的引脚名称即跳到对应警告问题处，如图 6-28 所示，在 LCD 屏机械固定非电气引脚加入非连接标识即可，重新运行 DRC 检查该警告消失。

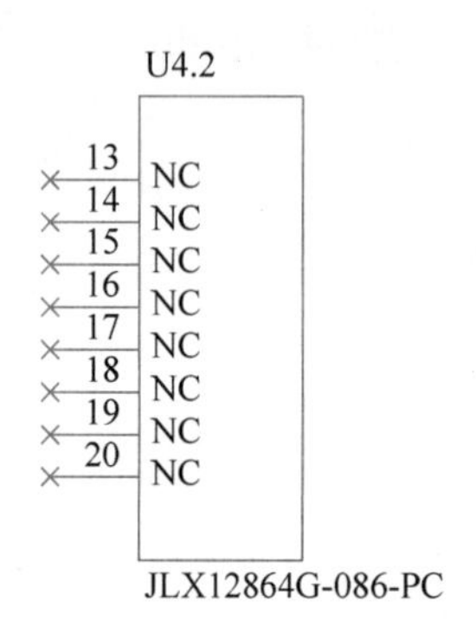

图 6-28 元件引脚悬空加入非连接标识以消除警告

第 29 集
微课视频

仔细检查报告中的每个错误或警告信息，修改错误检查的报告模式。在将原理图导入 PCB 布局前，必须修改完所有原理图的错误。

6.4 导出原理图至 PCB

本节将介绍使用同步器(synchronizer)或者网表(netlist)将原理图设计导入 PCB 编辑器中的方法。

6.4.1 使用同步器将设计导入 PCB 编辑器

使用嘉立创 EDA 提供的 PCB 编辑器进行 PCB 的布局和布线，则在原理图和 PCB 之间来回传递设计信息的最好方法是使用设计同步器。使用同步器，不需要在原理图内创建网表，以及将网表加载到 PCB 中。通过使用同步器，将本书所提供的原理图设计导入嘉立创 EDA 的 PCB 编辑器中。

使用同步器将设计导入 PCB 编辑器主要包括以下步骤。

(1) 进入原理图编辑器界面，在嘉立创 EDA 主界面主菜单下，选择"设计"→"更新/转换原理图到 PCB"选项，将启动同步过程。

(2) 如图 6-29 所示，出现"确认导入信息"对话框。该对话框给出了原理图和当前 PCB

图的不同之处，单击“应用修改”按钮导入。

确认导入信息 ×

☑ 元件	动作	对象	导入前	导入后
☑ R1	增加元件	R1	-	R1
☑ R2	增加元件	R2	-	R2
☑ R3	增加元件	R3	-	R3
☑ R4	增加元件	R4	-	R4
☑ R5	增加元件	R5	-	R5
☑ R6	增加元件	R6	-	R6
☑ R7	增加元件	R7	-	R7
☑ R8	增加元件	R8	-	R8
☑ R9	增加元件	R9	-	R9
☑ R10	增加元件	R10	-	R10
☑ R11	增加元件	R11	-	R11
☑ R12	增加元件	R12	-	R12
☑ Q1	增加元件	Q1	-	Q1
☑ Q2	增加元件	Q2	-	Q2
☑ Q3	增加元件	Q3	-	Q3

☑ 同时更新导线的网络(只适用网络名变更的场景，不适用于元件或导线增删的场景)

应用修改　取消　?

图 6-29　“确认导入信息”对话框界面

(3) PCB 导入的元器件和网络连接如图 6-30 所示，嘉立创 EDA 会优先根据原理图的元件位置，大致自动摆放好元件在 PCB 的位置，减少元件归类分组的操作，方便快速布局。

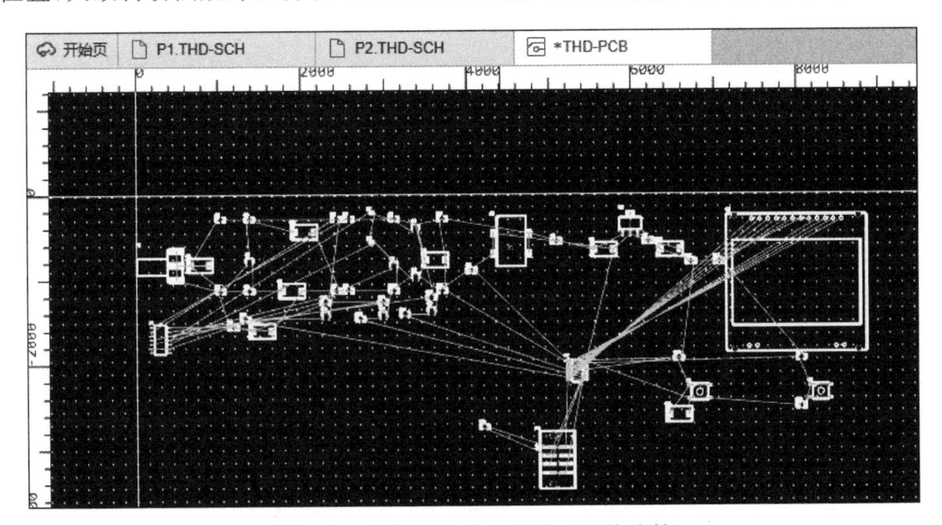

图 6-30　PCB 导入的元器件及网络连接

(4) 在进行原理图转换 PCB 操作时，如果编辑器检测到元件与封装的对应信息异常，会弹出错误对话框，并且转换动作不会继续进行。

嘉立创 EDA 指定封装的时候会将封装的唯一 ID 记录在符号库及原理图里面，所以报错信息对应的情况可能会有如下几种。

① 已有封装名，但是未通过封装管理器指定过封装的。

② 符号库引脚编号名称与指定的封装焊盘编号名称不一致的。

③ 符号库引脚编号数量大于指定的封装焊盘数量。

④ 封装为空未指定封装的。

此时需要在封装管理器修正相关错误即可。

(5) 如果已经完成转换 PCB 动作，但是又再次修改了原理图，这时无须转一个新的 PCB，只需单击更新/转换原理图到 PCB 即可将变更更新至现有已保存的 PCB 文件中。

也可以在 PCB 中直接导入变更，在嘉立创 EDA 主界面主菜单下，选择“设计”→“从原理图导入变更”选项即可。

因为原理图网络名是计算后生成，当修改了原理图后部分网络如果出现变更，更新至 PCB 后，原网络已经布好的走线会保持不变。

更新焊盘网络并把焊盘相关的导线会跟随焊盘的网络进行更新，可能会出现导线网络变化的情况，如果不符合期望，需要手动将导线旧的网络名改为新的网络名。

大部分原理图更新网络后都可以更新到 PCB。但如果原理图有增删器件，PCB 的导线网络需要手动修改。

6.4.2 使用网表实现设计间数据交换

本节内容仅作为读者理解相关的概念，不推荐使用网表方式将原理图设计导入 PCB 编辑器中。

网表是 EDA 软件中用于交换不同信息的重要方法和手段。网表是一个 ASCII 码文件，它包含了原理图中定义元器件和元器件之间连接的信息。通过网表，可以将元器件和连接信息导入其他 EDA 设计工具中，其中也包含来自其他供应商的 PCB 设计封装。可以使用网表将原理图导入嘉立创 EDA 的 PCB 编辑器中，但是由于不包含唯一的元器件 ID 信息，因此使用网表是一个低层次的设计传输方法。

对于绝大多数的情况，使用同步器而不是使用网表加载。在一些情况下，如果设计 PCB 所用到的原理图由其他 EDA 工具厂商的原理图编辑器完成，则需要使用网表。

本章习题

6.1 请参考 LM7805 数据手册，在嘉立创 EDA 软件中设计如题图 6-1 所示的 LM7805CT 原理图符号。

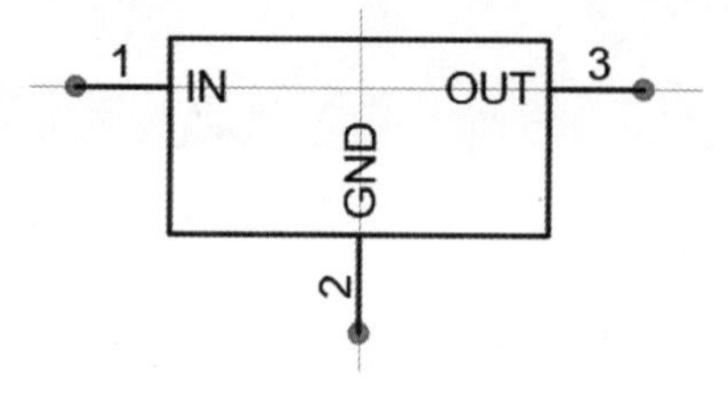

题图 6-1 LM7805CT 原理图符号

6.2 请参考题图 6-2 所示，在嘉立创 EDA 专业版软件中绘制出该电路原理图，原理图中所使用元器件属性见题表 6-1。

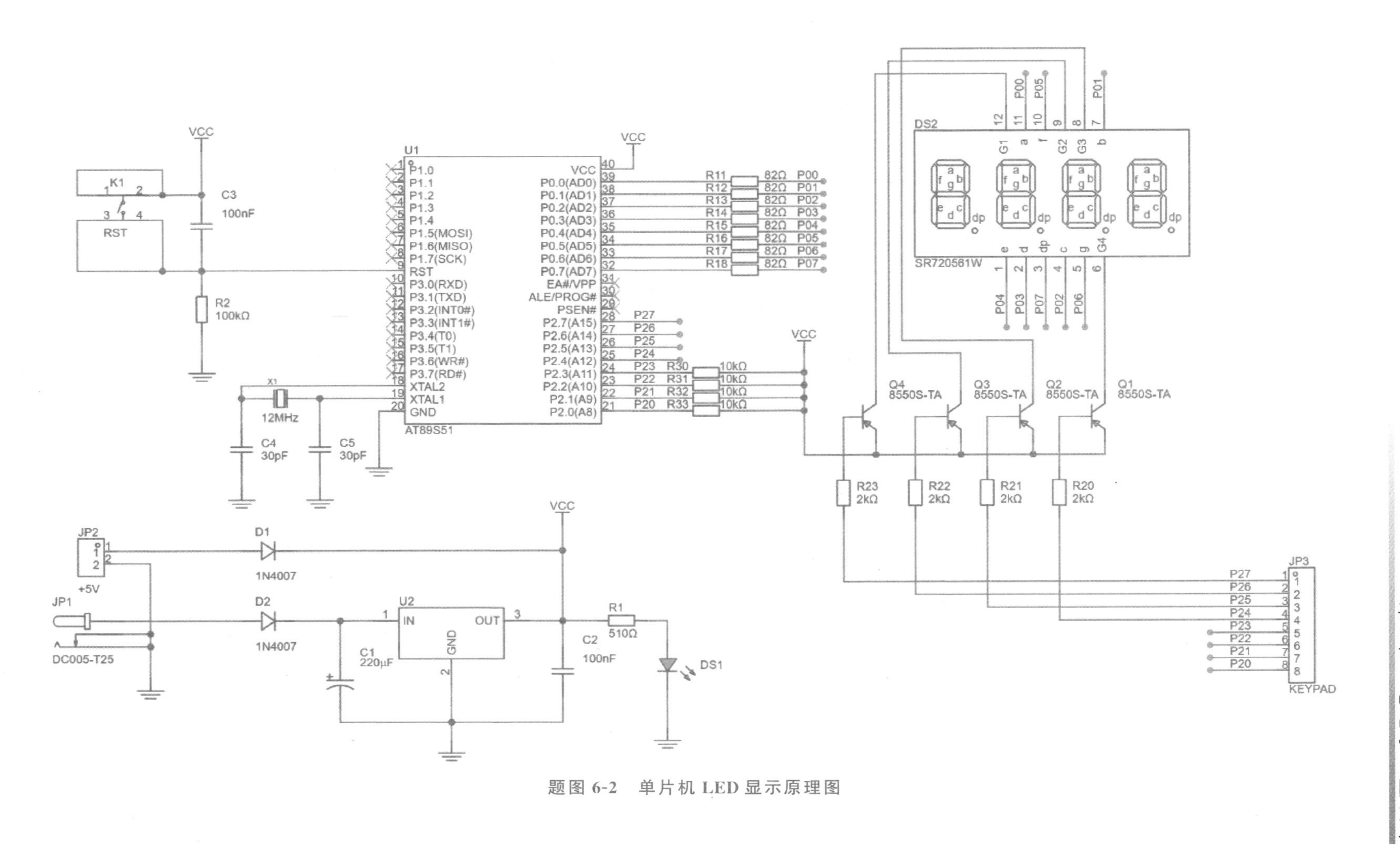

题图 6-2　单片机 LED 显示原理图

题表 6-1 原理图元器件属性表

元器件符号 Designator	元器件值 Comment	元器件名称 Design Item ID	元器件封装 Footprint
C1	220μF	EEUHD1E221	CAP-TH_BD8.0-P3.50-D0.6
C2，C3	100nF	SR215C104KAA	CAP-TH_L5.0-W3.0-P5.00-D1.0
C4，C5	30pF	DCC300J20COHF6FJ5A0	CAP-TH_L5.0-W3.0-P5.00-D1.0
D1，D2	1N4007	D_1N4007A	DO_1N4007
DS1	LED_TH-G_5mm	LED_TH-G_5mm	LED_TH-_5mm
DS2	SR720561W	SR720561W	LED-SEG-TH_12P-L50.3-W19.0-P2.54-S15.24-BL
JP1	DC005-T25	DC005-T25	DC-IN-TH_DC-005-20A-1
JP2	+5V	PZ254-1-02-Z-2.5-G1	HDR-TH_2P-P2.54-V-M
JP3	Keypad	PZ254-1-08-Z-2.5-G1	HDR-TH_8P-P2.54-V-M-2
K1	RST	TC-1212DR-5.0H-250	KEY-TH_4P-L12.0-W12.0-P5.00-LS12.5
Q1，Q2，Q3，Q4	8550S-TA	8550S-TA	TO-92-3_L4.8-W3.7-P2.54-L
R1	510Ω	MF1/8W ±1% 510Ω OTB5	RES-TH_BD1.8-L3.2-P7.20-D0.4
R2	100kΩ	MF1/8W-100KΩ±1% T	RES-TH_BD1.8-L3.2-P7.20-D0.4
R11,R12,R13,R14,R15,R16,R17,R18	82Ω	MF1/8W-82Ω±1% T	RES-TH_BD1.8-L3.2-P7.20-D0.4
R20,R21,R22,R23	2kΩ	CF1/6W-2KΩ±5%T52	RES-TH_BD1.8-L3.2-P7.20-D0.4
R30,R31,R32,R33	10kΩ	MF1/8W-10KΩ±1% T	RES-TH_BD1.8-L3.2-P7.20-D0.4
U1	LM7805CT	LM7805CT	LM7805CT
U2	AT89S51	AT89S51-24PU	DIP-40_L52.3-W13.9-P2.54-LS15.2-BL
X1	12MHz	ATS120B-E	CRYSTAL-TH_L10.8-W4.5-P4.88

第7章 印制电路板设计

印制电路板设计是以电路原理图为根据，实现电路设计者所需要的功能。印制电路板的设计主要指版图设计，需要考虑外部连接的布局、内部电子元器件的优化布局、金属连线和通孔的优化布局、电磁保护、热耗散等各种因素。优秀的版图设计可以节约生产成本，达到良好的电路性能和散热性能。简单的版图设计可以用手工实现，复杂的版图设计需要借助计算机辅助设计（CAD）实现。

本章通过嘉立创EDA专业版软件介绍电子线路PCB图设计的流程和设计方法，内容主要包括PCB设计流程及基本使用、PCB元器件封装库设计、PCB设计规则、PCB布局设计、PCB布线设计及PCB铺铜设计等。通过本章提供的一个PCB设计实例，读者可以学习PCB设计中的关键技术，以便尽快地掌握PCB图的设计方法。

第30集
微课视频

7.1 PCB设计流程及基本使用

图7-1给出了PCB设计流程。绘制PCB的流程主要包含导入原理图设计到PCB设计工具、设置PCB的尺寸、PCB布局、PCB布线、PCB验证和输出工程文件。

7.1.1 PCB图层标签

PCB由不同的图层构成，包括铜箔层、丝印层、锡膏层、阻焊层等。嘉立创EDA支持图层类型与其作用如下。

- 顶层/底层：PCB顶面和底面的铜箔层，信号走线用。
- 内层：铜箔层，信号走线和铺铜用。可以设置为信号层和内电层。
- 顶层丝印层/底层丝印层：印在PCB的白色字符层。
- 顶层锡膏层/底层锡膏层：该层是给贴片焊盘制造钢网用的层，帮助焊接，决定锡膏的区域大小。如果电路板子不需要贴片生产可以没有该层，其也称为正片工艺时的助焊层。
- 顶层阻焊层/底层阻焊层：板子的顶层和底层盖油层，其作用是阻止不需要的焊接。该层属于负片绘制方式，当有导线或者区域不需要盖绿油则在对应的位置进行绘制，PCB在生成出来后这些区域将没有绿油覆盖，方便上锡等操作，也被称为开窗。
- 边框层（板框层）：板子形状定义层。定义板子的实际大小，板厂会根据外形进行生

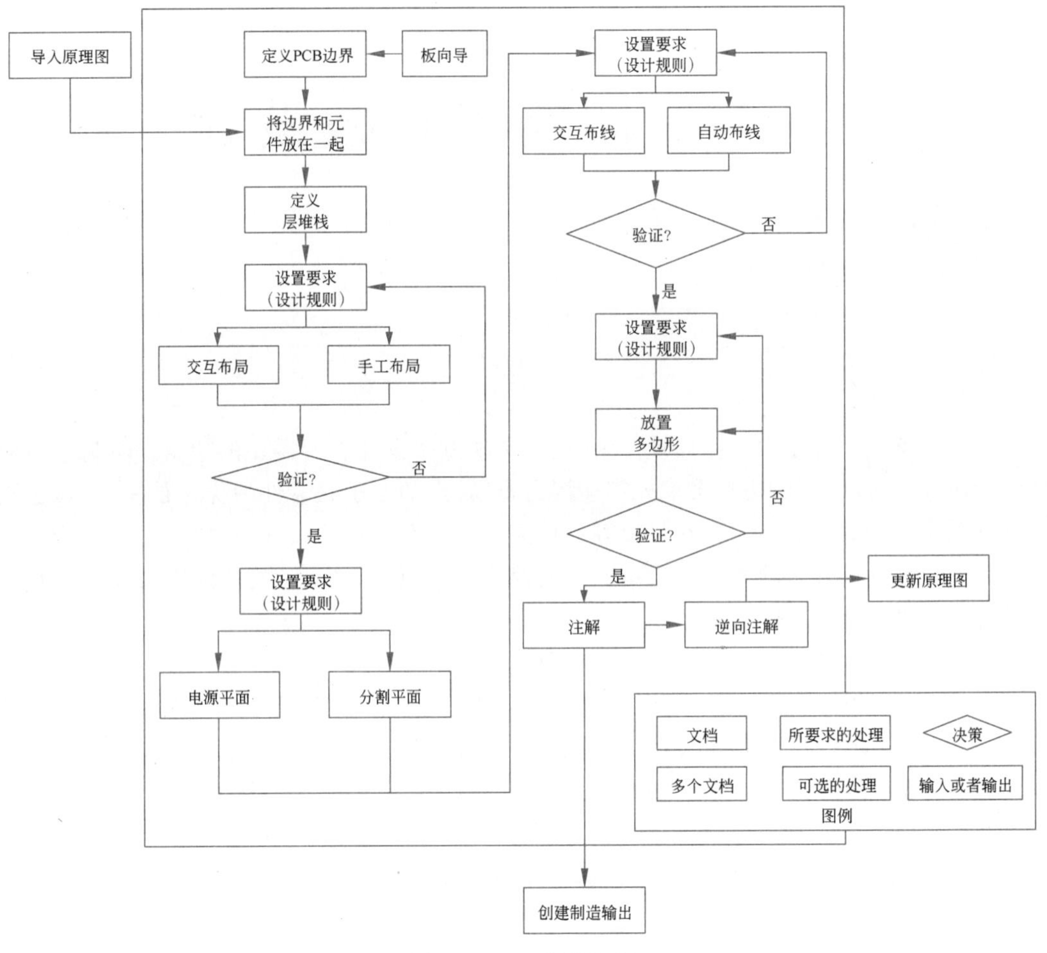

图 7-1　PCB 设计流程

产板子。生成在 Gerber 的 GKO 文件内。

- 顶层装配层/底层装配层：元器件的简化轮廓，用于产品装配和维修。并用于导出文档打印，不对 PCB 制作有影响。
- 机械层：记录在 PCB 设计里面在机械层记录的信息，仅用作信息记录用。
- 文档层：与机械层类似，可以用作设计相关信息记录查看用。但该层通常在编辑器里使用，生成在 Gerber 文件里不参与制造生产。
- 飞线层：PCB 网络飞线的显示，这个不属于物理意义上的层，为了方便使用和设置颜色，故放置在层管理器进行配置。
- 孔层：与飞线层类似，这个不属于物理意义上的层只作通孔（非金属化孔）的显示和颜色配置用。
- 多层：与飞线层类似，金属化孔的显示和颜色配置。当焊盘层属性为多层时，它将连接每个铜箔层包括内层。
- 元件外形层：元件实物的外形层，这个层是绘制元件外形用的。方便和封装尺寸与实物尺寸的对比。

- 元件标识层：元件实物的标识层，可以添加元件的特殊标识，比如正负极、极性点等。
- 引脚焊接层：元件实物的引脚焊接层，方便和封装焊盘尺寸与实物引脚尺寸的对比。
- 引脚悬空层：元件实物的引脚悬空层，方便和封装焊盘尺寸与实物引脚悬空部分尺寸的对比。
- 3D外壳边框层：绘制3D外壳时的，外壳的边框所在层。
- 3D外壳顶层/3D外壳底层：3D外壳的顶层或底层。可以绘制挖槽、实体等图元。
- 钻孔图层：这个是存放钻孔表的信息，供制造生产对照查看用。
- 自定义层：自定义层一般用于额外的信息记录用，作用和文档层、机械层、装配层类似。不直接用作生产。

当打开PCB设计文件进入PCB编辑器时，如图7-2所示，在嘉立创EDA主界面的底部为图层控制标签。不同图层控制标签使用不同的颜色标识，以便在不同图层进行绘图操作。

单击图7-2中的每个标签，可以控制在该层进行绘图设计。如果在当前窗口中不能看到所有的图层控制标签时，通过单击 内的＜或者＞按钮，图层控制标签可以向左或者向右滚动，显示需要的图层控制标签。

顶层　底层　顶层丝印层　底层丝印层　顶层阻焊层　底层阻焊层　顶层锡膏层　底层锡膏层　顶层装配层　底层装配层　板框层　多层　文档层

图7-2　PCB图层控制标签

使用小键盘上的“＊”键，在不同的信号层之间进行切换。使用小键盘上的“＋”/“－”键，在所有图层之间进行切换。在笔记本电脑上进行绘图操作时，按Fn＋Numlock组合键，就可以打开笔记本电脑键盘上的小键盘。

7.1.2　PCB图层管理

在嘉立创EDA软件PCB编辑主界面右侧面板的“图层”属性栏中可以进行图层切换、图层锁定、图层设置等操作。

PCB设计中会经常使用图层工具，它可以随意拖动位置，用来展示当前活动图层，如图7-3所示，主界面右侧面板的“图层”属性栏通过对不同图层进行切换编辑。单击“图层”对应的眼睛图标可以使其是否显示该图层。单击图层的颜色标识区，使铅笔图标切换至对应图层，表示该层为活跃图层，已进入编辑状态，可进行布线等操作。嘉立创EDA支持单独锁定整个图层，当锁定一个图层的时候，属于该图层的元素将无法被鼠标移动。也可以在过滤面板取消勾选批量过滤其他对象。

图7-3　右侧面板的“图层”属性栏

在嘉立创EDA软件PCB编辑主界面主菜单下，选择“工具”→“图层管理器”或右侧面板的“图层”属性栏点击右上方的图层管理器的图标，进入如图7-4所示的“图层管理器”对话框。在“图层管理器”中可以设置图层的透明度、名称、类型、添加图层。

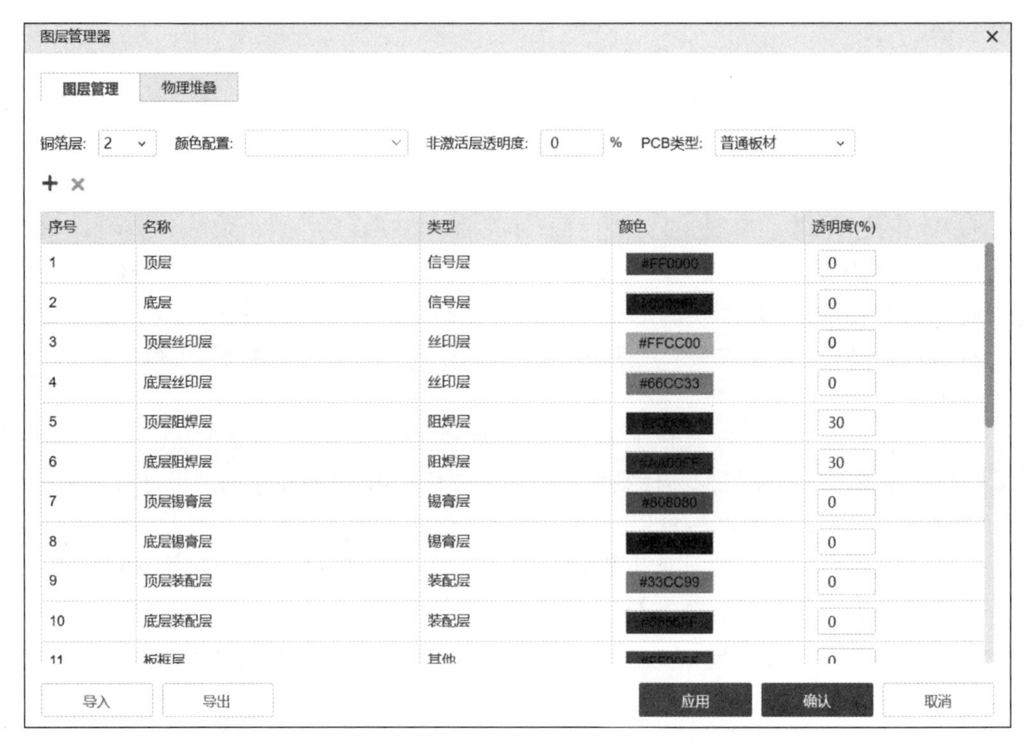

图 7-4 PCB"图层管理器"对话框

(1) 添加铜箔层,在"图层管理器"中选择需要的铜箔层数量,铜箔层是信号传输层,可以进行布线、铺铜等操作。如图 7-5 所示,修改铜箔层数为 4 层,生成后"图层管理器"页面会多出两个层,可对新增的图层类型进行修改,可修改为信号层和内电层。信号层也是正片层,PCB 信号层同顶层、底层布线相同的铜导电层,处于夹在顶层和底层之间的布线层。内电层也叫平面层或负片层,是内部电源和地层(并通过通孔与各层贯通的层),内电层使用"线条"图元进行分割。内电层凡是画线条的地方印制电路板的铺铜被清除,没有画线条的地方铺铜反而被保留。

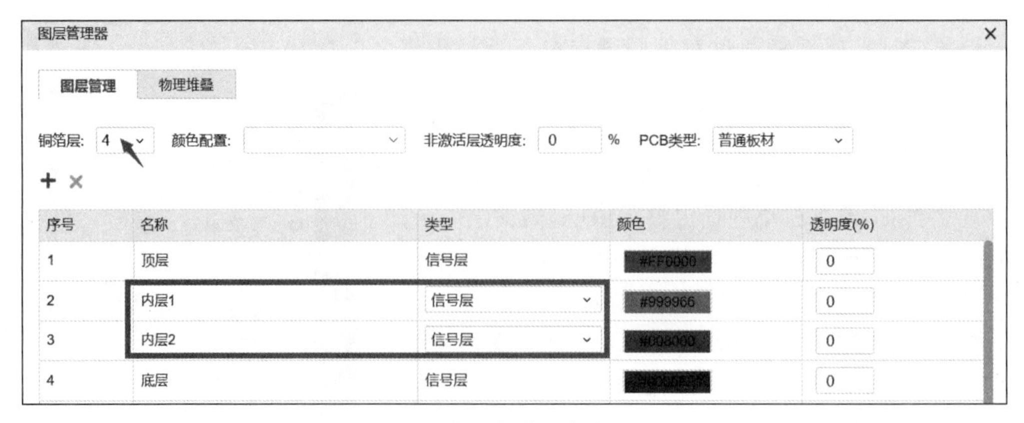

图 7-5 修改铜箔层数为 4 层

(2) 添加自定义层,嘉立创 EDA 支持创建多达 30 个自定义层,自定义层一般用于额外的信息记录用,作用和文档层、机械层、装配层类似。自定义层默认不导出 Gerber,不参与实物生产,在导出 Gerber 的时候可以使用自定义导出,也可以选择是否导出。

(3) 物理堆叠设置可以设置板子的物理堆叠参数,目前该参数只做记录,暂不参与阻抗计算等。如图 7-6 所示的物理堆叠设置界面,为该物理堆叠设置不影响导出 Gerber,在下单的时候需要重新选择堆叠参数进行下单,但该设置可以影响 3D 预览的基板介质厚度。

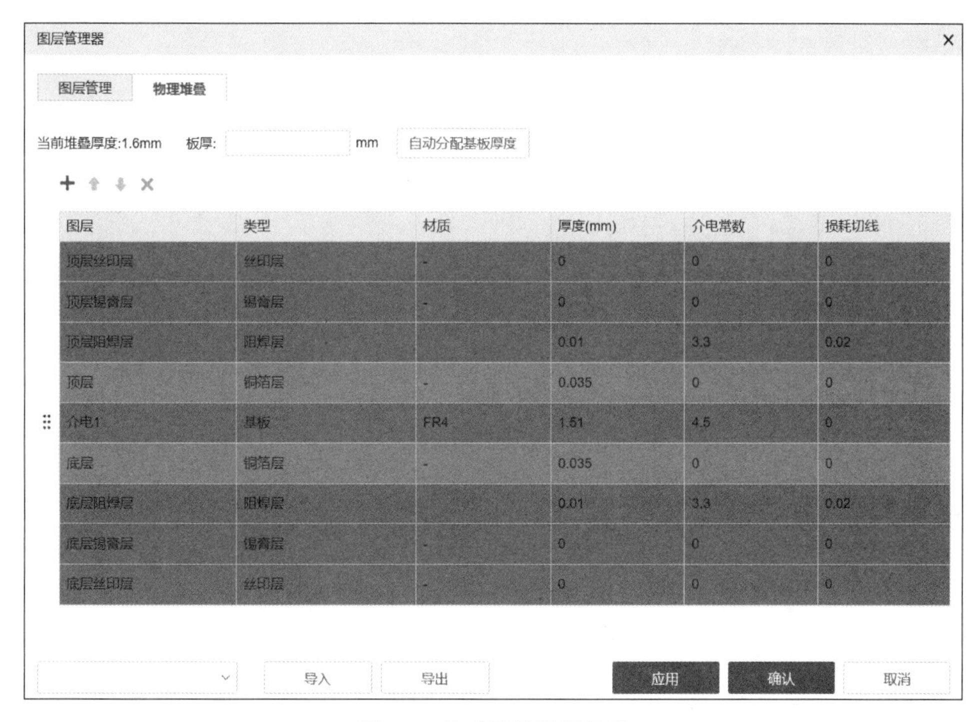

图 7-6 物理堆叠设置界面

7.1.3 PCB 绘制环境参数设置

下面介绍设置 PCB 绘制环境参数的步骤。其主要包括以下步骤。

(1) 在嘉立创 EDA 专业版主界面主菜单下,选择"设置"→"PCB/封装"→"通用"选项,在"设置"对话框中针对 PCB 的通用参数进行设置,如图 7-7 所示,原理图绘制参数界面包含网格类型、加粗网格、十字光标、显示效果、渲染引擎、新建 PCB 和标准封装默认单位、Alt 栅格尺寸、每次旋转角度、起始布线宽度、元件属性默认字体、起始打孔尺寸、显示编号或网络、布线及实时显示、鼠标悬停、移动封装或过孔时导线跟随方式、其他等选项。完成设置后单击"确认"按钮退出。

(2) 在嘉立创 EDA 主界面主菜单下,选择"设置"→"PCB/封装"→"主题"选项,在"设置"对话框中针对 PCB 绘制主题进行设置,用户可根据个人喜好设置 PCB 界面的一些颜色配置,也可以选择其他 PCB 软件的主题。如图 7-8 所示,PCB 绘制主题参数界面包含画布/图元的光标、背景色、网格/加粗网络、坐标轴、选择框、钻孔、焊盘、过孔、导线、铺铜区域、填充区域、禁止区域、约束区域以及各图层等选项。完成设置后单击"确认"按钮退出。

图 7-7 PCB 绘制环境“设置”对话框

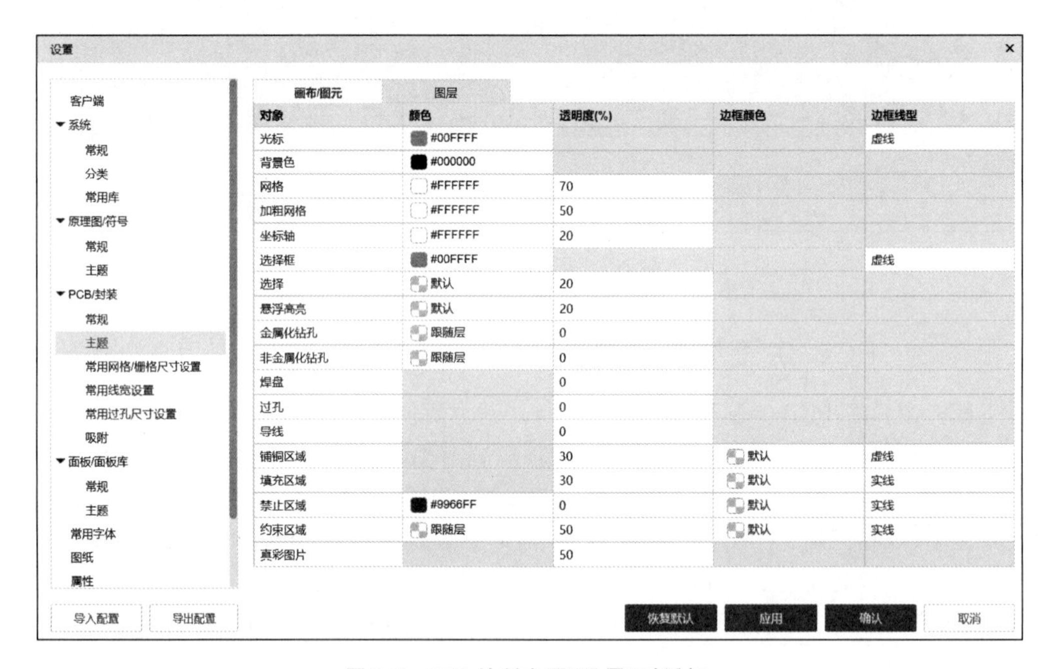

图 7-8 PCB 绘制主题“设置”对话框

(3) 在嘉立创 EDA 专业版主界面主菜单下，选择“设置”→“PCB/封装”→“吸附”选项，在“设置”对话框中针对 PCB 吸附参数进行设置，如图 7-9 所示，PCB 吸附参数界面包含吸附图层配置、吸附距离、通用、布局布线、轮廓对象等选项。完成设置后单击“确认”按钮退出。

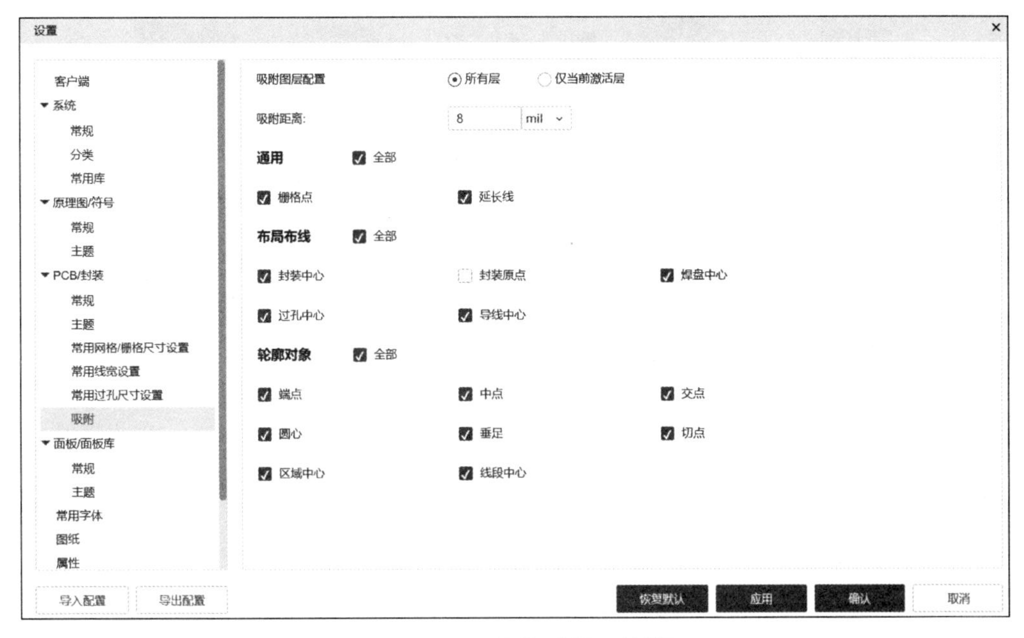

图 7-9　PCB 吸附“设置”对话框

(4) 在嘉立创 EDA 专业版主界面主菜单下，选择“设置”→“PCB/封装”→“常用网络/栅格尺寸设置”选项，在“设置”对话框中分别设置常用直角坐标系和极坐标网格尺寸，切换网格显示尺寸方便于布线，完成设置后单击“确认”按钮退出。

第 31 集
微课视频

(5) 在嘉立创 EDA 专业版主界面主菜单下，选择“设置”→“PCB/封装”→“常用线宽设置”选项，在“设置”对话框中设置导线的常用线宽，在布线时刻快捷切换导线的宽度，完成设置后单击“确认”按钮退出。

(6) 在嘉立创 EDA 专业版主界面主菜单下，选择“设置”→“PCB/封装”→“常用过孔尺寸设置”选项，在“设置”对话框中设置常用的过孔尺寸，在放置过孔时可快捷切换过孔的尺寸，完成设置后单击“确认”按钮退出。

7.2　PCB 绘图对象

在 PCB 绘图的过程中，会涉及大量的绘图对象。在 PCB 文件中放置的大部分对象用于定义铜皮区域或者其他。应用于所有的电气对象，例如电气连接线（用于连接元器件焊盘之间的所绘制的布线）和焊盘；以及非电气对象，例如文本和尺寸标注。因此，需要牢记线宽用于定义多个对象和放置对象的层。

大多数绘图对象也被称为原语，设计者可以在 PCB 编辑器中编辑这些原语。元器件由大量的原语对象构成，只能在 PCB 编辑器中编辑它们。图 7-10 给出了不同的 PCB 绘图对象。

对绘图对象操作主要包括以下步骤。

(1) 通过嘉立创 EDA 主界面主菜单下的“放置”和“布线”子菜单，或者如图 7-11 所示，在嘉立创 EDA 主界面下单击“连线”工具栏，选择放置对象的命令。

(2) 在 PCB 绘图的过程中，如果需要对所放置对象的属性进行修改，可以在放置对象

图 7-10 PCB 编辑器原语对象

DRC 线条45°

图 7-11 “连线”工具栏界面

的时候按 Tab 键,会自动弹出属性设置对话框。

(3) 当放置对象后,双击所放置好的对象,打开右侧面板的“属性”栏面板,修改对象的属性。

7.2.1 电气连接线

布线命令是用来放置带有相关电气网络信息的电气连接线。在进行布线的时候,要注意信号完整性设计规则。在传输信号线尤其是高速信号线的布线中,禁止使用直角的走线,因为这会大大降低信号完整性。建议在拐点处,使用 45°线或者弧度线。

在嘉立创 EDA 中可以实现单路布线和差分对布线,差分对布线只用于对差分网络信号的布线。电气连接线走线主要包括以下步骤。

(1) 在嘉立创 EDA 主界面主菜单下,选择“布线”→“单路布线”选项或按快捷键 Alt+W。

(2) 在需要画线的地方,单击当光标变成十字光标,进行布线。

(3) 在布线的过程中,按 Tab 键,打开布线属性设置窗口,用于设置线宽等相关的设计规则。

(4) 当在不同层之间进行切换时,会在电气连接线上自动添加过孔。在布线的过程中如果需要在不同的层之间进行切换,则可以按下小键盘上的“ * ”按键。

(5) 使用开始模式或者完成模式时,电气连接线的绘制是互补的。可以在绘制电气连接线的过程中,通过按空格键,在“开始模式”和“完成模式”之间进行切换。

(6) 如果电气连接线起始于一个已经分配网络号的对象,则也需将该网络分配给电气连接线。布线命令将遵守分配给该网络的任何规则。

当绘制完某条电气连接线后,可以使用下面的方法修改该电气连接线。

(1) 重新放置一个电气连接线结束端。

① 将光标放在电气连接线结束段的一端。

② 单击并保持按下鼠标左键。

③ 移动光标(和连接的顶点)到新的位置。嘉立创 EDA 将添加电气连接线段,用于保持电气连接线的正交或者对角模式。

(2) 分解电气连接线中间段。

① 将光标放在非结束的电气连接线段的中间。

② 单击并保持按下鼠标左键。

③ 移动光标。嘉立创 EDA 将添加电气连接线段，用于保持电气连接线的正交或者对角模式。

(3) 将一个电气连接线段从其他电气连接线段脱离。

① 放弃选择所有的电气连接线段。

② 单击并保持放置在连线中的某个电气连接线段。

③ 将该电气连接线段移动到新的位置。

7.2.2　普通线

嘉立创 EDA 工具提供了放置普通线的功能。普通线不同于电气连接线，这是因为普通线不具有传输信号的功能。

在嘉立创 EDA 中，普通线主要用于表示 PCB 板子的边界或者在非电气层的禁止边界。绘制普通线的行为和绘制电气连接线的行为是一样的。但是没有给普通线分配任何的网络。当在非电气层放置普通线时，没有任何设计规则的限制。

在嘉立创 EDA 主界面主菜单下，选择“放置”→“线条”→“折线”选项或按快捷键 Alt+L，启动绘制普通线的命令。

7.2.3　焊盘

通过在嘉立创 EDA 主界面主菜单下选择“放置”→“焊盘”选项或者按快捷键 Alt+P，在 PCB 设计图纸上添加焊盘。焊盘通常是元器件的一部分，也可以单独使用。例如，可以作为测试点或者安装孔。

7.2.4　过孔

过孔也称金属化孔。在双面板和多层板中，为连通各层之间的印制导线，在各层需要连通的导线的交汇处钻上一个公共孔，即过孔。过孔的参数主要有孔的外径和钻孔尺寸，当需要绘制一个双面板或多层板时可以放置过孔，使顶层和底层导通。下面对过孔的操作方法进行说明。

(1) 在嘉立创 EDA 主界面主菜单下选择“放置”→“过孔”选项或者按快捷键 Alt+V，在 PCB 设计图纸上添加过孔。在放置电气连接线过程中，如果在不同的布线层切换，嘉立创 EDA 软件会自动放置过孔。

(2) 修改过孔属性的方法。

① 在放置过孔时，按下 Tab 键，即可打开属性设置界面。

② 放置完过孔后，单击过孔，打开属性设置界面。

图 7-12 给出了过孔的配置界面。下面对过孔属性参数设置进行说明。

① 可以在属性设置界面中设置通孔或盲孔/埋孔。当过孔穿过 PCB 的顶层和底层时，称为通孔；否则称为盲孔/埋孔。

② 可以在属性设置界面中设置过孔尺寸的外直径和内直径。

③ 可以在属性设置界面中设置过孔位置及是否锁定。

④ 系统过孔默认盖油即覆盖过孔、覆盖阻焊。如果过孔需要阻焊开窗设置阻焊扩展为

自定义模式,并设置阻焊扩展尺寸。

7.2.5 字符串

在嘉立创 EDA 主界面主菜单下选择“放置”→“文本”选项或者在工具栏中单击 A 按钮,可以在 PCB 绘图中放置字符串。

通过下面两种方法打开字符串属性设置窗口。

(1) 当放置字符串对象时,按 Tab 键。

(2) 放置完字符串对象后,单击字符串对象。

如图 7-13 所示,打开字符串设置属性对话框,在其中设置文本属性(内容、图层)、字体类型、位置等相关信息。

图 7-12 过孔设置对话框

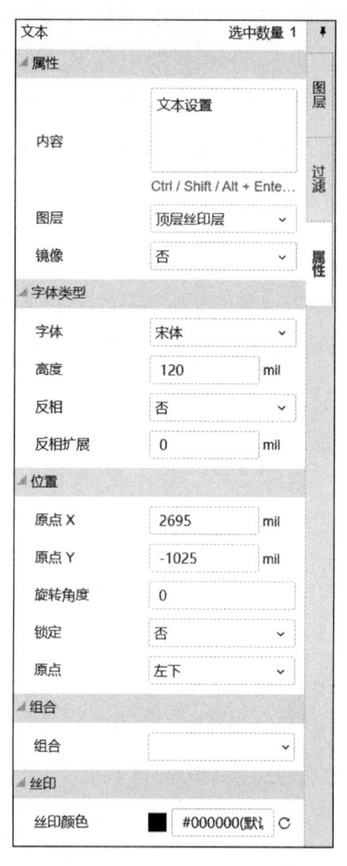

图 7-13 字符串设置属性对话框

7.2.6 画布原点

所有测量和光标的位置计算都是基于该层当前的原点,默认一个 PCB 文档的绝对原点(0,0)在设计区域的左下角。

可以通过下面的方法,将当前的原点设置到 PCB 工作区的任何一点。

(1) 在嘉立创 EDA 主界面主菜单下,选择“放置”→“画布原点”→“从光标”选项,将鼠标的十字光标放在需要设置为原点的位置，单击则该点就作为整个 PCB 设计文件的设计原点。

(2) 在嘉立创 EDA 主界面主菜单下，选择"放置"→"画布原点"→"从坐标点"选项，选择之后会弹出一个视图，输入需要设置原点的坐标，单击"确认"按钮，之后就会按照输入的坐标生成原点。

7.2.7 放置板框

在开始 PCB 设计前，首先需要给板子创建板框。可以通过直接绘制和导入 DXF 两种方式创建板框。PCB 内只能放置一个板框，其放置在板框层，多余的板框会转为挖槽区域。下面给出直接绘制板框的步骤，其主要包括以下步骤。

(1) 在嘉立创 EDA 主界面主菜单下，选择"放置"→"板框"→"矩形""圆形""多边形"选项。

(2) 鼠标光标变成十字光标后，单击选取需要放置填充的位置尺寸后完成板框的放置。

可以通过轮廓对象的任意类型切换成板框，如果线条未闭合，会提示自动闭合轮廓。该功能多用于在导入 DXF 后，将导入的线条转换为期望的类型(板框、挖槽区域、禁止区域等)。下面给出导入 DXF 板框的步骤。

(1) 在嘉立创 EDA 主界面主菜单下，选择"文件"→"导入"→"DXF"选项，选择要导入的 DXF 文件。

(2) 选择完文件后，会弹出"导入 DXF"弹窗显示预览，如图 7-14 所示。可以按照电路实际情况设置 DFX 单位、缩放比例、宽、高、参考点等参数。

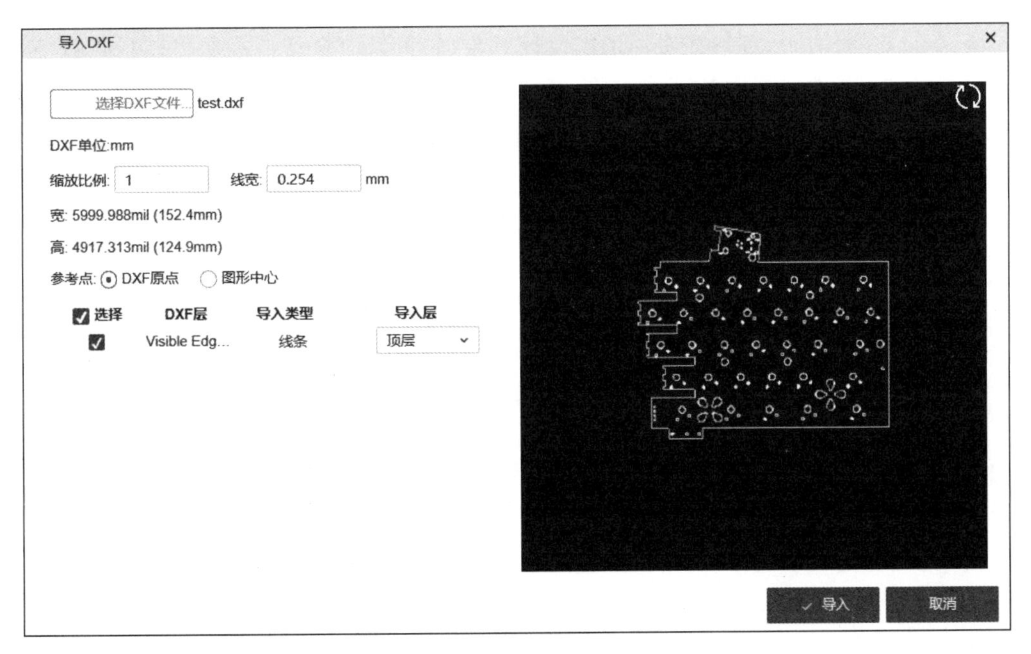

图 7-14　导入 DXF 文件预览对话框

(3) 单击"导入"按钮，将根据选择的参考点进入待放置模式，单击画布，即可完成图形的放置。

(4) 导入后的图形全部为线条类型,需要手动调整类型为板框或挖槽区域。

在完成板框的放置后可以在板框的边缘添加圆角。选择矩形的板框,在右边面板的“属性”栏可以设置圆角半径,如图 7-15 所示,设置圆角半径为 100mil。

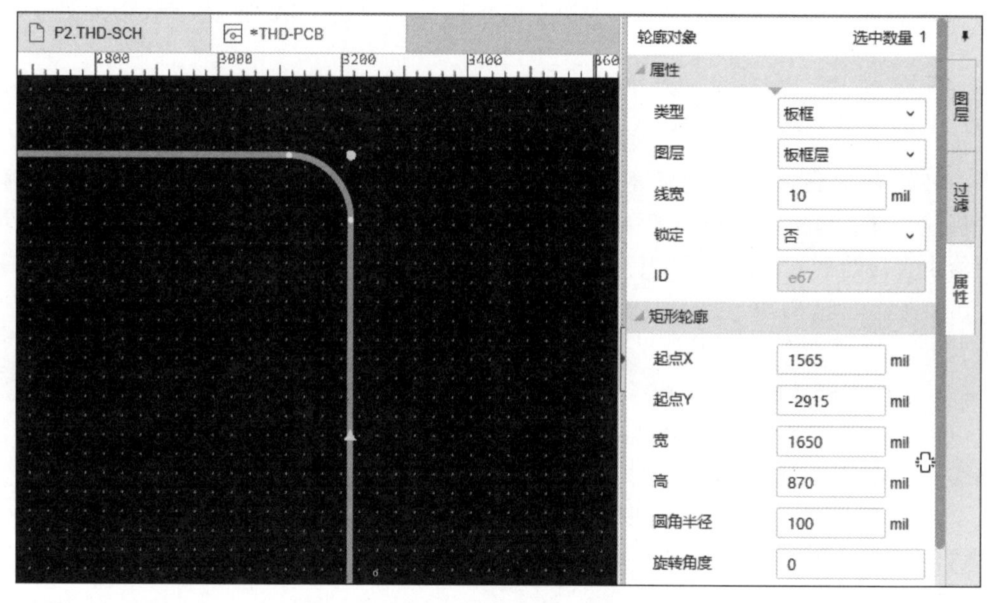

图 7-15　设置矩形板框圆角

7.2.8 填充区域

填充可以是长方形、圆形或多边形的设计对象,它可以放在任何一层上,包括铜(信号)层。填充区域不能避开周围的其他对象,例如,焊盘、过孔、电气连接线、区域等其他填充或者文本。如果将该对象放在信号层,则可以连接到一个网络。

填充区域由于不能避开周围的其他电气对象,可能会导致短路,因此,在使用的时候一定要小心。该对象可以用于一些功率元器件的散热。下面给出放置填充对象的步骤,其主要包括以下步骤。

(1) 在嘉立创 EDA 主界面主菜单下,选择“放置”→“填充区域”→“矩形”“圆形”“多边形”选项。

(2) 光标变成十字光标,单击选取需要放置填充的位置后,设置如图 7-16 所示的“轮廓对象”对话框。

图 7-16　设置填充的“轮廓对象”对话框

(3) 设置相关填充对象参数。图层支持将实心填充切换至其他层,如顶层、底层、顶层丝印、底层丝印、文档、多层等,这些层需要在层工具开启后才会全部显示出来。网络在顶层和底层，或其他内层信号层时，可以对其设置网络使其具有电气特性。如果使用实心填充直接连接两个焊盘，需要将它们的网络设为一样，实心填充需要盖过焊盘中心，并且需要用单个实心填充连接起来，否则飞线不会消失。矩形和圆形可以设置编辑坐标信息。

7.2.9 铺铜区域

将一个铺铜对象放置在一个信号层时，用于创建一个铺铜区域，该区域是以全填充或者网格的形式存在的。当对划定的不规则区域铺铜时，多边形区域允许与周围不同网络的电气对象之间保持一个间隙(安全间距)。安全间距和连接属性由电气间隙和连接类型设计规则控制。图 7-17(a)给出了全填充模式的铺铜方法，图 7-17(b)给出了网格模式的铺铜方法。从图中可以看出铺铜区自动地与不同网络时电气对象进行隔离，保证不发生短路。

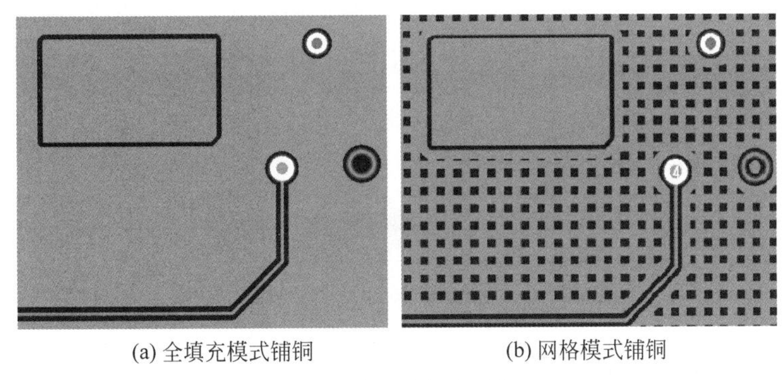

(a) 全填充模式铺铜　　(b) 网格模式铺铜

图 7-17　不同形式的铺铜

放置铺铜区域包括以下步骤。

(1) 在嘉立创 EDA 主界面主菜单下，选择“放置”→“铺铜区域”→“矩形”“圆形”“多边形”选项。

(2) 光标变成十字光标，单击选取需要放置填充的位置后，设置如图 7-18 所示的“轮廓对象”对话框。

(3) 设置相关铺铜对象参数。

① 名称：可以为铺铜设置不同的名称。

② 图层：可以修改铺铜区的层，如顶层、底层、内层 X 等。当内层的类型是内电层时，无法绘制铺铜。

③ 网络：设置铜箔所连接的网络。当网络和画布上的元素网络相同时，铺铜才可以和元素连接，并会显示出来，否则铺铜会被认为是孤岛将被移除。

④ 锁定：仅锁定铺铜的位置。锁定后将无法通过画布修改铺铜大小和位置。

⑤ 填充样式：全填充、网格 45°、网格 90°。

⑥ 保留孤岛：是或否。即是否去除死铜。若铺铜的一小块填充区域没有设置网络，那么它将被视为死铜而去除，若想保留铺铜，可选择保留孤岛或为铺铜设置一个相邻焊盘相同的网络，并重建铺铜。

⑦ 重建铺铜：根据选中的铺铜进行重建。按快捷键 Shift+B 会把全部铺铜(包括内电层)一起重建。

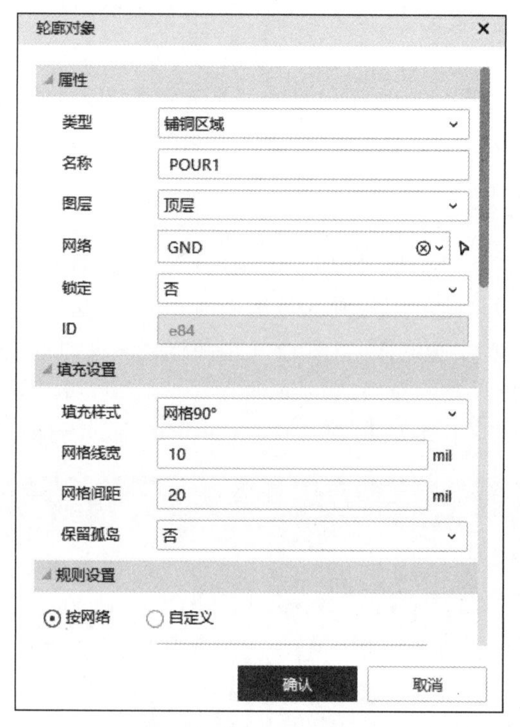

图 7-18　设置铺铜“轮廓对象”参数对话框

⑧ 自动放置缝合孔：根据选中的铺铜自动放置缝合孔(批量过孔)。

⑨ 规则设置：可以根据网络切换铺铜规则，和自定义铺铜规则。不支持直接修改铺铜的属性。

7.2.10　禁止区域

在设计 PCB 中，有些电路对信号比较敏感，信号容易受干扰，通常都要设置一个禁止区域，禁止区域包括禁止布线、铺铜、器件。

放置禁止区域包括如下步骤。

(1) 在嘉立创 EDA 主界面主菜单下，选择“放置”→“禁止区域”→“矩形”“圆形”“多边形”选项。

(2) 光标变成十字光标，单击选取需要放置填充的位置后，设置如图 7-19 所示的“轮廓对象”对话框。

(3) 设置相关对象参数。图层支持将实心填充切换至其他层，如顶层、底层和多层。禁止选项设置如下：

① 元件：勾选后，当前绘制的禁止区域无法在里面放置器件。

② 填充区域：勾选后，当前绘制的禁止区域无法在里面绘制填充区域，也无法从外部绘制进入禁止区域。

③ 导线：勾选后，当前绘制的禁止区域无法在里面绘制导线，也无法从外部绘制进入禁止区域。

④ 铺铜：勾选后，当前绘制的禁止区域无法在里面绘制铺铜区域，全局铺铜和重建铺

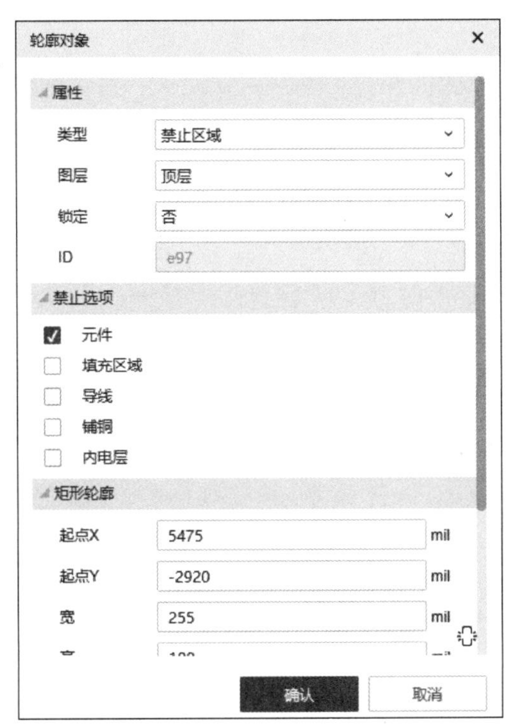

图 7-19 设置禁止区域“轮廓对象”参数对话框

铜会把禁止区域的铜皮给挖空。

⑤ 内电层：勾选后，当前绘制的禁止区域将挖空内电层的区域的铜皮。

第 32 集
微课视频

7.3 PCB 元器件封装库设计

本节将创建 MSP430G2553IPW20R、JLX12864G-086-PC 这两个元器件 PCB 封装。嘉立创 EDA 提供了常用封装创建向导，使用封装向导可以快速根据规格书进行创建封装。本节的两个例子将分别使用器件向导和单独绘制的方式进行设计。

7.3.1 创建器件 MSP430G2553IPW20R PCB 封装

本节将使用向导方式创建常规集成电路元器件的 PCB 封装。图 7-20 给出了 TI 的 MSP430G2553IPW20R 器件 TSSOP-20 的封装尺寸信息，单位为公制单位 mm。下面给出创建 TSSOP 封装的步骤。

(1) 在嘉立创 EDA 主界面底部面板元件库中选择 THDLIB 库，如图 7-21 所示，选择“封装”标签页中的“新增”按钮，在 THDLIB 库中添加新的 PCB 封装。

(2) 如图 7-22 所示，在“新建封装”对话框中设置相关参数，“封装”名称为 MSP430G2553IPW20R，“分类”为集成电路，并填写相关描述。单击“保存”按钮进入封装编辑界面。

(3) 在嘉立创 EDA 主界面左侧面板“库设计”中选择封装“向导”标签，如图 7-23 所示，选择 SOIC_SOP 封装类型缩微图，进入参数填写界面，在参数填写界面单击预览图和顶部导航可以返回上一级。

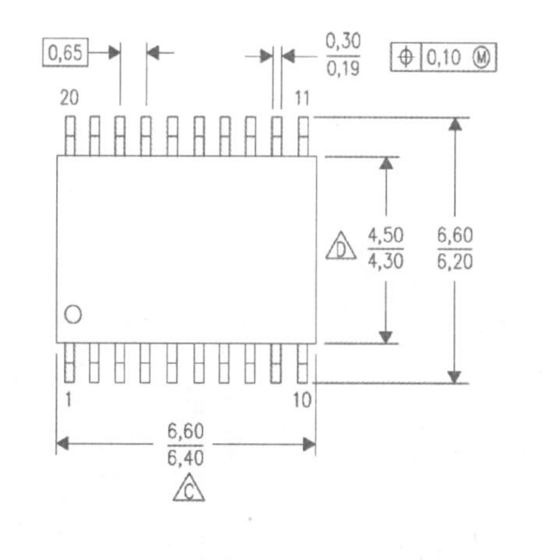

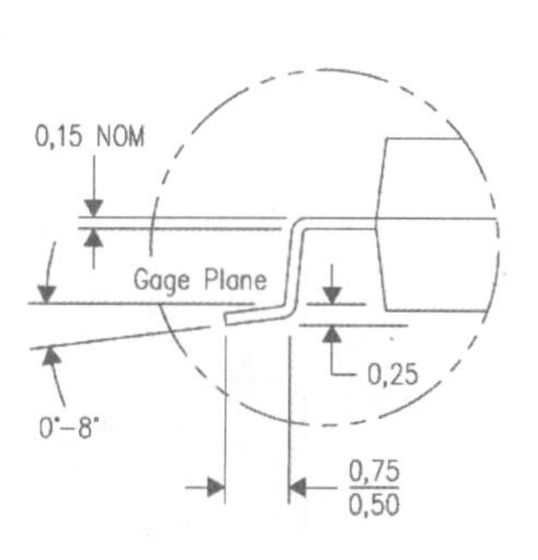

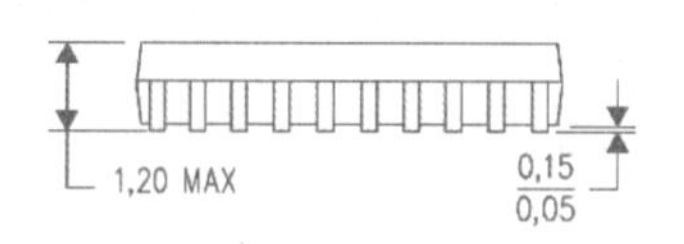

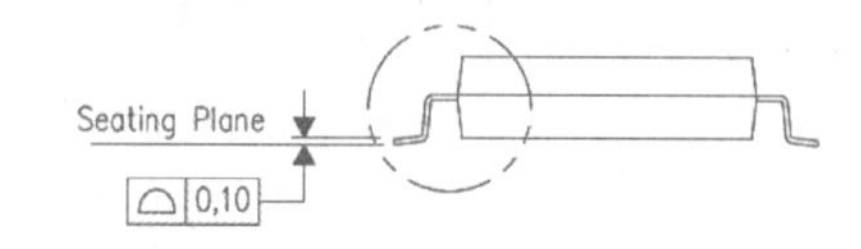

图 7-20　MSP430G2553IPW20R 封装尺寸图

图 7-21　选择元器件库新增 PCB 封装

新建封装 ×

所有者　THDLIB　创建元件库

封装　MSP430G2553IPW20R

分类　集成电路　管理分类

描述　MSP430G2553芯片的TSSOP封装

保存　取消

图 7-22　“新建封装”的设置对话框

(4) 根据器件数据封装尺寸信息设置封装的物理尺寸，设置器件参数包括引脚跨距(LS)、本体长度(BL)、本体宽度(BW)、引脚间距(PP)、引脚宽度(PW)、引脚长度(PL)，如果有散热焊盘还有散热焊盘长(EPL)、焊盘宽(EPW)，向导填写的是封装的物理尺寸，并不是封装焊盘的尺寸，向导会根据填写的参数自动预留余量来生成焊盘。

如图 7-24 所示，设置 MSP430G2553IPW20R TSSOP 封装的相关参数，并单击“生成封装”按钮。

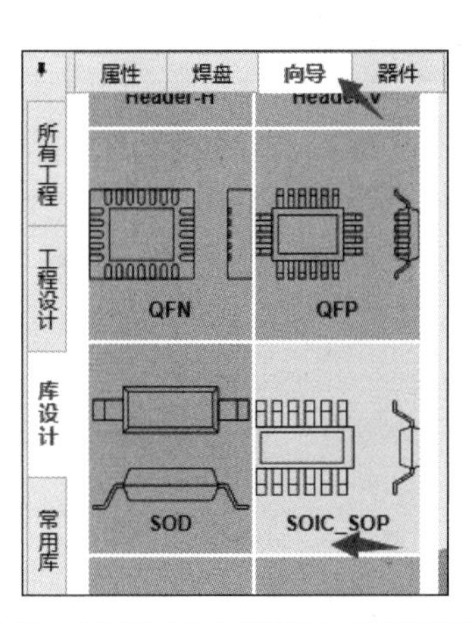

图 7-23　“库设计”中封装“向导”标签界面

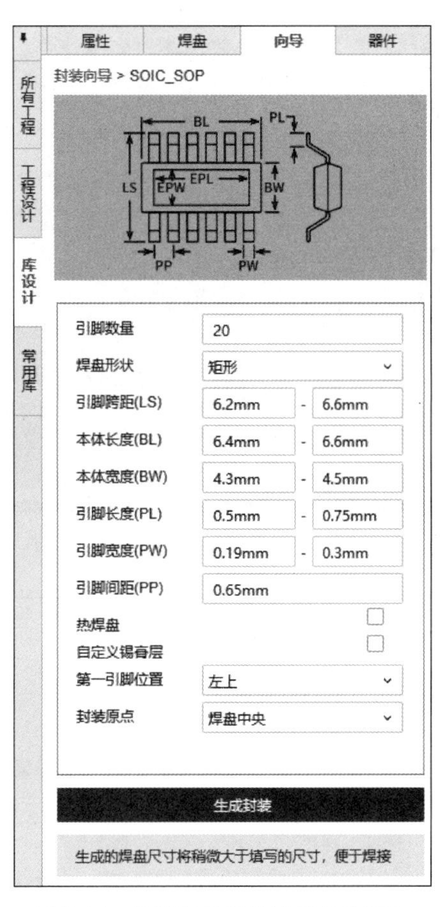

图 7-24　封装向导标签设置参数界面

(5) 如图 7-25 所示，为通过向导生成的 MSP430G2553IPW20R 器件封装。开启元件相关的层就可以看到生成的引脚焊接大小和元件外形大小。

封装向导提供的参数和生成的尺寸仅供参考，生成后的封装尺寸需根据器件规格书的建议值和实际生产的相关信息进行调整。

(6) 将生成的器件 PCB 封装加入到器件库对应的元器件中。在嘉立创 EDA 主界面底部面板元件库中选择 THDLIB 库，如图 7-26 所示，选择 MSP430G2553IPW20R 器件并单击“编辑”按钮，进入器件原理图符号编辑界面。

(7) 在嘉立创 EDA 主界面左侧面板“库设计”中元器件“属性”标签页修改器件封装，在封装管理器对话框中选择已设计的 MSP430G2553IPW20R 封装，如图 7-27 所示，更新元器件的封装。

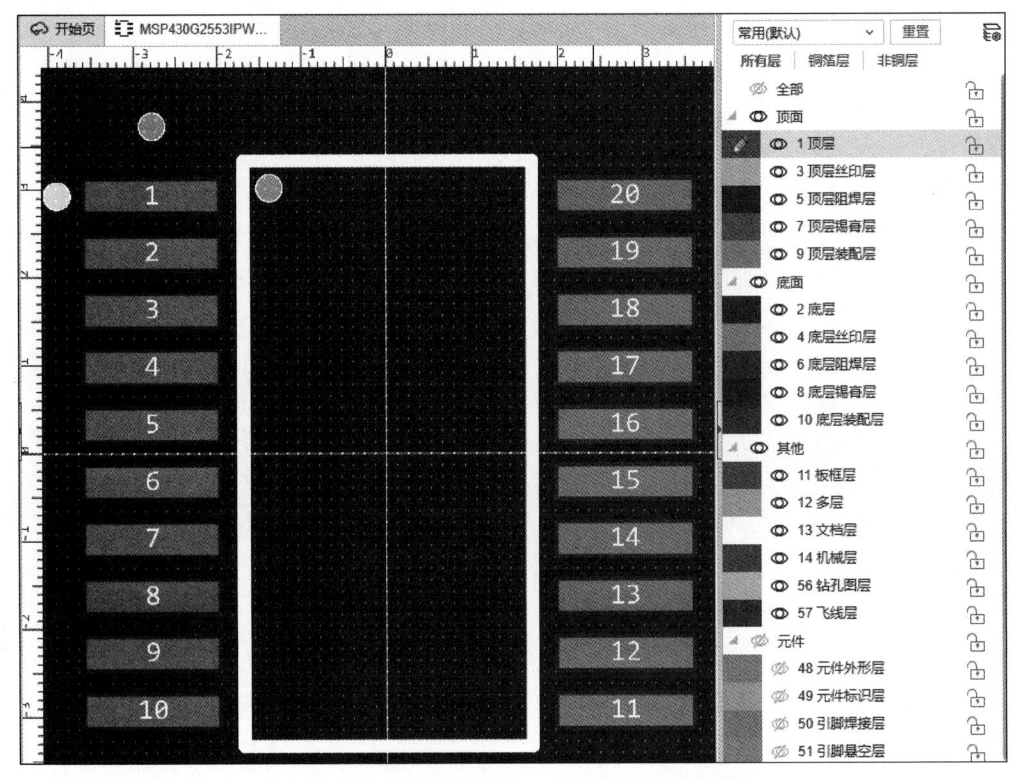

图 7-25　向导生成的 MSP430G2553IPW20R 封装

图 7-26　选择元器件库器件修改封装

图 7-27　更新元器件 MSP430G2553IPW20R 封装

(8) 如图 7-28 所示，器件 MSP430G2553IPW20R 的原理图符号和 PCB 封装自行设计完成。

图 7-28 元器件库中器件显示

7.3.2 创建器件 JLX12864G-086-PC PCB 封装

本节将使用单独绘制方法为 JLX12864G-086-PC 器件创建 PCB 封装。图 7-29 给出了该器件封装的物理尺寸，其主要包括以下封装步骤。

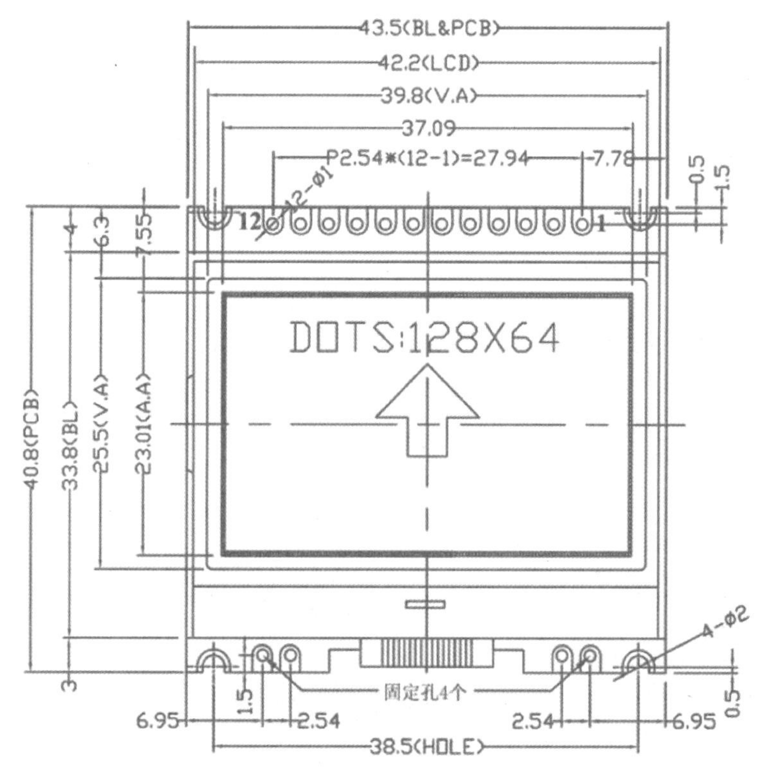

图 7-29 JLX12864G-086-PC 封装的物理尺寸

(1) 在嘉立创 EDA 主界面底部面板元件库中选择 THDLIB 库，如图 7-21 所示，选择“封装”标签页中的“新增”按钮，在 THDLIB 库中添加新的 PCB 封装。

(2) 如图 7-30 所示，在“新建封装”对话框中设置相关参数，封装“名称”为 JLX12864G-086-PC，“分类”为 LCD 屏，并填写相关描述。单击“保存”按钮保存相关参数。

(3) 放置 JLX12864G-086-PC 器件引脚焊盘。按照器件数据手册的尺寸可以计算得到

图 7-30　选择元器件库新增器件封装

引脚 1 与器件中心的距离为水平方向 13.97mm、垂直方向 18.9mm，在嘉立创 EDA 主界面主菜单下选择“放置”→“焊盘放置焊盘”选项，单击焊盘在属性栏中，如图 7-31 所示，修改焊盘参数如下：

① 焊盘编号：0；

② 焊盘直径：1.8mm；

③ 钻孔直径：1mm；

④ 位置：中心 X 13.97mm，中心 Y 18.9mm。

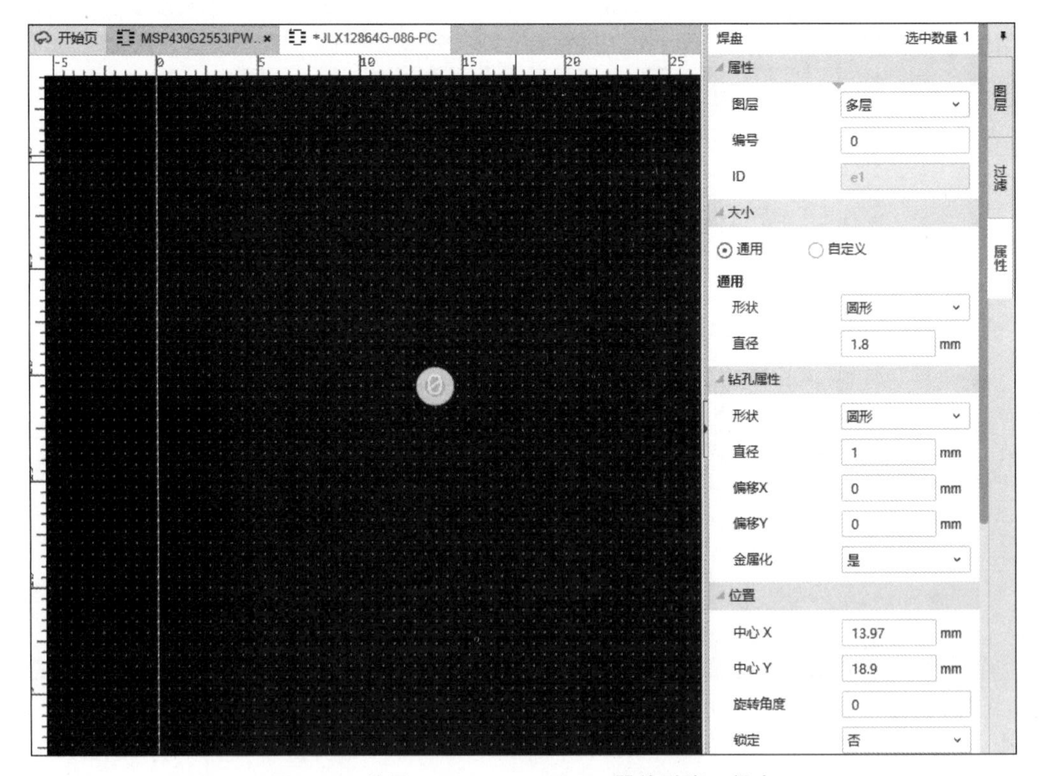

图 7-31　放置 JLX12864G-086-PC 器件引脚 1 焊盘

(4) 放置 JLX12864G-086-PC 器件引脚 1～12 的焊盘。在嘉立创 EDA 主界面主菜单下选择“放置”→“多焊盘放置连续焊盘”选项，选择焊盘 0 中心位置单击放置，如图 7-32 所示，设置连续焊盘引脚间隔为 2.54mm，数量为 12，完成焊盘 1～焊盘 12 的放置，并删除焊盘 0。

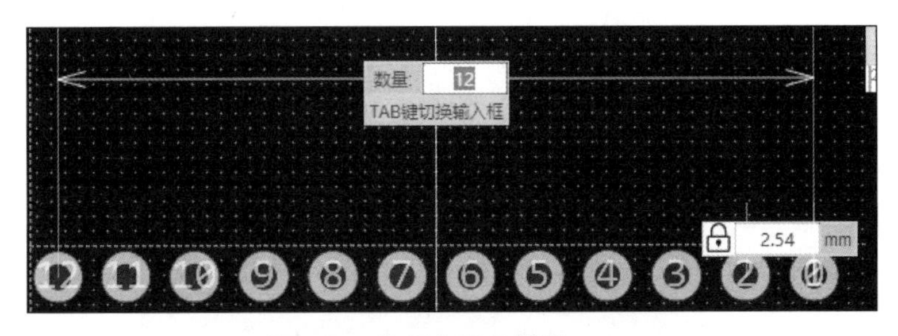

图 7-32　放置多焊盘引脚 1～12

(5) 放置 JLX12864G-086-PC 器件下方 4 个定位孔引脚 13～16 的焊盘。如上的方法放置焊盘 13 坐标为(14.8,－18.9)、焊盘 14 坐标为(12.26,－18.9)、焊盘 15 坐标为(－12.26,－18.9)、焊盘 16 坐标为(－14.8,－18.9)，如图 7-33 所示。

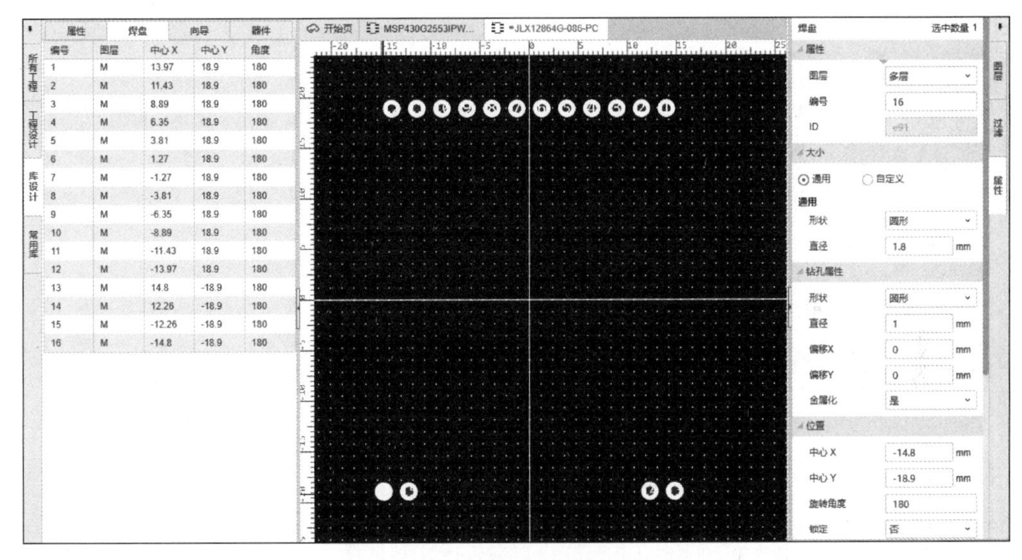

图 7-33　放置多焊盘引脚 13～16

(6) 放置 JLX12864G-086-PC 器件四周 4 个 $\phi 2$ 的机械定位孔 17～20 引脚的焊盘。如上的方法放置焊盘 17 坐标为(－19.25,19.9)、焊盘 18 坐标为(19.25,19.9)、焊盘 19 坐标为(19.25,－19.9)、焊盘 20 坐标为(－19.25,－19.9)，并设置焊盘直径为 2.2mm、钻孔直径为 2.2mm，如图 7-34 所示。

(7) 放置 JLX12864G-086-PC 器件外形丝印。切换图层到顶层丝印层，在嘉立创 EDA 主界面主菜单下选择“放置”→“线”→“矩形”选项，如图 7-35 所示，设置矩形的起点为(－21.75,20.4)、宽为 43.5mm、高为 40.8mm。

(8) 放置 JLX12864G-086-PC 器件 LCD 显示区丝印。切换图层到顶层丝印层，在嘉立创 EDA 主界面主菜单下选择“放置”→“线”→“矩形”选项，如图 7-36 所示，设置矩形的起点

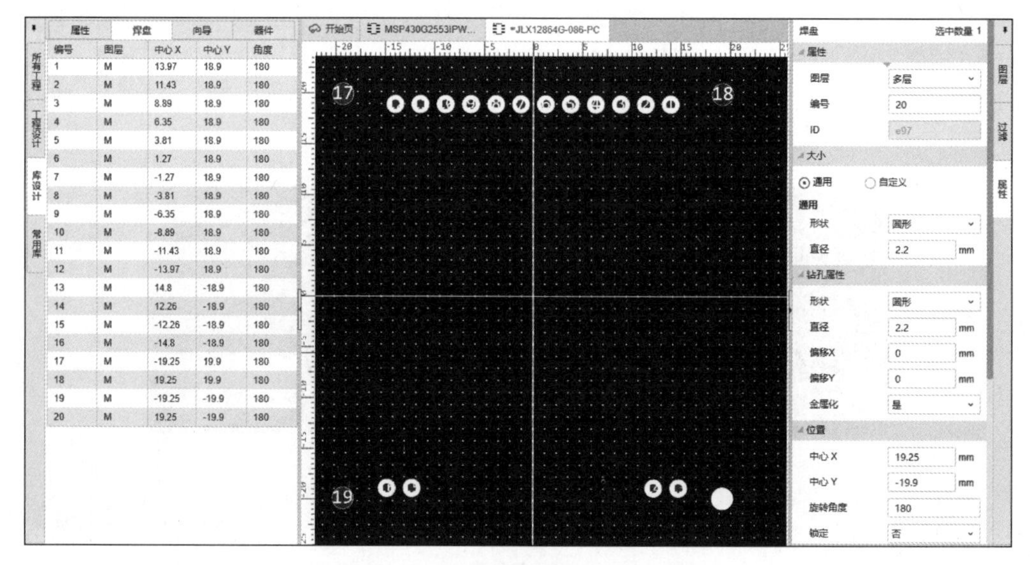

图 7-34　放置多焊盘引脚 17～20

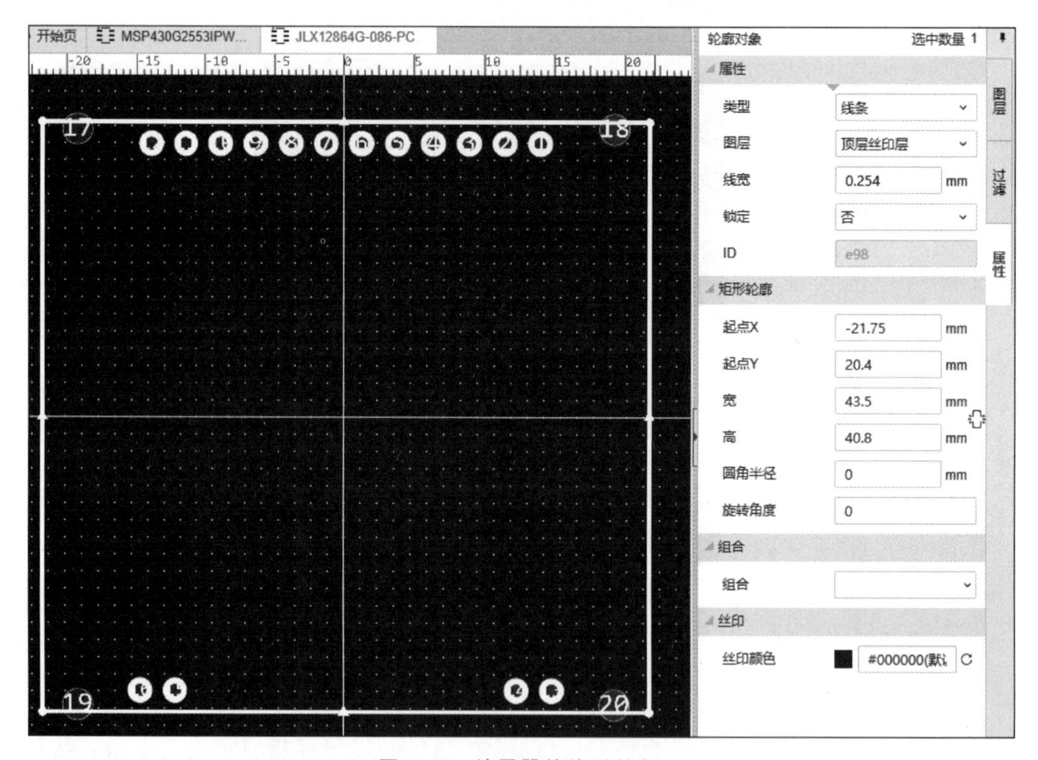

图 7-35　放置器件外形丝印

为(−19.9,12.75)、宽为 39.8mm、高为 25.5mm。

(9) 将生成的器件 PCB 封装加入到器件库对应的元器件中。在嘉立创 EDA 主界面底部面板元件库中选择 THDLIB 库,选择 JLX12864G-086-PC 器件并单击“编辑”按钮,进入器件原理图符号编辑界面。

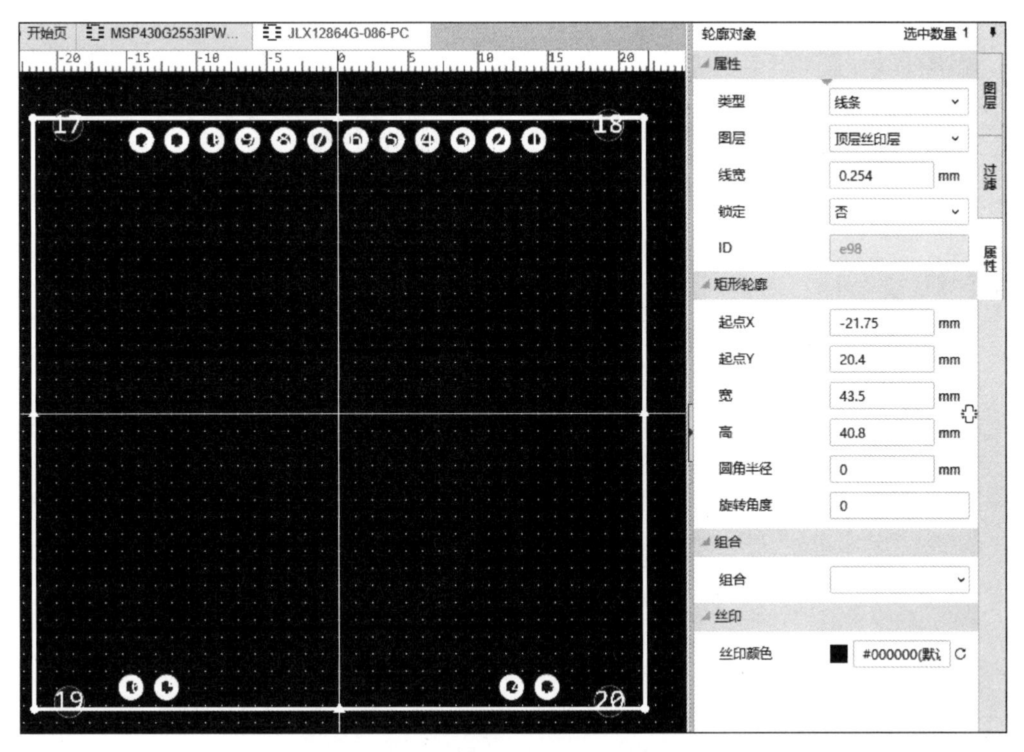

图 7-36　放置器件 LCD 显示区丝印

在嘉立创 EDA 主界面左侧面板“库设计”中元器件“属性”加入器件封装，在封装管理器对话框中选择已设计的 JLX12864G-086-PC 封装，如图 7-37 所示，加入元器件的封装。

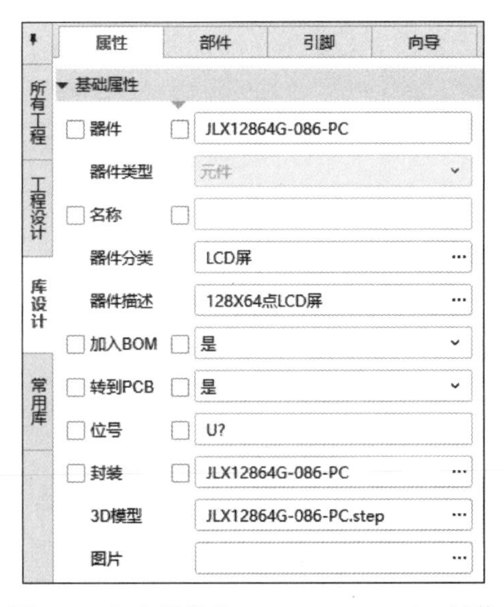

图 7-37　加入元器件 JLX12864G-086-PC 封装

(10) 在嘉立创 EDA 主界面左侧面板“库设计”中元器件“属性”加入“3D 模型”，“在 3D 模型管理器”对话框中选择 JLX12864G-086-PC，如图 7-38 所示，设置 3D 模型旋转角度和偏移。

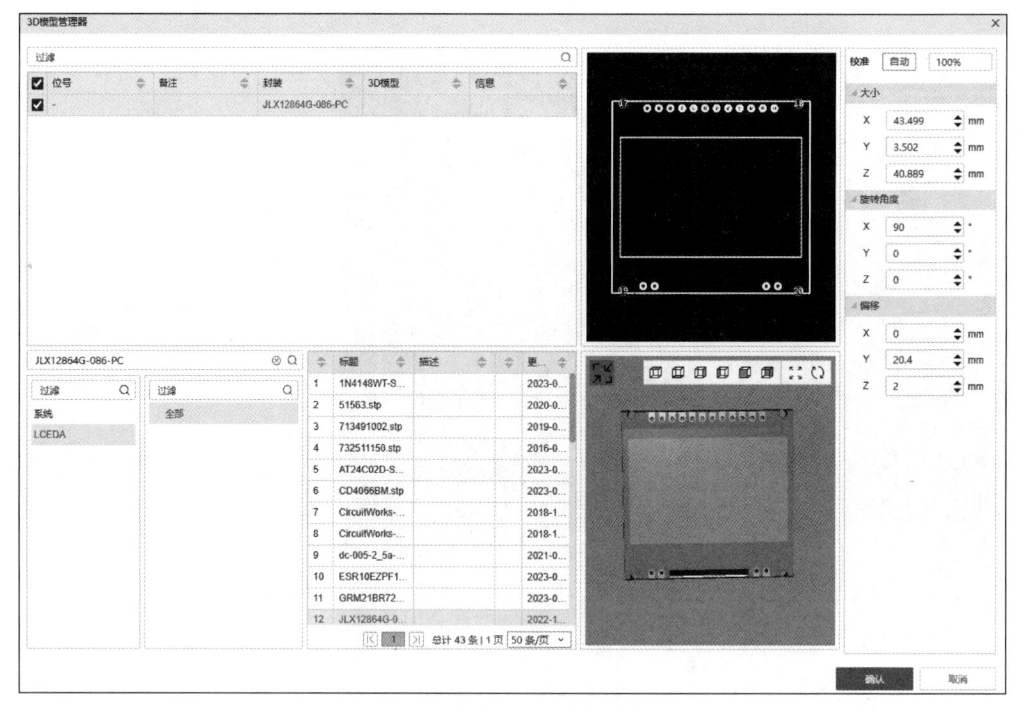

图 7-38　加入元器件 JLX12864G-086-PC 的 3D 模型

第 33 集
微课视频

(11) 如图 7-39 所示，器件 JLX12864G-086-PC 的原理图符号和 PCB 封装自行设计完成。

图 7-39　元器件库中器件显示

7.4 PCB 设计规则

在电路板 EDA 软件中设定 PCB 布线设计规则是实现正确布线的重要因素，设计规则是设计者设计指标及要求的体现，这里以嘉立创 EDA 软件为例介绍 PCB 设计规则。这些设计规则涵盖了设计的各方面，包括布线宽度、间距、平面连接类型、布线过孔类型等。在设计的过程中，设计者根据规则对设计进行实时检查，也可以在任意时刻运行一个批处理测试，然后生成设计规则检查(design rule check，DRC)报告。

嘉立创 EDA 设计规则并不是某个对象的属性。设计规则和绘图对象之间相互独立。每个设计规则都有适用对象的范围。

嘉立创 EDA 以层次化的方式应用规则。例如，用于整个板的间距规则，一个间距规则用于一类网络；另一个间距规则用于另一类网络中的某个引脚。使用规则优先级和规则范围，PCB 编辑器能确定将一个规则如何应用到一个绘图对象中，下面将详细介绍设计规则的定义。

7.4.1 添加设计规则

打开规则编辑器主要包括如下步骤。

在嘉立创 EDA 主界面主菜单下选择“设计”→“设计规则”选项。如图 7-40 所示，出现“设计规则”对话框。

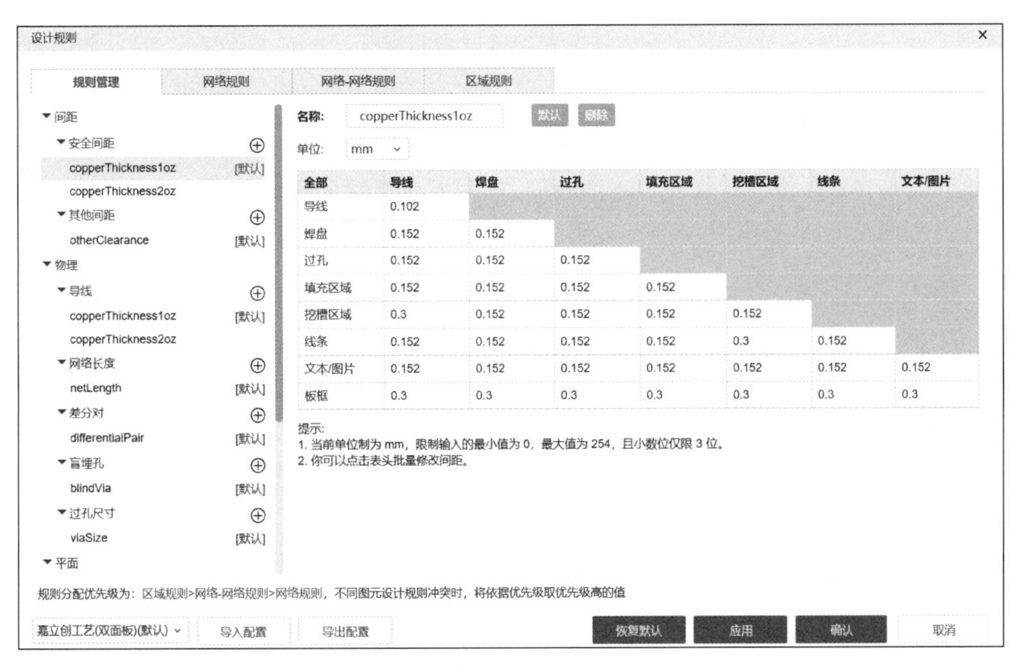

图 7-40 “设计规则”对话框界面

在规则管理器左下角可以设置不同工艺下的默认配置，包括嘉立创工艺(双面板)、嘉立创工艺(单面板)、嘉立创工艺(多层板)、嘉立创工艺(高频板)、嘉立创工艺(铝基板)、嘉立创工艺(铜基板)、设为新建 PCB 默认配置等不同配置选择或自行创建新配置。

在规则管理器中可以在每一种类型的规则下新增、修改、删除规则，对没有特殊设置规则的网络，会使用默认的规则。需要新增的规则类型可以在右边单击＋图标，即可新增一个规则。输入规则名称后，鼠标在输入框外部单击即为创建规则成功。新增设计规则后需要重新对规则命名，需要注意的是同一个类型下规则名称不能重复。

各类设计规则类型中有一项为默认规则，该规则会置顶。如果想要将某个规则设为默认规则，如图 7-41 所示，在该规则视图下单击“设为默认”按钮即可。非默认规则支持删除，在要删除的规则视图下单击“删除”按钮，即可删除该规则。

1. 间距规则

(1) 安全间距是设计规则中非常重要的关键指标，其涉及 PCB 设计工艺是否美观，功能是否完善。而作为功能完善的方面考虑，也分为电气安全间距，违反该间距会造成短路等

图 7-41　设置规则为默认规则

功能障碍，毁损电路板及整个产品设计；机械结构安全间距，违反该间距将造成元器件安装不上或电路板与产品外壳不匹配。通过安全间距表，可以设置两个不同网络图元之间的间距要求。双击任意一个表可修改规则的数值，单击表顶部的名称可批量修改数值。本章例程设计为小规模电路，设置安全间距规则为 0.25mm 及以上，如图 7-42 所示。

全部	导线	焊盘	过孔	填充区域	挖槽区域	线条	文本/图片
导线	0.25						
焊盘	0.25	0.25					
过孔	0.25	0.25	0.25				
填充区域	0.25	0.25	0.25	0.25			
挖槽区域	0.3	0.25	0.25	0.25	0.25		
线条	0.25	0.25	0.25	0.25	0.25	0.25	
文本/图片	0.25	0.25	0.25	0.25	0.25	0.25	0.25
板框	0.3	0.3	0.3	0.3	0.3	0.3	0.3

图 7-42　修改安全间距规则设置

（2）其他间距规则包括元件到元件、插件焊盘到 SMD 元件的间距规则，元件到元件的间距规则，是以元件整体轮廓围成的矩形检测的。按照电路板生产和焊接工艺的要求进行设计即可。本章例程设置元件到元件的间距为 0.1mm、插件焊盘到 SMD 元件的间距为 0.1mm，如图 7-43 所示。

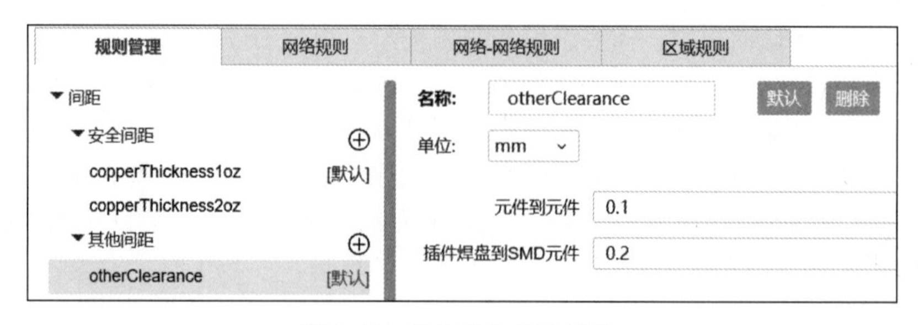

图 7-43　修改其他间距规则

2. 物理规则

物理规则部分包括导线规则、网络长度规则、差分对规则、盲/埋孔规则、过孔尺寸规则等。

(1) 导线规则中设置导线的最小、默认和最大线宽。PCB 中的导线线宽如果不满足最小线宽到最大线宽的范围,将被 DRC 检测出来。默认线宽则是指每次布线时默认取的线宽,但当布线从一条导线发起时,则会以那条导线的线宽作为开始布线的线宽。如图 7-44 所示,本章例程设置导线线宽采用系统默认值。

图 7-44 导线线宽规则设置

(2) 网络长度规则是用于设定检查单网络走线的总体长度,这个规则不能应用于设计上限制,但可以通过布线时候查看。本章例程设置网络线路总体长度为 0～1000mm,如图 7-45 所示。

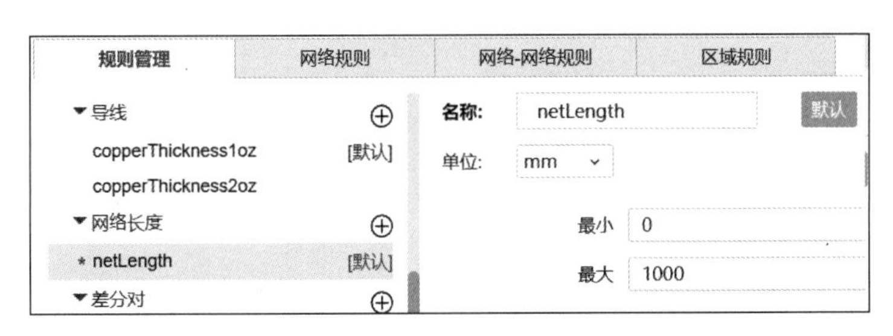

图 7-45 网络长度规则设置

走线时符合设定的规则长度会有一个指示,在符合规则走线的情况下,指示会标绿色,大于或者小于规则会标红色,如图 7-46 所示。

(3) 差分对规则用于差分对线设计,规则包括差分对线的线宽、间距、差分对线长度误差等,当差分对规则与安全间距规则和导线规则冲突时,以差分对规则为准。本章例程中没使用差分对线,不需要进行设置。

(4) 盲/埋孔规则通常用于多层板设计,在新增盲/埋孔之前需要先确定设计的 PCB 是否已经设置为多层,如果未设置,需要到图层管理器中进行设置。本章例程中没有使用盲/埋孔,不需要进行设置。

(5) 过孔尺寸规则用于设置过孔外径/内径的最小、默认和最大尺寸。PCB 中的过孔尺

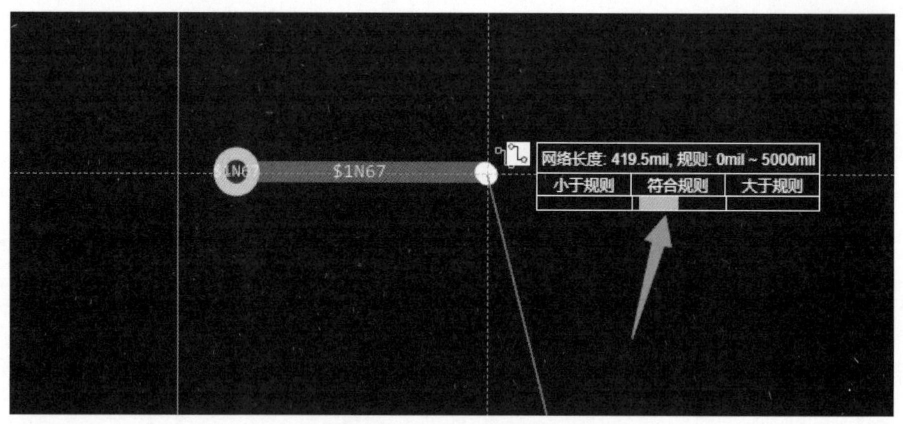

图 7-46 规则长度检测指示

寸如果不满足最小到最大的范围,将被 DRC 检测出来。默认过孔孔径则是指每次放置过孔时默认取的尺寸。如图 7-47 所示,本章例程设置过孔尺寸采用系统默认值。

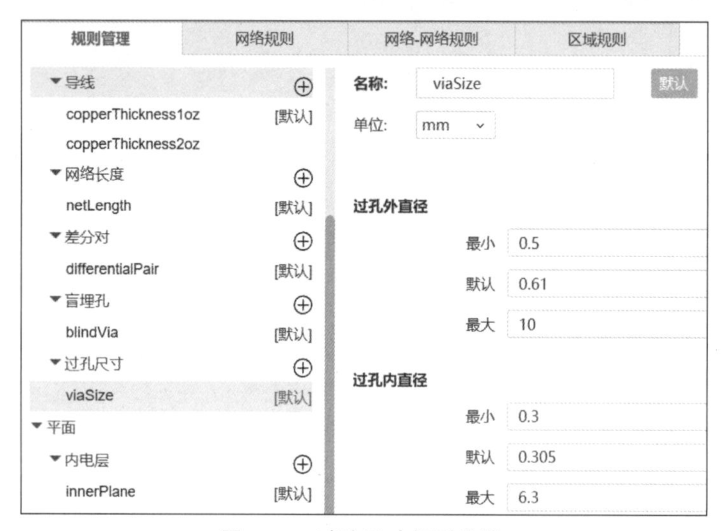

图 7-47 过孔尺寸规则设置

3. 平面规则

(1) 内电层规则设置多层板中电源层的相关参数测试,如图 7-48 所示,内电层规则设置包括网络间距(设置为铺铜时铺铜填充到不同网络元素的间距)、到边框/槽孔间距(设置铺铜填充到边框、挖槽区域的间距)、焊盘连接方式(设置为发散时可以分别设置发散线宽和发散间距,直连时铺铜会直接连接到焊盘,无连接时铺铜不会连接到焊盘)、发散间距(焊盘对铜皮的发散间距设置)、发散线宽(连接焊盘导线铜皮发散间距的设置)、发散角度(支持内电层铜皮链接方式角度的设置)等。如图 7-49 所示,不同发散角度的设置,本章例程中没有使用电源层,不需要进行设置。

(2) 铺铜规则与内电层规则相近,设置规则包括信号层和电源层的焊盘和过孔的连接方式、发散间距、发散线宽和发散角度设置。当铺铜的焊盘发散线宽设置为 0 的时候,将根据焊盘的尺寸自动生成连接线宽。如图 7-50 所示,本章例程设置铺铜规则的发散间距和发散线宽为 0.5mm。

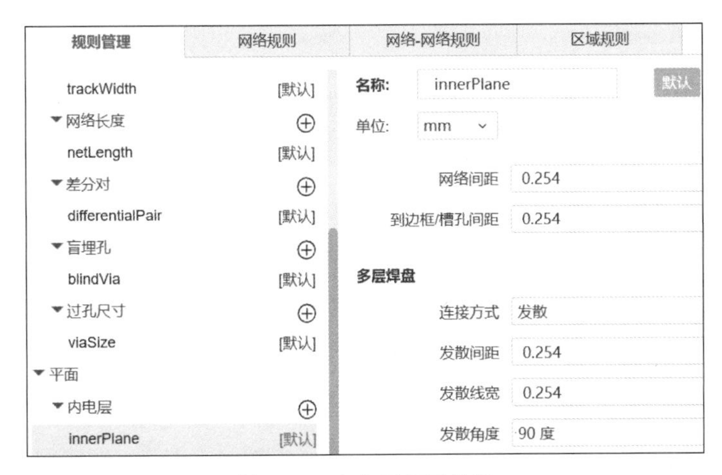

图 7-48 内电层规则设置

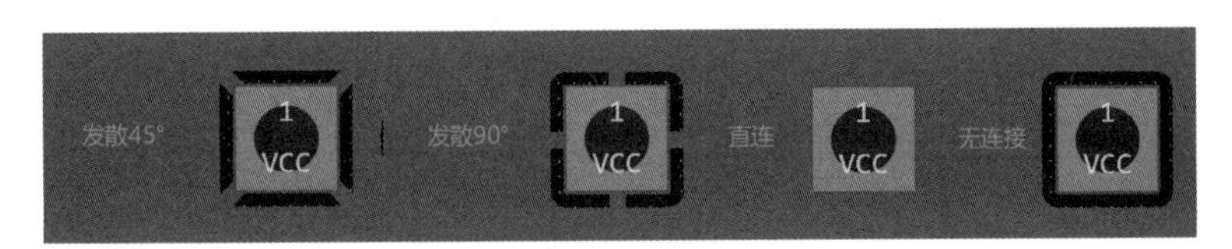

图 7-49 不同发散角度规则示例

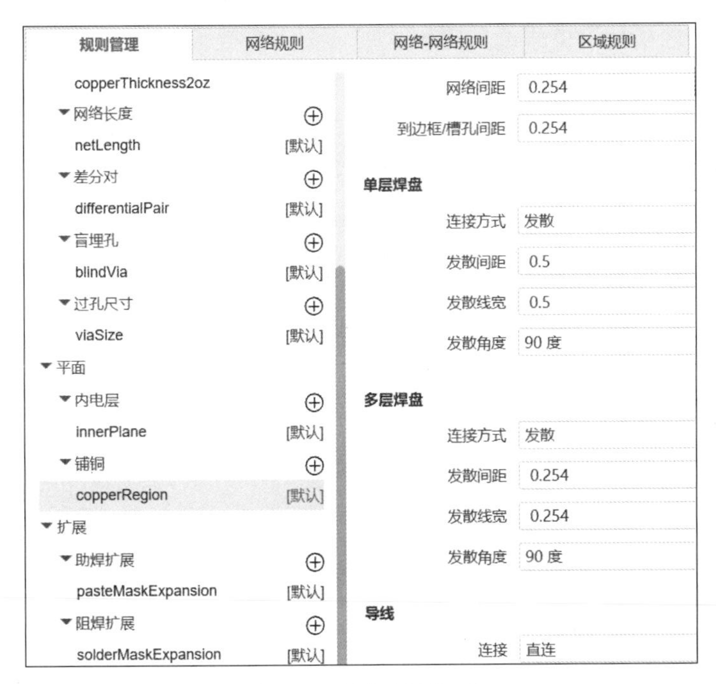

图 7-50 铺铜规则设置

4. 扩展规则

(1) 助焊扩展规则用于贴片封装的焊盘，当焊盘的助焊扩展属性设置为通用时，就会以设计规则中的助焊扩展作为其助焊。如图 7-51 所示，本章例程设置助焊扩展规则采用系统默认值。

图 7-51　助焊扩展规则设置

(2) 阻焊扩展规则中分别设置焊盘和过孔的阻焊扩展,如果不想对过孔开窗,则将阻焊扩展数据设置为一个小于孔径的数字(如－1000mil)即可。如果需要自定义某个焊盘或过孔的阻焊,则需要在属性面板修改其阻焊扩展自定义参数。如图 7-52 所示,本章例程设置阻焊扩展规则采用系统默认值。

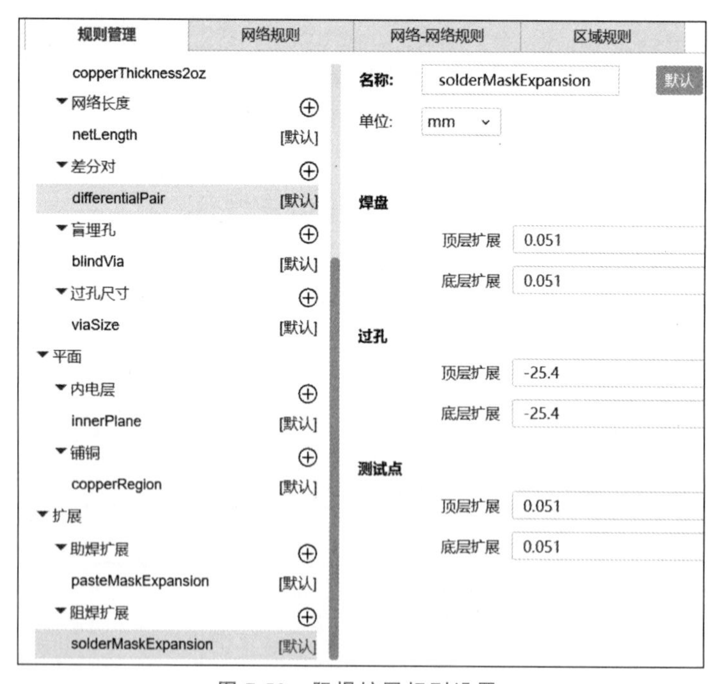

图 7-52　阻焊扩展规则设置

5. 网络规则

在网络规则中可以对当前 PCB 所有的网络进行规则分配。首先在左侧树选择要分配的规则类型，然后查看右侧视图的网络列表，默认所有网络都是在默认规则下，如果需要修改某个网络的规则，则直接在对应网络的规则下拉框切换即可，如图7-53所示。

图7-53 网络规则设置

网络规则中，提供了快速创建网络类和加入网络类的功能，在网络列表中右击，选择新建网络类功能用来新建网络类。在网络列表中通过按住Ctrl键可多选网络，右键添加网络类功能，将选择的网络加入到网络类中，如图7-54所示，添加多个网络设置网络类。对网络类分配一个设计规则，如图7-55所示，该网络类下面的所有网络都会变为这个规则。

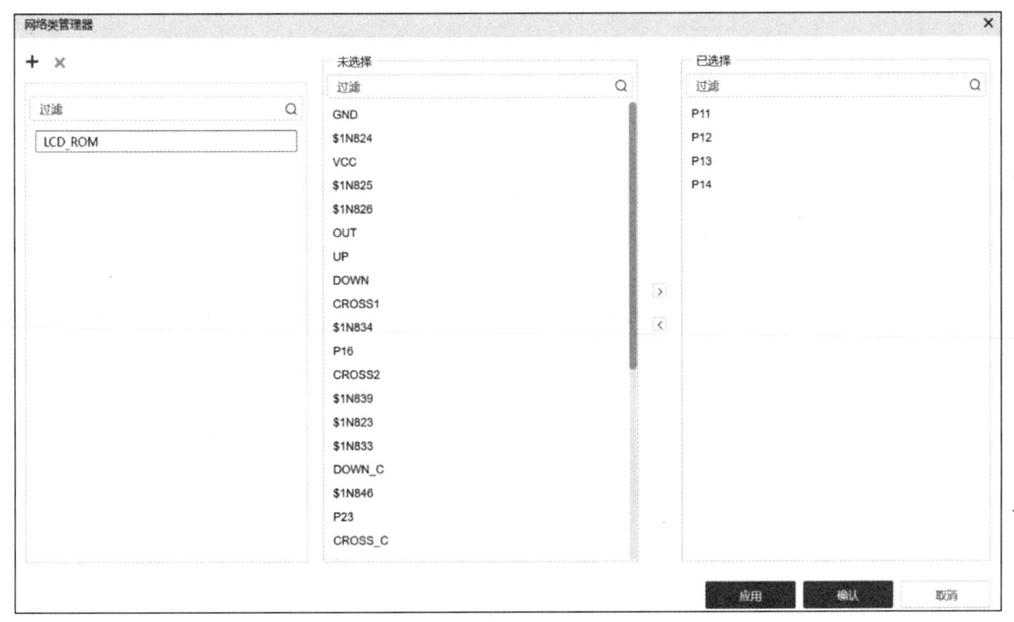

图7-54 网络类管理器界面

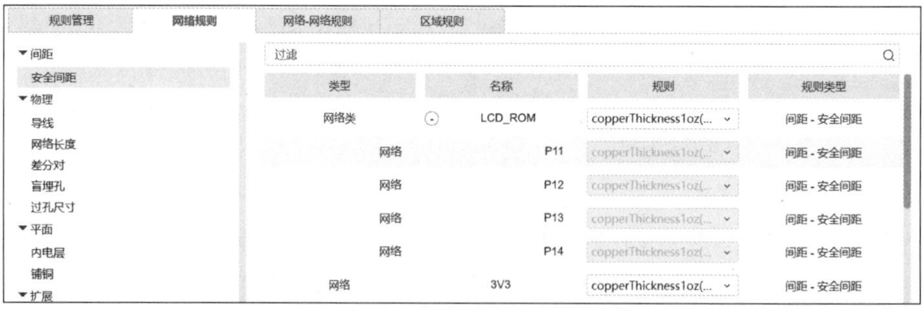

图 7-55 网络类规则设置

6. 网络-网络规则

支持设置两个不同的网络规则之间的规则约束，支持安全间距，内电层、铺铜生效的规则设置。可以设置网络或者网络类，并分配不同的规则，如图 7-56 所示。

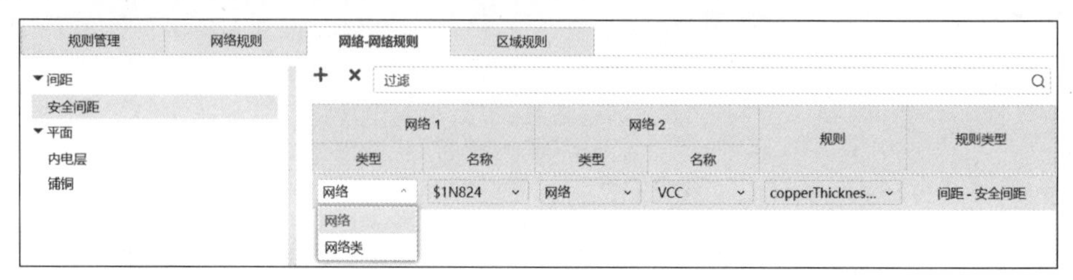

图 7-56 网络-网络规则设置

7.4.2 如何检查规则

设计规则检查(DRC)用于检查设计规则。在 PCB 设计过程中，设计者可以通过在线实时方式检查，也可以通过批处理(带有可选择的报告)方式检查。在 PCB 设计过程中的任何时刻，都可以选择运行批处理方式。在实际的 PCB 设计过程中，推荐在完成所有的 PCB 设计后，再运行批处理检查。并不是 DRC 有错误的板子就不能使用，有些规则是可以忽略的，例如丝印的错误不会影响电气属性。

1. DRC 检查

在嘉立创 EDA 主界面主菜单下选择“设计”→“检查 DRC”选项，在检查 DRC 后，DRC 面板可以展示 DRC 错误类型，和每个错误的具体信息。显示信息支持定位对应的对象，和打开对应设计规则名称，方便快速修改规则。

如图 7-57 所示，本例程没有开始 PCB 设计，进行 DRC 后显示连接性错误。连接性错误是检测相同网络的对象没有完成导线等连接的错误，和画布的飞线检测一样。当铺铜孤岛时，铺铜填充也会参与显示在连接性错误中，如果不影响使用，可以忽略。

2. 实时 DRC

开启实时 DRC 时，能在绘制 PCB 过程中实时报告错误，显示黄色的 X 标识。目前不同的 DRC 错误标识均是 X 标识，暂不支持其他不同错误样式。开启实时 DRC 选项时，会弹窗提示是否执行一次 DRC。

在嘉立创 EDA 主界面主菜单下选择“设计”→“实时 DRC”选项，如图 7-58 所示，在违反了规则绘制 PCB 时，实时 DRC 会在 PCB 中会提示错误 X 标记。

检查DRC　清除错误

全部 (170)
连接性错误 (170)
GND (44)
$1N824 (4)
VCC (18)
$1N825 (3)
$1N826 (3)
OUT (6)

No.	显示	错误类型	错误对象	规则名称	对象1	对象2	解释
1		连接性错误	焊盘	Common	焊盘 (P26): K...		对象 1 与其他相同网络的对象断开了连接
2		连接性错误	焊盘	Common	焊盘 (P26): C...		对象 1 与其他相同网络的对象断开了连接
3		连接性错误	焊盘	Common	焊盘 (P26): K...		对象 1 与其他相同网络的对象断开了连接
4		连接性错误	焊盘	Common	焊盘 (P26): R...		对象 1 与其他相同网络的对象断开了连接
5		连接性错误	焊盘	Common	焊盘 (P26): U...		对象 1 与其他相同网络的对象断开了连接
6		连接性错误	焊盘	Common	焊盘 (WTCK): ...		对象 1 与其他相同网络的对象断开了连接
7		连接性错误	焊盘	Common	焊盘 (WTCK): ...		对象 1 与其他相同网络的对象断开了连接
8		连接性错误	焊盘	Common	焊盘 (WTCK): ...		对象 1 与其他相同网络的对象断开了连接
9		连接性错误	焊盘	Common	焊盘 (RST): K...		对象 1 与其他相同网络的对象断开了连接

库　日志　DRC　查找结果　　50条/页　共4页，170条记录　1

图 7-57　DRC 结果显示

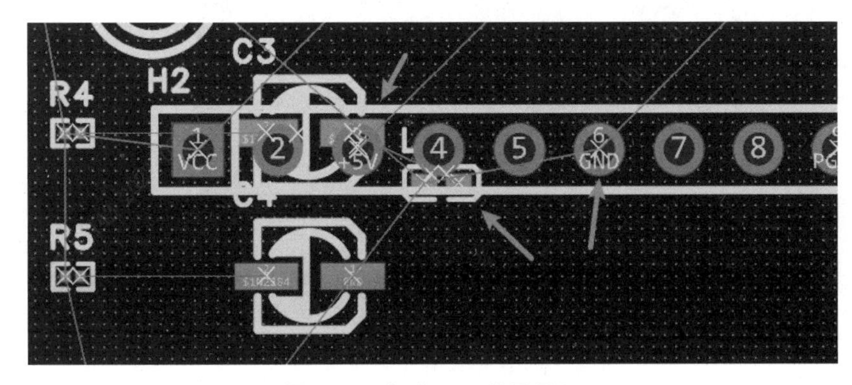

图 7-58　实时 DRC 结果显示

3. 清除 DRC 错误

在嘉立创 EDA 主界面主菜单下选择“设计”→“清除错误”选项，将 DRC 复位，清空画布的 DRC 错误标识。

第 34 集
微课视频

7.5　PCB 布局设计

在 PCB 设计流程中，首先确定电路板尺寸形状，然后对电路中的元器件进行布局。本节介绍电路板的尺寸设置和布局原则及设置。

7.5.1　PCB 形状和尺寸设置

在开始 PCB 设计前，设计者必须确认 PCB 的形状和尺寸。一般来说，PCB 的形状和尺寸由设计要求给出。当没有给出对 PCB 形状和尺寸的具体设计要求时，则需要 PCB 设计者通盘考虑，确定 PCB 的形状和尺寸。例如，本例程设计一个长方形的 PCB，其尺寸大小长宽比例为 80mm∶60mm。

PCB 形状和尺寸设置主要包括以下步骤。

(1) 在工程中打开 THD-PCB 文件，在嘉立创 EDA 主界面主菜单下，选择“视图”→“单位”→“mm”或在工具栏设置单位为 mm。

(2) 在嘉立创 EDA 主界面主菜单下，选择“放置”→“板框”→“矩形”选项，如图 7-59 所示，输入宽度为 80mm，通过 TAB 键切换输入高度为 60mm 的矩形参数。

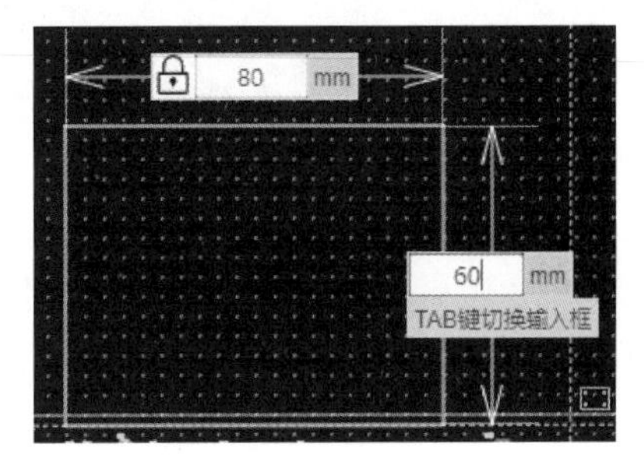

图 7-59　放置 PCB 板框

(3) 选中板框设置板框属性起点 X 为 0mm、Y 为 60mm，并且锁定板框防止不必要的移动，如图 7-60 所示。

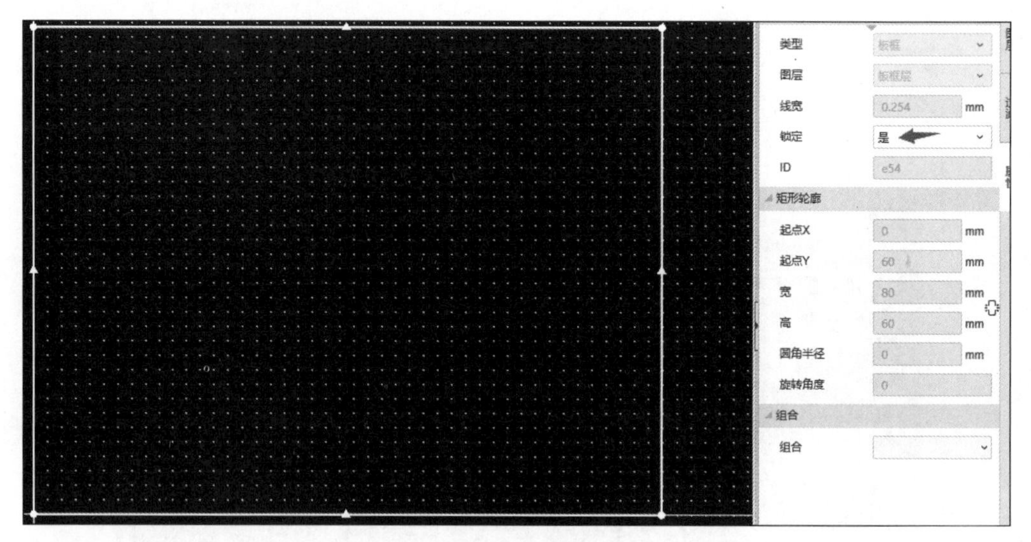

图 7-60 放置 PCB 板框位置并锁定

(4) 在 PCB 四周放置 4 个直径为 3.2mm 的机械固定(通)孔。在嘉立创 EDA 主界面主菜单下，选择“放置”→“挖槽区域”→“圆形”选项，并设置半径为 1.6mm 的 4 个固定孔。选中固定孔设置运行轮廓属性中心距离板边为 4mm，如图 7-61 所示，分别设置 4 个固定孔中心坐标为(4,4)、(4,56)、(76,56)、(56,4)。

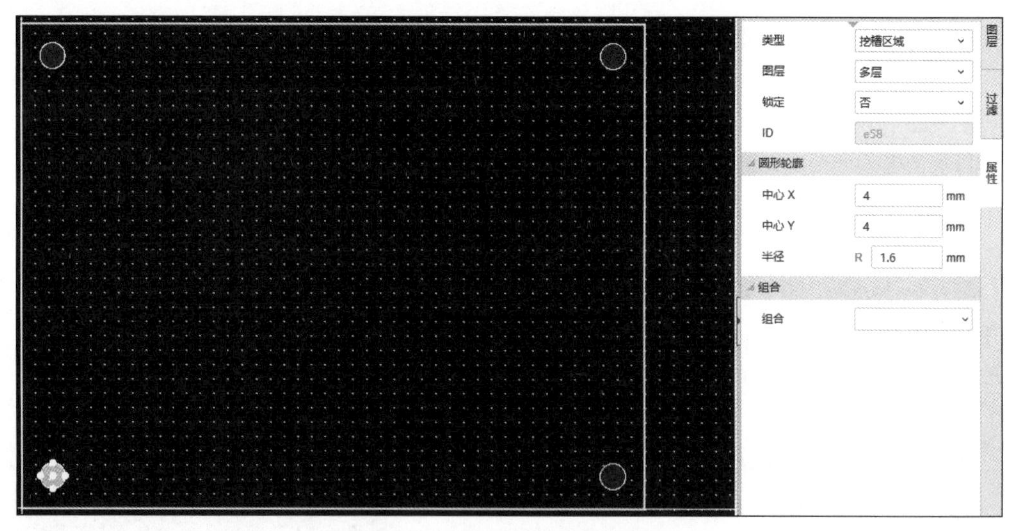

图 7-61 放置 PCB 板框固定孔

(5) 在嘉立创 EDA 主界面主菜单下，选择“视图”→“网格尺寸”→“0.1mm，0.1mm”选项和选择“视图”→“栅格尺寸”→“0.1mm，0.1mm”选项，便于后续移动和仿真元器件。

7.5.2 PCB布局原则

在进行PCB布局的时候，兼顾美观和信号完整性规则。下面给出一些PCB布局的建议。

1. 器件布局基本规则

(1) 在通常条件下，所有的元器件均应布置在印制电路板的同一面上，只有在顶层元器件过密时，才能将一些高度有限并且发热量小的器件，如贴片电阻、贴片电容、贴片IC等放在底层。

(2) 遵照“先大后小，先难后易”的布线原则，即重要的单元电路、核心元器件应该先布局。

(3) 总的连线尽可能短，关键信号线最短；高电压、大电流信号与小电流、低电压的弱信号完全分开；模拟信号与数字信号分开；高频信号与低频信号分开；高频元器件的隔离要充分。

(4) 布局中应参考原理图框图，根据单板的主信号流向规律安排主要元器件。

(5) 元器件的布局应便于信号流通，使信号尽可能保持一致的方向。多数情况下，信号的流向安排为从左到右或从上到下，与输入、输出端直接相连的元器件应当放在靠近输入、输出接插件或连接器的地方。

(6) 在保证电气性能的前提下，元器件应放置在栅格上且相互平行或垂直排列，以求整齐、美观，一般情况下不允许元器件重叠；元器件排列要紧凑，输入和输出元器件尽量远离。

(7) 某元器件或导线之间可能存在较高的电位差，应加大它们的距离，以免因放电、击穿而引起意外短路。

(8) 带高电压的元器件应尽量布置在调试时手不易触及的地方。

2. 元器件排列规则

(1) 位于板边缘的元器件，离板边缘至少有2个板厚的距离，元器件在整个板面上应分布均匀、疏密一致。

(2) 同类型插装元器件在 X 或 Y 方向上应朝一个方向放置。同一种类型的有极性分立元器件也要力争在 X 或 Y 方向上保持一致，便于生产和检验。

(3) 对于非传输边大于300mm的PCB，较重的器件尽量不要布局在PCB的中间。以减轻由插装器件的质量在焊接过程中对PCB变形的影响，以及插装过程对板上已经贴放的器件的影响。为方便插装，器件推荐布置在靠近插装操作侧的位置。

(4) 通孔回流焊器件本体间距离大于10mm，器件焊盘边缘与传送边的距离不小于10mm，与非传送边的距离不小于5mm。

(5) 如图7-62所示，元器件布局要满足手工焊接和维修的操作空间要求。

(6) 需要安装较重的元器件时，应考虑安装位置和安装强度；应安排在靠近印制电路板支承点的地方，使印制电路板的翘曲度减少最小。还应计算引脚单位面积所承受的力，当该值不小于 $0.22\ N/mm^2$ 时，必须对该模块采取固定措施，不能仅仅靠引脚焊接来固定。

(7) 对于有结构尺寸要求的单面板，其元器件的允许最大高度＝结构允许尺寸－印制板厚度－4.5mm。

(8) 超高的应采用卧式安装。

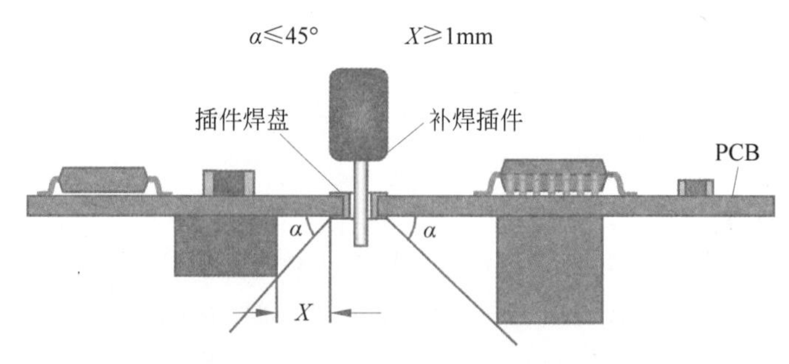

图 7-62　元器件布局需要考虑位置

3. 防止电磁干扰

(1) 对辐射电磁场较强的元器件，以及对电磁感应较灵敏的元器件，应加大它们相互之间的距离或加以屏蔽，元器件放置的方向应与相邻的印制导线交叉。

(2) 尽量避免高/低电压器件相互混杂、强/弱信号的器件交错在一起。

(3) 对于会产生磁场的元器件，如变压器、扬声器、电感等，布局时应注意减少磁力线对印制导线的切割，相邻元器件磁场方向应相互垂直，减少彼此之间的耦合。

(4) 对干扰源进行屏蔽，屏蔽罩应有良好的接地。

(5) 在高频工作的电路，要考虑元器件之间的分布参数的影响。

4. 抑制热干扰

(1) 了解元器件的热特性，电路如元器件的耗散功率、最高允许温度、有效散热面积等。

(2) 了解设备、印制电路板组件和元器件周围的环境条件，如周围环境温度、气压、冷却剂入口温度、流速等，与电气设计、结构设计同时进行，以便获得热阻最低的传热路径方案。

(3) 对于发热元器件，应优先安排在利于散热的位置，必要时可以单独设置散热器或小风扇，以降低温度，减少对邻近元器件的影响，如图 7-63 所示。

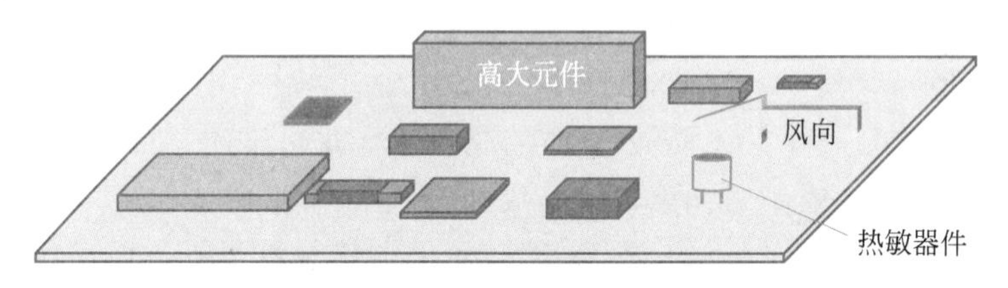

图 7-63　元器件布局散热考虑

(4) 一些功耗大的集成块、大或中功率管、电阻等元器件，要布置在容易散热的地方，并与其他元器件隔开一定距离。

(5) 热敏元器件应紧贴被测元器件并远离高温区域，以免受到其他发热功率元器件影响，引起误动作。

(6) 双面放置元器件时，底层一般不放置发热元器件。

(7) PCB 在布局中考虑将高热元器件放于出风口或利于对流的位置。电源变换元器件(如变压器、DC/DC 变换器、三端稳压管等)应该留有足够的散热空间。

(8) 小功率分立元器件与印制电路板之间的间隙应为 3～5mm，以利于自然对流散热。功率较大的元器件，在元器件与印制电路板之间填充导热绝缘材料，如导热硅橡胶等。

(9) 在条件允许的情况下，选择更厚一点的铺铜箔，可有效提高散热性能。PCB散热设计中，应尽可能采用大面积接地，大面积的铜箔能迅速向外散发PCB的热量。对印制电路板上的接地安装孔采用较大焊盘，不得小于安装界面，以充分利用安装螺栓和印制电路板两侧的铜箔进行散热。

(10) 为了保证搪锡易于操作，锡道宽度应不大于2.0mm，锡道边缘间距大于1.5mm。

5. 可调元器件的布局

对于电位器、可变电容器、可调电感线圈或微动开关等可调元器件的布局应考虑整机的结构要求，若是机外调节，其位置要与调节旋钮在机箱面板上的位置相适应；若是机内调节，则应放置在印制电路板便于调节的地方。

(1) 根据设计要求，先确定主芯片的位置，在该设计中主芯片是Xilinx的FPGA器件。

(2) 根据电源接口规范，确定电源模块的位置，电源模块周围元器件的布局要满足电源模块厂商给出的相关电源模块的设计规范。

(3) 布局其他器件。在布局其他器件时，要考虑布线的方便。

(4) 去耦合电容和旁路电容的布局，要充分满足信号完整性的设计要求。

(5) 在允许空间范围内，用于传输高速信号的两个元器件要尽可能地靠近。

(6) 在元器件布局的时候，要充分利用PCB顶层和底层的设计空间，合理布局，同时要兼顾信号完整性的要求。

6. PCB布局的五分开

(1) 信号的输入和输出要分开。

(2) 电源和信号要分开。

(3) 数字部分和模拟部分要分开。

(4) 高频部分和低频部分要分开。

(5) 强电部分和弱电部分要分开。

7.5.3　PCB布局中的其他操作

在PCB布局的过程中，经常会涉及下面的一些操作过程。

1. 对齐操作

在PCB进行布局时，为了美观，有时需要对多个元器件同时进行对齐操作。其主要包括以下操作步骤。

(1) 用Ctrl+鼠标键，选中所需要对齐的PCB元器件对象。

(2) 右击出现快捷菜单。根据设计需要，选择“对齐”下的子菜单。例如，如果需要左对齐，则选择“对齐”→“左对齐”选项。

2. 指定位置操作

在布局的过程中，有时需要设计者精确地指定布局绘图对象的位置。指定位置的操作步骤如下。

(1) 选中所需要指定位置的PCB绘图对象。

(2) 双击所选中的PCB元器件对象，在对象属性栏中设置中心X和中心Y的值。这样就可以为指定绘图对象精确地指定位置。

3. 在 PCB 布局的过程中显示/隐藏飞线

在 PCB 布局的过程中，显示飞线可以帮助设计者选择元器件最佳的布局位置。当布局基本完成时，设计者可以控制关闭飞线，以便对布局进行微调。

在嘉立创 EDA 主界面主菜单下，选择“视图”→“飞线”→“隐藏全部”或“视图”→“飞线”→“显示全部”选项，即可显示全部飞线或者隐藏全部飞线。

7.5.4 PCB 手动布局

按照本章中介绍的布局原则和布局操作方法，对第 6 章中绘制的原理图进行 PCB 布局，具体步骤介绍如下。

(1) 按照“先大后小，先难后易”的布线原则，先放置本电路中尺寸最大的 LCD 显示屏，本例程中将其放置在电路板的左上部分，如图 7-64 所示，LCD 显示屏的中心位置为(30,37)。

示例视频 15
微课视频

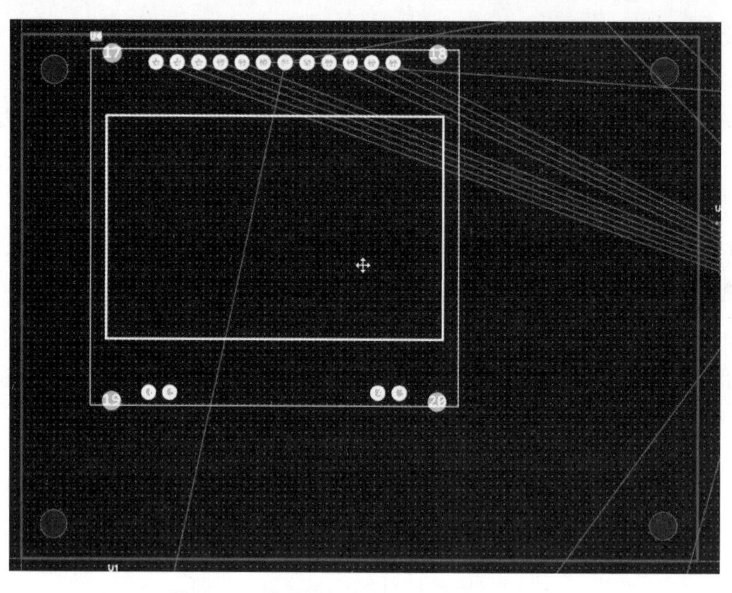

图 7-64 放置 LCD 屏到 PCB 左上位置

(2) 按照“模拟信号与数字信号分开”的布线原则，接下来放置本电路中模拟电路部分，包括输入信号接插件、晶体管放大电路、模拟开关控制电路、控制电平转化电路等，本例程中将其放置在电路板 LCD 的下方即左下部分，如图 7-65 所示，模拟电路在单独的区域进行布线。

(3) 接下来放置本电路中数字电路部分，包括单片机、按键输入、复位按键、下载接口等，按照“总的连线尽可能短，关键信号线最短”的布局原则，如图 7-66 所示，数字电路放置在 PCB 的右侧。

(4) 最后放置本电路中电压电路部分，包括电压输入接插件、电压转换芯片、输入/输出电容等，如图 7-67 所示，电源电路放置在 PCB 的右上位置。

(5) 接下来调整元器件的丝印，放置元器件丝印在元器件的上方或左侧，尽量放置在一个方向，以便后续的元器件焊接以及维修，如图 7-68 所示，为丝印调整后的电路板布局。

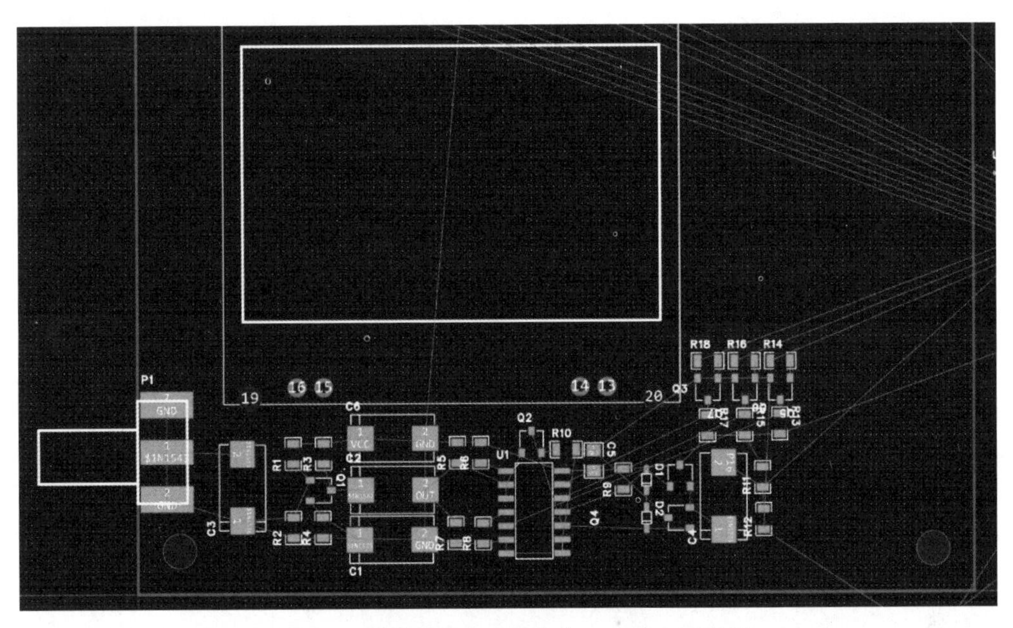

图 7-65　放置模拟电路部分在 PCB 的左下位置

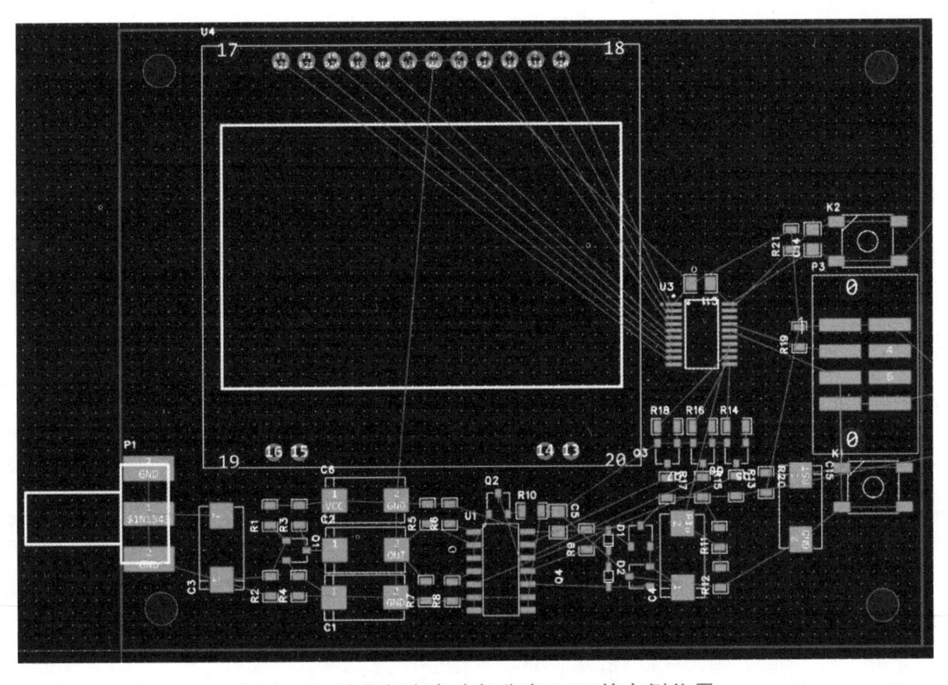

图 7-66　放置数字电路部分在 PCB 的右侧位置

(6) 利用设计软件的 3D 显示可以更好地了解 PCB 中各元器件的位置、间距等放置情况，在嘉立创 EDA 主界面主菜单下，选择“视图”→“3D 预览”或在工具栏中选择 3D 图标，如图 7-69 所示，查看电路板中元器件的 3D 位置，如有不合适的及时进行调整。

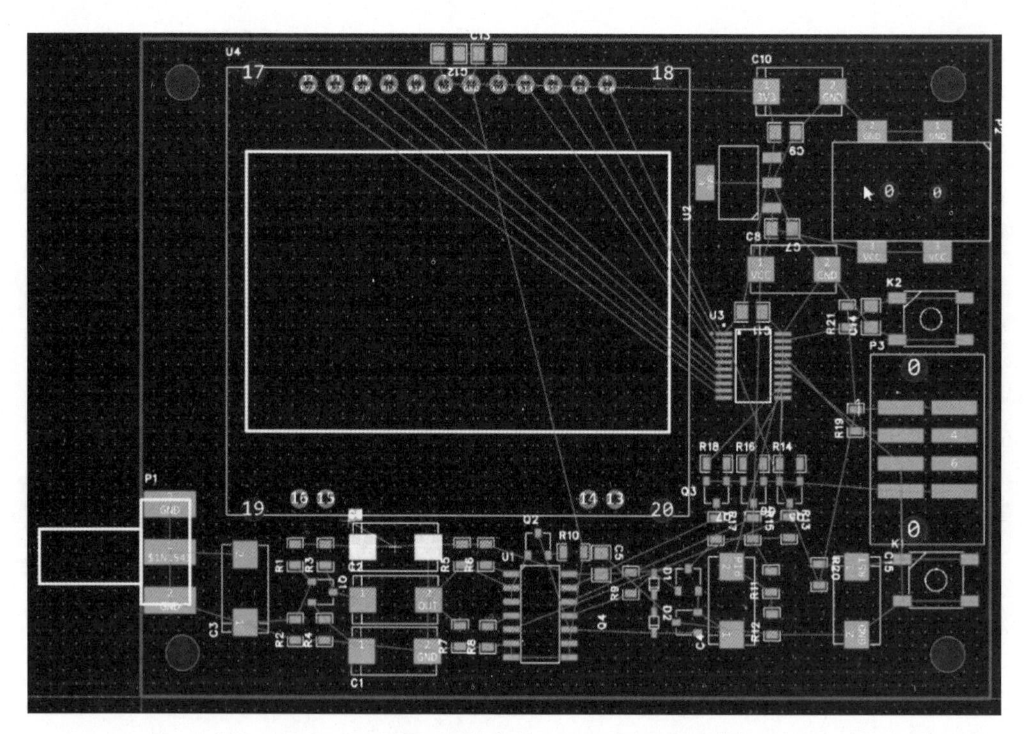

图 7-67　放置数字电路部分在 PCB 的右侧位置

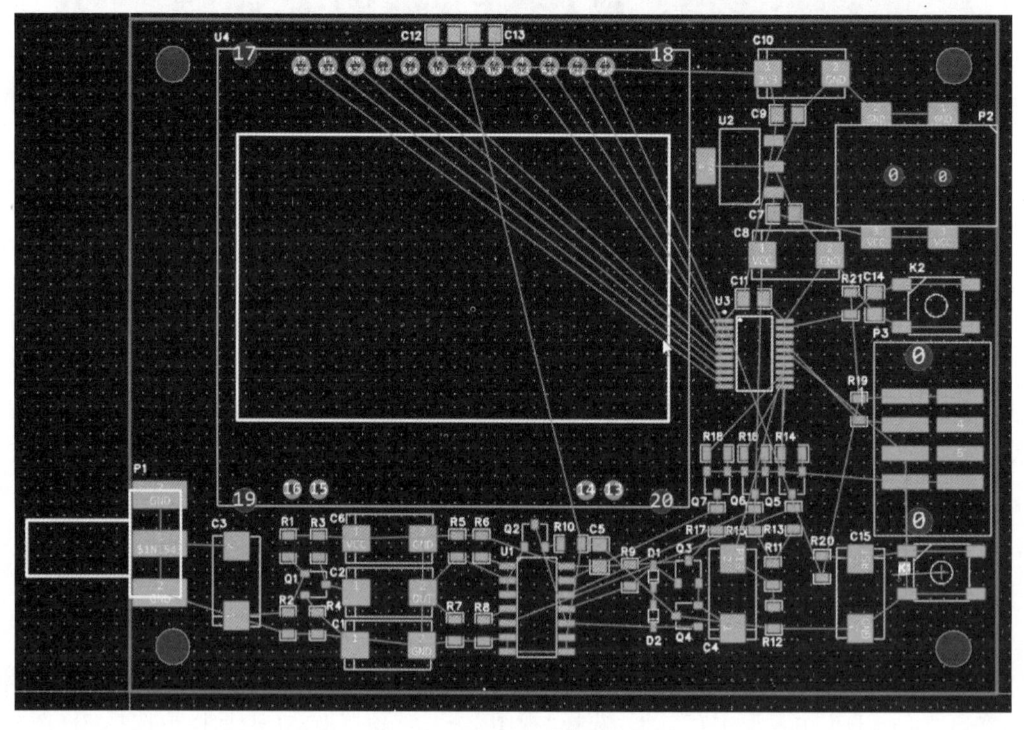

图 7-68　调整电路板丝印位置

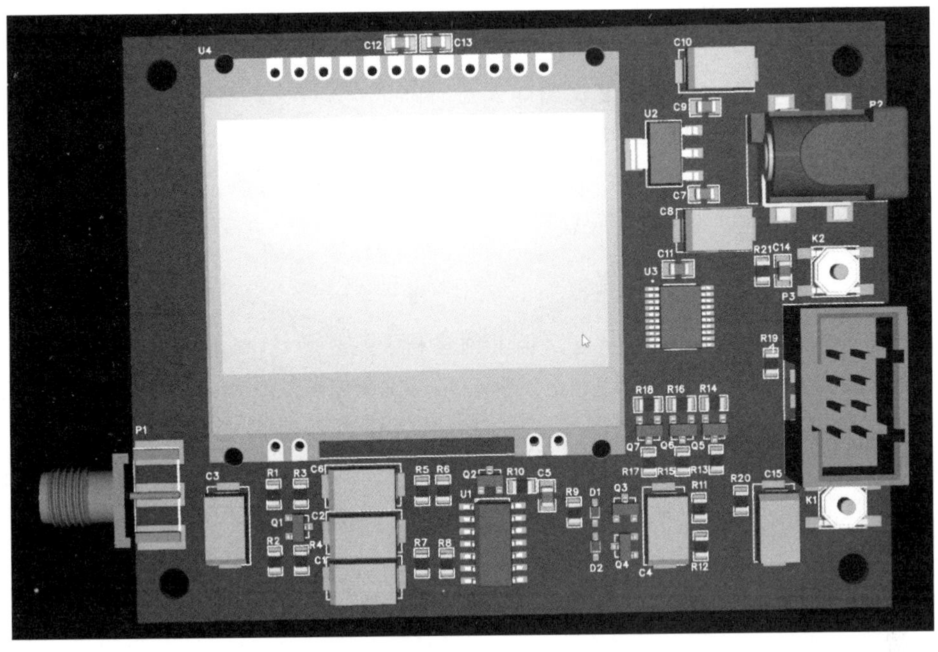

图 7-69　PCB 的 3D 显示

7.6　PCB 布线设计

第 35 集
微课视频

布线是具有连接关系的两个网络节点之间生成物理连接通路的过程。嘉立创 EDA 中包含布线的引擎，用于帮助设计者高效率地对 PCB 进行布线操作。

7.6.1　单路布线

当设计者选择一个交互布线命令后，开始手工布线。

(1) 在嘉立创 EDA 主界面主菜单下，选择“布线”→“单路布线”选项或按快捷键 Alt+W，进入单路布线模式。双击一个导线/焊盘/填充区域/线条即可开始布线或先单击一个导线/焊盘/填充区域/线条，再选择单路布线功能，将会以单击的点为布线起点开始布线。布线的过程中在需要增加拐点的地方单击以添加拐点。

(2) 在布线时进行线路层切换需要添加过孔。在布线的过程中右击在弹出的菜单中选择添加过孔功能，将在接下来的第一个待布线拐角处增加一个过孔，单击画布，添加过孔成功。

在布线的过程中按快捷键 V 也可以直接添加过孔。在布线的过程中切层到信号层，也会自动添加过孔。

如果想要添加盲/埋孔，则需要先在设计规则中添加盲/埋孔列表，然后在布线的过程中右击放置盲孔或埋孔功能选择需要添加的盲/埋孔。

(3) 布线中可以随时进行回退布线，布线的过程中右击在弹出的菜单中，点击回退，或使用快捷键 Backspace，可以手动将布线回退到上一个拐点。布线的过程中如果光标移动到了已经布的部分，会自动回退到光标位置导线的上一个拐点。此时如果鼠标移回未产生回路部分，则又会恢复之前隐藏的导线；添加拐点后，将确定新的拐点，之前自动回退的导线将无法再恢复。

(4) 已经完成的布线可以通过拉伸导线进行布线调整，在嘉立创 EDA 主界面主菜单下，选择“布线”→“拉伸导线”选项。单击一段导线即可开始拉伸，也可以先单击选中一段导线，再点击拉伸导线功能。移动光标进行导线的拉伸，再次单击，本次拉伸导线完成。当拉伸导线到与其他导线融合时，会停留在融合位置无法继续拉伸。

7.6.2 差分对布线

差分对布线是一项要求在印制电路板上创建利于差分信号(对等和反相的信号)平衡的传输系统的技术。差分线路一般与外部的差分信号系统相连接，差分信号系统是采用双绞线进行信号传输的，双绞线中的一条信号线传输原信号，另一条传输的是与原信号反相的信号。差分信号是为了解决信号源和负载之间没有良好的参考地连接而采用的方法，它对电子产品的干扰起到固有的抑制作用。差分信号的另一个优点是它能减小信号线对外产生的电磁干扰(EMI)。

(1) 在进行差分对布线前，需要先设置差分对网络类。在左侧网络标签页，在差分对类别右击，新建差分对。如图 7-70 所示，在“差分对管理器”中设置差分对名称和包含的网络，也可以使用左下角的“自动生成”生成差分对，根据网络名的正负符号进行查询生成，如图 7-71 所示。创建完差分对后，可以在左侧网络标签页看到。

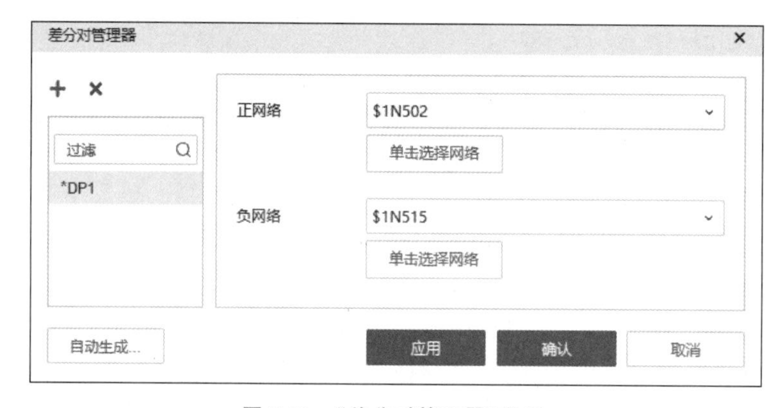

图 7-70 “差分对管理器”界面

(2) 在嘉立创 EDA 主界面主菜单下，选择“布线”→“差分对布线”选项或按快捷键 Alt+D，进入差分对布线模式。当完成了规则设置后，就可以单击差分对布线菜单，进行差分对布线，在布线过程中还可以实时查看布线长度和差异。绘制过程中可以通过按空格键切换路径走向，使用快捷键 TAB 进行切层。

在通过快捷键切层绘制时，或添加过孔时，可以通过按空格键切换导线和过孔的扇出方向，如图 7-72 所示，是过孔的导线走向的两种方式。在布线过程中，光标右上角会提示布线误差和是否符合规则。如果没有显示，可以在“设置”→“PCB 设置”→“通用”里面开启实时显示。

自动生成差分对 ×

正网络后缀 + 负网络后缀 - 搜索

差分对名称	正网络	负网络
DIFF	DIFF+	DIFF-
USB	USB+	USB-

应用 确认 取消

图 7-71 “自动生成差分对”界面

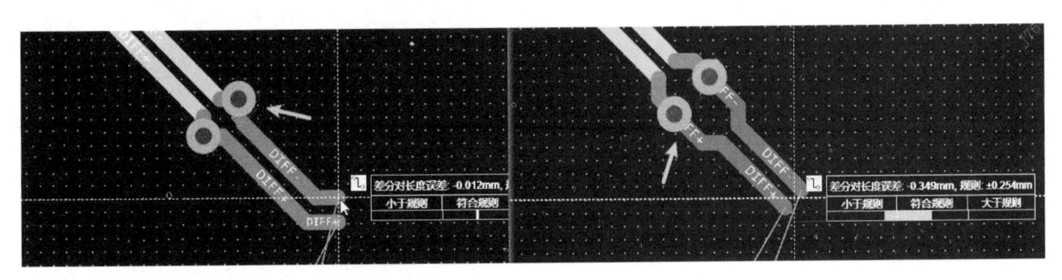

图 7-72 差分对过孔的两种方式

7.6.3 等长调节

等长调节又称等长绕线、延迟线，是 PCB 设计中一种特殊的走线形式，主要目的是补偿同一组时序相关的信号线中延时较小的走线，尽量减小同组信号之间的相对延时，避免出现时序问题。

在嘉立创 EDA 主界面主菜单下，选择“布线”→“等长调节”选项或按快捷键 Shift+A，进入等长调节模式。激活等长调节后，单击 TAB 调出等长调节属性框，如图 7-73 所示的“等长调节设置”对话框。等长参数可以设置拐角模式(如图 7-74 所示)、走线方式(单边走线等长时只会往一个方向进行等长摆幅、双边则是线条的两边都能进行等长调节)、间距(等长调节走线直接的宽度设置)、最小振幅(等长走线的振幅即高度的设置)。

7.6.4 自动布线

嘉立创 EDA 提供了用于实现机器自动布线 PCB 设计的自动布线器。通过拓扑结构映

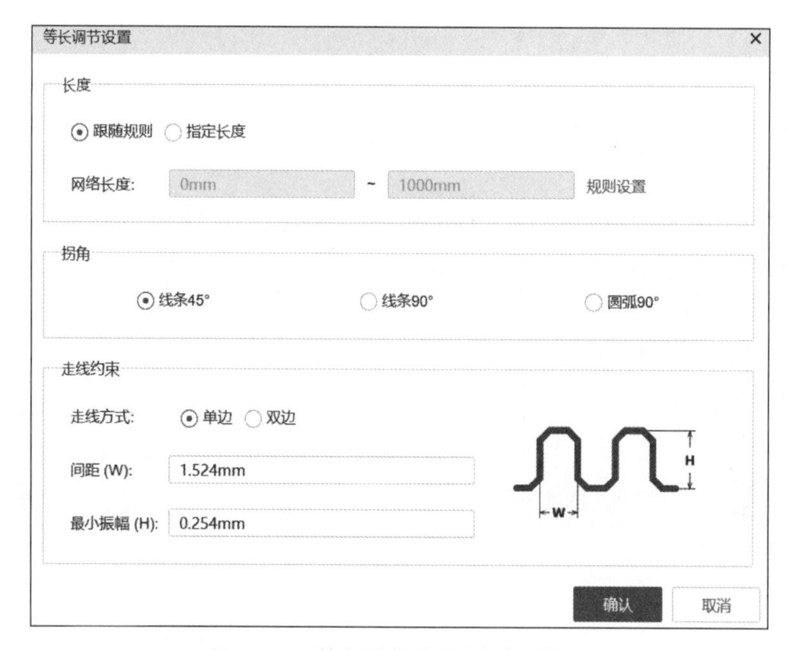

图 7-73 “等长调节设置”对话框界面

射，自动布线器可以找到PCB上的布线路径。除布线拐角和差分对设计规则以外，自动布线器遵守所有的电气和布线设计规则。

示例视频 16
微课视频

如果内置的自动布线器无法满足自动布线需求，嘉立创 EDA 支持导出自动布线文件 DSN 和导入自动布线会话文件 SES，可以通过导出自动布线文件使用第三方自动布线工具进行布线，再导入 SES 文件即可。

(1) 打开 PCB 导出自动布线文件 DSN，建议把不需要的过孔和导线先移除。在嘉立创 EDA 主界面主菜单下，选择“导出”→“自动布线(DSN)”选项，输入文件名导出自动布线文件。

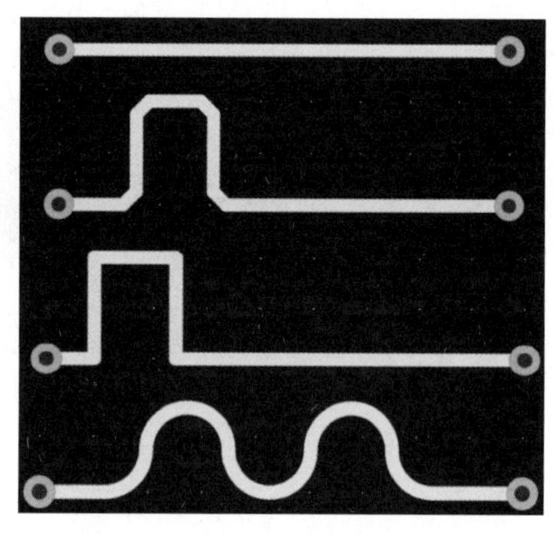

图 7-74 等长调节设置的不同拐角模式

(2) 打开第三方自动布线工具，打开自动布线文件 DSN。设置自动布线规则，如果不需要设置可以直接点布线，完成后导出自动布线会话文件 SES，会保存在 DSN 相同的目录下。

(3) 在嘉立创 EDA 主界面主菜单下，选择“文件”→“导入”→“自动布线(SES)”选项，选择导入的自动布线文件。编辑器会自动生成导线和过孔，完成自动布线。

7.6.5 PCB 手动布线

按照本章中介绍的布线操作方法，对已经完成 PCB 布局的电路进行布线，具体步骤介绍如下。

(1) 按照信号重要性的布线原则，先对信号干扰比较敏感的模拟信号进行布线。模拟信号线路宽度设置为 0.5mm，如图 7-75 所示，进行模拟信号放大及输入单片机引脚进行采集部分的电路进行布线。

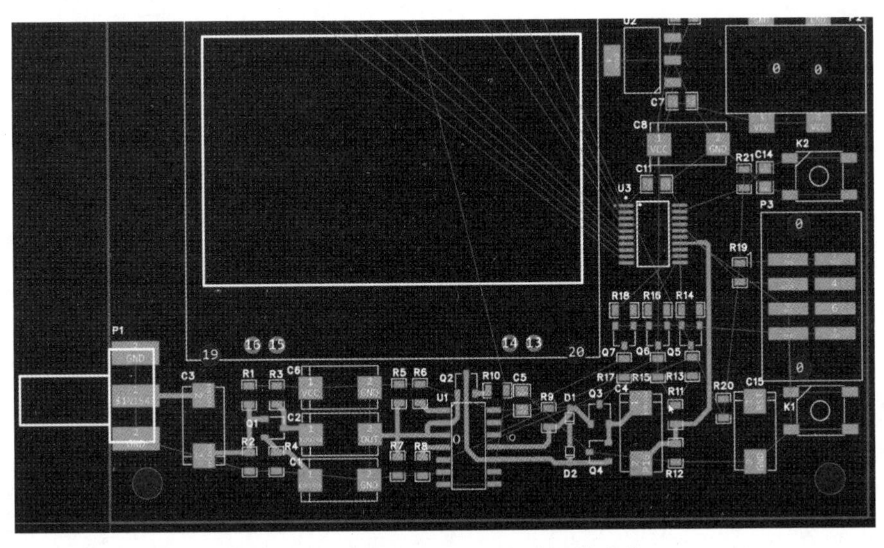

图 7-75　电路板模拟信号部分手动布线

（2）下面进行数字电路部分的布线，设置数字电路线宽为 0.25mm，如图 7-76 所示，进行单片机控制的数字电路布线。

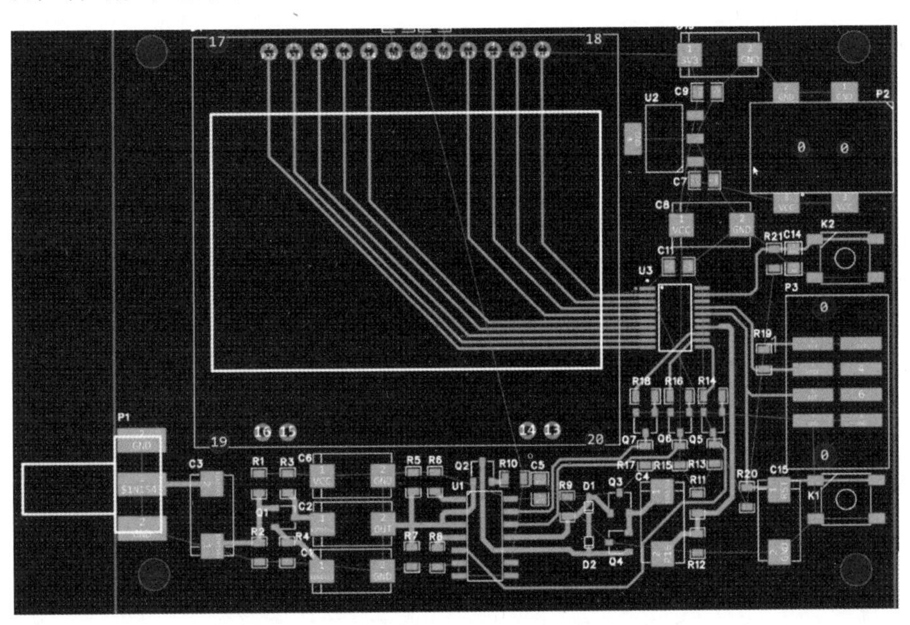

图 7-76　电路板数字信号部分手动布线

（3）最后对电路中的电源电路进行布线，由于电源电路的电流大于普通的信号电路，设置电压电路的线宽为 1mm，如图 7-77 所示，进行电源电路布线。

尺寸最大的 LCD 显示屏，本例程中将其放置在电路板的左上部分，如图 7-64 所示，LCD 显示屏的中心位置为(30,37)。

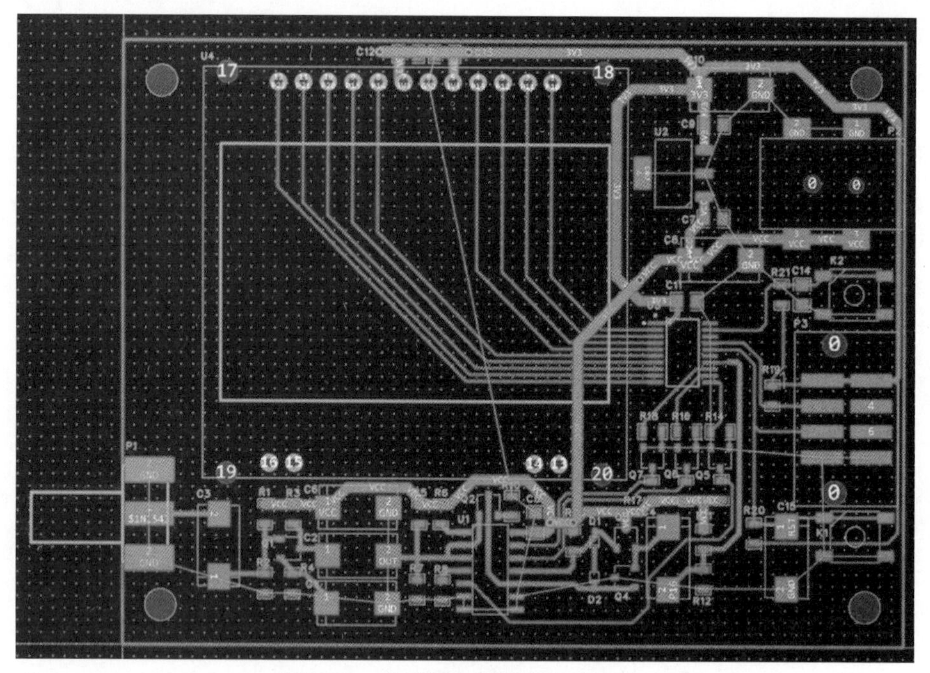

图 7-77 电路板电源部分手动布线

7.6.6 PCB 铺铜设计

通过铺铜设计可以将电路板上没有布线的区域铺满铜膜。这样可以增强电路板的抗干扰性能。铺铜可减小地线阻抗，提高抗干扰能力；降低压降，提高电源效率；另外，与地线相连，减小环路面积。本设计中通过铺铜实现地线网络的连接。

(1) 进行底层铺铜，在嘉立创 EDA 主界面主菜单下，选择“放置”→“铺铜区域”→“矩形”选项，放置矩形的尺寸等于板框的尺寸进行铺铜，如图 7-78 所示，为底层铺铜后的电路板。

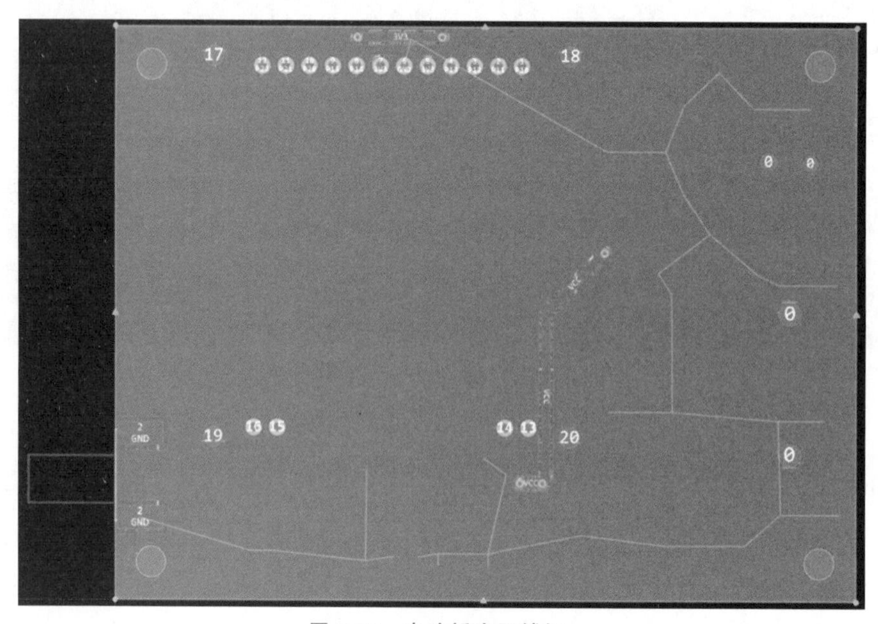

图 7-78 电路板底层铺铜

（2）进行顶层铺铜，在嘉立创 EDA 主界面主菜单下，选择“放置”→“铺铜区域”→“矩形”选项，放置矩形的尺寸等于板框的尺寸进行铺铜，如图 7-79 所示，为顶层铺铜后的电路板。

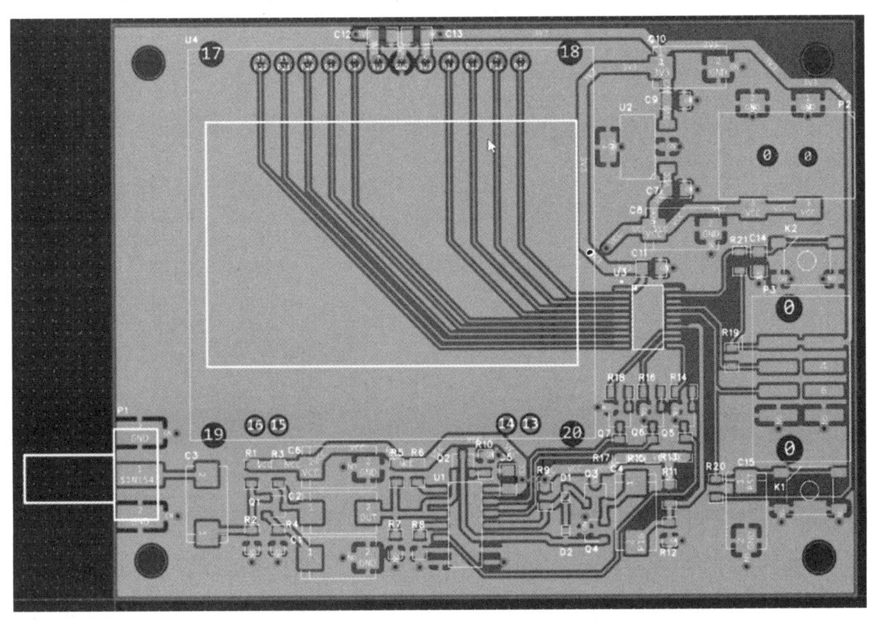

图 7-79　电路板顶层铺铜

示例视频 17
微课视频

示例视频 18
微课视频

示例视频 19
微课视频

（3）切换到 3D 显示模型观察电路板铺铜后的情况，如图 7-80 所示。

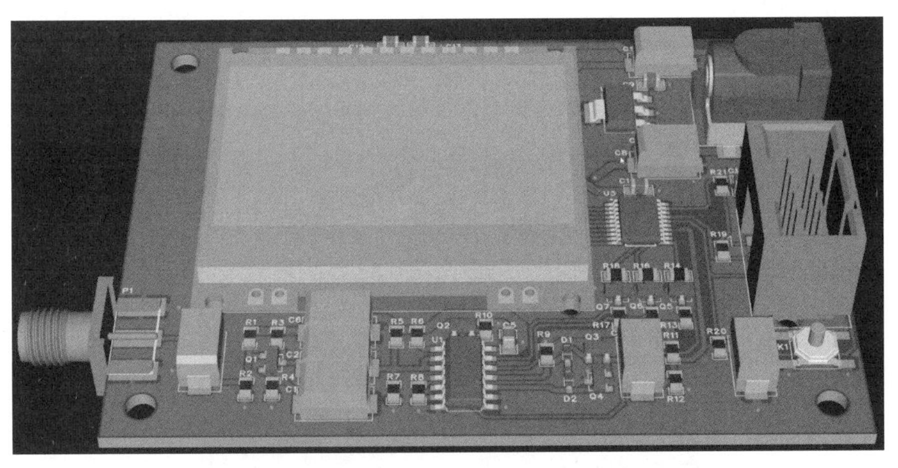

图 7-80　电路板完成布线的 3D 显示

7.6.7　PCB 设计检查

在 PCB 铺铜结束后，对 PCB 设计进行设计规则检查，保证 PCB 的设计不会出现设计问题，针对检查结果进行判断是否需要修改。

在嘉立创 EDA 主界面主菜单下，选择“设计”→“检查 DRC”选项，运行 DRC 结束，检查结果将在底部面板显示，相关信息将在电路板中以╳符号进行标识，如图 7-81 所示为电路板 DRC 结果显示。

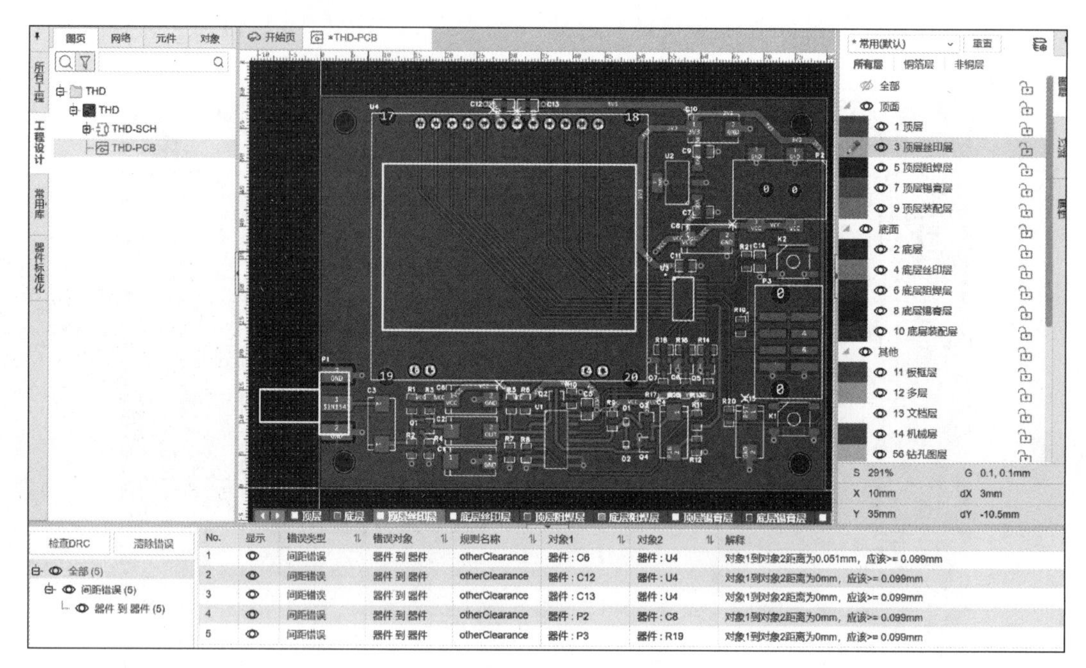

图 7-81　电路板 DRC 结果显示

本例程进行 DRC 显示有部分器件到器件的间距错误。仔细查看间距错误的具体信息，例如 C8 和 P2 的间距判断为 0mm，如图 7-82 所示，查看 3D 显示可以看出，在实际电路板上两个器件的间距大于 0.1mm，不会影响焊接和生成，不需要修改。同理，经过检查其他的间距错误也不需要修改。

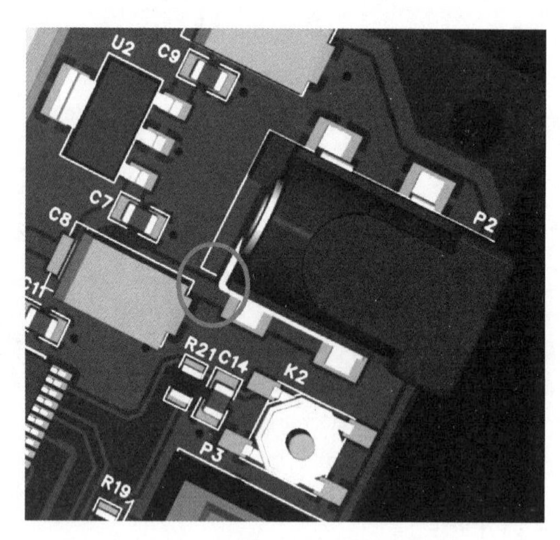

图 7-82　3D 显示查看器件的距离

通过 DRC 的电路板即完成了 PCB 设计环节。

7.7　生成加工 PCB 相关文件

本节主要介绍了生成加工 PCB 相关文件的内容。这些文件用于 PCB 的制作与 PCB 后期的电子元器件的采购和装配，统称为计算机辅助制造（computer aided manufacture，CAM）文件。

7.7.1　生成光绘 Gerber 文件

光绘机需要数据文件驱动。目前，光绘文件的格式主要有两种，即 Gerber 和 ODB++。

Gerber 是一种从 PCB CAD 软件输出的数据文件。作为光绘图语言，它是由一家专业做绘图机的美国公司 Gerber Scientific（现在叫作 Gerber System）于 1960 年所开发出来的一种格式。几乎所有 CAD 系统都将该格式作为其输出数据格式。这种数据格式可以直接输入绘图机，然后绘制出图（drawing）或者胶片（film）。因此，Gerber 格式成为业界公认的标准。

RS-274D 是 Gerber 格式的正式名称，正确名称是 EIA（electronic industries association）标准。RS-274D 主要由以下两大部分构成。

（1）Function Code（功能码）。

例如：G code、D code、M code 等。

（2）Coordinate data（坐标数据）。

定义图像（image）的 x 坐标和 y 坐标。

第 36 集
微课视频

RS-274D 称为基本 Gerber 格式，并要同时附带 D 码文件才能描述一张图形。所谓 D 码文件，就是光圈列表。RS-274-X 是 RS-274D 的延伸版本，它本身包含有 D 码信息。

在嘉立创 EDA 主界面主菜单下，选择"导出"→"PCB 制版文件（Gerber）"选项，在"导出 PCB 制板文件"对话框中选择"一键导出"选项，如图 7-83 所示，单击"导出 Gerber"按钮，保存生成的 Gerber 文件。

导出PCB制板文件
文件名称: Gerber_THD-PCB_2023-10-12
选项: 一键导出　自定义配置
丝印: 生成彩色丝印制造文件(嘉立创专用) 预览彩色丝印
PCB下单　导出Gerber　取消

图 7-83　导出 PCB 制板文件对话框界面

如果需要对输出 Gerber 文件进行配置，可以选择自定义配置选项。如图 7-84 所示，自行设置钻孔信息和钻孔表；支持新增不同的配置在左侧列表；支持选择导出的图层、图层镜像；支持选择导出的图元对象。导出的时候选择一个配置进行 Gerber 导出。最多可以创建 20 个配置，双击修改配置名。

导出 Gerber 后是一个 zip 压缩包，在板厂进行下单的时候直接上传该压缩包即可。有

图 7-84　自定义 Gerber 文件设置对话框界面

编辑需求的(比如 CAM 工程师)可以解压后用第三方 CAM 工具编辑 Gerber，各文件具体说明见表 7-1。

表 7-1　Gerber 文件说明

文　件　名	类　　型	备注/说明
Gerber_BoardOutline. GKO	边框文件	PCB 的板厂根据该文件进行切割板形状，嘉立创 EDA 绘制的挖槽区域在生成 Gerber 后在边框文件进行体现
Gerber_TopLayer. GTL	PCB 顶层	顶层铜箔层
Gerber_BottomLayer. GBL	PCB 底层	底层铜箔层
Gerber_InnerLayer1. G1	内层铜箔层	信号层类型
Gerber_InnerLayer2. GP2	内层铜箔层	内电层类型的内层，在输出时是正片输出，在 PCB 绘制时是负片绘制(绘制的线条则不输出在 Gerber)
Gerber_TopSilkLayer. GTO	顶层丝印层	

续表

文件名	类型	备注/说明
Gerber_BottomSilkLayer. GBO *	底层丝印层	
Gerber_TopSolderMaskLayer. GTS	顶层阻焊层	也可以称为开窗层，默认板子盖油，在该层绘制的元素对应到顶层的区域则不盖油
Gerber_BottomSolderMaskLayer. GBS	底层阻焊	也可以称为开窗层，默认板子盖油，在该层绘制的元素对应到底层的区域则不盖油
Gerber_TopPasteMaskLayer. GTP	顶层助焊层	开钢网用
Gerber_BottomPasteMaskLayer. GBP	底层助焊层	开钢网用
Gerber_TopAssemblyLayer. GTA	顶层装配层	仅做读取，不影响 PCB 制造
Gerber_BottomAssemblyLayer. GBA	底层装配层	仅做读取，不影响 PCB 制造
Gerber_MechanicalLayer. GME	机械层	记录在 PCB 设计里面在机械层记录的信息，仅做信息记录用，生产时默认不采用该层的形状进行制造，该层仅做文字标识用。比如：工艺参数、V 割路径等
Gerber_DocumentLayer. GDL	文档层	记录 PCB 的备注信息用，不参与制造生产
Gerber_CustomLayer1. GCL	用户自定义层	用户自定义层一般不属于生成所需的层，如果需要生产使用，可以和板厂进行沟通
Gerber_DrillDrawingLayer. GDD	钻孔图层	该层不参与制造，对生成过孔的位置以做对照标识用
Gerber_TopStiffenerLayer_xx_xx. GTSL	顶层加强板层	仅嘉立创 EDA 使用，该文件是加强板图层，xx 表示加强板类型参数
Gerber_BottomStiffenerLayer_xx_xx. GBSL	底层加强板层	仅嘉立创 EDA 使用，该文件是加强板图层，xx 表示加强板类型参数
Drill_PTH_Through. DRL	金属化多层焊盘的钻孔层	这个文件显示的是内壁需要金属化的钻孔位置，如多层焊盘和通孔过孔
Drill_PTH_Through_Via. DRL	金属化通孔类型过孔的钻孔层	这个文件显示的是内壁需要金属化的钻孔位置，如过孔。这个文件嘉立创 EDA 使用
Drill_PTH_Inner1_to_Inner2. DRL	金属化盲埋孔类型过孔的钻孔层	这个文件显示的是内壁需要金属化的钻孔位置。Inner1 和 Inner2 根据盲/埋孔的层类型自动变化
Drill_NPTH_Through. DRL	非金属化钻孔层	这个文件显示的是内壁不需要金属化的钻孔位置，比如通孔(圆形挖槽区域)
Fabrication_ColorfulTopSilkscreen. FCTS	顶层彩色丝印文件	仅嘉立创 EDA 使用，导出 Gerber 时勾选彩色丝印工艺时才有此文件
Fabrication_ColorfulBottomSilkscreen. FCBS	底层彩色丝印文件	仅嘉立创 EDA 使用，导出 Gerber 时勾选彩色丝印工艺时才有此文件
jlcpcb. json	Gerber 配置文件	仅嘉立创 EDA 使用，用来存储一些额外下单使用的信息，比如加强板位置等

7.7.2　生成料单文件

嘉立创 EDA 提供了单独 PCB 导出物料清单(bill of materials，BOM)表的功能，以便用于采购 PCB 焊接生产的材料。

在嘉立创 EDA 主界面主菜单下，选择"导出"→"物料清单(BOM)"选项，如图 7-85 所示，在导出 BOM 对话框中设置相关参数。对话框中间是 BOM 表的类型或器件的属性。右侧是可以选择导出 BOM 表的内容。选择需要导出的内容，单击添加进去，即可添加进入 BOM 里面。移除的操作也是同样的操作，只需要在右侧选中需要移除的分类，单击小箭头，就能将选择的分类给移除 BOM。

单击"导出 BOM"按钮将生成保存文件，文件类型支持 XLSX 和 CSV 格式。如图 7-86 所示，为本例程导出的 BOM 表文件内容。

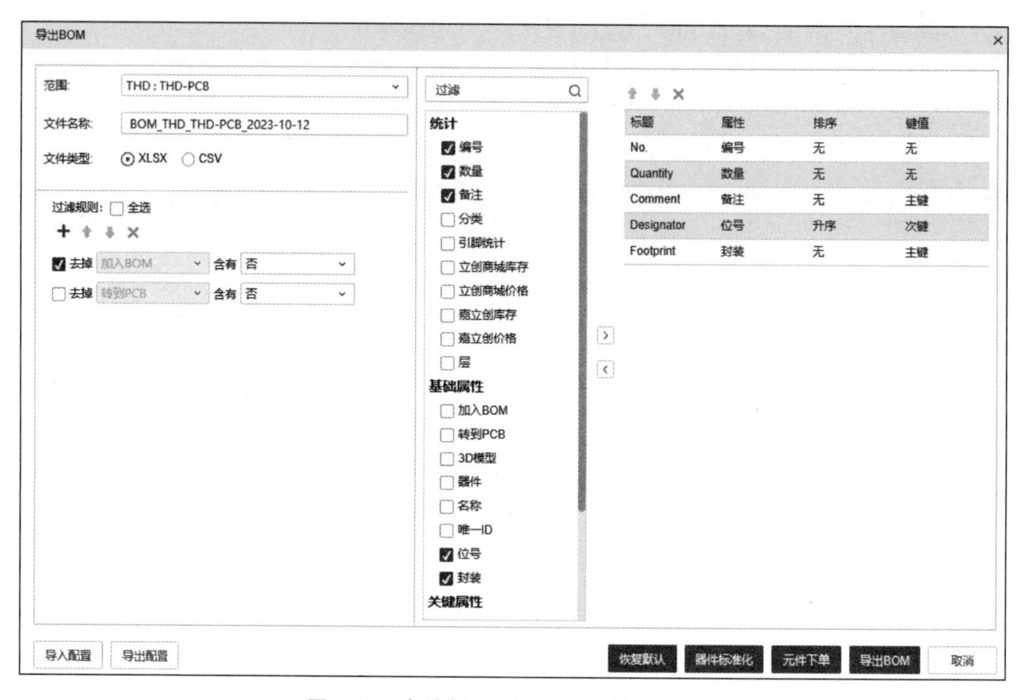

图 7-85　电路板"导出 BOM"对话框界面

7.7.3　生成坐标文件

嘉立创 EDA 支持导出 SMT 坐标信息，以便于工厂进行 SMT 贴片。坐标文件只能在 PCB 中导出。

在嘉立创 EDA 主界面主菜单下，选择"导出"→"坐标文件"选项，如图 7-87 所示，在"导出坐标文件"对话框中设置相关参数。设置的坐标参数可以设置为封装中心、封装原点、1 号焊盘三种类型的坐标文件，分别对应表头为 Mid X/Y、Ref X/Y 和 Pad X/Y。参数导出引脚勾选后，导出的坐标文件包含 pins 列，为元件的封装焊盘数量。有部分贴片厂商需要底层元件镜像后的坐标，可以勾选镜像底层元件坐标选项。

单击"导出"按钮将生成保存文件，文件类型支持 XLSX 和 CSV 格式。如图 7-88 所示，为本例程导出的坐标文件内容，文件的单位会跟随导出时 PCB 画布的单位。

7.7.4　生成 PDF 格式文件

嘉立创 EDA 提供了内建的 PDF 生成器功能，能创建标准的 PDF 文件用于显示原理图

No.	Quantity	Comment	Designator	Footprint
1	8	100uF/25V	C1,C2,C3,C4,C6,C8,C10,C15	E-2917-7343-43
2	7	100nF	C5,C7,C9,C11,C12,C13,C14	GRM21BR72A104KAC4K
3	2	1N4148WT	D1,D2	SOD-523F
4	2	TS18-5-20-SL-160-SMT	K1,K2	TS18-5-20-SL-160-SMT-TR
5	1	732511150	P1	732511150
6	1	KLDX-SMT2-0202-ATR	P2	KLDX-SMT2-0202-ATR
7	1	713491002	P3	713491002
8	6	SS8050-G	Q1,Q2,Q3,Q5,Q6,Q7	SOT-23
9	1	SS8550-L	Q4	SOT-23
10	1	100K	R1	R0805-2012
11	1	51K	R2	R0805-2012
12	1	3K	R3	R0805-2012
13	11	1K	R4,R12,R13,R14,R15,R16,R17,R18,R19,R20,R21	R0805-2012
14	1	33K	R5	R0805-2012
15	1	20K	R6	R0805-2012
16	1	10K	R7	R0805-2012
17	1	18K	R8	R0805-2012
18	2	2K	R9,R10	R0805-2012
19	1	11K	R11	R0805-2012
20	1	CD4066BM	U1	SO-14-8.65-3.91
21	1	UA78M33CDCYR	U2	SOT-223
22	1	MSP430G2553IPW20R	U3	MSP430G2553IPW20
23	1	JLX12864G-086-PC	U4	JLX12864G-086-PC

图 7-86　电路板导出 BOM 表文件内容

图 7-87　电路板“导出坐标文件”对话框界面

图纸和 PCB 层外。

在嘉立创 EDA 主界面主菜单下，选择“导出”→“PDF/图片”选项，如图 7-89 所示，在“导出文档”对话框中设置相关参数。参数菜单显示属性选中后，导出的 PDF 在 PDF 阅读器里打开，单击“器件”可查看器件的属性；参数仅显示轮廓选择后，将导出的 PDF 的焊盘、导线、轮廓图元都只显示轮廓；输出方式可以选择单个多页、多个单页、单个单页。

单击“导出”按钮将生成保存 PDF 文件，如图 7-90 所示，为本例程导出 PCB 图的 PDF 文件内容。

Designator	Device	Footprint	Mid X	Mid Y	Ref X	Ref Y	Pad X	Pad Y	Pins	Layer	Rotation	SMD	Comment
R1	res1	R0805-2012	14.8mm	13mm	14.8mm	13mm	14.8mm	12.05mm	2	T	90	Yes	100K
R2	res1	R0805-2012	14.8mm	6.15mm	14.8mm	6.15mm	14.8mm	5.2mm	2	T	90	Yes	51K
R3	res1	R0805-2012	17.7mm	13mm	17.7mm	13mm	17.7mm	12.05mm	2	T	90	Yes	3K
R4	res1	R0805-2012	17.6mm	6.15mm	17.6mm	6.15mm	17.6mm	5.2mm	2	T	90	Yes	1K
R5	res1	R0805-2012	30.5mm	13.05mm	30.5mm	13.05mm	30.5mm	12.1mm	2	T	90	Yes	33K
R6	res1	R0805-2012	32.7mm	13.05mm	32.7mm	13.05mm	32.7mm	12.1mm	2	T	90	Yes	20K
R7	res1	R0805-2012	30.3mm	5.6mm	30.3mm	5.6mm	30.3mm	4.65mm	2	T	90	Yes	10K
R8	res1	R0805-2012	32.9mm	5.55mm	32.9mm	5.55mm	32.9mm	4.6mm	2	T	90	Yes	18K
R9	res1	R0805-2012	46.3mm	10.5mm	46.3mm	10.5mm	46.3mm	9.55mm	2	T	90	Yes	2K
R10	res1	R0805-2012	40mm	13.95mm	40mm	13.95mm	40mm	14.9mm	2	T	270	Yes	2K
R11	res1	R0805-2012	59.6mm	10.7mm	59.6mm	10.7mm	59.6mm	9.75mm	2	T	90	Yes	11K
R12	res1	R0805-2012	59.6mm	6.75mm	59.6mm	6.75mm	59.6mm	5.8mm	2	T	90	Yes	1K
Q1	SS8050-G	SOT-23	17.41mm	9.6mm	16.4mm	9.6mm	16.4mm	10.55mm	3	T	270	Yes	SS8050-G
Q2	SS8050-G	SOT-23	37.6mm	14.01mm	37.6mm	13mm	36.65mm	13mm	3	T	0	Yes	SS8050-G
Q3	SS8050-G	SOT-23	51.7mm	10.81mm	51.7mm	9.8mm	50.75mm	9.8mm	3	T	0	Yes	SS8050-G
Q4	SS8550-L	SOT-23	51.59mm	6.9mm	52.6mm	6.9mm	52.6mm	5.95mm	3	T	90	Yes	SS8550-L
C1	TAJE107M025RNJ	E-2917-7343-43	24.2mm	4.2mm	24.2mm	4.2mm	21.1mm	4.2mm	2	T	0	Yes	100uF/25V
C2	TAJE107M025RNJ	E-2917-7343-43	24.3mm	8.9mm	24.3mm	8.9mm	21.2mm	8.9mm	2	T	0	Yes	100uF/25V
C3	TAJE107M025RNJ	E-2917-7343-43	10mm	9.9mm	10mm	9.9mm	10mm	6.8mm	2	T	90	Yes	100uF/25V
C4	TAJE107M025RNJ	E-2917-7343-43	56mm	8.8mm	56mm	8.8mm	56mm	11.9mm	2	T	270	Yes	100uF/25V
D1	1N4148WT	SOD-523F	48.5mm	10.4mm	48.5mm	10.4mm	48.5mm	11.4mm	2	T	270	Yes	1N4148WT
D2	1N4148WT	SOD-523F	48.5mm	6.9mm	48.5mm	6.9mm	48.5mm	7.9mm	2	T	270	Yes	1N4148WT
P1	732511150	732511150	2.8mm	13mm	2.8mm	13mm	2.8mm	13mm	5	T	0	Yes	732511150
U1	CD4066BM	SO-14-8.65-3.91	37.6mm	7.49mm	37.6mm	11.3mm	34.9mm	11.3mm	14	T	0	Yes	CD4066BM
C5	GRM21BR72A104KAC4	GRM21BR72A104KAC4K	42.4mm	12.3mm	42.4mm	12.3mm	42.4mm	13.25mm	2	T	270	Yes	100nF
C6	TAJE107M025RNJ	E-2917-7343-43	24.3mm	13.7mm	24.3mm	13.7mm	21.2mm	13.7mm	2	T	0	Yes	100uF/25V
R13	res1	R0805-2012	61.4mm	15.5mm	61.4mm	15.5mm	61.4mm	16.45mm	2	T	270	Yes	1K
Q5	SS8050-G	SOT-23	61.25mm	18.79mm	61.25mm	19.8mm	62.2mm	19.8mm	3	T	180	Yes	SS8050-G
R14	res1	R0805-2012	61.25mm	21.4mm	61.25mm	21.4mm	60.3mm	21.4mm	2	T	0	Yes	1K

图 7-88 电路板导出坐标文件内容

图 7-89 电路板导出 PDF 文件对话框界面

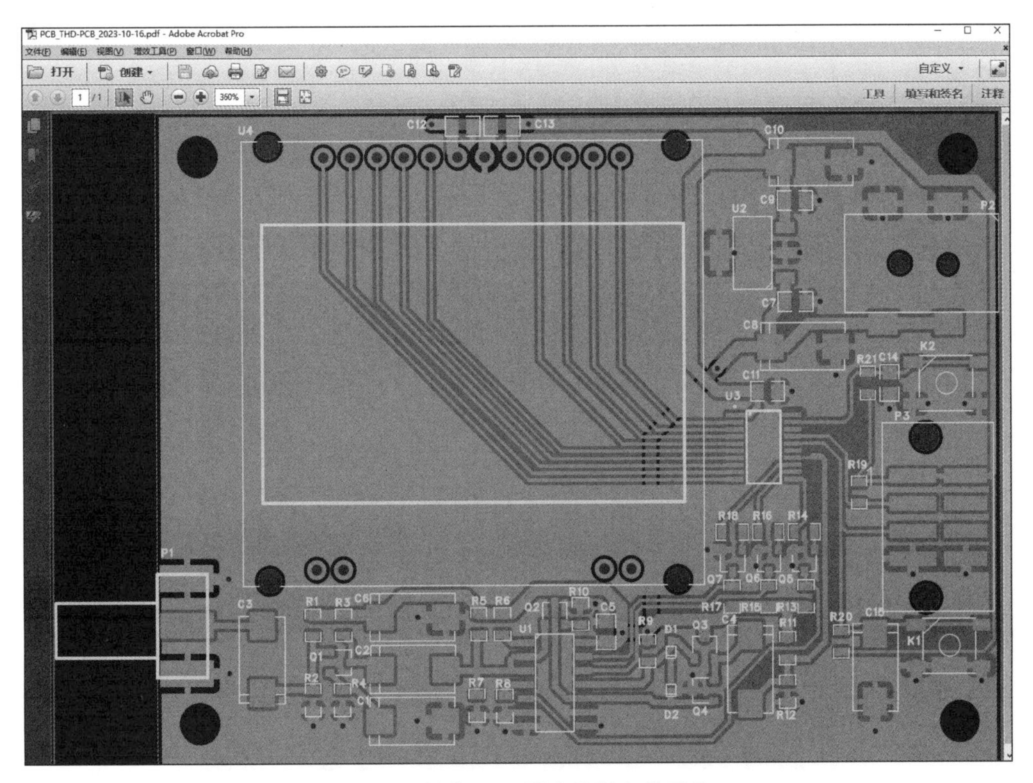

图 7-90　导出 PDF 版电路板文件显示

本章习题

7.1　请参考 LM7805 数据手册，在嘉立创 EDA 专业版软件中设计如题图 7-1 所示 LM7805CT 的 PCB 封装。

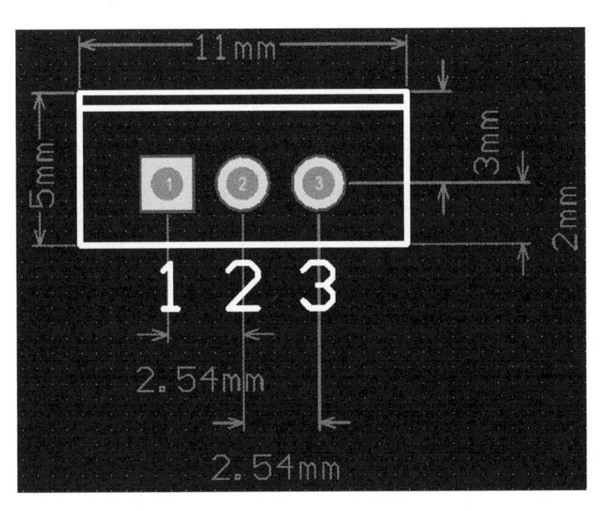

题图 7-1　LM7805CT 的 PCB 封装

7.2 请参考题图 6-2 和题表 6-1 所示，在嘉立创 EDA 专业版软件中绘制出该电路 PCB，PCB 尺寸和部分器件位置见题图 7-2，PCB 设计规则如下所示。

- 线宽：最小为 0.25mm、默认为 0.5mm、最大为 5mm。
- 安全间距：焊盘到焊盘安全间距为 0.2mm，焊盘到挖槽区域安全间距为 0.3mm，其他安全间距为 0.25mm。
- 过孔尺寸：过孔外直径最小为 0.6mm，过孔内直径最小为 0.3mm。

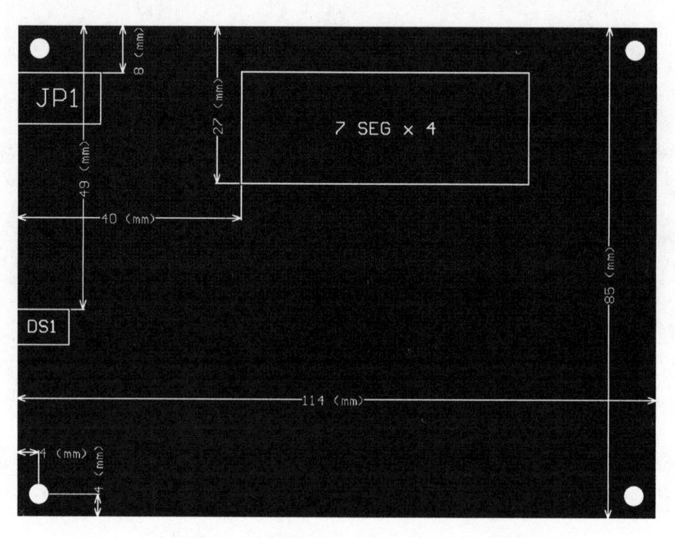

题图 7-2 PCB 尺寸和部分器件位置

7.3 请将题 7.2 中绘制的 PCB 文件导出料单文件 BOM 表。

7.4 请将题 7.2 中绘制的 PCB 文件导出光绘 Gerber 文件。

附录A　嘉立创EDA专业版2.1.33快捷键

A.1　通用环境快捷键

通用环境快捷键如表A-1所示。

表A-1　通用环境快捷键

快　捷　键	描　　述
右击,ESC	取消绘制状态(默认)/关闭弹窗
Ctrl+O	打开工程
Shift+N	新建工程
Ctrl+Shift+S	保存
Ctrl+S	保存全部
Ctrl+Z	撤销
Ctrl+Y	重做
Ctrl+X	剪切
Ctrl+C	复制
Ctrl+V	粘贴
Shift+X	交叉选择
Ctrl+Shift+X	局传递
M	根据中心移动
Delete	删除所选
Page Up	上一页
Page Down	下一页/新建图页
Page Up	上一个部件
Page Down	下一个部件/新建部件
F11	全屏
Ctrl+A	全选
Ctrl+F	查找替换
Ctrl+Shift+F	查找相似对象
K	适应全部
Left	视图向左滚动
Right	视图向右滚动
Up	视图向上滚动
Down	视图向下滚动
H	帮助菜单
Shift+H	取消高亮网络
Q	单位
Space	左向旋转
Ctrl+Shift+L	左对齐
Shift+Alt+E	左右居中
Ctrl+Shift+R	右对齐

续表

快　捷　键	描　　述
Ctrl+Shift+O	顶部对齐
Shift+Alt+H	上下居中
Ctrl+Shift+B	底部对齐
Ctrl+Shift+G	对齐网格
Ctrl+Shift+H	水平等距分布
Ctrl+Shift+E	垂直等距分布
Left	左移所选图形
Right	右移所选图形
Up	上移所选图形
Down	下移所选图形
Tab	放置元素时显示属性对话框/选中对象时切换选中范围
Shift(长按)	绘制矩形时,保持为正方形；绘制导线时鼠标横向或纵向走向
鼠标右键(长按)	移动画布(默认)
Ctrl+D	重复到光标
Ctrl+Shift+D	重复到其他层
Ctrl+G	组合选中
Shift+G	取消组合
Ctrl+Shift+左键	新窗口打开文档
Shift+`	关闭当前标签
Ctrl+Alt+`	关闭所有标签
F1	打开帮助文档

A.2　原理图/符号编辑器快捷键

原理图/符号编辑器快捷键如表 A-2 所示。

表 A-2　原理图/符号编辑器快捷键

快　捷　键	描　　述
Alt+W	绘制导线
Alt+B	绘制总线
Alt+P	绘制引脚
Alt+A	绘制圆弧
Alt+R	绘制矩形
Alt+C	绘制圆形
Alt+L	绘制折线
Alt+T	绘制文本
Alt+N	放置网络标签
Shift+H	高亮/取消高亮网络导线
Shift+F	放置器件对话框
Tab	放置引脚元素时显示引脚属性对话框/放置网络标签时显示网络标签信息对话框/放置网络端口时显示网络端口名称信息对话框

A.3　PCB 封装编辑器快捷键

PCB 封装编辑器快捷键如表 A-3 所示。

表 A-3　PCB 封装编辑器快捷键

快　捷　键	描　　述
U	布线
Alt+W	单路布线
Shift+W	拉伸布线/布线时切换常用线宽
Alt+D	差分对布线
Shift+A	等长调整布线
Shift+V	布线/放置过孔时切换常用过孔
Num+	等长调节时增大间隙
Num−	等长调节时减小间隙
Shift+H	高亮/取消高亮网络导线
Ctrl+R	显示/隐藏所选飞线
Shift+S	切换图层亮度
Alt+F	翻转板子
Alt+V	放置过孔
Alt+P	放置单个焊盘
Ctrl+G	组合选中
Shift+G	取消组合
X	左右翻转
Y	上下翻转
Alt+M	距离
Q	切换单位
Alt+T	切换到顶层
Alt+B	切换到底层
1	切换到内层 1
2	切换到内层 2
3	切换到内层 3
4	切换到内层 4
Num *	切换到下一个铜层
Shift+Num *	切换到上一个铜层
Shift+M	隐藏/显示铺铜区域
Shift+B	重建所有铺铜
Enter	完成
Esc	取消
Backspace	回退
G	选择重叠图元
Space	绘制时翻转路径
Ctrl+L	显示全部图层
Ctrl+Q	临时显示/隐藏网络名
Alt+S	吸附

附录 B　设计实例原理图

设计实例原理图如图 B-1 和图 B-2 所示。

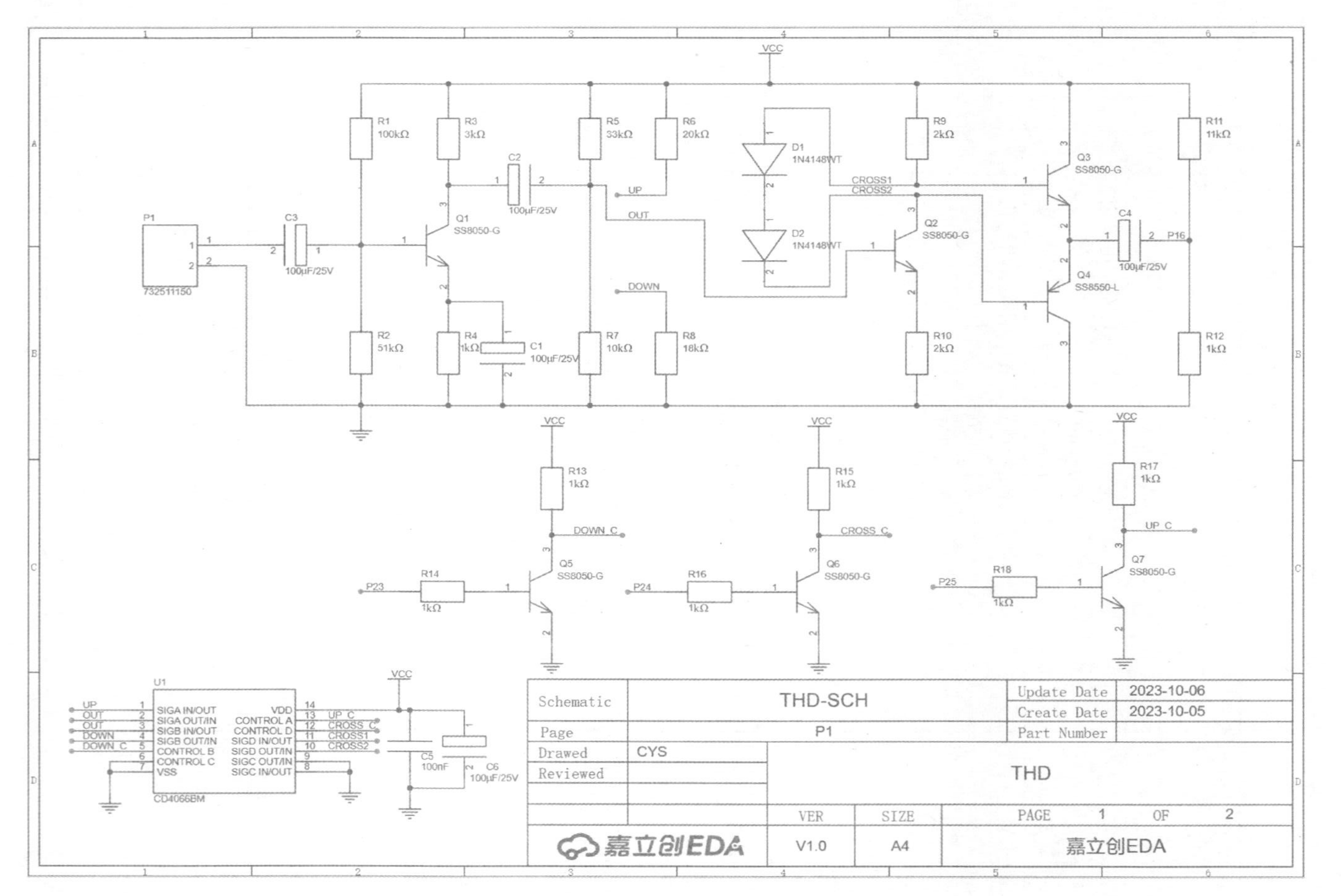

图 B-1　设计实例原理图 1

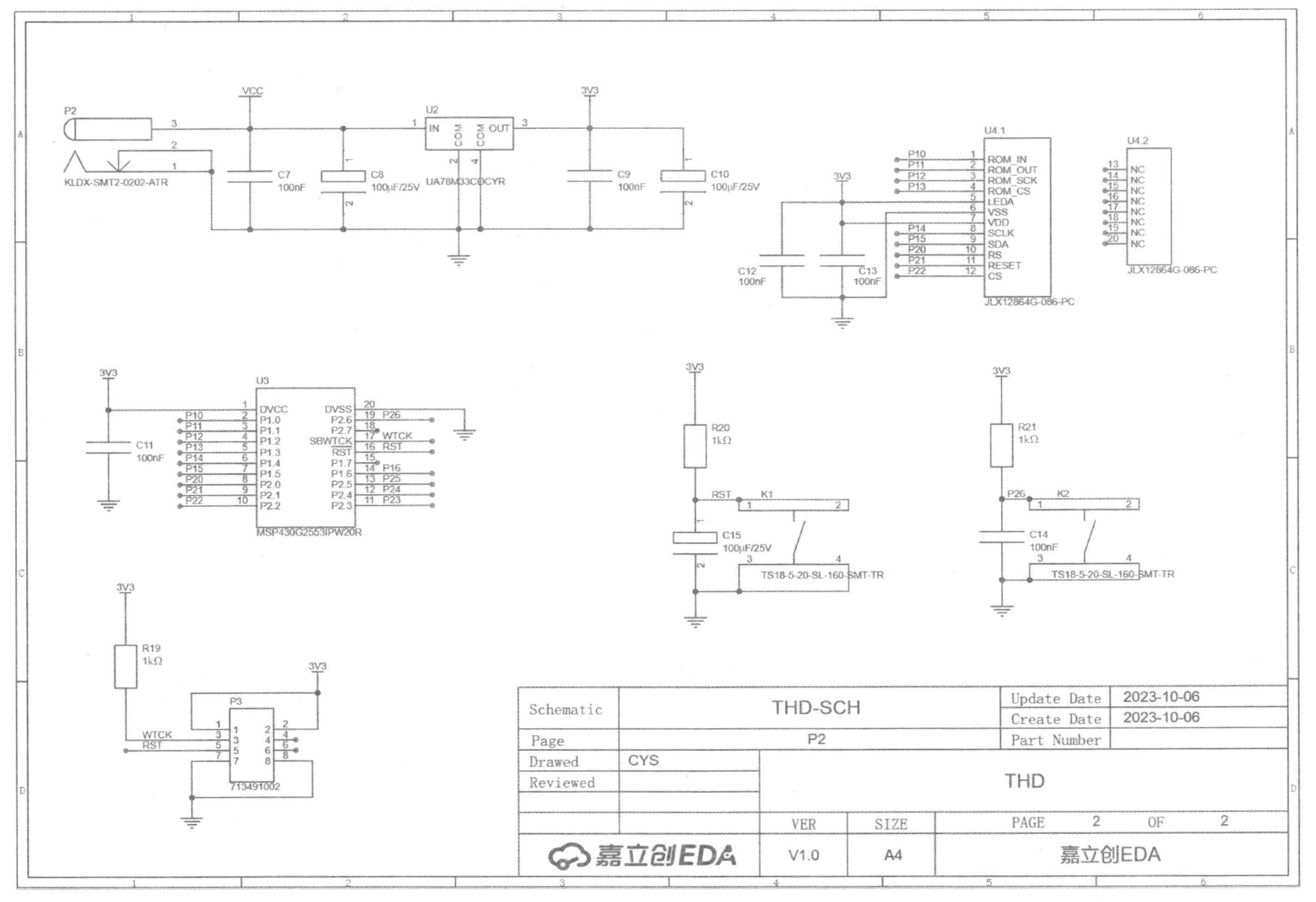

图 B-2 设计实例原理图 2

附录C　元器件及PCB丝印识别

元器件及PCB丝印极性识别如表C-1所示。

表C-1　元器件及PCB丝印极性识别

<table>
<tr><th>元器件类别</th><th>元器件名称</th><th>实物图片</th><th>元器件极性说明</th><th>PCB丝印符号</th><th>PCB丝印极性说明</th></tr>
<tr><td rowspan="5">电容</td><td rowspan="4">直插
电解电容</td><td rowspan="4"></td><td rowspan="4">阴影部分带“－”标识一侧为负极</td><td>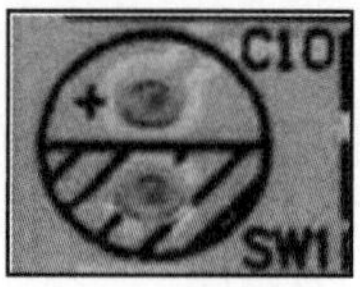
</td><td>丝印符号中“＋”表示正极，斜线阴影端表示负极</td></tr>
<tr><td>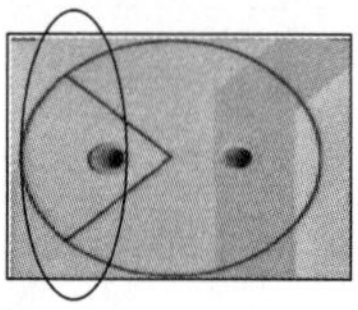</td><td>丝印符号中小扇形一端为负极（左图椭圆圈）</td></tr>
<tr><td>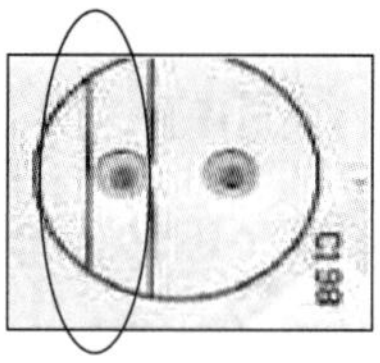</td><td>丝印符号中有两条线一端为负极（左图椭圆圈）</td></tr>
<tr><td>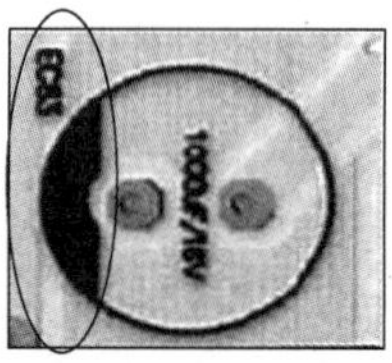</td><td>丝印符号中边缘有黑色阴影一端为负极（左图椭圆圈）</td></tr>
<tr><td>贴片
电解电容</td><td>
</td><td>元器件本体上部黑色阴影一侧为负极</td><td>
</td><td>丝印缺角对应元器件本体下端缺角一般标示为正极</td></tr>
</table>

续表

元器件类别	元器件名称	实物图片	元器件极性说明	PCB丝印符号	PCB丝印极性说明
电容	插件钽电容	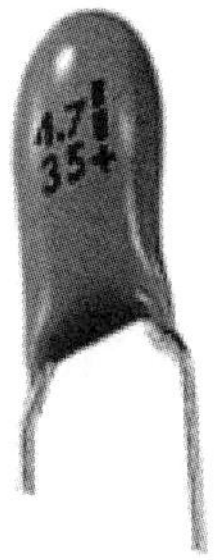 4.7 35+	① 元器件本体标有“+”为正极 ② 长脚一侧为正极	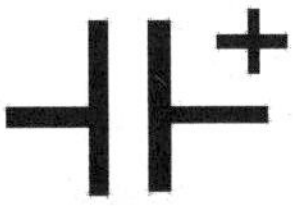 +	丝印标示有“+”一侧为正极
				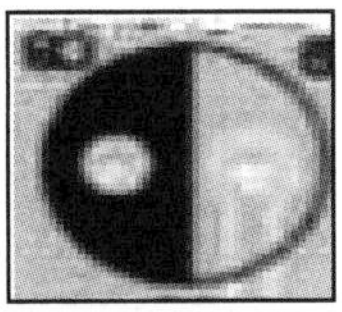	丝印黑色阴影一侧为负极
	贴片钽电容	 107 16V	元器件本体一端有粗阴影横线为正极	 + C22	丝印缺角一端为正极，并标有“+”
		 330 6p		 +	丝印框线较粗的一端为正极，并标有“+”
	法拉电容	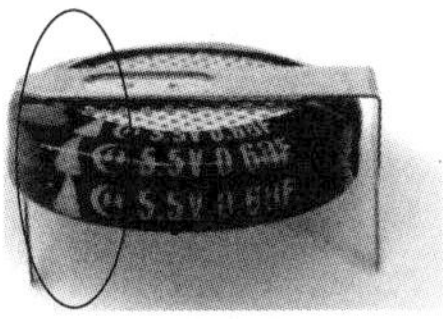 5.5V 0.68F	元器件本体标有三角形箭头一侧为负极（左图椭圆圈）	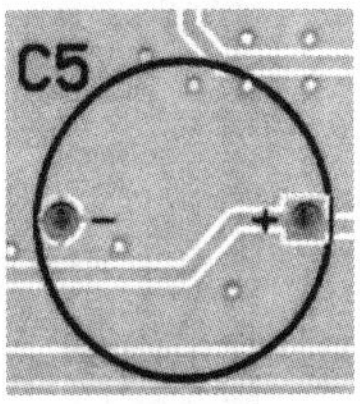 C5 - +	丝印标有“-”一侧为负极，标有“+”一侧为正极
二极管	插件二极管	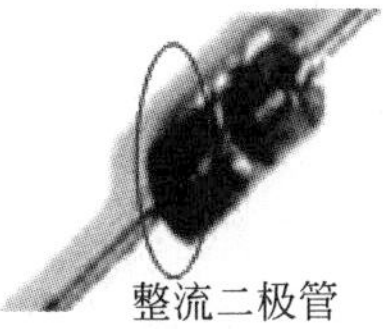 整流二极管 稳压二极管	元器件本体有黑色较粗阴影线一端为负极（左图椭圆圈）		丝印框内有横线一端为负极（左图椭圆圈）
				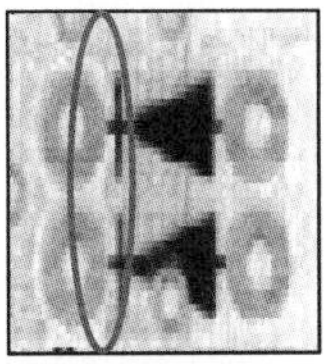	丝印符号三角形顶端有横线一侧为负极（左图椭圆圈）
		 检波二极管 TVS管	元器件本体有灰色较粗阴影线一端为负极（左图椭圆圈）		丝印框有黑色阴影一侧为负极

续表

<table>
<tr><th>元器件类别</th><th>元器件名称</th><th>实物图片</th><th>元器件极性说明</th><th>PCB丝印符号</th><th>PCB丝印极性说明</th></tr>
<tr><td rowspan="2">二极管</td><td rowspan="2">贴片二极管</td><td></td><td>元器件本体有蓝或黑色较粗阴影线一端为负极</td><td rowspan="2">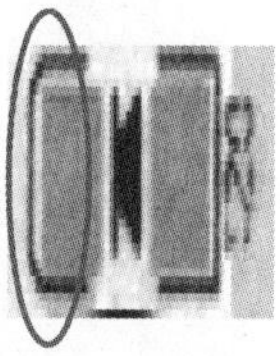</td><td>丝印符号三角形有横线一端为负极，丝印框有缺角的一端为负极（左图椭圆圈）</td></tr>
<tr><td></td><td>元器件本体有灰色较粗阴影线一端为负极</td><td>丝印框线体较粗的一端为负极（左图椭圆圈）</td></tr>
<tr><td rowspan="5">LED</td><td>贴片发光二极管</td><td></td><td>元器件本体一端有色点为负极（左图圆圈）</td><td></td><td>与贴片二极管相同</td></tr>
<tr><td rowspan="4">插件发光二极管</td><td rowspan="2">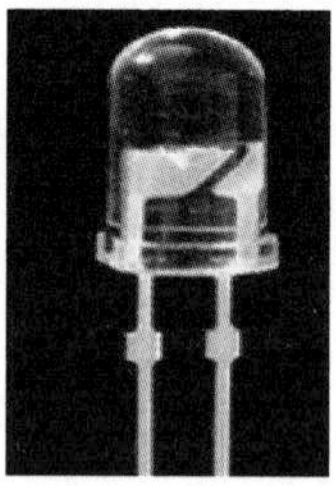</td><td rowspan="4">① 本体内引脚面积较大一边为负极
② 元器件脚较短的一边为负极
③ 实际作业过程中需测量确定</td><td></td><td>丝印符号三角形有横线一边为负极（左图椭圆圈）</td></tr>
<tr><td></td><td>丝印圆圈有缺口的一边为负极（左图椭圆圈）</td></tr>
<tr><td rowspan="2">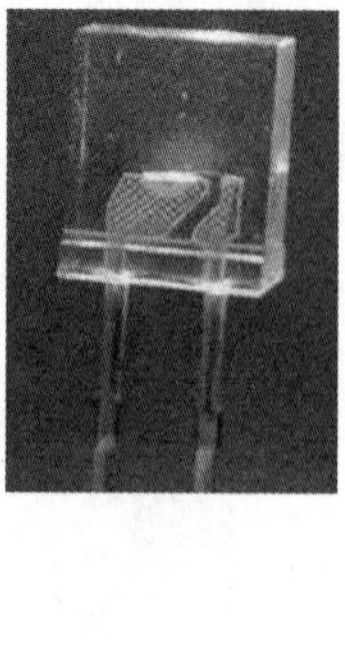</td><td>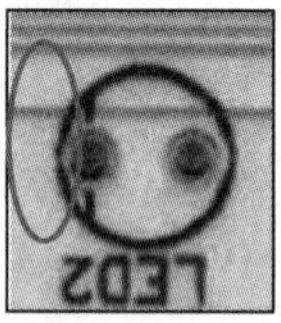</td><td>丝印圆圈内有线条一边为负极（左图椭圆圈）</td></tr>
<tr><td></td><td>丝印圆圈内锥形尖端一边为负极</td></tr>
</table>

续表

元器件类别	元器件名称	实物图片	元器件极性说明	PCB丝印符号	PCB丝印极性说明
LED	贴片双色发光二极管		本体有色点的一端为负极（左图圆圈）		丝印框内三角形顶端有横线一侧为负极（左图椭圆圈）
	插件双色发光二极管	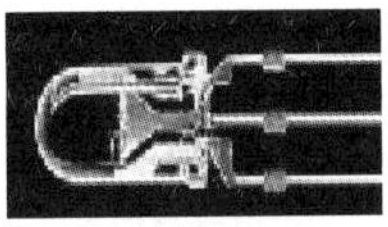	两种发光颜色需测量确定脚位	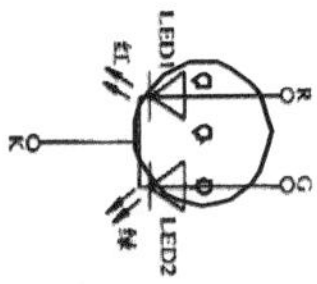	丝印符号R表示红色一端脚位，G表示绿色一端脚位
	红外发射管		本体内引脚面积较大一边为负极或短脚为负极	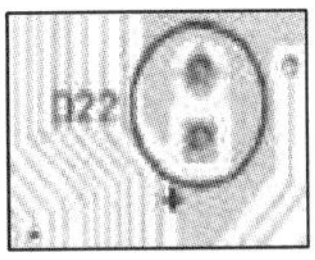	元器件正极对应丝印标有“+”一边
	红外接收头		以元器件本体凸出面辨认方向		元器件本体凸出部位对应PCB丝印符号锥形端
三极管	TO-92(92L)封装			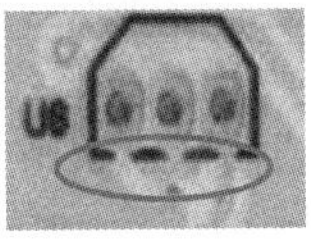	TO-92(92L)元器件本体平面对应丝印平边（左图椭圆圈）
	霍尔传感器（开关）		以元器件锥形面辨认方向	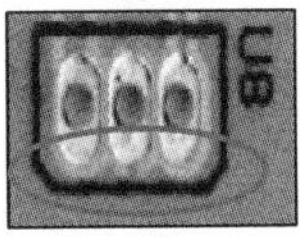	元器件本体锥形端对应丝印符号锥形端（左图椭圆圈）
	TO-126封装			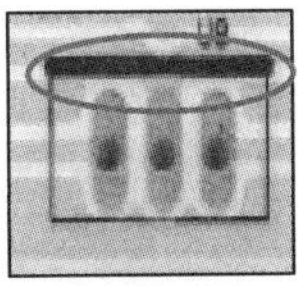	TO-126元器件本体金属面对应丝印框线较粗一端（左图椭圆圈）
	TO-220封装		以本体有金属一面辨认方向		元器件本体有金属一面对应丝印框线体较粗一面（左图椭圆圈）
	TO-247封装			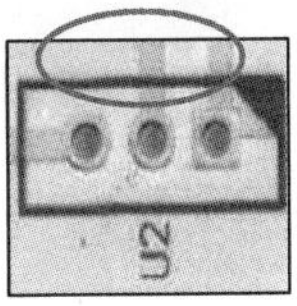	元器件本体非金属面对应丝印有缺角一边（左图椭圆圈）

续表

元器件类别	元器件名称	实物图片	元器件极性说明	PCB丝印符号	PCB丝印极性说明
桥堆	扁桥		元器件本体标有“+”表示正极，标有“−”表示负极	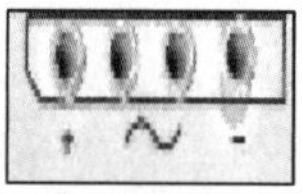	元器件本体标识“+”和“−”对应丝印“+”和“−”
	方桥		元器件本体标有“+”表示正极，标有“−”表示负极	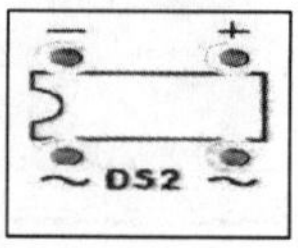	元器件本体标识“+”和“−”对应丝印“+”和“−”
				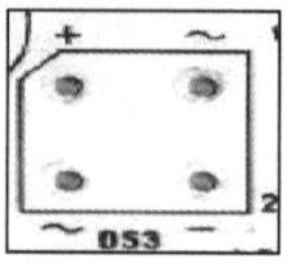	
	圆桥			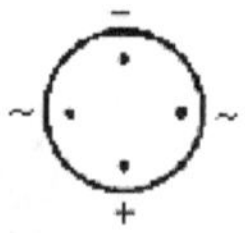	
	贴片桥堆			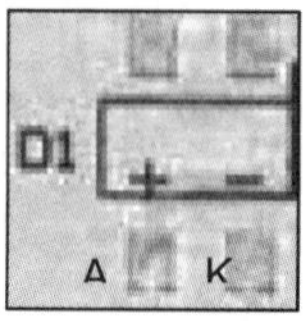	丝印符号标有A的一端为正极，标有K的一端为负极
蜂鸣器	插件蜂鸣器		元器件本体（或标签）标有“+”为正极	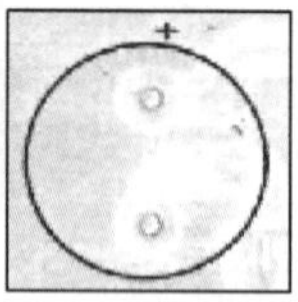	元器件正极对应丝印符号标有“+”一侧
	贴片蜂鸣器			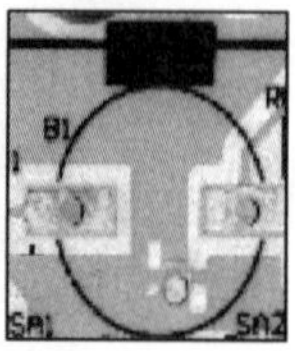	

续表

元器件类别	元器件名称	实物图片	元器件极性说明	PCB丝印符号	PCB丝印极性说明
电池	插件电池		元器件本体标有“＋”为正极		丝印标有“＋”一端为正极
		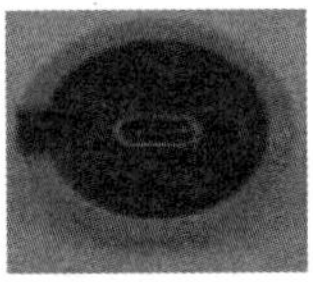	连接本体标有“＋”一脚为正极	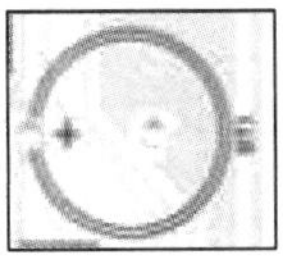	丝印标有“＋”一端为正极
电池座	插件电池座	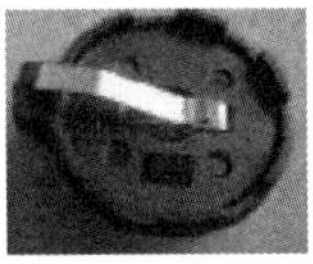	本体连接弹簧片凸出端为正极	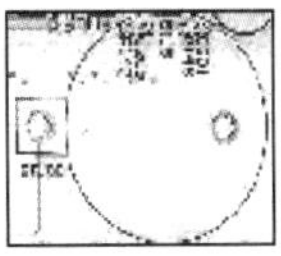	丝印符号凸出端为正极
	贴片电池座		本体平边且突出端为正极	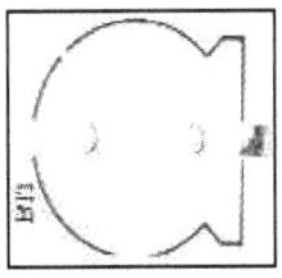	本体平边对应丝印符号平边
数码管	数码管		以元器件本体标有圆点一角辨认方向	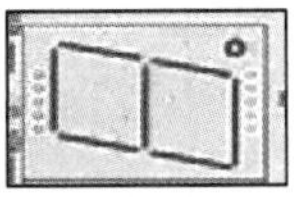	元器件本体标有圆点一角对应丝印标有圆点一角
	点阵屏	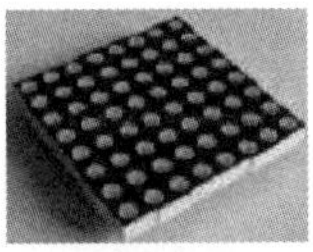	一般元器件本体无极性标识	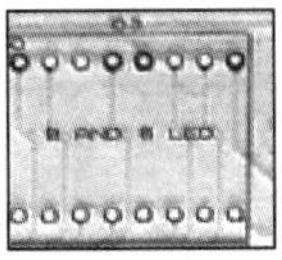	一般PCB上无丝印，以客户样板为准

常见有方向性元器件及PCB丝印方向说明，如表C-2所示。

表C-2 常见有方向性元器件及PCB丝印方向说明

元器件类别	元器件名称	实物图片	元器件方向说明	PCB丝印符号	PCB丝印方向说明
电阻	排阻		元器件本体有圆点或三角形标识一端为第一脚	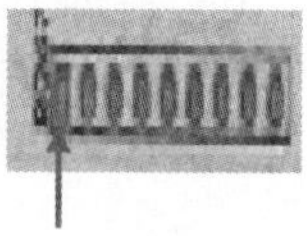	丝印框内方形焊盘孔为排阻第一脚(左图箭头)
	可调电阻			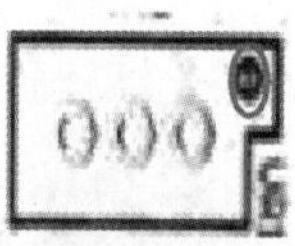	元器件本体上调节旋钮对应丝印框内的圆点(左图椭圆圈)
线圈	滤波电感			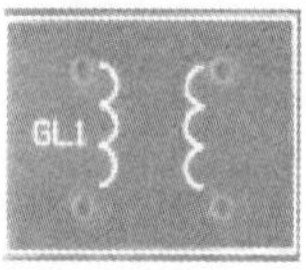 GL1	滤波电感两边绕线分别对应丝印符号中的两条波浪线
	插件变压器		以元器件本体缺角辨认方向	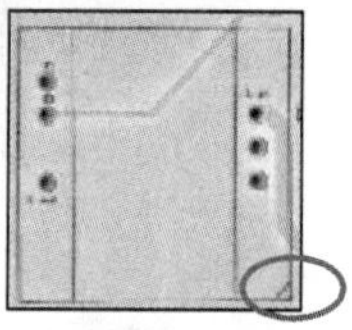	元器件本体上的缺角对应丝印符号缺角(左图椭圆圈)
	互感线圈			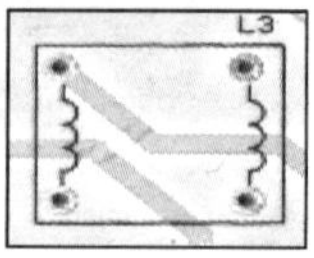 L3	线圈两边绕线分别对应丝印符号中的两条波浪线
	贴片变压器	  HanRun HR601680 06/24 Tronson VT-30336	以元器件本体标有圆点的一角辨认方向	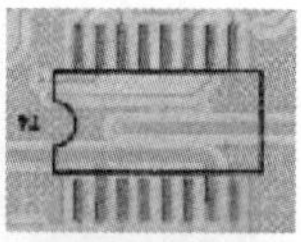 	本体标有圆点的一角对应丝印缺口端 本体标有圆点的一角对应丝印缺角(左图椭圆圈)
	贴片功率电感	 101	以元器件本体缺角辨认方向		元器件本体缺角对应丝印框缺角或有圆点标识一角

续表

元器件类别	元器件名称	实物图片	元器件方向说明	PCB丝印符号	PCB丝印方向说明
开关	贴片拨码开关		以本体标有ON字样辨认方向	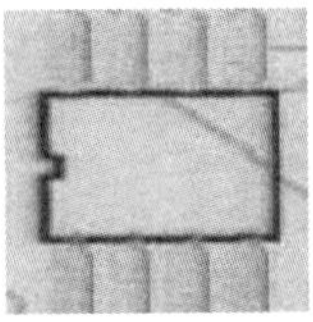	元器件本体ON字样对应丝印符号ON或对应丝印缺口端
	插件拨码开关(正拨)		以本体标有ON字样辨认方向	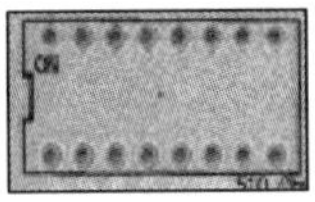	元器件本体ON字样对应丝印符号ON或对应丝印缺口端
	插件拨码开关(侧拨)			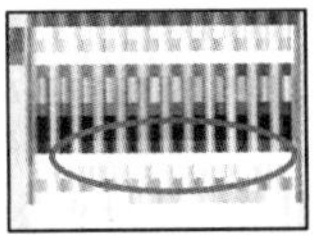	元器件本体ON字样对应丝印框内黑色一边(左图椭圆圈)
	船形开关		以元器件本体标识ON及OFF辨认方向	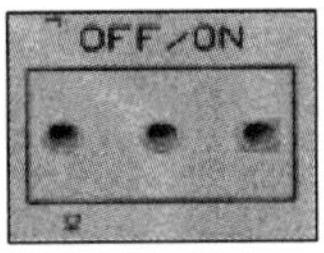	元器件本体标识ON及OFF对应丝印ON及OFF
	按键开关		以元器件本体底部开口辨认方向	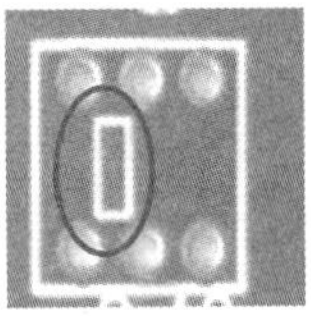	元器件底部开口对应丝印框内白色小方框(左图椭圆圈)
晶振	插件晶体振荡器		以本体上标识“●”辨认方向	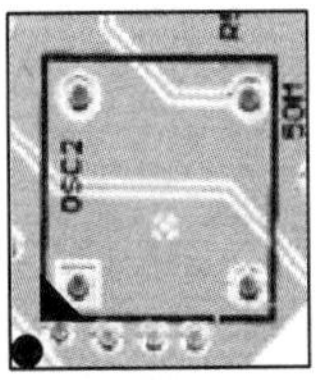	① 元器件本体标有“●”一角对应丝框缺角 ② 元器件本体标有“●”一角对应丝印框“●”标识 ③ 元器件本体标有“●”一角对应丝印方形焊盘孔
	贴片晶体振荡器		以本体上标识“●”辨认方向	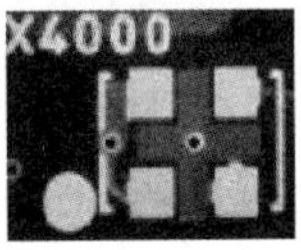	元器件本体标有“●”一角对应丝印框“●”标识

续表

元器件类别	元器件名称	实物图片	元器件方向说明	PCB 丝印符号	PCB 丝印方向说明
IC	SIP 封装		以本体斜边一端或蚀刻圆点（1 脚）辨认方向	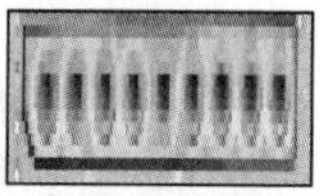	元器件本体斜边或蚀刻圆点一端对应丝印框缺角
	DIP 封装		以本体缺口辨认方向		元器件本体缺口对应丝印缺口一端
	光耦		元器件本体有蚀刻圆点标识的一角为第一脚位（左图椭圆圈）		元器件本体有圆点一端对应丝印有缺口一端
	贴片光耦		元器件本体有蚀刻圆点标识的一角为第一脚位（左图椭圆圈）	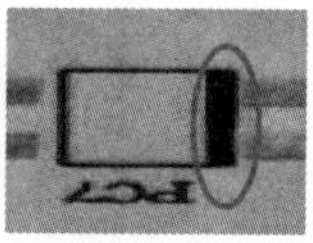	元器件本体上圆点对应丝印框线体较粗一端（左图椭圆圈）
				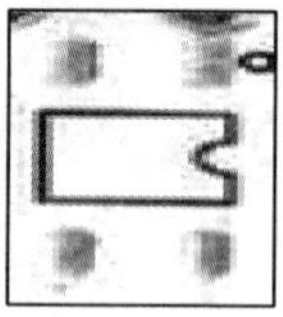	元器件本体有圆点一端朝丝印缺口方向
	SOP 封装		以本体印有凹陷圆点一角辨认方向（左图椭圆圈）	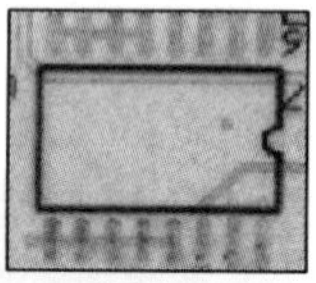	元器件本体有圆点一角对应丝印缺口一端
	QFP 封装		以本体印有凹陷圆点一角辨认方向	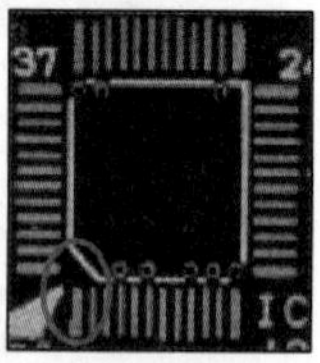	元器件本体标有圆点一角对应丝印白色箭头缺口一端（左图椭圆圈）
	PLCC 封装		以本体缺角辨认方向	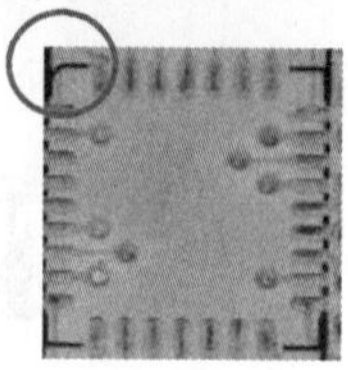	元器件本体缺角对应丝印缺口一角（左图椭圆圈）

续表

元器件类别	元器件名称	实物图片	元器件方向说明	PCB丝印符号	PCB丝印方向说明
IC	SOJ 封装	 ISSI IS63LV1024L-12JL WE59060OL2 0646	以元器件缺口及蚀刻凹陷圆点（1 脚）辨认方向		本体缺口及蚀刻凹陷圆点对应丝印缺口端
	BGA	 SIGMATEL STMP3520 B144-TA4 T01065 0447	以本体上有蚀刻圆点一角辨认方向	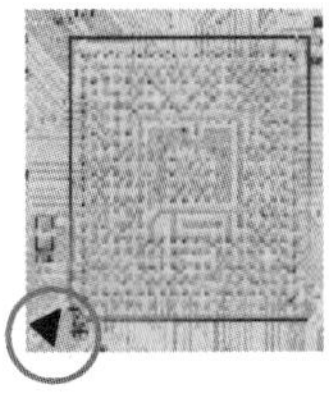	① 本体上圆点对应丝印缺口一角 ② 本体缺口对应丝印有三角箭头标识一角（左图椭圆圈）
		 VIA KT400A D245CD TAIWAN 12B0N9701	以本体标有箭头一角辨认方向		本体标有箭头一角对应丝印有箭头标识一角（左图椭圆圈）
接插件	贴片 PLCC 封装 IC 脚座		以元器件本体缺角辨认方向	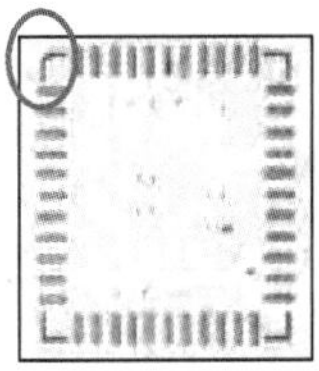	元器件本体缺角对应丝印框缺角（左图椭圆圈）
	DIP 封装 IC 脚座		以元器件本体缺口一端辨认方向	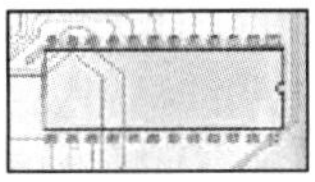	元器件本体缺口对应丝印框缺口一端
	插件 PLCC 封装 IC 脚座		以元器件本体缺角辨认方向	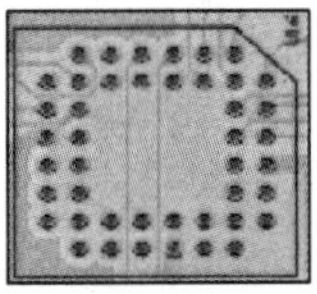	元器件本体缺角对应丝印缺角
	牛角插座		以元器件本体缺口或元器件本体标示▼（1 脚）辨认方向		元器件缺口对应丝印缺口，元器件▼标示对应丝印方形焊盘孔（1 脚）
	简易牛角插座	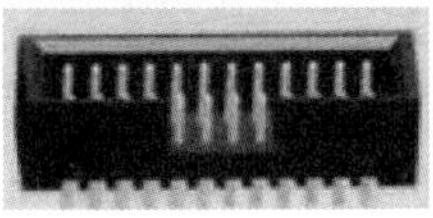		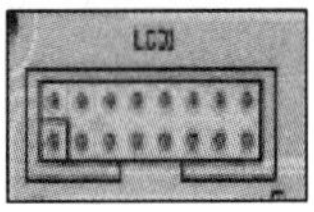 LCD	

续表

元器件类别	元器件名称	实物图片	元器件方向说明	PCB丝印符号	PCB丝印方向说明
接插件	电源插座		以元器件本体卡钩辨认方向	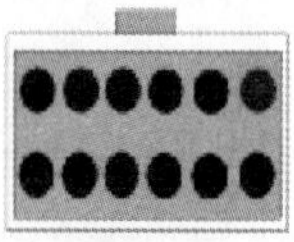	元器件本体卡位对应丝印凸出一端
			以元器件本体锥形端辨认方向	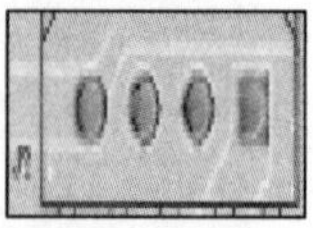	元器件本体锥形端对应丝印框缺角
	围墙插座	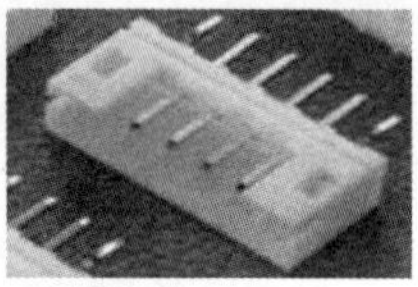	以元器件本体缺口辨认方向	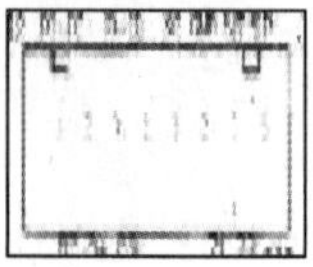	元器件本体缺口对应丝印框缺口
	曲靠背插座	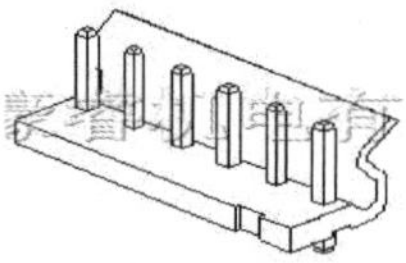		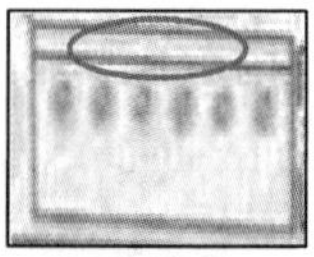	元器件靠背一端在丝印框双线一端(左图椭圆圈)
	直靠背插座	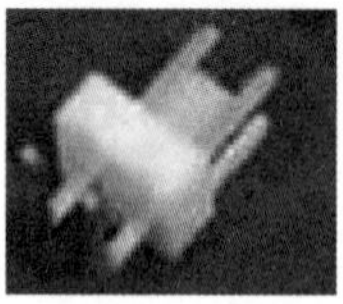		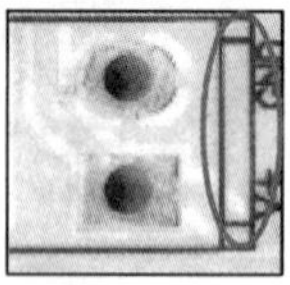	元器件靠背一端在丝印框双线一端(左图椭圆圈)
	FCC排线座		以本体缺角一端辨认方向	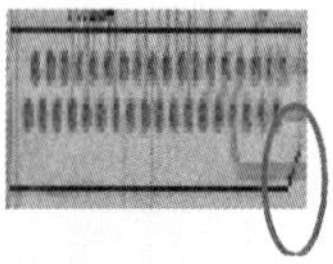	元器件本体缺口一端对应丝印框缺口(左图椭圆圈)
	凤凰接线端子		以元器件接线口一端辨认方向	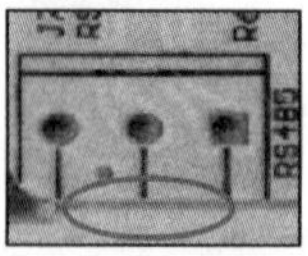	元器件接线口在丝印框双线对面一端(左图椭圆圈)
	连接线端子	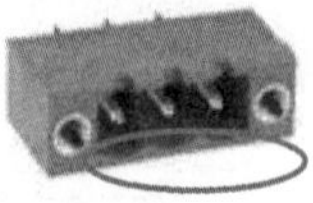	以元器件接口曲线边缘辨认方向(左图椭圆圈)	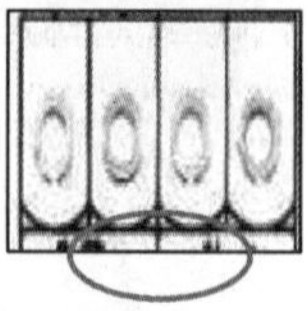	元器件接口曲线边缘对应丝印波浪形曲线一边(左图椭圆圈)